扫码查看资源

主　编◎李海燕

副主编◎路永华　殷志锋　王晓静

信号与系统

XINHAO YU XITONG

（第2版）

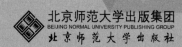

北京师范大学出版集团
BEIJING NORMAL UNIVERSITY PUBLISHING GROUP
北京师范大学出版社

图书在版编目(CIP)数据

信号与系统/李海燕主编. —2 版. —北京：北京师范大学出
版社，2024.10

ISBN 978-7-303-29641-5

Ⅰ. ①信… Ⅱ. ①李… Ⅲ. ①信号系统 Ⅳ. ①
TN911. 6

中国国家版本馆 CIP 数据核字(2023)第 238304 号

图书意见反馈：gaozhifk@bnupg.com 010-58805079
营销中心电话：010-58802181 58805532

出版发行：北京师范大学出版社 www.bnupg.com
     北京市西城区新街口外大街 12-3 号
     邮政编码：100088
印 刷：北京溢漾印刷有限公司
经 销：全国新华书店
开 本：787 mm×1092 mm 1/16
印 张：24.75
字 数：571 千字
版 次：2024 年 10 月第 2 版
印 次：2024 年 10 月第 1 次印刷
定 价：69.00 元

策划编辑：赵洛育   责任编辑：赵洛育
美术编辑：焦 丽   装帧设计：焦 丽
责任校对：陈 民   责任印制：陈 涛 赵 龙

❖ 内 容 简 介 ❖

本书主要阐述了信号的特性，确定信号经过线性时不变系统进行传输、处理的基本理论和基本分析方法，着重强调了信号分解特性和系统的线性时不变特性以及它们两者之间的逻辑关系。全书共7章内容，第1～第4章介绍连续信号与系统的理论、时域和变换域分析，第5～第6章介绍离散信号与系统的时域和变换域分析，第7章介绍系统的状态变量分析法。另外，书中附有丰富的例题与习题，书后附有习题参考答案。

本书可作为高等学校电子信息工程、通信工程、电气工程与自动化、电子科学与技术、测控技术与仪器、计算机等专业"信号与系统"课程的教材，也可供有关科技工作者和工程技术人员参考。

❖ 前　言 ❖

　　"信号与系统"是电子信息类、电气类、自动化类、仪器类专业的一门重要基础课程，其理论与实践研究随着现代科学技术的飞速发展不断更新，应用领域日益拓展与深化。其主要内容涉及信号与系统的概念、基本理论和基本分析方法。

　　为了应对世界新一轮科技革命与产业变革，支撑服务创新驱动发展、"中国制造2025"等一系列国家战略，在教育部的推动下新工科建设已经拉开帷幕。党的二十大报告中也明确阐述了我国已在一些关键核心技术上实现突破，战略性新兴产业发展壮大，进入创新型国家行列。要建设现代化产业体系，就要坚持把发展经济的着力点放在实体经济上，推进新型工业化，加快建设制造强国、质量强国、航天强国、交通强国、网络强国、数字中国。教育、科技、人才是全面建设社会主义现代化国家的基础性、战略性支撑。为了全面提高人才自主培养质量，着力造就拔尖创新人才，推动新工科建设、一流专业建设和一流课程建设，对教学体系和教学实践改革创新提出了全新的要求，指导"信号与系统"课程与教材体系、教材内容在稳定中不断丰富。

　　本书系统地介绍了信号与系统的基本理论和分析方法，内容结构采用先信号后系统，先连续后离散，先时域后变换域，先输入输出法后状态变量法的模式。针对信号与系统的分类，本书利用连续信号与离散信号、连续系统与离散系统的对偶或类比关系，将连续信号与离散信号、连续系统与离散系统并行对比介绍，从而加深对连续信号与系统、离散信号与系统的差异性认识与理解。信号与系统的分析方法涵盖了时域分析、频域分析、复频域分析、z域分析、状态变量分析，既强调了连续系统与离散系统的共性，也突出了它们各自的特点，有利于基本概念和基本方法的理解和掌握。

　　"信号与系统"课程包含的内容多，涉及工程数学的知识比较多，其核心任务是要构建起从数学到物理再到工程技术的桥梁，引导学生从理论学习过渡到专业工程训练，因此本书在基本理论和分析方法的阐述上，注重物理问题与其数学表述的密切结合，引入现代数学方法，使这些理论和方法有较为坚实的数学基础。例如，对正交函数集、傅里叶级数、线性常系数微分方程和差分方程等数学内容也做了简要叙述。

　　工程上，系统的稳定性决定了系统能否长时间正常工作，是衡量系统质量的重要指标之一。为此本书增加了连续系统稳定性判定方法"罗斯准则"和离散系统稳定性判定方法"朱里准则"等内容。为了增强学生对课程中知识点的理解，突出理论联系实际的思想，本书介绍了信号与系统基于MATLAB软件环境的仿真分析方法，并在每章最后安排了信号与系统的实验内容，方便实验教学和学生自学时参考。

　　全书共7章，第1章信号与系统基础、第2章信号与线性时不变连续系统的时域分析、第3章连续信号与系统的频域分析、第4章连续信号与系统的复频域分析、第5章离散信号与系统的时域分析、第6章z变换与离散系统的复频域分析、第7章系统的状态变

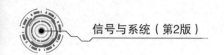

量分析法。教师可根据实际情况选择章节授课，一般课堂讲授 48～64 学时。书中标识 * 的章节不属于基本要求，可供参考。

　　本书由兰州财经大学李海燕担任主编，并负责拟定大纲和统稿。具体编写分工为：李海燕编写第 2、第 3、第 4、第 6 章，兰州财经大学路永华编写第 1 章，许昌学院殷志锋编写第 5 章，河南轻工职业学院王晓静编写第 7 章。北京师范大学出版社策划编辑为本书的出版创造了十分有利的条件，并提出了许多宝贵意见，在此表示诚挚的谢意。

　　由于编者水平有限，书中难免存在不妥之处，敬请读者和专家批评指正。

编者

2024 年 6 月于兰州

❖ 目　　录 ❖

◈ 第1章 信号与系统基础 ◈

本章重点：常用基本信号的特点及性质，信号的反褶、平移、尺度变换，连续信号的积分与微分，线性时不变系统的性质及判定。

信号与系统的基本概念和分析方法已应用于许多领域与学科中，尤其是数字计算机的出现和大规模集成电路技术的高度发展，有力地推动了信号处理技术的发展和应用。本章主要介绍信号和系统的基本概念、描述方法与分类，常见的基本信号及连续信号的运算，重点介绍了线性时不变系统的特点及线性、时不变性、因果性、稳定性判定。通过本章的学习，读者可对信号与系统课程的基本内容建立一个清晰的轮廓，为后续章节学习奠定基础。

➡ 1.1 信号的概念与分类

信号是承载信息的工具，可以描述范围极广泛的物理现象，为了对不同种类和形式的信号进行分析处理，必须了解信号的定义、应用和分类。

➤ 1.1.1 信号的定义及应用

信号就是信息的载体，"信号"一词源于拉丁文"signum"（记号）。"信号"这一术语不仅出现于科学技术领域之中，而且普遍存在于日常生活之中，人们几乎每时每刻都在与信号打交道。上课的铃声就是一种信号，火车、船舶的汽笛声以及汽车的喇叭声也是一种信号，这些都是声信号；道路交通路口和铁路轨道旁边设置的红绿灯是一种信号，发射信号弹的闪烁亮光也是一种信号，这些都是光信号；收音机和电视机天线从天空中接收到的电磁波是一种信号，它们每一级电路的输入电压或电流、输出电压或电流也是一种信号，这些都是电信号。除此之外，还有电视机和计算机显示屏幕上的图像文字信号、交警指挥的手势信号、军舰使用的旗语信号等。

虽然信号的物理表现形式各不相同，但是它们却存在两个共同特点：一是无论是声信号、光信号、电信号，还是其他形式的信号，其本身都是一种变化着的物理量，或者说是一种物理体现；二是信号都包含一定的意义，也就是说，信号是载有信息的。如上课的铃声信号，表示上课时间到了的信息；雷达荧光屏上的光点信号，表示有飞机出现的信息；生物细胞中 DNA 的结构图案信号，表示了一定的遗传信息等。

因此，信号就是用于描述、记录或传输信息对象的物理状态随时间变化的过程。简言之，信号就是载有一定信息的一种变化着的物理量。或者说，信号就是载有一定信息的一种物理体现。信号是信息的表现形式，信息则是信号的具体内容。人们相互问询、发布新闻、广播声音或传递数据，其目的都是要把信息借助一定形式的信号传递出去。

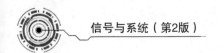

从古至今，人们不断地寻求各种方法，将信息转化为信号，以实现信息的传输、记忆和处理。我国古代利用烽火台的狼烟报警，希腊人利用火炬位置表示字母符号，是利用光信号进行信息传递的早期范例。击鼓鸣金报送时刻或者传达命令，是利用声信号进行信息传递的例证。另外还有信鸽、驿站和旗语等传送信息的方法。然而这些方法无论在距离、速度还是在有效性与可靠性方面，都不能令人满意。

19 世纪初，人们开始研究如何利用电信号进行信息的传送，使人类在信息传输、记忆与处理等诸多方面取得了显著的进步和满意的效果。1837 年，莫尔斯(F. B. Morse)发明了电报，使用点、画、空适当组合的代码表示字母和数字，这种代码被称为莫尔斯电码。1876 年，贝尔(A. G. Bell)发明了电话，直接将语音变换成电信号沿导线传递。19 世纪末，赫兹（H. Hertz)、波波夫、马可尼（G. Marconi）等人研究用电磁波传送无线电信号。1901 年，马可尼成功地实现了横跨大西洋的长距离无线电通信(即信息传输)。从此传输电信号的通信方式得到了广泛的应用与迅速发展，电话、电报、无线电广播、电视等利用电信号的通信方式已经成为人们日常生活中不可缺少的内容和手段，不仅实现了环绕地球的全球电信号通信，而且实现了太阳系范围内的电信号通信和电信号与非电信号之间的相互转换。例如，作为声信号的语音通过话筒变换成电信号，放大之后通过扬声器复原成语音信号，使之在较远处也能被听到。景物图像的光信号通过摄像机变成电信号，经电视发射台加工处理之后以电磁波形式辐射到空间，远处的电视接收机收到辐射的电磁波后再一次加工处理，使之变为可在电视机屏幕上显示的景物图像信号。实际应用中常常将各种物理量(如声波动、光强度、机械运动的位移或速度)转换成电信号，以利于远距离的信息传输，经传输后在接收端再将电信号还原成原始的消息。

本书主要研究电信号的各种特性和分析方法，这里的电信号是指载有信息的随时间而变化的电压、电流，或者电容上的电荷、线圈中的磁通及空间中的电磁波等。信号的特性可从时间域特性和变换域特性两个方面来描述，这些特性将在后续章节详细介绍。

▶ 1.1.2 信号的分类

物理世界的各种信号，虽然在不同应用中产生的物理特性可能不同，但一些信号却具有某些基本共性，根据这些基本共性，可以将信号进行如下分类：

1. 连续信号和离散信号

根据信号定义域的特点不同，信号可分为连续时间信号(简称连续信号)和离散时间信号(简称离散信号)。

在给定的时间间隔内，除若干个不连续点外，对于任意时间值都可以给出确定的时间函数，这样的信号称为连续时间信号，记作 $f(t)$。例如，语音波形、随高度变化的大气压等。连续信号的幅值可以是连续的，也可以是跳变的，如图 1-1 所示。时间和幅值都为连续的信号称为模拟信号，如图 1-1(a)所示。

仅在一些离散的瞬间才有定义，即其时间变量仅在一个离散点或集上取值，而在其他时间没有定义的信号称为离散信号。时刻 t_k 与 t_{k+1} 之间的间隔 $T_k = t_{k+1} - t_k$ 可以是常数，也可以随时间变化。本书只讨论 T_k 为常数的情况。若令 t_{k+1} 与 t_k 之间的间隔为常数 T，则离散信号值在均匀离散时刻 $t=\cdots,-2T,-T,0,T,2T,\cdots$ 时有定义，可表示为 $f(kT)$。为了简便，常记作 $f(k)$。这样的离散信号也称为序列。例如，一张照片上各点亮度的采样、股票市场的指数等。图 1-2 给出了几个不同的离散时间信号。

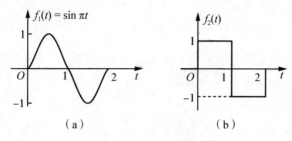

（a）　　　　　　　　　　　（b）

图 1-1　连续时间信号

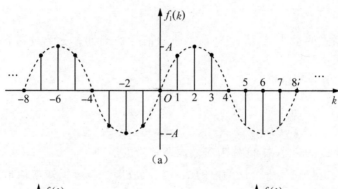

（a）

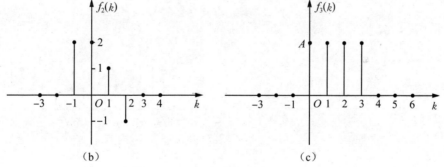

（b）　　　　　　　　　　　（c）

图 1-2　离散时间信号

序列 $f(k)$ 的数学表达式可以写成闭合形式，也可逐个列出 $f(k)$ 的值。通常把对某个序号 k 的序列值称为第 k 个样点的样值，列出每个样点的值，图 1-2(b) 中的信号可表示为

$$f_2(k)=\begin{cases} 0, & k<-1 \\ 2, & k=-1 \\ 2, & k=0 \\ 1, & k=1 \\ -1, & k=2 \\ 0, & k>2 \end{cases}$$

为了简化表达方式，信号 $f_2(k)$ 也可表示为序列 $f_2(k)=\{0,\ 2,\ \underset{\uparrow}{2},\ 1,\ -1,\ 0\}$。序列中数字 2 下面的箭头 ↑ 表示 $k=0$ 的样值，左右两边依次是 k 取负整数和 k 取正整数时相对应的 $f_2(k)$ 值。若序列为单边指数序列，则以闭合形式可以表示为

$$f(k)=\begin{cases} 0, & k<0 \\ \mathrm{e}^{-ak}, & k\geqslant 0,\ a>0 \end{cases}$$

如果离散时间信号的幅值是连续的，那么称为取样信号；如果离散时间信号的幅值也被限定为某些离散值，那么称为数字信号。

2. 周期信号和非周期信号

周期信号就是以一定的时间间隔周而复始，而且无始无终的信号。图 1-3 所示为周期信号。对于周期为 T 的连续时间信号，其数学表达式为

$$f(t)=f(t+mT),\ m=0,\ \pm 1,\ \pm 2,\ \cdots$$

满足上述关系式的最小 T 值称为连续周期信号的周期，$\dfrac{1}{T}$ 为连续周期信号的频率，$\omega=\dfrac{2\pi}{T}$ 为连续周期信号的角频率。

对于周期为 N 的离散时间信号，其数学表达式为

$$f(k)=f(k+mN),\ m=0,\ \pm 1,\ \pm 2,\ \cdots$$

满足上述关系式的最小 N 值称为离散周期信号的周期。

只要给出周期信号在任一个周期内的函数式或波形，就可以知道该信号在任一时刻的函数值。

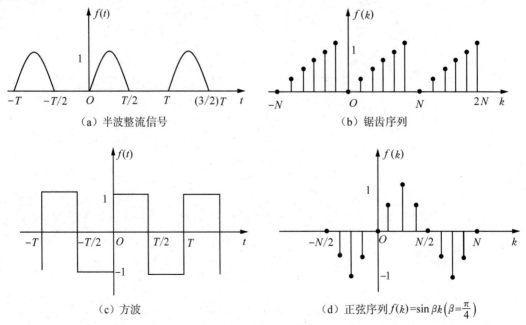

（a）半波整流信号

（b）锯齿序列

（c）方波

（d）正弦序列 $f(k)=\sin\beta k\left(\beta=\dfrac{\pi}{4}\right)$

图 1-3　周期信号

对于离散的周期正弦序列(或余弦序列),其数学表达式为

$$f(k)=\sin\beta k=\sin(\beta k+2m\pi)$$

$$=\sin\left[\beta\left(k+\frac{2\pi}{\beta}m\right)\right]=\sin[\beta(k+mN)] \tag{1-1}$$

式中,$m=0,\pm1,\pm2,\cdots$;β 为正弦序列的数字角频率,单位为 rad/s。

由式(1-1)可见,仅当 $\frac{2\pi}{\beta}$ 为整数时,正弦序列才具有周期 $N=\frac{2\pi}{\beta}$。图 1-3(d)画出了数字角频率 $\beta=\frac{\pi}{4}$,周期 $N=8$ 的情形,它每经过 8 个单位循环一次。当 $\frac{2\pi}{\beta}$ 为有理数时(如 $\frac{2\pi}{\beta}=\frac{N}{M}$,$N$ 和 M 均为无公因子的整数),该序列仍具有周期性,但其周期 $N=M\frac{2\pi}{\beta}$。当 $\frac{2\pi}{\beta}$ 为无理数时,该序列不具有周期性。

非周期信号的幅值在时间上不具有周而复始变化的特性。如果令周期信号的周期趋于无穷大,那么可将其看成非周期信号。

例 1-1 判断下列信号是否为周期信号,若是周期信号,确定其周期。

(1)$f_1(t)=\cos(7\pi t+60°)$;(2)$f_2(t)=\cos 2t+\sin 3t$;(3)$f_3(t)=\sin 2t+\cos\pi t$。

解:(1)$\cos(7\pi t+60°)$ 为周期信号,其周期 $T=\frac{2\pi}{\omega}=\frac{2\pi}{7\pi}=\frac{2}{7}$ s。

(2)$\cos 2t+\sin 3t$ 是两个子信号 $\cos 2t$ 和 $\sin 3t$ 的和,子信号 $\cos 2t$ 的周期为 $T_1=\frac{2\pi}{\omega}=\frac{2\pi}{2}=\pi$ s,子信号 $\sin 3t$ 的周期为 $T_2=\frac{2\pi}{\omega}=\frac{2\pi}{3}$ s。故有 $\frac{T_1}{T_2}=\frac{\pi}{\frac{2\pi}{3}}=\frac{3}{2}$,由于 $\frac{3}{2}$ 是不能再约的整数比,故 $f_2(t)$ 为周期信号,其周期 $T=2T_1=2\pi$ s 或 $T=3T_2=3\times\frac{2\pi}{3}=2\pi$ s。

(3)$\sin 2t+\cos\pi t$ 是两个子信号 $\sin 2t$ 和 $\cos\pi t$ 的和,子信号 $\sin 2t$ 的周期为 $T_1=\frac{2\pi}{\omega}=\frac{2\pi}{2}=\pi$ s,子信号 $\cos\pi t$ 的周期为 $T_2=\frac{2\pi}{\omega}=\frac{2\pi}{\pi}=2$ s。故有 $\frac{T_1}{T_2}=\frac{\pi}{2}$,可见 $\frac{T_1}{T_2}$ 不是整数比,故 $f_3(t)$ 不是周期信号。

例 1-2 判断下列信号是否为周期信号,若是周期信号,确定其周期。

(1)$f_1(k)=\sin\left(\frac{\pi}{6}k+\frac{\pi}{5}\right)$;(2)$f_2(k)=\sin\frac{3\pi k}{4}+\cos 0.5\pi k$;(3)$f_3(k)=\sin 2k$。

解:(1)$\sin\left(\frac{\pi}{6}k+\frac{\pi}{5}\right)$ 的数字角频率为 $\beta=\frac{\pi}{6}$ rad/s,由于 $\frac{2\pi}{\beta}=12$,故 $f_1(k)$ 为周期信号,其周期为 12 s。

(2)$\sin\frac{3\pi k}{4}$ 和 $\cos 0.5\pi k$ 的数字角频率分别为 $\beta_1=\frac{3\pi}{4}$ rad/s,$\beta_2=0.5\pi$rad/s。由于 $\frac{2\pi}{\beta_1}=\frac{8}{3}$,$\frac{2\pi}{\beta_2}=4$ 为有理数,故它们的周期分别为 $N_1=8$ s,$N_2=4$ s,故 $f_2(k)$ 为周期信号,其周期为 N_1 和 N_2 的最小公倍数 8 s。

（3）$\sin 2k$ 的数字角频率为 $\beta = 2$ rad/s，由于 $\dfrac{2\pi}{\beta} = \pi$ 为无理数，故 $f_3(k)$ 为非周期信号。

由例 1-1 和例 1-2 可以看出，连续正弦信号一定是周期信号，而正弦序列不一定是周期序列；两个连续周期信号之和不一定是周期信号，而两个周期序列之和一定是周期序列。

3. 实信号和复数信号

物理可实现的信号常常是时间 t（或 k）的实函数，其在各时刻的函数（或序列）值为实数，称为实信号，如单边指数信号、正弦信号等。

函数（或序列）值为复数的信号称为复数信号，最常用的是复指数信号。连续信号的复指数信号表示为

$$f(t) = K e^{st} , \quad -\infty < t < +\infty$$

式中，复变量 $s = \sigma + j\omega$，σ 是 s 的实部，记作 $\mathrm{Re}[s]$，ω 是 s 的虚部，记作 $\mathrm{Im}[s]$。根据欧拉公式，上式可展开为

$$f(t) = K e^{(\sigma + j\omega)t} = K e^{\sigma t} \cos(\omega t) + j K e^{\sigma t} \sin(\omega t)$$

可见，一个复指数信号可分解为实部和虚部两部分，即

$$\mathrm{Re}[f(t)] = K e^{\sigma t} \cos(\omega t)$$
$$\mathrm{Im}[f(t)] = K e^{\sigma t} \sin(\omega t)$$

两者均为实信号，而且是频率相同、振幅随时间变化的正（余）弦信号。s 的实部 σ 表征了该信号振幅随时间变化的状况，虚部 ω 表征了其振荡角频率。若 $\sigma > 0$，则它们是增幅振荡；若 $\sigma = 0$，则它们是等幅振荡；若 $\sigma < 0$，则它们是衰减振荡。图 1-4 画出了 σ 在三种不同取值时，实部信号 $\mathrm{Re}[f(t)]$ 的波形。信号 $\mathrm{Im}[f(t)]$ 的波形与 $\mathrm{Re}[f(t)]$ 的波形相似，只是相位相差 $\dfrac{\pi}{2}$。当 $\omega = 0$ 时，复指数信号就成为实指数信号 $K e^{\sigma t}$。若 $\sigma = \omega = 0$，则 $f(t) = K$，这就是直流信号。可见，复指数信号概括了许多常用信号。复指数信号的重要特征之一是它对时间的导数和积分仍然是复指数信号。

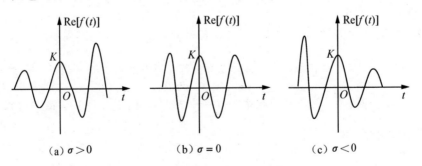

图 1-4　复指数信号的实部 $K e^{\sigma t} \cos(\omega t)$

离散时间的复指数序列可表示为

$$f(k) = e^{(\alpha + j\beta)k} = e^{\alpha k} e^{j\beta k} \tag{1-2}$$

令 $a = \mathrm{e}^{\alpha}$，上式可展开为

$$f(k) = a^k \cos(\beta k) + ja^k \sin(\beta k)$$

其实部、虚部分别为

$$\begin{cases} \mathrm{Re}[f(k)] = a^k \cos(\beta k) \\ \mathrm{Im}[f(k)] = a^k \sin(\beta k) \end{cases} \tag{1-3}$$

可见，复指数序列的实部和虚部均是幅值随 k 变化的正（余）弦序列。式（1-3）中 a（即 $a = \mathrm{e}^{\alpha}$）反映了信号振幅随 k 变化的状况，而 β 是振荡角频率。若 $a > 1$（即 $\alpha > 0$），则它们是振幅增长的正（余）弦序列；若 $a = 1$（即 $\alpha = 0$），则它们是等幅的正（余）弦序列；若 $a < 1$（即 $\alpha < 0$），则它们是衰减的正（余）弦序列。图 1-5 画出了 a 在三种不同取值时复指数序列实部的波形，其中 $\beta = \dfrac{\pi}{4}$。若 $\beta = 0$，则它就成为实指数序列 a^k（即 $\mathrm{e}^{\alpha k}$）。

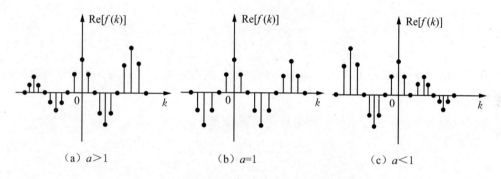

(a) $a > 1$　　　　(b) $a = 1$　　　　(c) $a < 1$

图 1-5　复指数序列的实部 $a^k \cos(\beta k)\left(\beta = \dfrac{\pi}{4}\right)$

4. 确定性信号和随机信号

按确定性规律变化的信号称为确定性信号。确定性信号的变化规律可以用数学关系式或图表明确地表示出来，在相同的条件下能够重现。因此，只要掌握了变化规律，就能预测它的未来。例如，集中参数的单自由度振动系统产生的信号可以用正弦函数来描述。

随机信号是非确定性信号，不遵循任何确定性变化规律。随机信号不能用确定的数学关系式来描述，也不能预测它未来任何瞬时的精确值，任意一次观测值只代表在其变动范围中可能产生的结果之一。对这种随机现象，就单次观测来看似无规则可循，但从大量重复观测的总体结果考察，却呈现出一定的统计规律性，如人的体温和心电图信号。

在实践中，判断信号究竟是确定性的，还是随机的，通常以实验能否重复产生这些信号为依据。如果一个物理过程重复多次能得到误差允许的相同结果，那么可认为该信号为确定性的，否则就是随机性的。从常识上讲，由于确定性信号不包含任何新的信息，并且在信号的转换和传输过程中不可避免地受到各种噪声和干扰的影响，因此实际问题中的信号都属于随机信号。虽然随机信号以不可预见的方式演化，但它们的平均特性经常可以假定为确定的，就是说可以用明确的数学方程来表示。为此，本书只研究确定信号，因为作为理论上的抽象，应首先研究确定性信号，在此基础上根据随机信号的统计规律进一步研究随机信号的特性。信号的分类如图 1-6 所示。

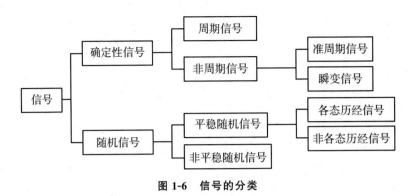

图 1-6　信号的分类

5. 能量信号和功率信号

连续时间信号在 $[t_1, t_2]$ 区间的能量定义为

$$E = \int_{t_1}^{t_2} |f(t)|^2 \mathrm{d}t \tag{1-4}$$

可以把信号 $f(t)$ 看作加在单位电阻上的电流，则在时间 $t_1 < t < t_2$ 内单位电阻所消耗的信号能量为 E。

连续时间信号在 $[t_1, t_2]$ 区间的平均功率定义为

$$P = \frac{1}{t_2 - t_1} \int_{t_1}^{t_2} |f(t)|^2 \mathrm{d}t \tag{1-5}$$

离散时间信号在 $[k_1, k_2]$ 区间的能量定义为

$$E = \sum_{k=k_1}^{k_2} |f(k)|^2 \tag{1-6}$$

离散时间信号在 $[k_1, k_2]$ 区间的平均功率定义为

$$P = \frac{1}{k_2 - k_1 + 1} \sum_{k=k_1}^{k_2} |f(k)|^2 \tag{1-7}$$

在无限区间内的平均功率可定义为

$$P_f = \lim_{T \to \infty} \frac{1}{T} \int_{-\frac{T}{2}}^{+\frac{T}{2}} |f(t)|^2 \mathrm{d}t \tag{1-8}$$

$$P_f = \lim_{N \to \infty} \frac{1}{2N+1} \sum_{k=-N}^{N} |f(k)|^2 \tag{1-9}$$

无限区间的能量定义为

$$E_f = \lim_{T \to \infty} \int_{-T}^{T} |f(t)|^2 \mathrm{d}t \tag{1-10}$$

$$E_f = \lim_{N \to \infty} \sum_{k=-N}^{N} |f(k)|^2 \tag{1-11}$$

能量有限的信号，即 $0 < E_f < +\infty$，称为能量信号。功率有限的信号，即 $0 < P_f < +\infty$，称为功率信号。显然，能量信号有零功率，功率信号有无限能量。仅在有限时间区

间内不为零的信号是能量信号，如单个矩形脉冲信号等。客观存在的信号大多是持续时间有限的能量信号。幅度有限的周期信号、随机信号等属于功率信号。

一个信号可以既不是能量信号，也不是功率信号，但不可以既是能量信号又是功率信号，如 $f(t)=t$。

例 1-3 判断下列信号哪些属于能量信号，哪些属于功率信号。

$$x_1(t)=\begin{cases} A, & 0<t<1 \\ 0, & \text{其他} \end{cases}$$

$$x_2(t)=A\cos(\omega_0 t+\theta), \quad -\infty<t<+\infty$$

$$x_3(t)=\begin{cases} t^{-1/4}, & t\geqslant 1 \\ 0, & \text{其他} \end{cases}$$

解：根据式(1-9)及式(1-10)，上述三个信号的 E、P 分别计算如下：

$$E_1=\lim_{T\to\infty}\int_0^1 A^2\,\mathrm{d}t=A^2, \quad P_1=0$$

$$E_2=\lim_{T\to\infty}\int_{-T}^{T} A^2\cos^2(\omega_0 t+\theta)\,\mathrm{d}t=+\infty, \quad P_2=\lim_{T\to\infty}\frac{A^2}{2T}\int_{-T}^{T}\cos^2(\omega_0 t+\theta)\,\mathrm{d}t=\frac{A^2}{2}$$

$$E_3=\lim_{T\to\infty}\int_1^\infty t^{-\frac{1}{2}}\,\mathrm{d}t=+\infty, \quad P_3=\lim_{T\to\infty}\frac{1}{T}\int_1^{\frac{T}{2}} t^{-\frac{1}{2}}\,\mathrm{d}t=0$$

因此，$x_1(t)$ 为能量信号；$x_2(t)$ 为功率信号；$x_3(t)$ 既非能量信号又非功率信号。

▶ 1.1.3 常见的基本信号

常见的连续时间信号有直流信号、正弦信号、复指数信号、单位阶跃信号、单位冲激信号、抽样信号、单位斜坡信号、符号函数 $\mathrm{sgn}(t)$、矩形脉冲信号等。这些基本信号是自然界中常见的信号或其抽象，研究基本信号的特点和性质是信号分析的基础。

1. 直流信号

直流信号的定义为

$$f(t)=B, \quad -\infty<t<+\infty$$

式中，B 为常数。

2. 连续时间正弦信号

正弦函数和余弦函数统称正弦信号。任何复杂信号都可以分解为正弦信号的叠加。正弦信号可表示为

$$f(t)=A\cos(\omega_0 t+\varphi) \tag{1-12}$$

式中，A 为振幅；ω_0 为模拟角频率(简称角频率)，单位为弧度/秒(rad/s)；t 是连续时间，单位为秒(s)；φ 为初始相位角，单位为弧度(rad)。正弦信号是周期信号，其基波周期 T_0、基波频率 f_0 和角频率 ω_0 之间的关系为 $T_0=\dfrac{1}{f_0}=\dfrac{2\pi}{\omega_0}$。当基波周期 $T_0\to+\infty$，角频率 $\omega_0\to0$ 时，$f(t)$ 就变为直流信号。

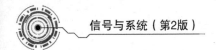

正弦信号是应用十分广泛的基本信号，它是最简单的声波、光波、机械波、电波等物理现象的数学抽象。例如，振荡电路输出的正弦波，机械系统中的简谐振动等，均可认为是正弦信号。

正弦信号具有以下性质：

（1）两个同频率的正弦信号相加，虽然它们的振幅与相位各不相同，但相加的结果仍然是原频率的正弦信号；

（2）正弦信号对时间的微分与积分仍然是同频率的正弦信号。

以上这些特点给运算带来了许多方便，因而正弦信号在实际中作为典型信号或测试信号而获得广泛应用。

3. 复指数信号

复指数信号表示为

$$f(t) = K e^{st}, \qquad -\infty < t < +\infty \tag{1-13}$$

式中，复变量 $s = \sigma + j\omega$，σ 是 s 的实部，记作 $\mathrm{Re}[s]$，ω 是 s 的虚部，记作 $\mathrm{Im}[s]$；K 可以是实数，也可以是复数，当其为复数时称为复振幅，表示为

$$K = |K| e^{j\varphi}$$

复指数信号可展开为

$$f(t) = K e^{st} = |K| e^{j\varphi} e^{(\sigma + j\omega)t} = |K| e^{\sigma t} \cos(\omega t + \varphi) + j|K| e^{\sigma t} \sin(\omega t + \varphi)$$

其实部和虚部分别为

$$\mathrm{Re}[f(t)] = |K| e^{\sigma t} \cos(\omega t + \varphi)$$

$$\mathrm{Im}[f(t)] = |K| e^{\sigma t} \sin(\omega t + \varphi)$$

当 $s = 0$，K 为实数时，$f(t)$ 为直流信号。

当 $\omega = 0$，K 为实数时，$f(t) = K e^{\sigma t}$，为实指数信号。

当 $\sigma = 0$，K 为实数时，$f(t) = K e^{j\omega t} = K(\cos \omega t + j \sin \omega t)$，为等幅振荡，如图 1-7 所示。

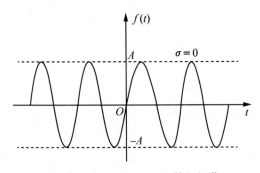

图 1-7　$\sigma = 0$ 时，$f(t)$ 为等幅振荡

$f(t) = K e^{st} = |K| e^{j\varphi} e^{(\sigma + j\omega)t} = |K| e^{\sigma t} \cos(\omega t + \varphi) + j|K| e^{\sigma t} \sin(\omega t + \varphi)$，$\sigma > 0$ 为增幅振荡，如图 1-8 所示；$\sigma < 0$ 为衰减振荡，如图 1-9 所示。

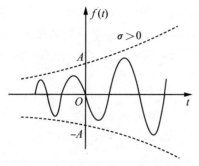

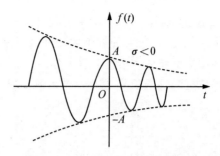

图1-8 $\sigma>0$ 时，$f(t)$ 为增幅振荡 图1-9 $\sigma<0$ 时，$f(t)$ 为衰减振荡

4. 单位阶跃信号

单位阶跃信号用 $\varepsilon(t)$ 表示，定义为

$$\varepsilon(t)=\begin{cases}0, & t<0 \\ 1, & t>0\end{cases} \tag{1-14}$$

$\varepsilon(t)$ 的波形如图 1-10(a)所示。单位阶跃信号平移 t_0 后得到 $\varepsilon(t-t_0)$，可表示为

$$\varepsilon(t-t_0)=\begin{cases}0, & t<t_0 \\ 1, & t>t_0\end{cases} \tag{1-15}$$

$\varepsilon(t-t_0)$ 的波形如图 1-10(b)所示。

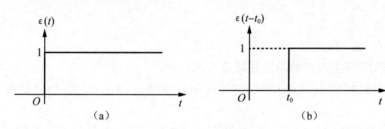

图1-10 单位阶跃信号

信号 $\varepsilon(t)$ 和 $\varepsilon(t-t_0)$ 在 $t=0$ 处和 $t=t_0$ 处都是不连续的。单位阶跃信号具有单边特性，即信号在接入时 $t=0$ 以前的值为 0，因此，可以用来描述信号的接入特性。例如，在电路分析中，通过一个在 $t=0$ 时闭合的开关加到电路上的电压信号或电流信号，就可表示为 $f(t)=\sin(\omega t)\varepsilon(t)$。

5. 单位冲激信号

冲激函数有几种不同的定义方式，本书先介绍两种定义，然后介绍冲激函数的运算和性质。

(1)根据矩形脉冲函数的极限来定义冲激函数。

冲激函数可视为幅度为 $1/\tau$，脉宽为 τ，其面积为 1 的矩形脉冲，如图 1-11(a)所示。当 τ 趋于零时，脉冲幅度趋于无穷大，而其面积仍为 1，因此定义此信号为单位冲激信号或 δ 函数，用 $\delta(t)$ 表示，即

$$\delta(t)=\lim_{\tau\to 0}p(t)$$

$\delta(t)$ 的图形如图 1-11(b)所示。冲激函数常用带箭头的线段来表示。$\delta(t)$ 函数只在 $t=0$ 处有"冲激"，而在 t 轴上其他各点取值为 0。如果矩形面积为 1，那么在带箭头的线段旁标注上(1)，表明冲激函数的冲激强度为 1。如果是冲激强度为 A 的冲激函数 $A\delta(t)$，那么在图形上将(A)标注于箭头旁。

单位延时冲激信号 $\delta(t-t_0)$ 如图 1-11(c)所示。

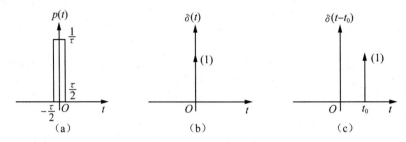

图 1-11 单位延时冲激信号的表示方法

(2)狄拉克(Dirac)定义。

狄拉克给出的 $\delta(t)$ 函数的定义式为

$$\begin{cases} \int_{-\infty}^{+\infty} \delta(t)\mathrm{d}t = 1 \\ \delta(t) = 0, \quad t \neq 0 \end{cases} \qquad (1\text{-}16)$$

该定义蕴含三层含义：

①$\delta(t)$ 仅在 $t=0$ 瞬间有一幅度为无穷大的"冲激"；

②$t \neq 0$ 的时间里，$\delta(t)$ 的函数值处处为 0；

③$\delta(t)$ 在全时域积分为 1，即它与时间轴构成的面积为 1，该积分称为冲激函数的强度。

不难看出式(1-16)所定义的 $\delta(t)$ 函数与上述按矩形脉冲信号取极限得到的 $\delta(t)$ 函数定义是一致的。

单位延时冲激信号 $\delta(t-t_0)$ 可表示为

$$\begin{cases} \int_{-\infty}^{+\infty} \delta(t-t_0)\mathrm{d}t = 1 \\ \delta(t-t_0) = 0, \quad t \neq t_0 \end{cases} \qquad (1\text{-}17)$$

(3)冲激函数的导数和积分。

由前面的分析可以看出，单位阶跃信号与单位冲激信号的关系为

$$\delta(t) = \frac{\mathrm{d}\varepsilon(t)}{\mathrm{d}t} \qquad (1\text{-}18)$$

$$\varepsilon(t) = \int_{-\infty}^{t} \delta(x)\mathrm{d}x \qquad (1\text{-}19)$$

冲激函数 $\delta(t)$ 的一阶导数 $\delta'(t)$，可表示为

$$\delta'(t) = \frac{\mathrm{d}\delta(t)}{\mathrm{d}t} \qquad (1\text{-}20)$$

通常称 $\delta'(t)$ 为单位冲激偶函数，如图 1-12 所示。

此外，还可定义 $\delta(t)$ 的 n 阶导数为

$$\delta^{(n)}(t) = \frac{\mathrm{d}^n \delta(t)}{\mathrm{d}t^n}$$

单位冲激信号 $\delta(t)$ 和单位冲激偶函数 $\delta'(t)$ 的积分为

$$\int_{-\infty}^{t} \delta(x)\mathrm{d}x = \varepsilon(t) - \varepsilon(-\infty) = \varepsilon(t)$$

$$\int_{-\infty}^{t} \delta'(x)\mathrm{d}x = \delta(t) - \delta(-\infty) = \delta(t)$$

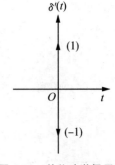

图 1-12 单位冲激偶函数

当 $t \to \infty$ 时，由于 $\varepsilon(\infty)=1$，$\delta(\infty)=0$。由上面两式可得

$$\int_{-\infty}^{+\infty} \delta(t)\mathrm{d}t = 1 \tag{1-21}$$

$$\int_{-\infty}^{+\infty} \delta'(t)\mathrm{d}t = 0 \tag{1-22}$$

对式(1-21)、式(1-22)中的 t 进行变量代换，不难得到

$$\int_{-\infty}^{+\infty} \delta(t-t_0)\mathrm{d}t = 1 \tag{1-23}$$

$$\int_{-\infty}^{+\infty} \delta'(t-t_0)\mathrm{d}t = 0 \tag{1-24}$$

(4) $\delta(t)$ 与普通函数 $f(t)$ 的乘积。

由于在 $t \neq 0$ 时 $\delta(t)=0$，因此

$$f(t)\delta(t) = f(0)\delta(t) \tag{1-25}$$

对式(1-25)两边从 $-\infty$ 到 $+\infty$ 积分，可得

$$\int_{-\infty}^{+\infty} f(t)\delta(t)\mathrm{d}t = \int_{-\infty}^{+\infty} f(0)\delta(t)\mathrm{d}t = f(0) \tag{1-26}$$

同理，可得

$$f(t)\delta(t-t_0) = f(t_0)\delta(t-t_0) \tag{1-27}$$

$$\int_{-\infty}^{+\infty} f(t)\delta(t-t_0)\mathrm{d}t = \int_{-\infty}^{+\infty} f(t_0)\delta(t-t_0)\mathrm{d}t = f(t_0) \tag{1-28}$$

该性质表明，冲激函数具有筛选的性质，即冲激函数 $\delta(t-t_0)$ 从 $f(t)$ 中选出对应时刻函数值 $f(t_0)$。

(5) $\delta'(t)$ 与普通函数 $f(t)$ 的乘积。

由于 $t \neq 0$ 时 $\delta'(t)=0$，因此

$$f(t)\delta'(t) = f(0)\delta'(t) - f'(0)\delta(t) \tag{1-29}$$

证明：

$$\frac{\mathrm{d}[f(t)\delta(t)]}{\mathrm{d}t} = f'(t)\delta(t) + f(t)\delta'(t) = f(0)\delta'(t)$$

$$f(t)\delta'(t) = f(0)\delta'(t) - f'(t)\delta(t) = f(0)\delta'(t) - f'(0)\delta(t)$$

对式(1-29)两边从 $-\infty$ 到 $+\infty$ 积分，可得

$$\int_{-\infty}^{+\infty} f(t)\delta'(t)\mathrm{d}t = \int_{-\infty}^{+\infty} [f(0)\delta'(t) - f'(0)\delta(t)]\mathrm{d}t = -f'(0) \tag{1-30}$$

同理，可得

$$f(t)\delta'(t-t_0)=f(t_0)\delta'(t-t_0)-f'(t_0)\delta(t-t_0) \tag{1-31}$$

$$\int_{-\infty}^{+\infty}f(t)\delta'(t-t_0)\mathrm{d}t=\int_{-\infty}^{+\infty}[f(t_0)\delta'(t-t_0)-f'(t_0)\delta(t-t_0)]\mathrm{d}t=-f'(t_0) \tag{1-32}$$

(6)$\delta(t)$函数的尺度变换。

$$\delta(at)=\frac{1}{|a|}\delta(t) \tag{1-33}$$

$$\delta(at-t_0)=\frac{1}{|a|}\delta\left(t-\frac{t_0}{a}\right)$$

$$\delta^{(1)}(at)=\frac{1}{|a|}\frac{1}{a}\delta^{(1)}(t) \tag{1-34}$$

$$\delta^{(n)}(at)=\frac{1}{|a|}\frac{1}{a^n}\delta^{(n)}(t) \tag{1-35}$$

(7) $\delta(t)$函数的奇偶性。

由式(1-35)，当 $a=-1$ 时，可得

$$\delta^{(n)}(-t)=(-1)^n\delta^{(n)}(t) \tag{1-36}$$

显然，当 n 为偶数时，有

$$\delta^{(n)}(-t)=\delta^{(n)}(t) \tag{1-37}$$

当 n 为奇数时，有

$$\delta^{(n)}(-t)=-\delta^{(n)}(t) \tag{1-38}$$

上述表明单位冲激函数 $\delta(t)$ 的偶阶导数是 t 的偶函数，而其奇阶导数是 t 的奇函数。

例 1-4 计算下列各式：

$(1)y_1(t)=t\dfrac{\mathrm{d}}{\mathrm{d}t}[\mathrm{e}^{-t}\varepsilon(t)]$；

$(2)y_2(t)=\displaystyle\int_{-\infty}^{+\infty}\mathrm{e}^{-t}[\delta(t)+\delta'(t)]\mathrm{d}t$；

$(3)y_3(t)=\displaystyle\int_{-\infty}^{t}(4+\tau^3)\delta(1-\tau)\mathrm{d}\tau$；

$(4)y_4(t)=\displaystyle\int_{-\infty}^{t}(\mathrm{e}^{-\tau}+\tau)\delta\left(\dfrac{\tau}{2}\right)\mathrm{d}\tau$。

解：$(1)y_1(t)=t\dfrac{\mathrm{d}}{\mathrm{d}t}[\mathrm{e}^{-t}\varepsilon(t)]=t[\mathrm{e}^{-t}\delta(t)-\mathrm{e}^{-t}\varepsilon(t)]=-t\mathrm{e}^{-t}\varepsilon(t)$；

$(2)\ y_2(t)=\displaystyle\int_{-\infty}^{+\infty}\mathrm{e}^{-t}[\delta(t)+\delta'(t)]\mathrm{d}t=\int_{-\infty}^{+\infty}\mathrm{e}^{-t}\delta(t)\mathrm{d}t+\int_{-\infty}^{+\infty}\mathrm{e}^{-t}\delta'(t)\mathrm{d}t$

$\qquad=1-(\mathrm{e}^{-t})'\big|_{t=0}=2$；

$(3)y_3(t)=\displaystyle\int_{-\infty}^{t}(4+\tau^3)\delta(1-\tau)\mathrm{d}\tau=\int_{-\infty}^{t}5\delta(1-\tau)\mathrm{d}\tau=5\varepsilon(t-1)$；

$(4)y_4(t)=\displaystyle\int_{-\infty}^{t}(\mathrm{e}^{-\tau}+\tau)\delta\left(\dfrac{\tau}{2}\right)\mathrm{d}\tau=\int_{-\infty}^{t}(\mathrm{e}^{-\tau}+\tau)2\delta(\tau)\mathrm{d}\tau=2\varepsilon(t)$。

6. 抽样信号

抽样信号的定义为

$$f(t) = S_a(t) = \frac{\sin t}{t}, \qquad -\infty < t < +\infty \qquad (1-39)$$

抽样信号的波形如图 1-13 所示，它具有以下性质：

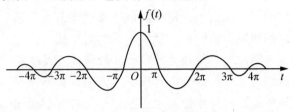

图 1-13 抽样信号

$(1)\ S_a(0) = \lim_{t \to 0} \frac{\sin t}{t} = 1;$

$(2)\ S_a(k\pi) = 0, \qquad k = \pm 1, \pm 2, \cdots;$

$(3)\ \int_{-\infty}^{+\infty} S_a(t)\,\mathrm{d}t = \pi;$

$(4)\ S_a(-t) = S_a(t);$

$(5)\ \lim_{t \to \pm\infty} S_a(t) = 0。$

在通信系统分析中有时也用 $\sin c$ 函数表示，其定义为

$$\sin c = \frac{\sin \pi t}{\pi t} \qquad (1-40)$$

7. 单位斜坡信号

单位斜坡信号 $r(t)$ 的定义为

$$r(t) = \begin{cases} t, & t \geqslant 0 \\ 0, & t < 0 \end{cases} \qquad (1-41)$$

其波形如图 1-14 中直线 a 所示，显然它的导数在 $t=0$ 处不连续。图 1-14 中的直线 b 为 $r(t-t_0)$ 的波形。

$$r(t) = \int_{-\infty}^{t} \varepsilon(x)\,\mathrm{d}x$$

$$\frac{\mathrm{d}r(t)}{\mathrm{d}t} = \varepsilon(t)$$

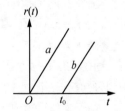

图 1-14 单位斜坡信号

8. 符号函数 sgn(t)

符号函数的定义为

$$\mathrm{sgn}(t) = \begin{cases} -1, & t < 0 \\ 0, & t = 0 \\ 1, & t > 0 \end{cases}$$

$$= 2\varepsilon(t) - 1 \qquad (1-42)$$

9. 矩形脉冲信号（也称门函数）

矩形脉冲信号是宽度为 τ、幅值为 1 的函数，如图 1-15 所示，可以表示为

$$G_\tau(t)=\left[\varepsilon\left(t+\frac{\tau}{2}\right)-\varepsilon\left(t-\frac{\tau}{2}\right)\right]=\begin{cases}1, & -\frac{\tau}{2}<t<\frac{\tau}{2} \\ 0, & \text{其他}\end{cases} \tag{1-43}$$

在信号分析与处理中，正弦信号、复指数信号和组成谐波关系的信号都起着十分重要的作用，它们是信号基本的构造单元，同时是线性系统的特征信号，因此是对信号进行频谱分析和计算系统频率响应的重要工具。特别是复指数信号用起来更为方便，这不仅因为它比三角函数的运算更简洁，而且还因为它在计算上具有下面的特点。

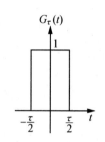

图 1-15　矩形脉冲信号

在连续信号处理中采用复指数信号，可以把微分和积分运算转换为乘法和除法运算。假设 $f(t)=\mathrm{e}^{j\omega t}$，则有

$$\frac{\mathrm{d}f(t)}{\mathrm{d}t}=\frac{\mathrm{d}}{\mathrm{d}t}\mathrm{e}^{j\omega t}=j\omega\mathrm{e}^{j\omega t}=j\omega f(t) \tag{1-44}$$

$$\int f(t)\mathrm{d}t=\int \mathrm{e}^{j\omega t}\mathrm{d}t=\frac{1}{j\omega}\mathrm{e}^{j\omega t}=\frac{1}{j\omega}f(t) \tag{1-45}$$

如果在离散时间信号处理中采用复指数序列，也可以通过乘法运算实现序列的时移。

1.2　信号的基本运算

信号通过系统后，系统对信号进行运算和变换，信号的基本运算包括信号的相加、相乘、微分、积分、反褶、平移、尺度变换、倒相。

1.2.1　相加与相乘

信号之间的相加、相乘运算在信号处理中的应用是最多的，如要把我们看到的或听到的信号 $f(t)$ 从一个地方输送到另一个地方，对 $f(t)$ 的处理中很重要的一步是将其与另一个高频载波信号 $s(t)$ 相乘（称为调制）。有用信号 $f(t)$ 在传输过程中容易受到外界不良信号 $n(t)$ 的干扰，这种干扰的过程通常是相加的，即 $f(t)+n(t)$，其结果很常见，如收听电台时有杂音，看电视时图像有时不清楚，这都是对连续信号 $f(t)$ 的影响。

两个连续信号相加（相乘），称为信号的相加（相乘）运算。它在任意时刻的瞬时值等于两个信号在该时刻的瞬时值的代数和（积）。连续信号相加（相乘）运算可分别表示为

$$f(t)=f_1(t)+f_2(t) \tag{1-46}$$

$$p(t)=f_1(t)f_2(t) \tag{1-47}$$

标量乘法为

$$f(t)=af_1(t) \tag{1-48}$$

图 1-16 为连续信号相加与相乘的示意图。

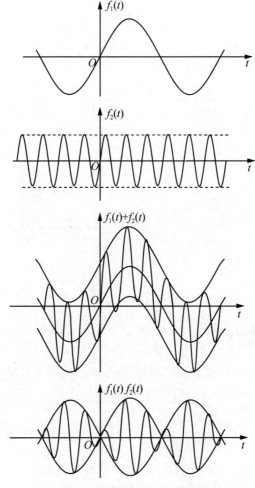

图 1-16 连续信号相加与相乘示意图

例 1-5 信号 $f_1(t)$ 和 $f_2(t)$ 的波形如图 1-17(a)和图 1-17(b)所示，试求 $f_1(t)+$ $f_2(t)$ 和 $f_1(t)f_2(t)$ 的波形，并写出其表达式。

解： 信号 $f_1(t)$ 和 $f_2(t)$ 的表达式为

$$f_1(t)=\begin{cases}0, & t<0 \\ t, & 0\leqslant t\leqslant 1 \\ 0, & t>1\end{cases} \qquad f_2(t)=\begin{cases}0, & t<0 \\ 1, & t\geqslant 0\end{cases}$$

$f_1(t)+f_2(t)$ 的表达式为

$$f_1(t)+f_2(t)=\begin{cases}0, & t<0 \\ t+1, & 0\leqslant t\leqslant 1 \\ 1, & t>1\end{cases}$$

$f_1(t)f_2(t)$ 的表达式为

$$f_1(t)f_2(t)=\begin{cases}0, & t<0\\ t, & 0\leqslant t\leqslant 1\\ 0, & t>1\end{cases}$$

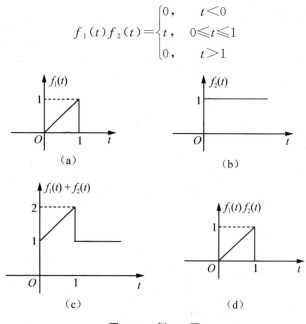

图 1-17　例 1-5 图

1.2.2　微分与积分

连续信号的微分、积分可分别用微分器、积分器来实现，其定义如下：

微分：
$$y(t)=f^{(1)}(t)=\frac{\mathrm{d}}{\mathrm{d}t}f(t) \tag{1-49}$$

积分：
$$y(t)=f^{(-1)}(t)=\int_{-\infty}^{t}f(\tau)\mathrm{d}\tau \tag{1-50}$$

信号 $f(t)$ 经微分后强化了变化速度，其波形轮廓变得尖锐，尤其是 $f(t)$ 如果有跃变，微分后会出现冲激，跃变的幅度就是冲激的强度。在图像处理中，一种常用的边缘提取算子就是利用微分算子提取图像的边缘轮廓。与微分相反，积分使信号的轮廓变得平缓。所以积分运算可以帮助去除声音信号的噪声和做图像信号的平滑处理。

1.2.3　反褶、平移、尺度变换与倒相

信号的反褶、平移、尺度变换、倒相是信号最基本的运算。

1. 信号的反褶

将信号 $f(t)$ 的自变量置换成 $-t$，其函数值不变，就得到另一个信号 $f(-t)$。这种变换称为信号的反褶或信号的反转。其几何含义是将信号以纵坐标为轴反转 $180°$，如图 1-18 所示。

2. 信号的平移

平移也称移位。对于连续信号，若信号 $f(t)$ 表达式的自变量 t 换为 $t-t_0$，则 $f(t-t_0)$

相当于信号波形在时间轴上的整体移动。若 $t_0>0$，则波形向右平移 t_0 时间；若 $t_0<0$，则波形向左平移 $|t_0|$ 时间，如图 1-19 所示。

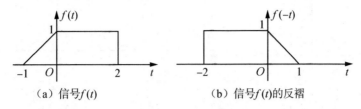

（a）信号 $f(t)$　　　　　　　（b）信号 $f(t)$ 的反褶

图 1-18　信号的反褶

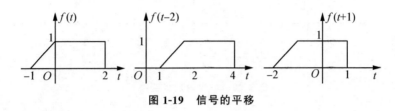

图 1-19　信号的平移

当信号通过多种不同路径传输时，信号所用的传输时间不同，因而产生延时的现象。如电视台发射的电波信号，经接收天线附近的建筑物反射再传送到天线的信号，就比直接传输到天线的信号在时间上要滞后，从而造成重影现象。在雷达、声呐及地震探矿中接收的信号也比发射的信号要延迟一段时间。这些都可以看作信号在时间上的延迟。

3. 信号的尺度变换

尺度变换可分为幅度尺度变换和时间尺度变换。幅度尺度变换又称为幅度缩放，表现为对原信号的放大或缩小，如 $f_1(t)=2f(t)$ 表示信号 $f_1(t)$ 把原信号 $f(t)$ 的幅度放大了 1 倍；$f_1(t)=\dfrac{1}{2}f(t)$ 表示信号 $f_1(t)$ 把原信号 $f(t)$ 的幅度缩小了 1/2。

时间尺度变换是将信号 $f(t)$ 的自变量 t 乘正实系数 a，则信号波形 $f(at)$ 将是波形 $f(t)$ 的压缩或扩展。这种运算称为时间轴的尺度变换或尺度倍乘。若 $a>1$，则信号 $f(at)$ 将原信号 $f(t)$ 以原点为基准，沿横轴压缩到原来的 $\dfrac{1}{a}$；若 $0<a<1$，则 $f(at)$ 表示将 $f(t)$ 沿横轴展宽至 $\dfrac{1}{a}$；若 $a<0$，则 $f(at)$ 表示将 $f(t)$ 的波形反转并压缩或展宽至 $\dfrac{1}{|a|}$。图 1-20 为尺度变换的示例。

若 $f(t)$ 是已录制声音的磁带，则 $f(-t)$ 表示将此磁带倒转播放产生的信号，而 $f(2t)$ 是此磁带以两倍速度加快播放的结果，$f\left(\dfrac{t}{2}\right)$ 表示原磁带放音速度降至一半产生的信号。

信号 $f(at+b)$ 的波形可以通过对信号 $f(t)$ 的平移、反褶和尺度变换获得。

例 1-6　信号 $f(t)$ 的波形如图 1-21(a) 所示，画出信号 $f(-2t+2)$ 的波形。

解：将信号 $f(t)$ 左移得 $f(t+2)$，其波形如图 1-21(b) 所示；然后反褶得 $f(-t+2)$，

如图 1-21(c)所示；再进行尺度变换得 $f(-2t+2)$，如图 1-21(d)所示。

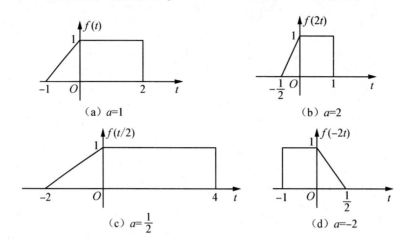

图 1-20　信号的尺度变换

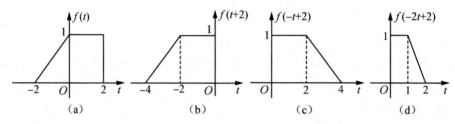

图 1-21　例 1-6 图

改变上述运算的顺序，如先求 $f(-t)$ 或先求 $f(2t)$，最终也会得到相同的结果。

例 1-7　已知 $f(5-2t)$ 的波形如图 1-22 所示，试画出 $f(t)$ 的波形。

解：(1)时移：如图 1-23(a)，因为 $5-2\left(t+\dfrac{5}{2}\right)=-2t$，

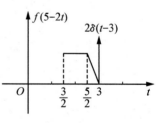

图 1-22　$f(5-2t)$ 的波形

故以 $t+\dfrac{5}{2}$ 代替 t，而求得 $-2t$，即 $f(5-2t)$ 左移 $\dfrac{5}{2}$。

(2)反褶：如图 1-23(b)，$f(-2t)$ 中以 $-t$ 代替 t，可求得 $f(2t)$，表明 $f(-2t)$ 的波形以纵轴为中心线反褶，注意 $\delta(t)$ 是偶函数，故

$$2\delta\left(-t-\frac{1}{2}\right)=2\delta\left(t+\frac{1}{2}\right)$$

(3)尺度变换：如图 1-23(c)，以 $\dfrac{1}{2}t$ 代替 $f(2t)$ 中的 t，所得的 $f(t)$ 波形就是将 $f(2t)$ 波形在时间轴上扩展 2 倍。

需要注意的是，每次运算都是对变量 t 而言，在用 at 置换 $f(t)$ 中的 t 时，必须同时将 $f(t)$ 定义域中的 t 也置换为 at。

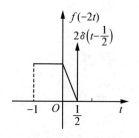
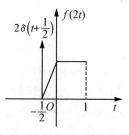
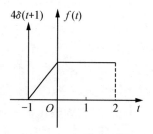

（a）由$f(5-2t)$时移得到$f(-2t)$　（b）由$f(-2t)$反褶得到$f(2t)$　（c）由$f(2t)$尺度变换得到$f(t)$

图 1-23　$f(t)$的求解过程

4. 倒相

倒相也称为反相。设信号$f(t)$的波形如图1-24（a）所示，将$f(t)$的波形以横轴（时间t轴）为对称轴翻转$180°$，即得到倒相信号$-f(t)$，其波形如图1-24（b）所示。可见信号进行倒相时，横轴（时间t轴）上的值不变，仅是纵轴上的值改变了正负号，正值变成了负值，负值变成了正值。

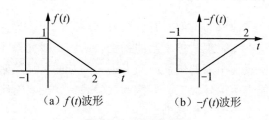

（a）$f(t)$波形　　　　（b）$-f(t)$波形

图 1-24　$f(t)$的倒相

1.3　系统的概念与性质

变化的信号不是孤立存在的，信号总是在系统中产生，又在系统中不断传递、变换和运算。系统的特性，需要通过信号来测试。系统这个概念不仅包括宇宙航天系统、通信系统、控制系统、计算机系统以及由各种元件组成的多种类型电路，还包括各种非物理系统、人工系统以及自然系统。

连续的或离散的动态系统，按其基本特性可分为线性的和非线性的、时变的和时不变的、因果的和非因果的、稳定的和不稳定的系统等。本书主要讨论线性时不变（linear time invariant，LTI）系统。

▶ 1.3.1　系统的定义

系统是一个十分广泛的概念，从广义上讲，系统是由若干相互依赖、相互作用的事物组合而成的具有特定功能的整体。它广泛地存在于我们日常生活的各个方面。它可以是物理的，如通信系统、计算机控制系统、机械系统、导航系统等；也可以是非物理的，如政府管理系统、教育系统等。系统可以简单到一个电阻或一个细胞，甚至基本粒子，也可复杂到人体、全球通信网，乃至整个宇宙。本书讨论的是物理系统，能够完成对信号传输、处理、存储、运算、变换与再现。

在信号分析与处理领域中所研究的系统一般不是指应用中的一个具体系统，而是如图 1-25 所示的抽象系统。系统被定义成将一个信号（称为输入信号或激励）转换成另一个信号（称为输出信号或响应）的任何物理设备或算法。当系统只是一个算法时，它可以用硬件或软件实现。因此，在这样一个分析和研究模式下的系统是一个和信号密切相关、用数学方法描述的抽象系统。

图 1-25　系统框图

如果系统的输入输出信号为标量，那么此系统称为单输入单输出（SISO）系统；如果系统的输入输出信号为向量，那么此系统称为多输入多输出（MIMO）系统。单输入多输出（SIMO）系统和多输入单输出（MISO）系统也按照类似的方式定义。如果一个系统的输入和输出都是连续时间信号，那么此系统称为连续时间系统；如果一个系统的输入和输出都是离散时间信号，那么此系统称为离散时间系统。

▶ 1.3.2　系统的描述及分类

不同的物理系统，经过抽象和近似，有可能得到形式上完全相同的数学模型，也就是说同一数学模型可以描述物理表现截然不同的系统，所以在研究系统时往往注重它在实现信号加工和处理过程中所表现出来的属性，而不去关心它的具体物理组成。这使我们能够对系统进行抽象化，用能表达信号加工、变换的数学表达式或具有理想特性的符号和组合图形来描述系统，这就是系统的数学模型。

一般来说，我们所建立的系统模型只能是近似的模型，因为系统模型的建立是有一定条件的，对同一个物理系统，在不同条件下，可以得到不同的数学模型。以电子线路为例，在中低频范围内，采用简化的集总参数模型，由于在线圈、电容中损耗很小，寄生参量往往忽略，系统由理想元件构成。然而，随着工作频率的升高，就需要考虑分布电容、引线电感和损耗等电路中的寄生参量，这时就需要采用分布参数模型。另外，同一模型也可以描述物理表现截然不同的系统，如电学系统、力学系统、生物系统等都可以用同样的模型来描述。

系统数学模型通常可以分为两大类。一类是外部法，这种方法只着眼于系统的输入与输出关系，把系统看成一个"黑匣子"，不关心系统内部的变化情况，仅用输入信号和输出信号之间满足的数学关系来描述，或者说只反映系统的外特性，称为输入输出模型。另一类是内部法，这种方法把系统的输入和输出信号与系统内部的状态变量建立联系，不仅反映系统的外部特性，而且更着重描述系统的内部状态，称为状态空间模型，通常由状态方程和输出方程描述。对于单输入单输出系统，通常采用输入输出模型，而对于具有多个输入信号、多个输出信号的多变量系统，或诸如具有非线性关系的复杂系统，往往采用状态空间模型。

数学上，对于图 1-25 所定义的系统，可以看作输入信号向输出信号的一个映射变换。若用 $T[\ ]$ 来表示这种映射，则一个连续时间系统是将一个连续时间的输入信号变换为

一个连续时间的输出信号

$$y(t) = T[f(t)] \tag{1-51}$$

同样，一个离散时间系统是将离散时间输入变换为离散时间输出

$$y(k) = T[f(k)] \tag{1-52}$$

在系统数学模型基础上对系统的研究包括两方面的内容，即系统分析和系统综合。所谓系统分析，就是在系统给定的情况下，研究系统对输入信号所产生的响应，并由此获得关于系统功能和特性的认识。它基于给定系统的特定功能体现在系统的输入信号和输出信号的关系上。而所谓系统综合，则是已知系统的输入信号及对输出信号具体要求下，通过调整系统中可变部分的结构和参数，以获得所要求的输出信号，它基于这样一个事实：信号的改变都通过某种特定系统来实现。本书主要讨论系统分析的最一般原理和方法。

根据系统数学模型的差异，将系统划分如下：

(1) 连续时间系统和离散时间系统。若系统的输入和输出都是连续时间信号，且内部也未转换为离散信号，则此系统为连续时间系统。若系统的输入输出都是离散时间信号，则称此系统为离散时间系统。连续时间系统的数学模型是微分方程，离散时间系统的数学模型是差分方程。

(2) 即时系统和动态系统。如果系统的输出信号只取决于同时刻的激励信号，与过去的工作状态无关，那么称此系统为即时系统(或无记忆系统)。例如，只由电阻元件组成的系统就是即时系统。如果系统的输出信号不仅取决于同时刻的激励信号，而且与它过去的工作状态有关，那么这种系统称为动态系统(或记忆系统)。凡是包含记忆功能的元件(如电容、电感、磁芯等)或记忆电路(如寄存器)的系统都属于动态系统。即时系统可用代数方程描述，动态系统的数学模型则是微分方程或者差分方程。

(3) 集总参数系统和分布参数系统。只由集总参数元件组成的系统称为集总参数系统。含有分布参数元件的系统称为分布参数系统(如传输线、波导等)。集总参数系统用常微分方程作为它的数学模型。分布参数系统的数学模型是偏微分方程，这时描述系统的独立变量不仅是时间变量，还要考虑空间位置。

(4) 线性系统与非线性系统。具有叠加性与均匀性(也称齐次性)的系统称为线性系统。不满足叠加性与均匀性的系统称为非线性系统。

(5) 时变系统与时不变系统。如果系统的参数不随时间变化而变化，那么称此系统为时不变系统(或非时变系统、定常系统)。如果系统的参数随时间改变，那么称其为时变系统(或参变系统)。

▶ 1.3.3 系统性质

系统性质主要有记忆性、因果性、稳定性、可逆性、时不变性、线性等，其中需要重点掌握的是系统的因果性、稳定性、时不变性、线性。

1. 记忆性

如果系统的输出只与该时刻的输入有关，而与别的时刻值和系统状态无关，那么该系统就称为无记忆系统或即时系统。如果系统在任一时刻的输出不仅与该时刻的输入有关，

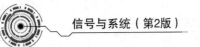

还与系统过去的输入或状态有关，那么认为该系统是有记忆的，称为动态系统。一个无记忆系统的例子是电阻器，因为电阻器两端某时刻的电压值完全由该时刻流过电阻 R 的电流决定，即

$$u_R(t)=T[i_R(t)]=Ri_R(t)$$

另一个例子是

$$y(t)=T[f(t)]=af^3(t)+bf^2(t)+cf(t)$$

一个有记忆系统的例子是

$$y(k)=T[f(k)]=af(k)+\sum_{k=-\infty}^{+\infty}bf(k)$$

2. 因果性

激励是产生系统响应的原因，响应是激励作用的结果，响应不会出现在激励作用之前，具有这种因果特性关系的系统称为因果系统，否则为非因果系统。即：设输入信号在 $t<t_0$ 时恒等于 0，则因果系统的输出信号在 $t<t_0$ 时也必然等于 0；对于离散时间系统，设输入信号在 $k<k_0$ 时恒等于 0，则因果系统的输出信号在 $k<k_0$ 时也必然等于 0。

例如，如果系统 1 的输入输出关系方程为

$$y_1(t)=f(t)+f(t-1)$$

那么此系统是因果系统。因为系统在某时刻 t_0 的输出信号

$$y_1(t_0)=f(t_0)+f(t_0-1)$$

表明当前输出取决于当前的输入和单位时间以前的输入信号，响应在激励之后发生，符合因果关系。

又如，如果系统 2 的输入输出关系方程为

$$y_2(t)=f(t+1)+f(t-1)$$

那么此系统是非因果系统，因为设系统在某时刻 $t_0=0$ 时的输出信号 $y_2(t_0)=y_2(0)$，则有

$$y_2(0)=f(1)+f(-1)$$

表明当前输出不仅取决于观察时间以前的输入信号 $f(-1)$，还与观察时间之后的输入信号 $f(1)$ 有关，即与超前的激励有关，出现响应在前、激励在后的现象，不符合因果系统的特点。

对于因果系统，借"因果"这一词，常把 $t<0$ 时，函数值为 0 的信号定义为因果信号，或称为有始信号。在因果信号作用下，系统的响应也是因果信号。

3. 稳定性

如果一个系统对任何绝对有界输入 $|f(t)|<K_0$（其中 $K_0<\infty$），其输出 $|y(t)|<K_1$（其中 $K_1<\infty$）也是绝对有界的，那么称这个系统是稳定系统，也可称该系统为有界输入有界输出（bounded-input bounded-output，BIBO）的稳定系统。

例如：

$$y(t)=\int_{-\infty}^{t}f(\tau)\mathrm{d}\tau \qquad (1-53)$$

式(1-53)所示的系统是不稳定的，因为对于一个有界的输入 $f(t)=\varepsilon(t)$，得到的是一个无界的输出 $y(t)=t$（当 $t>0$ 时）。

又如：

$$y(k)=\frac{1}{2M+1}\sum_{n=-M}^{M}f(k-n) \tag{1-54}$$

式(1-54)所示的系统是稳定的，因为它是有界 $f(k)$ 的有限个数值求和。$y(k)$ 代表该组数值的均值，它是有界的。

稳定性是系统固有的特性之一，系统的稳定与否与激励信号的情况无关。根据研究问题的类型和角度不同，系统的稳定性定义有不同形式，涉及内容也相当丰富，本书的后续章节将对此做进一步的探讨。

4. 可逆性

如果一个系统对不同的输入信号产生不同的输出信号，即系统的输入输出信号成一一对应关系，那么称该系统是可逆的，否则就是不可逆系统。

一个系统与另一个系统级联后构成一个恒等系统，则该系统是可逆的，与它级联的系统称为该系统的逆系统。一个系统，如果能找到它的逆系统，那么该系统一定是可逆的。

例如，$y(t)=2f(t)$，$y(k)=\sum_{k=-\infty}^{n}f(k)$ 是可逆系统，因为它们的逆系统分别是 $z(t)=0.5f(t)$，$z(k)=y(k)-y(k-1)$。

在实际应用中，可逆性和可逆系统有着十分重要的意义。许多信号处理问题，最后都希望能从被处理或变换后的信号中恢复出原信号。例如，通信系统中发送端的编码器、调制器等都应是可逆的，以便在接收端用相应的解码器、解调器等逆系统还原发送端的原信号。

5. 时不变性

对于一个系统，如果其输入信号在时间上有一个任意的平移，导致输出信号仅在时间上产生一个相同的平移，且对输出没有产生任何特征（形状）上的变化，那么该系统称为时不变（或移不变）系统，否则就是时变系统。时不变系统的参数都是常数。

连续时不变系统：若系统输入为 $f(t)$ 时的输出为 $y(t)$，则当输入为 $f(t-t_0)$ 时的输出为 $y(t-t_0)$，即可表示为

$$T[f(t-t_0)]=y(t-t_0) \tag{1-55}$$

离散时不变系统：若系统输入为 $f(k)$ 时的输出为 $y(k)$，则当输入为 $f(k-k_0)$ 时的输出为 $y(k-k_0)$，即表示为

$$T[f(k-k_0)]=y(k-k_0) \tag{1-56}$$

图 1-26 画出了时不变连续系统的示意图。可以采用信号先经系统再时移与信号先时移再经系统是否相等来判断系统的时变性，若信号先经系统再时移与信号先时移再经系统结果相等，则该系统是时不变系统，否则是时变系统。

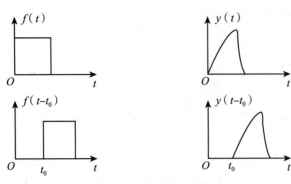

图 1-26　系统的时不变性

例 1-8　某系统的输入输出方程为 $y(t)=f(2t)$，试判断该系统是否为时不变系统。

解：已知

$$y(t)=T[f(t)]=f(2t)$$

将输入信号时移，即

$$f_1(t)=f(t-t_d)$$

时移后的输入信号经过系统，输出为

$$y_{f1}(t)=T[f_1(t)]=f_1(2t)=f(2t-t_d)$$

信号先经系统再时移为

$$y(t-t_d)=T[f(t-t_d)]=f[2(t-t_d)]$$

由此可以看出

$$y_{f1}(t)\neq y(t-t_d)$$

故该系统是时变系统。因为该系统代表一个时间上的尺度压缩，任何输入信号在时间上的延迟都会受到这种尺度改变的影响。

例 1-9　试判断下列系统是否为时不变系统。

(1) $y(t)=tf(t)$；

(2) $y(k)=kf(k)$；

(3) $y(k)=f(k)-f(k-2)$。

解：(1) 设 $f_1(t)=f(t-\tau)$，则 $y_1(t)=tf(t-\tau)$

根据数学推导可以验证 $y(t-\tau)=(t-\tau)f(t-\tau)$

显然，$y_1(t)\neq y(t-\tau)$，所以该系统是时变系统。

(2) 设 $f_1(k)=f(k-k_0)$，则 $y_1(k)=kf_1(k)=kf(k-k_0)$

根据数学推导可以验证 $y(k-k_0)=(k-k_0)f(k-k_0)$

显然，$y_1(k)\neq y(k-k_0)$，所以该系统是时变系统。

(3) 设 $f_1(k)=f(k-k_0)$，则 $y_1(k)=f_1(k)-f_1(k-2)=f(k-k_0)-f(k-k_0-2)$

根据数学推导可以验证 $y(k-k_0)=f(k-k_0)-f(k-k_0-2)$

显然，$y_1(k)=y(k-k_0)$，所以该系统是时不变系统。

6. 线性

同时满足叠加性和齐次性的系统称为线性系统，否则为非线性系统。

所谓叠加性是指当多个激励信号作用于系统时，系统的总响应等于各个激励信号单独作用时所产生的响应之和。齐次性是指如果系统的输入激励增大为原来的 a 倍，系统的响应也增大为原来输出响应的 a 倍。

对于连续时间系统，若 $y_1(t) = T[f_1(t)]$，$y_2(t) = T[f_2(t)]$，有

$$ay_1(t) + by_2(t) = T[af_1(t) + bf_2(t)] \tag{1-57}$$

则称系统是线性的。

同样，对于离散系统，若 $y_1(k) = T[f_1(k)]$，$y_2(k) = T[f_2(k)]$，有

$$ay_1(k) + by_2(k) = T[af_1(k) + bf_2(k)] \tag{1-58}$$

则称系统是线性的。

系统是否为线性系统可以这样判断：信号先经系统再线性运算的结果与信号先线性运算再经系统的结果相等则为线性系统，反之为非线性系统。

1.4 线性时不变系统

既具有线性又具有时不变性的系统，称为线性时不变系统，简称 LTI 系统。线性时不变系统的分析具有重要意义。在实际应用中不仅常遇到 LTI 系统的问题，而且有许多时变线性系统或非线性系统问题在一定条件下遵从 LTI 系统的规律，从而能运用 LTI 系统的方法进行研究。另外，LTI 系统是最简单、最基本的一种系统，它具有良好的特性，分析综合时较为方便，目前已有一套严密、完整且十分有效的分析方法，故本书主要讨论 LTI 系统。

1.4.1 线性时不变系统数学描述及其特性

前面介绍，系统在数学上可表示为输入信号与输出信号之间的一种映射关系。对于线性时不变系统这种映射关系，连续系统一般用激励和响应信号及各阶导数线性组合而成的常系数微分方程来描述，离散系统用常系数差分方程描述。方程建立在基本物理规律或设计要求的基础上，使之完成所期望的运算。对于 n 阶连续系统，描述它的 n 阶线性常系数微分方程为

$$\sum_{i=0}^{n} a_i \frac{\mathrm{d}^i y(t)}{\mathrm{d}t^i} = \sum_{j=0}^{m} b_j \frac{\mathrm{d}^j f(t)}{\mathrm{d}t^j} \tag{1-59}$$

对于 n 阶离散系统，描述它的 n 阶常系数差分方程为

$$\sum_{i=0}^{n} a_i y(k-i) = \sum_{j=0}^{m} b_j f(k-j) \tag{1-60}$$

注意，上面描述的系统通常包含一些记忆（能量存储）元件，是线性时不变的动态系统，即动态系统的响应不仅取决于系统的激励 $\{f(\cdot)\}$，而且与系统的初始状态有关。为了简便，不妨设初始时刻为 $t = t_0 = 0$ 或 $k = k_0 = 0$。系统在初始时刻的状态用 $x(0)$ 表示，如果系统有多个初始状态 $x_1(0)$，$x_2(0)$，$\cdots$，$x_n(0)$，简记为 $\{x(0)\}$。这样，动态系统在任意时刻 $t \geqslant 0$（或 $k \geqslant 0$）的响应 $y(\cdot)$ 可以由初始状态 $\{x(0)\}$ 和 $[0, t]$ 或 $[0, k]$ 上的激励 $\{f(\cdot)\}$ 完全确定。初始状态可以看作系统的另一种激励，这样，系统的响应将取决于两种不同的激励：输入信号 $\{f(\cdot)\}$ 和初始状态 $\{x(0)\}$。根据线性性质，线性系统的响应是

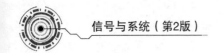

$\{f(\cdot)\}$与$x(0)$单独作用所引起的响应之和。

若令输入信号全为0，仅由初始状态$x(0)$引起的响应为零输入响应（zero input response），用$y_{zi}(\cdot)$表示。令初始状态全为0，仅由输入信号$\{f(\cdot)\}$引起的响应为零状态响应（zero state response），用$y_{zs}(\cdot)$表示。则线性系统的完全响应为

$$y(\cdot) = y_{zi}(\cdot) + y_{zs}(\cdot) \tag{1-61}$$

式(1-61)表明，线性系统的全响应可分解为零输入响应和零状态响应两个分量，线性系统的这一性质，称为分解特性。

可以看出，这类系统整体不满足齐次性与可加性，但系统具有分解性且同时具有零输入线性与零状态线性，可以证明这类系统输出的增量与输入的增量之间具有线性关系（齐次性、可加性），有时把满足这一特性的系统称为增量线性系统。

线性时不变系统除了满足上面的性质外，还具有微分（差分）性和积分（累加）性。

性质 1：若连续线性时不变系统输入为$f(t)$，则输出为$y(t)$，即输入输出关系可以表示为$f(t) \rightarrow y(t)$，输入为$\dfrac{\mathrm{d}f(t)}{\mathrm{d}t}$和$\displaystyle\int_{-\infty}^{t} f(\tau)\mathrm{d}\tau$时，其输入输出可以表示为

$$\frac{\mathrm{d}f(t)}{\mathrm{d}t} \rightarrow \frac{\mathrm{d}y(t)}{\mathrm{d}t} \tag{1-62}$$

$$\int_{-\infty}^{t} f(\tau)\mathrm{d}\tau \rightarrow \int_{-\infty}^{t} y(\tau)\mathrm{d}\tau \tag{1-63}$$

性质 2：若离散线性时不变系统输入输出关系为$f(k) \rightarrow y(k)$，则满足差分性和累加性，可表示为

$$\Delta f(k) \rightarrow \Delta y(k) \tag{1-64}$$

$$\sum_{k=-\infty}^{n} f(k) \rightarrow \sum_{k=-\infty}^{n} y(k) \tag{1-65}$$

例 1-10 判断下列系统是否为线性系统。

(1) $y(t) = 3x(0) + 2f(t) + x(0)f(t) + 1$；

(2) $y(t) = 4x^2(0) + 2f(t)$；

(3) $y(t) = 2f(t) + 3$。

解：(1) $y_{zs}(t) = 2f(t) + 1$[由于是零状态响应，因此$x(0) = 0$]，$y_{zi}(t) = 3x(0) + 1$[由于是零输入响应，因此$f(t) = 0$]。

显然，$y(t) \neq y_{zi}(t) + y_{zs}(t)$，不满足可分解性，故为非线性系统。

(2) $y_{zs}(t) = 2f(t)$，$y_{zi}(t) = 4x^2(0)$。

显然，$y(t) = y_{zi}(t) + y_{zs}(t)$ 满足可分解性，$y_{zs}(t)$满足零状态线性，但是$y_{zi}(t)$不满足零输入线性，故为非线性系统。

(3) $y_{zs}(t) = 2f(t)$，$y_{zi}(t) = 3$，显然满足可分解性，故为线性系统。

对于增量系统还可以通过系统输出的差和输入的差的关系是否满足线性关系来判断。例如，例 1-10 中的(3)

$$f_1(t) \rightarrow y_1(t) = 2f_1(t) + 3$$

$$f_2(t) \rightarrow y_2(t) = 2f_2(t) + 3$$

令 $\qquad \Delta f(t)=f_2(t)-f_1(t)$

可得 $\qquad \Delta y(t)=y_2(t)-y_1(t)=[2f_2(t)+3]-[2f_1(t)+3]=2\Delta f(t)$

可见上式既满足齐次性又满足可加性，所以是线性系统。

1.4.2　系统的方框图和流图表示

把一个实际系统抽象为数学模型，便于用数学方法进行分析。另外，还可借助简单而易于实现的物理装置，用实验的方法来观察和研究系统参数和输入信号对于系统响应的影响。此时，需要对系统进行模拟。系统模拟（system simulation）不需要仿制实际系统，只需数学意义上的等效，使模拟系统与实际系统具有相同的数学表达式。系统常用方框图或流程图来模拟。

系统方框图实现，是指用一些基本的功能部件，经过合适的相互连接，以实现微分（差分）方程或系统函数描述系统功能。LTI 连续时间系统一般用加法器、标量乘法器（放大器）和积分器三种基本的运算器来模拟。LTI 离散时间系统的基本实现部件为加法器、乘法器和延时器。关于系统的框图和流图在后面章节里还将详细介绍。

1.4.3　信号与线性时不变系统分析方法概述

信号与系统是为完成某一特定功能而相互作用、不可分割的统一整体。为了有效地应用系统传输和处理信息，就必须对信号、系统自身的特性以及信号特性与系统特性之间的相互匹配等问题进行深入研究。这里简要介绍信号与系统的分析方法，以便读者对信号与系统的分析方法能有初步的了解。

所谓信号分析，就是通过解析方法或测试方法找出不同信号的特征，从而了解其特性，掌握它随时间或频率变化的规律过程。将一个复杂信号分解成若干简单信号的分量之和，或者用有限的一组参量去表示一个复杂的波形信号，并由这些分量组成情况或者这组参量去考察信号的特性。信号的分解可以在时域、频域或变换域中进行，对应信号分析的时域分析法、频域分析法和变换域分析法。

系统分析主要研究系统的描述、特性和分析对指定激励所产生的响应。本书仅限于对LTI 系统分析的研究，其理论基础是信号的分解特性与系统的线性、时不变性。出发点是：激励信号可以分解为若干基本信号的线性组合；系统对激励所产生的零状态响应是系统对各基本信号分别激励下响应的叠加。这形成了 LTI 系统的时域分析（卷积积分、卷积和法）、频域分析（傅里叶分析）与变换域分析（拉普拉斯变换法、z 变换法）。

时域分析法是直接分析时间变量的函数，研究系统的时域特性。对于输入输出描述的数学模型，可求解线性常系数微分方程或差分方程。对于状态变量描述的数学模型，则需求解矩阵方程。在线性系统时域分析法中，卷积方法非常重要，不管是连续系统中的卷积还是离散系统中的卷积和，都为分析线性系统提供了简单而有效的方法，本书将详细讨论这种方法。

频域分析法是利用频域函数分析系统问题的方法，或称傅里叶分析法。频域分析是在频率域内进行的，是信号分析和处理的有效工具。

变换域分析法是将信号与系统的时间变量函数变换成相应变换域的某个变量函数。例如，傅里叶变换（FT）是以频率作为变量的函数来研究系统的频率特性；拉普拉斯变换（LT）与 z 变换（ZT）则注重研究零点与极点分布，对系统进行 s（复频率）域和 z 域分析。变换域分析法可以将分析中的微分方程或差分方程转换为代数方程，或将卷积积分与卷积和转换为乘法运算，使信号与系统分析的求解过程变得简单而方便。

系统分析的主要任务是分析给定系统在激励作用下产生的响应。其分析过程包括建立系统模型，用数学方法求解由系统模型建立的系统方程，求得系统的响应。必要时，对求解结果给出物理解释，赋予一定的物理意义。就本书所研究 LTI 系统而言，由输入输出模型建立的系统方程是一个线性常系数微分方程或差分方程，由状态空间模型建立的状态方程是一阶线性常系数微分方程组或差分方程组，输出方程是一组代数方程。

综上所述，LTI 系统分析的理论基础是信号的分解特性和系统的线性、时不变性。实现系统分析的统一观点和方法是：激励信号可以分解为众多基本信号单元的线性组合；系统对激励所产生的零状态响应是系统对各基本信号单元分别作用时相应响应的叠加；不同的信号分解方式将导致不同的系统分析方法。

根据信号与系统的不同分析方法，本书内容按照这样的方式依次展开讨论：先确定信号通过线性系统，后随机信号通过线性系统；先输入输出分析，后状态空间分析；先连续系统分析，后离散系统分析；先时域分析，后变化域分析；先信号分析，后系统分析。作为"信号与系统"课程的主体内容，连续系统分析理论与离散系统分析理论之间，既保持体系上的相对独立，又体现了内容上的并行特点。本书希望在全面系统地介绍"信号与系统"课程理论体系的同时，能够进一步揭示出各种分析方法之间的内在联系和本质上的统一性。

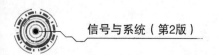 *1.5　MATLAB 实现信号运算与尺度变换

MATLAB 是美国 MathWorks 公司开发的一种功能极其强大的高技术计算语言和内容极其丰富的软件库。它以矩阵和向量的运算以及运算结果的可视化为基础，把广泛应用于各个学科领域的数值分析、矩阵计算、函数生成、信号、图形及图像处理、建模与仿真等诸多强大功能集成在一个便于用户使用的交互式环境之中，为使用者提供了一个高效的编程工具及丰富的算法资源。有关 MATLAB 的使用以及各种工具箱函数的功能请参考 MATLAB 相关教材与资料。

1.5.1　信号函数调用

在 MATLAB 中定义的一些数学函数、专用常量、变量名用于表示基本信号，如 exp、sin、cos、asin[表示 $\sin^{-1}(x)$]、acos、tan、cot、sinh[表示 $(e^x - e^{-x})/2$]、cosh、tanh、log、sawtooth、square、sinc 等，凡是能用数学函数或数据表示的信号，都可以很容易地在 MATLAB 中产生。实际中采集的信号也可以方便地读入 MATLAB 中进行分析或处理。因此，MATLAB 可以方便地产生任何时间信号。下面介绍一些常用函数的调用形式。

1. 抽样信号

抽样信号 $S_a(t)$ 在 MATLAB 中用 sinc 函数来表示，定义为 $\text{sinc}(t) = \dfrac{\sin(\pi t)}{\pi t}$。其调用形式为

```
f＝sinc(t)
```

2. 矩形脉冲信号

非周期矩形脉冲信号在 MATLAB 中用 rectpuls 函数表示，其调用形式为

```
f＝rectpuls(t,width)
```

该函数用于产生一个幅度为 1，宽度为 width，以 $t=0$ 为对称轴的矩形波，width 的默认值为 1。

3. 三角波脉冲信号

非周期三角波脉冲信号在 MATLAB 中用 tripuls 函数表示，其调用形式为

```
f＝tripuls(t,width,k)
```

该函数用于产生一个幅度为 1，宽度为 width 的三角波(其中 k 的取值范围为 $-1 \leqslant k \leqslant 1$)。

4. 矩形波形发生器

周期矩形脉冲信号在 MATLAB 中用 square 函数表示，其调用形式为

```
f＝square(t,duty)
```

5. 锯齿、三角波形发生器

周期锯齿、三角波形信号在 MATLAB 中用 sawtooth 函数表示，其调用形式为

```
f＝sawtooth(t,width)
```

▶ 1.5.2　实验一

【实验目的】

熟悉 MATLAB 编程环境，掌握使用 MATLAB 产生信号并绘制信号波形的方法。

【实验内容】

(1)设信号 $f(t) = \left(1 + \dfrac{t}{2}\right)\left[\varepsilon(t+2) - \varepsilon(t+2)\right]$，用 MATLAB 求 $f(t+2)$、$f(t-2)$、$f(-t)$、$f(2t)$、$-f(t)$，并绘出其时域波形。

(2)已知信号 $f_1(t) = (-t+4)\left[\varepsilon(t) - \varepsilon(t-4)\right]$，$f_2(t) = \sin(2\pi t)$，用 MATLAB 绘出下列要求的信号波形。

(a)$f_3(t) = f_1(t) + f_1(-t)$；

(b)$f_4(t) = -\left[f_1(t) + f_1(-t)\right]$；

(c)$f_5(t) = f_2(t) f_3(t)$；

(d)$f_6(t) = f_2(t) f_1(t)$。

【实验指导与参考代码】

（1）MATLAB 命令如下：

```
syms t
f＝sym('(t/2＋1)＊(heaviside(t＋2)－heaviside(t－2))')
subplot(2,3,1),ezplot(f,[－3,3])
y1＝subs(f,t,t＋2)
subplot(2,3,2),ezplot(y1,[－5,1])
y2＝subs(f,t,t－2)
subplot(2,3,3),ezplot(y2,[－1,5])
y3＝subs(f,t,－t)
subplot(2,3,4),ezplot(y3,[－3,3])
y4＝subs(f,t,2＊t)
subplot(2,3,5),ezplot(y4,[－2,2])
y5＝－f
subplot(2,3,6),ezplot(y5,[－3,3])
```

在程序中，得到单位阶跃信号的方法是在 MATLAB 的 Symbolic Math Toolbox 中调用单位阶跃函数 Heaviside。但在用函数 ezplot 实现其可视化时，由于函数 ezplot 只能画出既存在于 Symbolic Math Toolbox 中，又存在于总 MATLAB 工具箱中的函数，而 Heaviside 函数仅存在于 Symbolic Math Toolbox 中，因此需要在自己的工作目录下创建 Heaviside 的 M 文件，该文件如下：

```
function f＝Heaviside(t)
f＝(t＞0)            %t＞0 时 f 为 1,否则为 0
```

将该函数以 Heaviside 命名保存后，就可以调用。

（2）用 MATLAB 的符号运算功能来实现题目要求的时域运算如下：

```
syms t
f1＝sym('(－t＋4)＊rectpuls(t－2,4)')
subplot(2,3,1),ezplot(f1)
title('f1')
f2＝sym('sin(2＊pi＊t)')
subplot(2,3,4),ezplot(f2)
title('f2')
y1＝subs(f1.t,－t)
f3＝f1＋y1
subplot(2,3,2),ezplot(f3)
title('f1(－t)＋f1(t)')
f4＝－f3
subplot(2,3,3),ezplot(f4)
title('－[f1(－t)＋f1(t)]')
```

```
f5＝f2 * f3
subplot(2,3,5),ezplot(f5)
title('f2(t) * f3(t)')
f6＝f2 * f1
subplot(2,3,6),ezplot(f6)
title('f2(t) * f1(t)')
```

注意：使用绘图命令绘制连续信号时得到光滑曲线用 plot 命令，绘制离散信号用 stem 命令，显示连续信号中的不连续点用 stairs 命令效果较好，而绘制用 MATLAB 符号表达式表示的信号用 ezplot 命令。

习　题

1-1 画出下列各信号的波形。

(1) $f(t)=(5\mathrm{e}^{-t}-3\mathrm{e}^{-2t})\varepsilon(t)$；

(2) $f(t)=\mathrm{e}^{-t}\sin(\pi t)[\varepsilon(t)-\varepsilon(t-3)]$；

(3) $f(t)=\dfrac{\sin(at)}{at}\varepsilon(t)$；

(4) $f(k)=(-3)^{-k}[\varepsilon(k)-\varepsilon(k-7)]$；

(5) $f(k)=\mathrm{e}^{k}[\varepsilon(k)-\varepsilon(k-4)]$；

(6) $f(k)=k\varepsilon(-k)$。

1-2 判断下列信号是连续时间信号还是离散时间信号，是否是数字信号？

(1) $\cos(k\pi)$；　　　　(2) $\mathrm{e}^{-at}\sin(\omega t)$；　　　　(3) $\left(\dfrac{1}{4}\right)^{k}$。

1-3 判断下列信号是否为周期信号，如果是周期信号，求出它的最小周期。

(1) $f_1(k)=\cos(8t)-\sin(12t)$；

(2) $f_2(k)=\mathrm{e}^{j10t}$；

(3) $f_3(k)=\cos\left(\dfrac{1}{5}k+\dfrac{\pi}{3}\right)$；

(4) $f_4(k)=\cos\left(\dfrac{\pi}{4}k\right)+2\sin(4\pi k)$。

1-4 已知连续信号波形 $f(t)$ 如图 1-27 所示，试画出 $f(2t)$、$f(-3t+2)$、$f\left(-\dfrac{1}{2}t-1\right)$ 的波形图。

1-5 已知连续信号 $f(3t-2)$ 的波形如图 1-28 所示，试画出 $f(t)$ 的波形图。

1-6 已知离散信号 $f(k)$ 的波形如图 1-29 所示，试画出 $f(2k)$、$f(-2k+2)$、$f\left(-\dfrac{1}{3}k\right)$ 的波形图。

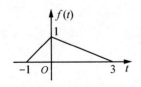

图 1-27　习题 1-4 图

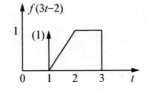

图 1-28　习题 1-5 图

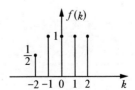

图 1-29　习题 1-6 图

1-7 求下列各表达式的值。

(1) $\int_{-\infty}^{+\infty} f(t-t_0)\delta(t)\mathrm{d}t$；

(2) $\int_{-\infty}^{\infty} (\mathrm{e}^t+t)\delta(t+2)\mathrm{d}t$；

(3) $\int_{-\infty}^{\infty} (t^2+2)\delta\left(\dfrac{t}{2}\right)\mathrm{d}t$；

(4) $\int_{0}^{\infty} \mathrm{e}^{j\omega t}\delta(t+3)\mathrm{d}t$；

(5) $\int_{-\infty}^{+\infty} (t^3+2t^2-2t+1)\delta'(t-1)\mathrm{d}t$。

1-8 设系统的初始状态为 $x(0)$，激励为 $f(\cdot)$，各系统的全响应 $y(\cdot)$ 与激励和初始状态的关系如下，试分析各系统是否是线性的。

(1) $y(t)=\mathrm{e}^{-t}x(0)+\int_{0}^{t}\sin x f(x)\mathrm{d}x$；

(2) $y(t)=f(t)x(0)+\int_{0}^{t}f(x)\mathrm{d}x$；

(3) $y(k)=\left(\dfrac{1}{2}\right)^k x(0)+f(k)\cdot f(k-2)$；

(4) $y(k)=kx(0)+\sum_{j=0}^{k}f(j)$。

1-9 下列微分或差分方程所描述的系统，是线性的还是非线性的？是时变的还是时不变的？

(1) $y'(t)+2y(t)=f'(t)-2f(t)$；

(2) $y'(t)+\sin t\, y(t)=f(t)$；

(3) $y'(t)+[y(t)]^2=f(t)$；

(4) $y(t)=f(t)\varepsilon(t)$；

(5) $y(k)+y(k-1)y(k-2)=f(k)$；

(6) $y(k)+(k-1)y(k-1)=f(k)$。

1-10 判断下列系统是否为线性、时不变、因果系统。

(1) $y(t)=f(2t)$；

(2) $y(t)=f(t)\cos(2\pi t)$；

(3) $y(t)=f(1-t)$；

(4) $y(k)=f(k)f(k-1)$；

(5) $y(k)=(k-2)f(k)$；

(6) $y(k)=f(1-k)$。

1-11 某 LTI 连续系统，当初始状态一定，激励为 $f(t)$ 时，其全响应为 $y_1(t)=\mathrm{e}^{-t}+\cos(\pi t)$，$t\geqslant0$；当初始状态不变，激励为 $2f(t)$ 时，其全响应为 $y_2(t)=2\cos(\pi t)$，$t\geqslant0$。求初始状态不变，而激励为 $3f(t)$ 时系统的全响应。

1-12 某一阶 LTI 离散系统，初始状态为 $x(0)$。当激励为 $f(k)$ 时，其全响应为 $y_1(k)=\varepsilon(k)$；当初始状态不变，激励为 $-f(k)$ 时，其全响应为 $y_2(k)=[2(0.5)^k-1]\varepsilon(k)$。当初始状态为 $2x(0)$，激励为 $4f(k)$ 时，求其全响应。

1-13 设某线性系统的初始状态为 $x_1(0)$、$x_2(0)$，其激励为 $f(t)$，全响应为 $y(t)$，已知：

(1) 当 $f(t)=0$，$x_1(0)=1$，$x_2(0)=0$ 时，有 $y(t)=2\mathrm{e}^{-t}+3\mathrm{e}^{-3t}$，$t\geqslant0$；

(2) 当 $f(t)=0$，$x_1(0)=0$，$x_2(0)=1$ 时，有 $y(t)=4\mathrm{e}^{-t}-2\mathrm{e}^{-3t}$，$t\geqslant0$；

求当 $f(t)=0$，$x_1(0)=5$，$x_2(0)=3$ 时的系统响应 $y(t)$。

第 2 章　信号与线性时不变连续系统的时域分析

本章重点：信号正交分解，连续系统初始值，零输入响应，零状态响应，冲激响应，阶跃响应，卷积积分的性质和计算。

LTI 系统分析方法包括时间域（简称时域）分析法和变换域（简称变域）分析法。时域分析法就是直接求解系统的微分方程、积分方程、差分方程，对于系统的分析与计算全部在时间域内进行。这种方法比较直观、物理概念清楚，是变换域分析的基础。

在时域内描述系统的数学模型的方法有两种：输入输出（端口）法和状态变量法。输入输出法的数学模型是线性常系数微分方程和线性常系数差分方程，状态变量法的数学模型是 n 元一阶微分方程组。本章主要介绍输入输出法数学模型的分析与求解。

信号分析的基本目的是揭示信号的特性，从客观上认识信号。信号时域分析的基本思路是把时域表达的信号分解成基本信号的线性组合，通过对构成信号的基本信号的了解达到掌握信号特性的目的。本章将介绍一些常见的信号时域分解方法。重点探讨以单位冲激（脉冲）信号为基本信号，将任意连续信号分解为冲激信号的线性组合，任意离散信号分解为单位冲激（脉冲）序列的线性组合。

LTI 系统满足齐次性和可加性，并且具有时不变性的特点。因此，如果将系统的任何输入信号表示为若干个简单基本信号的线性组合，那么系统的输出就是每个基本信号所产生的输出的线性组合。由此可见，只要能求出系统对基本信号的响应，就可以方便地求出系统对任意信号的响应。因此，本章通过讨论线性常系数微分方程所描述的连续时间系统，在经典响应求解的基础上，重点探讨在连续情况下，把连续时间信号表示成为时移单位冲激函数的加权积分，得出连续时间 LTI 系统的冲激响应和对任意输入信号响应的卷积积分表示。这样就可以利用系统的单位冲激响应来描述和分析系统的特性，并计算系统对任何输入信号的响应。

2.1　确定信号的时域分解

在工程中，一些实际信号通过 LTI 系统后的响应可能无法直接求得，但我们可以利用 LTI 系统的性质，将这些实际信号分解为若干个比较简单的（基本的）信号之和，分别求它们的响应，最后叠加起来即为所求的实际信号的响应。在信号与系统中，可以将信号 $f(t)$ 进行各种分解。

2.1.1　信号分解

任何信号都可以分解为直流分量与交流分量的叠加、偶分量与奇分量的叠加、多个脉

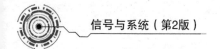

冲分量的叠加、实部分量与虚部分量的叠加。

1. 直流分量与交流分量

任意信号 $f(t)$ 可分解为直流分量 $f_D(t)$ 与交流分量 $f_A(t)$ 之和，即

$$f(t)=f_D(t)+f_A(t)$$

信号 $f(t)$ 的直流分量 $f_D(t)$，就是信号的平均值。若 $f(t)$ 为周期信号，其周期为 T，则

$$f_D(t)=\frac{1}{T}\int_{-\frac{T}{2}}^{\frac{T}{2}}f(t)\mathrm{d}t$$

$$f_A(t)=f(t)-f_D(t)$$

若 $f(t)$ 为非周期信号，则认为它的周期 $T\to\infty$，只需求上式中 $T\to\infty$ 的极限。

2. 偶分量与奇分量

任意信号 $f(t)$ 可分解为偶分量 $f_e(t)$ 与奇分量 $f_o(t)$ 之和，即

$$f(t)=f_e(t)+f_o(t)$$

式中

$$f_e(t)=\frac{1}{2}[f(t)+f(-t)] \tag{2-1}$$

$$f_o(t)=\frac{1}{2}[f(t)-f(-t)] \tag{2-2}$$

偶分量：$f_e(t)=f_e(-t)$

奇分量：$f_o(t)=-f_o(-t)$

例 2-1 已知信号如图 2-1(a) 所示，试画出奇分量与偶分量的波形。

解： 首先画出 $f(-t)$ 的波形，如图 2-1(b) 所示，然后根据式(2-1)和式(2-2)，用图解法进行波形合成，画出 $f_e(t)$ 与 $f_o(t)$ 的波形，分别如图 2-1(c) 和图 2-1(d) 所示。

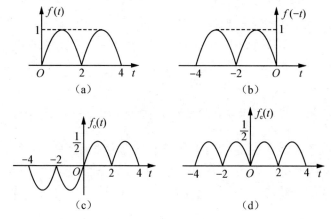

图 2-1　例 2-1 图

3. 脉冲分量

任意信号 $f(t)$ 可以近似地分解为许多脉冲分量之和。一般分为两种情况，一种情况

是分解为矩形窄脉冲分量的叠加，如图 2-2(a)所示；另一种情况是分解为阶跃信号分量的叠加，如图 2-2(b)所示。

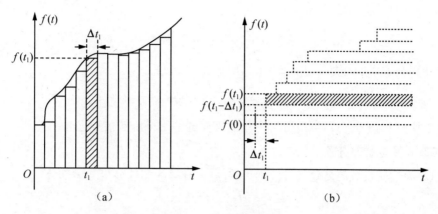

图 2-2 $f(t)$ 的分解图

如图 2-2(a)所示，将函数 $f(t)$ 近似分解为窄脉冲信号的叠加，设在 t_1 时刻被分解的矩形脉冲高度为 $f(t_1)$，宽度为 Δt_1，则此窄脉冲表示为

$$f(t_1)\left[\varepsilon(t-t_1)-\varepsilon(t-t_1-\Delta t_1)\right]$$

从 $t_1=-\infty$ 到 ∞ 将许多这样的矩形脉冲单元叠加，即得 $f(t)$ 的近似表示为

$$f(t) \approx \sum_{t_1=-\infty}^{\infty} f(t_1)\left[\varepsilon(t-t_1)-\varepsilon(t-t_1-\Delta t_1)\right]$$

$$= \sum_{t_1=-\infty}^{\infty} f(t_1)\frac{\left[\varepsilon(t-t_1)-\varepsilon(t-t_1-\Delta t_1)\right]}{\Delta t_1}\Delta t_1$$

取 $\Delta t_1 \to 0$ 的极限，得

$$f(t) = \lim_{\Delta t_1 \to 0} \sum_{t_1=-\infty}^{\infty} f(t_1)\frac{\left[\varepsilon(t-t_1)-\varepsilon(t-t_1-\Delta t_1)\right]}{\Delta t_1}\Delta t_1$$

$$= \lim_{\Delta t_1 \to 0} \sum_{t_1=-\infty}^{\infty} f(t_1)\delta(t-t_1)\Delta t_1 = \int_{-\infty}^{\infty} f(t_1)\delta(t-t_1)\mathrm{d}t_1$$

若将此积分式中的变量 t_1 用 τ 表示，则上式表示为

$$f(t) = \int_{-\infty}^{\infty} f(\tau)\delta(t-\tau)\mathrm{d}\tau \tag{2-3}$$

式(2-3)表明任意信号 $f(t)$ 可以分解为冲激强度不同的若干个冲激信号之和。

如图 2-2(b)所示，将函数 $f(t)$ 近似分解为阶跃信号的叠加。由图可以看出，$t=0$ 时出现的阶跃函数为 $f(0)\varepsilon(t)$，此后任一时刻 t_1 所产生的分解信号为

$$\left[f(t_1)-f(t_1-\Delta t_1)\right]\varepsilon(t-t_1)$$

则 $f(t)$ 可近似地表示为

$$f(t) \approx f(0)\varepsilon(t) + \sum_{t_1=\Delta t_1}^{\infty}\left[f(t_1)-f(t_1-\Delta t_1)\right]\varepsilon(t-t_1)$$

$$= f(0)\varepsilon(t) + \sum_{t_1=\Delta t_1}^{\infty} \frac{\left[f(t_1) - f(t_1 - \Delta t_1)\right]}{\Delta t_1}\varepsilon(t - t_1)\Delta t_1$$

当 $\Delta t_1 \to 0$ 时，得

$$f(t) = f(0)\varepsilon(t) + \int_0^{\infty} \frac{\mathrm{d}f(t_1)}{\mathrm{d}t_1}\varepsilon(t - t_1)\mathrm{d}t_1$$

若将此积分式中的变量 t_1 用 τ 表示，则上式表示为

$$f(t) = f(0)\varepsilon(t) + \int_0^{\infty} f'(\tau)\varepsilon(t - \tau)\mathrm{d}\tau$$

上式表明任意信号 $f(t)$ 可以分解为幅值不同的若干个阶跃信号之和。

4. 实部分量与虚部分量

若 $f(t)$ 为实变量 t 的复数信号，则可将 $f(t)$ 分解为实部分量与虚部分量之和。即

$$f(t) = f_r(t) + jf_i(t)$$

$f(t)$ 的共轭复数为

$$f^*(t) = f_r(t) - jf_i(t)$$

故有

$$f_r(t) = \frac{1}{2}\left[f(t) + f^*(t)\right]$$

$$f_i(t) = \frac{1}{2j}\left[f(t) - f^*(t)\right]$$

$$\left|f(t)\right|^2 = f(t)f^*(t) = f_r^2(t) + f_i^2(t)$$

▶ 2.1.2 信号正交分解

任何信号都可以用一个完备正交函数集的线性组合来表示。

1. 正交矢量

在平面空间中，若矢量 $\overrightarrow{A_1}$ 和 $\overrightarrow{A_2}$ 之间的夹角为 $90°$，即

$$\overrightarrow{A_1} \cdot \overrightarrow{A_2} = 0$$

且在平面空间找不出第三个矢量 $\overrightarrow{A_3}$ 同时与 $\overrightarrow{A_1}$、$\overrightarrow{A_2}$ 垂直，则 $\overrightarrow{A_1}$、$\overrightarrow{A_2}$ 就构成了平面空间的一个完备正交矢量集。平面中的任意一个矢量 $\overrightarrow{A}$，可以用它们的正交函数集的线性组合来表示，如图 2-3(a)所示。

$$\overrightarrow{A} = C_1\overrightarrow{A_1} + C_2\overrightarrow{A_2}$$

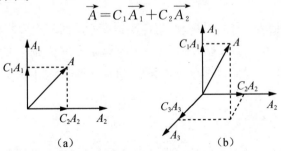

(a)　　　　　(b)

图 2-3　矢量分解

同理，对一个三维空间中的矢量 $\vec{A}$ 可以用三维空间的完备正交矢量集 $\{\overrightarrow{A_1}, \overrightarrow{A_2}, \overrightarrow{A_3}\}$ 来表示，如图 2-3(b) 所示。有

$$\overrightarrow{A_i} \cdot \overrightarrow{A_j} = \begin{cases} 0 & i \neq j \\ k & i = j \end{cases} \quad (i, j = 1, 2, 3)$$

$$\vec{A} = C_1 \overrightarrow{A_1} + C_2 \overrightarrow{A_2} + C_3 \overrightarrow{A_3}$$

依次类推，在 n 维空间中，若有 n 个正交矢量 $\overrightarrow{A_1}, \overrightarrow{A_2}, \overrightarrow{A_3}, \cdots, \overrightarrow{A_n}$，构成完备正交矢量集 $\{\overrightarrow{A_1}, \overrightarrow{A_2}, \overrightarrow{A_3}, \cdots, \overrightarrow{A_n}\}$，则在 n 维空间中的任一矢量 $\vec{A}$，可以用 n 维完备正交矢量集 $\{\overrightarrow{A_1}, \overrightarrow{A_2}, \overrightarrow{A_3}, \cdots, \overrightarrow{A_n}\}$ 来表示，即

$$\overrightarrow{A_i} \cdot \overrightarrow{A_j} = \begin{cases} 0 & i \neq j \\ k & i = j \end{cases} \quad (i, j = 1, 2, 3, \cdots, n)$$

$$\vec{A} = C_1 \overrightarrow{A_1} + C_2 \overrightarrow{A_2} + C_3 \overrightarrow{A_3} + \cdots + C_n \overrightarrow{A_n}$$

2. 正交函数

设 $f_1(t)$ 和 $f_2(t)$ 是定义在 (t_1, t_2) 区间上的两个实变函数（信号），若在 (t_1, t_2) 区间上有

$$\int_{t_1}^{t_2} f_1(t) f_2(t) \mathrm{d}t = 0$$

则称 $f_1(t)$ 和 $f_2(t)$ 在 (t_1, t_2) 内正交。

若 $f_1(t), f_2(t), \cdots, f_n(t)$ 定义在区间 (t_1, t_2) 上，并且在 (t_1, t_2) 内有

$$\int_{t_1}^{t_2} f_i(t) f_r(t) \mathrm{d}t = \begin{cases} 0 & i \neq r \\ k & i = r \end{cases}$$

则 $\{f_1(t), f_2(t), \cdots, f_n(t)\}$ 在 (t_1, t_2) 内称为正交函数集，其中 $i = 1, 2, \cdots, n$，$r = 1, 2, \cdots, n$。

若

$$\int_{t_1}^{t_2} f_i(t) f_j(t) \mathrm{d}t = \begin{cases} 0 & i \neq j \\ 1 & i = j \end{cases}$$

则称 $\{f_1(t), f_2(t), \cdots, f_n(t)\}$ 在 (t_1, t_2) 内为归一化正交函数集。

对于在区间 (t_1, t_2) 的复变函数集 $\{f_1(t), f_2(t), \cdots, f_n(t)\}$，若满足

$$\int_{t_1}^{t_2} f_i(t) f_j^*(t) \mathrm{d}t = \begin{cases} 0 & i \neq j \\ k & i = j \end{cases}$$

则称此复变函数集为正交复变函数集。其中 $f_j^*(t)$ 为 $f_j(t)$ 的共轭复变函数。

3. 完备正交函数集

如果在正交函数集 $\{f_1(t), f_2(t), \cdots, f_n(t)\}$ 之外，找不到另外一个非零函数与该函数集 $\{f_i(t)\}$ 中每一个函数都正交，那么称该函数集为完备正交函数集；否则为不完备正交函数集。

和完备正交矢量集相似，若 $\{f_1(t), f_2(t), \cdots, f_n(t)\}$ 在 (t_1, t_2) 区间上是某一类信号（函数）的完备正交函数集，则这一类信号中的任何一个信号 $f(t)$ 都可以用 $\{f_1(t),$

$f_2(t)$，…，$f_n(t)$}的线性组合表示。即

$$f(t)=C_1f_1(t)+C_2f_2(t)+\cdots+C_if_i(t)+\cdots+C_nf_n(t) \tag{2-4}$$

式中，C_i 为加权系数，且有

$$C_i=\dfrac{\displaystyle\int_{t_1}^{t_2}f(t)f_i^*(t)\mathrm{d}t}{\displaystyle\int_{t_1}^{t_2}|f_i(t)|^2\mathrm{d}t} \tag{2-5}$$

式(2-4)称为正交展开式，有时也称为欧拉-傅里叶公式或广义傅里叶级数，C_i 称为傅里叶级数系数。

$$f(t)=C_1f_1(t)+C_2f_2(t)+C_3f_3(t)+\cdots+C_nf_n(t) \tag{2-6}$$

$$f^*(t)=[C_1f_1(t)]^*+[C_2f_2(t)]^*+[C_3f_3(t)]^*+\cdots+[C_nf_n(t)]^* \tag{2-7}$$

式(2-6)、式(2-7)两边相乘，在$(t_1，t_2)$积分得

$$\int_{t_1}^{t_2}|f(t)|^2\mathrm{d}t=\sum_{i=1}^{n}\int_{t_1}^{t_2}|C_if_i(t)|^2\mathrm{d}t \tag{2-8}$$

式(2-8)可以理解为：$f(t)$的能量等于各个分量的能量之和，即反映能量守恒。式(2-8)也称为帕塞瓦尔定理。

例 2-2 已知正弦函数集{$\sin t$，$\sin(2t)$，…，$\sin(nt)$}，n 为整数。

(1)证明该函数集在区间$(0，2\pi)$为正交函数集。

(2)该函数集在区间$(0，2\pi)$是完备正交函数集吗？

(3)该函数集在区间$\left(0，\dfrac{\pi}{2}\right)$是正交函数集吗？

解： (1)因为当 $i\ne q$ 时

$$\int_0^{2\pi}\sin(it)\sin(qt)\mathrm{d}t=\int_0^{2\pi}\frac{1}{2}\{\cos[(i-q)t]-\cos[(i+q)t]\}\mathrm{d}t$$

$$=\frac{1}{2}\left\{\frac{\sin[(i-q)t]}{i-q}-\frac{\sin[(i+q)t]}{i+q}\right\}\ \bigg|_0^{2\pi}=0$$

当 $i=q$ 时

$$\int_0^{2\pi}\sin(it)\sin(qt)\mathrm{d}t=\int_0^{2\pi}\frac{1}{2}[1-\cos(2it)]\mathrm{d}t=\frac{1}{2}\left[t-\frac{1}{2i}\cos(2it)\right]\ \bigg|_0^{2\pi}=\pi$$

该函数集在区间$(0，2\pi)$是一个正交函数集。

(2)对于函数 $\cos(mt)$，有

$$\int_0^{2\pi}\sin(it)\cos(mt)\mathrm{d}t=\int_0^{2\pi}\frac{1}{2}\{\sin[(i-m)t]+\sin[(i+m)t]\}\mathrm{d}t=0$$

即 $\cos(mt)$在区间$(0，2\pi)$与{$\sin t$，$\sin(2t)$，…，$\sin(nt)$}正交，故此函数集不是完备正交函数集。

(3)当 $i\ne q$ 时

$$\int_0^{\frac{\pi}{2}}\sin(it)\sin(qt)\mathrm{d}t=\int_0^{\frac{\pi}{2}}\frac{1}{2}\{\cos[(i-q)t]-\cos[(i+q)t]\}\mathrm{d}t$$

$$= \frac{1}{2} \left\{ \frac{\sin\left[(i-q)\frac{\pi}{2}\right]}{i-q} - \frac{\sin\left[(i+q)\frac{\pi}{2}\right]}{i+q} \right\}$$

对于任意 i、q，上式并不恒等于零，故函数集 $\{\sin t,\ \sin(2t),\ \cdots,\ \sin(nt)\}$ 在区间 $\left(0,\ \frac{\pi}{2}\right)$ 不是正交函数集。

4. 常见完备正交函数集

常见完备正交函数集有三角函数集、复指数函数集、抽样函数集、沃尔什函数集、勒让德多项式等。其中，三角函数集和复指数函数集是最主要的完备正交函数集。

(1) 三角函数集。

函数集 $\{\cos(n\Omega t),\ \sin(m\Omega t)\}$ $(n,\ m=0,\ 1,\ 2,\ \cdots)$ 在区间 $(t_0,\ t_0+T)$，有

$$\int_{t_0}^{t_0+T} \cos(n\Omega t)\cos(m\Omega t)\,\mathrm{d}t = \begin{cases} 0, & (n \neq m) \\ \dfrac{T}{2}, & (n = m) \\ T, & (n = m = 0) \end{cases}$$

$$\int_{t_0}^{t_0+T} \sin(n\Omega t)\sin(m\Omega t)\,\mathrm{d}t = \begin{cases} 0, & (n \neq m,\ n = m = 0) \\ \dfrac{T}{2}, & (n = m) \end{cases}$$

$$\int_{t_0}^{t_0+T} \sin(n\Omega t)\cos(m\Omega t)\,\mathrm{d}t = 0$$

式中，$\Omega = \dfrac{2\pi}{T}$。

由上式可得，三角函数集 $\{\cos(n\Omega t),\ \sin(m\Omega t)\}$ 在区间 $(t_0,\ t_0+T)$ 是完备正交函数集。函数集 $\{\cos(n\Omega t)\}$，$\{\sin(m\Omega t)\}$ 分别也是正交函数集，但不是完备正交函数集。

(2) 复指数函数集。

函数集 $\{\mathrm{e}^{jn\Omega t}\}$ $(n=0,\ \pm1,\ \pm2,\ \cdots)$ 在区间 $(t_0,\ t_0+T)$ 是完备正交函数集，其中 $\Omega = \dfrac{2\pi}{T}$。周期信号 $f(t)$ 在区间 $(t_0,\ t_0+T)$ 可以用复指数函数集 $\{\mathrm{e}^{jn\Omega t}\}$ 表示，即

$$f(t) = F_0 + F_1\mathrm{e}^{j\Omega t} + F_2\mathrm{e}^{j2\Omega t} + \cdots + F_n\mathrm{e}^{jn\Omega t} + F_{-1}\mathrm{e}^{-j\Omega t} + F_{-2}\mathrm{e}^{-j2\Omega t} + \cdots + F_{-n}\mathrm{e}^{-jn\Omega t}$$

$$= \sum_{n=-\infty}^{\infty} F_n\mathrm{e}^{jn\Omega t}$$

(3) 抽样函数集。

函数集 $\left\{ S_a\left[\dfrac{\pi}{T}(t-nT)\right] \right\}$ $(n=0,\ \pm1,\ \pm2,\ \cdots)$ 在区间 $(-\infty,\ +\infty)$，对于有限带宽信号来说是一个完备正交函数集。这里

$$S_a(x) = \frac{\sin x}{x}$$

称为抽样函数。

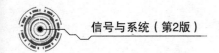

（4）沃尔什函数集。

函数集 $Wal(k,t)$ 在区间（0，1），对于周期为 1 的一类信号来说是一个完备正交函数集。图 2-4 给出了前 6 个沃尔什函数波形。

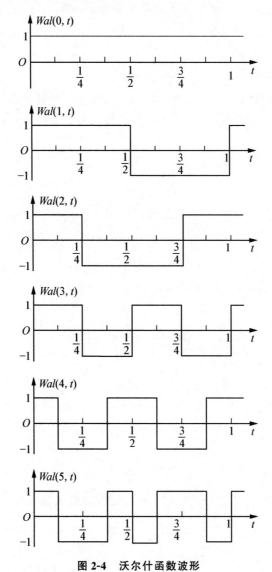

图 2-4　沃尔什函数波形

（5）勒让德多项式。

勒让德多项式的定义为

$$P_n(t) = \frac{1}{2^n n!} \frac{\mathrm{d}^n}{\mathrm{d}t^n}(t^2 - 1)^n \quad (n = 0, 1, 2, \cdots)$$

函数集 $\{P_n(t)\}$ 在区间（-1，1）构成一个完备正交函数集。

此外，还有一些多项式也可构成正交函数集，如雅可比（Jacobi）多项式、切贝雪夫（Chebychev）多项式等。

2.2 信号的相关分析

在信号分析中，有时需要对两个以上信号的相互关系进行研究，如在通信、雷达系统中，发送端发出的信号波形是已知的，在接收端我们必须判断是否存在由发送端发出的信号。其中的困难在于接收端信号中即使包含了发送端的信号，也往往因各种原因产生了畸变。一个很简单的办法是用已知的发送波形与畸变了的接收波形相比较，利用它们的相似性做出判断，这就需要首先解决信号之间的相似性的度量问题，这正是相关分析解决的问题。

2.2.1 信号的相关函数

设信号 $f_1(t)$ 和 $f_2(t)$ 是能量信号，它们的相关函数定义为

$$R_{f_1 f_2}(t) = R(f_1(t), f_2(t)) = \int_{-\infty}^{\infty} f_1(\tau) f_2^*(\tau - t) \mathrm{d}\tau$$

$$= \int_{-\infty}^{\infty} f_1(\tau + t) f_2^*(\tau) \mathrm{d}\tau \tag{2-9}$$

$$R_{f_2 f_1}(t) = R(f_2(t), f_1(t)) = \int_{-\infty}^{\infty} f_2(\tau) f_1^*(\tau - t) \mathrm{d}\tau$$

$$= \int_{-\infty}^{\infty} f_2(\tau + t) f_1^*(\tau) \mathrm{d}\tau \tag{2-10}$$

式(2-9)、式(2-10)中的"*"表示复数的共轭运算，其中 τ 称为滞后变量，表示两个信号的相对延迟(平移)。如果两个信号是同一信号，即 $f_1(t) = f_2(t) = f(t)$，那么此时相关函数称为自相关函数。于是式(2-9)变为

$$R_f(t) = \int_{-\infty}^{\infty} f(\tau) f^*(\tau - t) \mathrm{d}\tau = \int_{-\infty}^{\infty} f(\tau + t) f^*(\tau) \mathrm{d}\tau \tag{2-11}$$

如果信号 $f_1(t)$ 和 $f_2(t)$ 均为实函数，那么有

$$R_{f_1 f_2}(t) = \int_{-\infty}^{\infty} f_1(\tau) f_2(\tau - t) \mathrm{d}\tau = \int_{-\infty}^{\infty} f_1(\tau + t) f_2(\tau) \mathrm{d}\tau \tag{2-12}$$

$$R_{f_2 f_1}(t) = \int_{-\infty}^{\infty} f_2(\tau) f_1(\tau - t) \mathrm{d}\tau = \int_{-\infty}^{\infty} f_2(\tau + t) f_1(\tau) \mathrm{d}\tau \tag{2-13}$$

此时的自相关函数为

$$R_f(t) = \int_{-\infty}^{\infty} f(\tau) f(\tau - t) \mathrm{d}\tau = \int_{-\infty}^{\infty} f(\tau + t) f(\tau) \mathrm{d}\tau \tag{2-14}$$

例 2-3　求信号 $f(t) = \mathrm{e}^{-at} \varepsilon(t)$ 的自相关函数。

解：由定义可得

$$R_f(t) = \int_{-\infty}^{\infty} f(\tau + t) f(\tau) \mathrm{d}\tau = \int_{-\infty}^{\infty} \mathrm{e}^{-a\tau} \varepsilon(\tau) \mathrm{e}^{-a(\tau+t)} \varepsilon(\tau + t) \mathrm{d}\tau$$

$$= \mathrm{e}^{-at} \int_{-\infty}^{\infty} \mathrm{e}^{-2a\tau} \varepsilon(\tau) \varepsilon(\tau + t) \mathrm{d}\tau$$

其中，被积函数的非零区间为 $\tau \geqslant 0$ 与 $\tau + t \geqslant 0$ 的交集，即 $\tau \geqslant \max(0, -t)$，因此，

当 $t \geqslant 0$ 时，上式为

$$R_f(t) = \mathrm{e}^{-at} \int_0^\infty \mathrm{e}^{-2a\tau} \mathrm{d}\tau = \mathrm{e}^{-at} \left(\frac{1}{-2a} \mathrm{e}^{-2a\tau} \right) \Big|_0^\infty = \frac{1}{2a} \mathrm{e}^{-at}$$

当 $t < 0$ 时，则有

$$R_f(t) = \mathrm{e}^{-at} \int_{-t}^\infty \mathrm{e}^{-2a\tau} \mathrm{d}\tau = \mathrm{e}^{-at} \left(\frac{1}{-2a} \mathrm{e}^{-2a\tau} \right) \Big|_{-t}^\infty = \mathrm{e}^{-at} \left(0 - \frac{1}{-2a} \mathrm{e}^{2at} \right) = \frac{1}{2a} \mathrm{e}^{at}$$

综合表示

$$R_f(t) = \frac{1}{2a} \mathrm{e}^{-a|t|}$$

▶ 2.2.2 相关函数的性质

由相关的定义可以看出相关不满足交换律，但是通过变量替换法可以发现两个函数的相关函数以及它们交换次序后的相关函数之间满足下面的关系

$$R_{f_1 f_2}(t) = R_{f_2 f_1}^*(-t) \tag{2-15}$$

如果信号 $f(t)$ 是实信号，且 $f_1(t) = f_2(t) = f(t)$，那么代入式(2-15)得到

$$R_f(t) = R_f(-t) \tag{2-16}$$

即实信号的自相关函数是偶函数。

由相关的定义式可以得到

$$R_{f_1 f_2}(t) = \int_{-\infty}^\infty f_1(\tau) f_2^*(\tau - t) \mathrm{d}\tau = \int_{-\infty}^\infty f_1(\tau) f_2^* [-(t - \tau)] \mathrm{d}\tau$$

$$= f_1(t) * f_2^*(-t) \tag{2-17}$$

$$R_{f_2 f_1}(t) = f_1^*(-t) * f_2(t) \tag{2-18}$$

式(2-17)、式(2-18)揭示了相关和卷积之间的内在关系。

如果信号不是能量信号，那么式(2-9)、式(2-10)中的积分将趋于无穷，因而这两个式子的定义将失去意义。但如果信号是功率信号，定义它们之间的相关运算如下。

设 $f_1(t)$ 和 $f_2(t)$ 为功率信号，则它们的相关函数定义为

$$R_{f_1 f_2}(t) = R[f_1(t), f_2(t)] = \lim_{T \to \infty} \frac{1}{T} \int_{-\frac{T}{2}}^{\frac{T}{2}} f_1(\tau) f_2^*(\tau - t) \mathrm{d}\tau$$

$$= \lim_{T \to \infty} \frac{1}{T} \int_{-\frac{T}{2}}^{\frac{T}{2}} f_1(\tau + t) f_2^*(\tau) \mathrm{d}\tau \tag{2-19}$$

$$R_{f_2 f_1}(t) = R[f_2(t), f_1(t)] = \lim_{T \to \infty} \frac{1}{T} \int_{-\frac{T}{2}}^{\frac{T}{2}} f_2(\tau) f_1^*(\tau - t) \mathrm{d}\tau$$

$$= \lim_{T \to \infty} \frac{1}{T} \int_{-\frac{T}{2}}^{\frac{T}{2}} f_2(\tau + t) f_1^*(\tau) \mathrm{d}\tau \tag{2-20}$$

如果 $f_1(t) = f_2(t) = f(t)$，此时相关函数称为自相关函数，定义式为

$$R_f(t) = \lim_{T \to \infty} \frac{1}{T} \int_{-\frac{T}{2}}^{\frac{T}{2}} f(\tau + t) f^*(\tau) \mathrm{d}\tau \tag{2-21}$$

如果两个周期函数 $f_1(t)$ 和 $f_2(t)$ 的周期分别为 T_1 和 T_2，且一个周期是另一个周期

的整数倍，不妨设 $T_2 = mT_1(m \in N)$，那么它们之间的相关函数可以求得为

$$R_{f_1 f_2}(t) = \frac{1}{T_2} \int_{T_2} f_1(\tau) f_2^*(\tau - t) \mathrm{d}\tau \qquad (2-22)$$

$$R_{f_2 f_1}(t) = \frac{1}{T_2} \int_{T_2} f_2(\tau) f_1^*(\tau - t) \mathrm{d}\tau \qquad (2-23)$$

不难证明，上述两个相关函数还是周期函数，且周期都是 T_1（较小者）。

如果 $f_1(t) = f_2(t) = f(t)$，且周期都为 T，那么此时相关函数称为自相关函数，定义式为

$$R_f(t) = \frac{1}{T} \int_{-\frac{T}{2}}^{\frac{T}{2}} f(\tau + t) f^*(\tau) \mathrm{d}\tau \qquad (2-24)$$

➡ 2.3　线性时不变连续系统微分方程分析

系统是用于处理、传输、变换信号的物理装置，在数学中可以表示为输入信号与输出信号之间的一种映射关系。一个既满足叠加原理又满足时不变的系统就是线性时不变系统，对于 LTI 连续时间系统，输入信号 $f(t)$ 与输出信号 $y(t)$ 的映射关系可以用一个线性常系数微分方程及一组初始条件来描述，即

$$\sum_{i=0}^{n} a_i y^{(i)}(t) = \sum_{j=0}^{m} b_j f^{(j)}(t)$$

式中，a_i、b_j 均为常数；n 为该微分方程的阶数，也称为系统的阶数。

通过系统的微分方程来分析系统，实质就是求解方程。根据方程的解，即系统的输出（响应）来了解系统的特性。

▶ 2.3.1　微分方程的经典解法

微分方程的全解等于齐次方程的通解（齐次解）和非齐次方程的特解（特解）。齐次方程的通解与特征根有关，非齐次方程的特解与激励有关。

1. 系统数学模型（微分方程）的建立

建立 LTI 系统的数学模型就是列出描述其工作特性的微分方程。对电路系统，就是根据元件约束特性（即元件的伏安关系）和网络拓扑约束（即基尔霍夫的两个定律）列出电路的微分方程。下面举例说明。

例 2-4　如图 2-5 所示 RLC 并联电路的激励信号为 $i_S(t)$，以并联电路的端电压 $u(t)$ 为输出，建立描述系统的微分方程式。

解：设各支路电流分别为 $i_R(t)$、$i_C(t)$、$i_L(t)$。根据元件约束特性有

$$i_R(t) = \frac{1}{R} u(t)$$

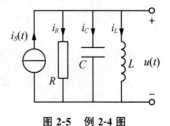

图 2-5　例 2-4 图

$$i_C(t) = C\frac{\mathrm{d}}{\mathrm{d}t}u(t)$$

$$i_L(t) = \frac{1}{L}\int_{-\infty}^{t}u(\tau)\mathrm{d}\tau$$

根据基尔霍夫定律有

$$i_L(t) + i_R(t) + i_C(t) = i_S(t)$$

将元件约束特性方程代入上式得系统微分方程为

$$C\frac{\mathrm{d}^2}{\mathrm{d}t^2}u(t) + \frac{1}{R}\frac{\mathrm{d}}{\mathrm{d}t}u(t) + \frac{1}{L}u(t) = \frac{\mathrm{d}}{\mathrm{d}t}i_S(t)$$

例 2-5　如图 2-6 所示为一含有三个独立动态元件的双网孔电路，其中 $f(t)$ 为激励，$i_1(t)$、$i_2(t)$ 为响应，列出求解响应 $i_1(t)$、$i_2(t)$ 的微分方程。

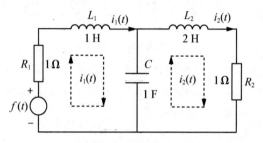

图 2-6　例 2-5 图

解： 对两个网孔列基尔霍夫电压方程得

$$\begin{cases} L_1\dfrac{\mathrm{d}i_1}{\mathrm{d}t} + R_1 i_1 + \dfrac{1}{C}\displaystyle\int_{-\infty}^{t}i_1(\tau)\mathrm{d}\tau - \dfrac{1}{C}\displaystyle\int_{-\infty}^{t}i_2(\tau)\mathrm{d}\tau = f(t) \\[2mm] -\dfrac{1}{C}\displaystyle\int_{-\infty}^{t}i_1(\tau)\mathrm{d}\tau + L_2\dfrac{\mathrm{d}i_2}{\mathrm{d}t} + R_2 i_2 + \dfrac{1}{C}\displaystyle\int_{-\infty}^{t}i_2(\tau)\mathrm{d}\tau = 0 \end{cases}$$

将上式进行变换，可得描述 $i_1(t)$ 与激励 $f(t)$ 的微分方程为

$$\frac{\mathrm{d}^3 i_1(t)}{\mathrm{d}t^3} + \frac{3}{2}\frac{\mathrm{d}^2 i_1(t)}{\mathrm{d}t^2} + 2\frac{\mathrm{d}i_1(t)}{\mathrm{d}t} + i_1(t) = \frac{\mathrm{d}^2 f(t)}{\mathrm{d}t^2} + \frac{1}{2}\frac{\mathrm{d}f(t)}{\mathrm{d}t} + \frac{1}{2}f(t)$$

同理可得描述 $i_2(t)$ 与激励 $f(t)$ 的微分方程为

$$\frac{\mathrm{d}^3 i_2(t)}{\mathrm{d}t^3} + \frac{3}{2}\frac{\mathrm{d}^2 i_2(t)}{\mathrm{d}t^2} + 2\frac{\mathrm{d}i_2(t)}{\mathrm{d}t} + i_2(t) = \frac{1}{2}f(t)$$

由以上两个例题可以看出，对于一个 n 阶系统，若激励为 $f(t)$，响应为 $y(t)$，则描述激励与响应的微分方程的一般式为

$$\frac{\mathrm{d}^n y(t)}{\mathrm{d}t^n} + a_{n-1}\frac{\mathrm{d}^{n-1}y(t)}{\mathrm{d}t^{n-1}} + \cdots + a_1\frac{\mathrm{d}y(t)}{\mathrm{d}t} + a_0 y(t)$$

$$= b_m\frac{\mathrm{d}^m f(t)}{\mathrm{d}t^m} + b_{m-1}\frac{\mathrm{d}^{m-1}f(t)}{\mathrm{d}t^{m-1}} + \cdots + b_1\frac{\mathrm{d}f(t)}{\mathrm{d}t} + b_0 f(t)$$

缩写为

$$\sum_{i=0}^{n} a_i y^{(i)}(t) = \sum_{j=0}^{m} b_j f^{(j)}(t) \tag{2-25}$$

式中 $a_i (i=0,1,\cdots,n)$ 和 $b_j (j=0,1,\cdots,m)$ 均为常数，$a_n=1$。

由以上可得，对于任意 LTI 系统，其响应与激励之间的关系都可归结为一个 n 阶微分方程，如果给定激励信号的函数形式以及系统的初始状态，求解此微分方程，就可以得到系统的响应。

2. 微分方程的经典解

由微积分知识可知，微分方程

$$\sum_{i=0}^{n} a_i y^{(i)}(t) = \sum_{j=0}^{m} b_j f^{(j)}(t)$$

的全解由齐次方程的通解 $y_h(t)$ 和非齐次方程的特解 $y_p(t)$ 组成。即

$$y(t) = y_h(t) + y_p(t)$$

(1)齐次解。

当式(2-25)中的激励 $f(t)$ 及其各阶导数都为零时，此时方程变为

$$\frac{d^n y(t)}{dt^n} + a_{n-1}\frac{d^{n-1}y(t)}{dt^{n-1}} + \cdots + a_1\frac{dy(t)}{dt} + a_0 y(t) = 0 \tag{2-26}$$

式(2-26)为齐次方程，齐次方程的通解 $y_h(t)$ 为 $Ae^{\lambda t}$ 形式的线性组合，将 $Ae^{\lambda t}$ 代入式(2-26)得

$$A\lambda^n e^{\lambda t} + Aa_{n-1}\lambda^{n-1}e^{\lambda t} + \cdots + Aa_1\lambda e^{\lambda t} + Aa_0 e^{\lambda t} = 0$$

由于 $A \neq 0$，且对于任意 t 上式均成立，则可得

$$\lambda^n + a_{n-1}\lambda^{n-1} + \cdots + a_1\lambda + a_0 = 0 \tag{2-27}$$

式(2-27)是式(2-25)、式(2-26)的特征方程，式(2-27)的根 $\lambda_i (i=1,2,\cdots,n)$ 称为微分方程的特征根，齐次方程的通解 $y_h(t)$ 的函数形式由特征根确定，对于不同的特征根，齐次方程的通解 $y_h(t)$ 的形式也不同，表 2-1 列出了不同的特征根所对应的齐次解。

表 2-1　不同特征根所对应的齐次解

特征根 λ	齐次解 $y_h(t)$
n 个单实根	$A_1 e^{\lambda_1 t} + A_2 e^{\lambda_2 t} + \cdots + A_n e^{\lambda_n t}$
r 重实根	$(A_{r-1}t^{r-1} + A_{r-2}t^{r-2} + \cdots + A_1 t + A_0)e^{\lambda t}$
一对共轭复根 $\lambda_{1,2} = \alpha \pm j\beta$	$e^{\alpha t}[B\cos(\beta t) + D\sin(\beta t)]$ 或 $Ce^{\alpha t}\cos(\beta t - \theta)$，其中 $Ce^{j\theta} = B + jD$
r 重共轭复根	$C_{r-1}t^{r-1}e^{\alpha t}\cos(\beta t + \theta_{r-1}) + C_{r-2}t^{r-2}e^{\alpha t}\cos(\beta t + \theta_{r-2}) + \cdots + C_0 e^{\alpha t}\cos(\beta t + \theta_0)$

例 2-6　求微分方程 $\dfrac{d^3(t)}{dt^3} + 7\dfrac{d^2 y(t)}{dt^2} + 16\dfrac{dy(t)}{dt} + 12y(t) = \dfrac{1}{2}f(t)$ 的齐次解。

解： 微分方程的特征方程为

$$\lambda^3 + 7\lambda^2 + 16\lambda + 12 = 0$$

$$(\lambda + 2)^2 (\lambda + 3) = 0$$

特征根为

$$\lambda_1 = \lambda_2 = -2 \text{（重根）}, \quad \lambda_3 = -3 \text{（单根）}$$

对应的齐次解为

$$y_h(t) = (A_1 t + A_0) e^{-2t} + A_2 e^{-3t}$$

其中，A_0、A_1、A_2 为待定常数。

（2）特解。

微分方程式（2-25）的特解 $y_p(t)$ 的函数形式与激励函数形式有关，将激励函数 $f(t)$ 代入微分方程右端并化简后可得到非齐次项，通过观察非齐次项来确定特解的形式。如表 2-2 所示为几种典型激励函数对应的特解形式。

表 2-2　几种典型激励函数对应的特解

激励函数 $f(t)$	特解 $y_p(t)$
E（常数）	B
t^m	$B_m t^m + B_{m-1} t^{m-1} + \cdots + B_1 t + B_0$　（所有特征根都不等于 0）
	$t^r [B_m t^m + B_{m-1} t^{m-1} + \cdots + B_1 t + B_0]$　（有 r 重等于 0 的特征根）
$e^{\alpha t}$	$B e^{\alpha t}$　（α 不等于特征根）
	$(B_1 t + B_0) e^{\alpha t}$　（α 等于特征单根）
	$(B_r t^r + B_{r-1} t^{r-1} + \cdots + B_1 t + B_0) e^{\alpha t}$　（α 等于 r 重特征根）
$\cos(\omega t)$ 或 $\sin(\omega t)$	$B_1 \cos(\omega t) + B_2 \sin(\omega t)$
$t^m e^{\alpha t} \cos(\omega t)$	$(B_m t^m + B_{m-1} t^{m-1} + \cdots + B_1 t + B_0) e^{\alpha t} \cos(\omega t) +$
$t^m e^{\alpha t} \sin(\omega t)$	$(D_m t^m + D_{m-1} t^{m-1} + \cdots + D_1 t + D_0) e^{\alpha t} \sin(\omega t)$

注：1. 表中 B_i、D_i 是待定系数。

　　2. 若 $f(t)$ 是几种激励函数的组合，则特解也为其相应函数的组合。

例 2-7　已知某系统模型为 $\dfrac{d^2}{dt^2} y(t) + 2 \dfrac{d}{dt} y(t) + y(t) = \dfrac{d}{dt} f(t) + f(t)$，试求激励函数分别为下列两种情况下微分方程的特解。（1）$f(t) = t^2$；（2）$f(t) = e^{-2t}$。

解：特征方程为

$$\lambda^2 + 2\lambda + 1 = 0$$

特征根为

$$\lambda_1 = \lambda_2 = -1$$

（1）将激励函数 $f(t) = t^2$ 代入微分方程右端得 $\dfrac{d}{dt} f(t) + f(t) = t^2 + 2t$，此为微分方程的非齐次项，由于方程的特征根中没有等于零的根，由此可得方程的特解形式为

$$y_p(t) = B_2 t^2 + B_1 t + B_0$$

将此式代入微分方程得

$$\begin{cases} B_2 = 1 \\ B_1 + 4B_2 = 2 \\ B_0 + 2B_1 + 2B_2 = 0 \end{cases}$$

解得 $B_2=1$，$B_1=-2$，$B_0=2$。

则方程的特解形式为

$$y_p(t)=t^2-2t+2$$

(2)将激励函数 $f(t)=e^{-2t}$ 代入微分方程右端得

$$\frac{d}{dt}f(t)+f(t)=-2e^{-2t}+e^{-2t}=-e^{-2t}$$

由上式可以看出方程的非齐次项为 $e^{\alpha t}$ 的形式，由于这里 $\alpha=-2$，不等于特征根 $\lambda_1=\lambda_2=-1$。故特解的形式为

$$y_p(t)=Be^{-2t}$$

将上式代入微分方程得 $B=-1$。

则方程的特解形式为

$$y_p(t)=-e^{-2t}$$

例 2-8 已知某 LTI 系统微分方程为 $\frac{d^2}{dt^2}y(t)+5\frac{d}{dt}y(t)+6y(t)=\frac{d}{dt}f(t)$，试求当激励函数 $f(t)=2e^{-t}$，$t\geq 0$；$y(0)=2$，$y'(0)=-1$ 时的全解。

解： 微分方程的特征方程为

$$\lambda^2+5\lambda+6=0$$

其特征根为 $\lambda_1=-2$，$\lambda_2=-3$。微分方程的齐次解为

$$y_h(t)=A_1e^{-2t}+A_2e^{-3t}$$

由于 $f(t)=2e^{-t}$，则得非齐次项为 $\frac{d}{dt}f(t)=-2e^{-t}$。故特解为

$$y_p(t)=Be^{-t}$$

代入微分方程得

$$Be^{-t}-5Be^{-t}+6Be^{-t}=-2e^{-t}$$
$$B=-1$$

特解为

$$y_p(t)=-e^{-t}$$

全解为

$$y(t)=y_h(t)+y_p(t)=A_1e^{-2t}+A_2e^{-3t}-e^{-t}$$

其一阶导数为

$$y'(t)=-2A_1e^{-2t}-3A_2e^{-3t}+e^{-t}$$

令 $t=0$，将初始值代入得

$$\begin{cases}A_1+A_2-1=2\\-2A_1-3A_2+1=-1\end{cases}$$
$$A_1=7,\quad A_2=-4$$

微分方程的全解为

$$y(t)=\underbrace{7e^{-2t}-4e^{-3t}}_{\text{自由响应}}^{\text{齐次解}}+\underbrace{(-e^{-t})}_{\text{强迫响应}}^{\text{特解}}\quad(t\geq 0)$$

线性常系数微分方程的全解由齐次解和特解组成，齐次解的函数形式由系统本身的特性决定，与激励无关，称为系统的自由响应或固有响应。微分方程的特征根也只依赖于系统本身的特性，故特征根称为系统的自然频率或固有频率，它决定了系统自由响应的函数形式。须注意齐次解的系数 A_i 是由初始状态和激励共同决定的。特解的形式由激励信号确定，称为强迫响应。

例 2-9 线性时不变系统的微分方程为 $y''(t) + a_1 y'(t) + a_0 y(t) = b_1 f'(t) + b_0 f(t)$，在激励函数 $f(t) = e^{-2t} \varepsilon(t)$ 作用下的全响应为 $y(t) = (e^{-t} + 4e^{-2t} - e^{-3t})\varepsilon(t)$。求 a_0、a_1。

解：因为激励函数 $f(t) = e^{-2t} \varepsilon(t)$，故其全响应 $y(t) = (e^{-t} + 4e^{-2t} - e^{-3t})\varepsilon(t)$ 中的强迫响应分量为 $4e^{-2t}\varepsilon(t)$，自由响应分量为 $(e^{-t} - e^{-3t})\varepsilon(t)$，自由响应分量就是微分方程的齐次解，故系统的特征根为 $\lambda_1 = -1$，$\lambda_2 = -3$。系统的特征方程为 $(\lambda + 1)(\lambda + 3) = 0$，即 $\lambda^2 + 4\lambda + 3 = 0$，故得 $a_1 = 4$，$a_0 = 3$。

当激励函数为阶跃函数或有始周期函数（例如，有始正弦函数、方波等）时，系统的全响应可分解为瞬态响应和稳态响应。瞬态响应就是全响应中按指数衰减的各项［如 e^{-at}，$e^{-at}\sin(\beta t + \theta)$ 等］。瞬态响应是激励接入以后全响应中暂时出现的分量，当时间趋于无穷时，它趋于零。

例 2-10 已知描述系统的微分方程为 $y''(t) + 5y'(t) + 6y(t) = (10\cos t + e^{-t})\varepsilon(t)$，求初始状态为 $y(0) = 2$，$y'(0) = 0$ 时的全响应。

解：特征方程为

$$\lambda^2 + 5\lambda + 6 = 0$$

特征根为

$$\lambda_1 = -3, \quad \lambda_2 = -2$$

齐次解为

$$y_h(t) = A_1 e^{-3t} + A_2 e^{-2t}$$

设其特解为

$$y_p(t) = B\cos t + D\sin t + Ce^{-t}$$

将特解代入微分方程得

$$B = D = 1, \quad C = \frac{1}{2}$$

其特解为

$$y_p(t) = \cos t + \sin t + \frac{1}{2}e^{-t}$$

全解为

$$y(t) = A_1 e^{-3t} + A_2 e^{-2t} + \cos t + \sin t + \frac{1}{2}e^{-t}$$

其一阶导数为

$$y'(t) = -3A_1 e^{-3t} - 2A_2 e^{-2t} - \sin t + \cos t - \frac{1}{2}e^{-t}$$

根据初始状态得

$$
\begin{cases}
y(0) = A_1 + A_2 + \dfrac{3}{2} = 2 \\
y'(0) = -3A_1 - 2A_2 + \dfrac{1}{2} = 0
\end{cases}
$$

$$
A_1 = -\frac{1}{2}, \quad A_2 = 1
$$

则齐次解为

$$
y_h(t) = -\frac{1}{2}e^{-3t} + e^{-2t}
$$

全解为

$$
y(t) = \underbrace{-\frac{1}{2}e^{-3t} + e^{-2t} + \frac{1}{2}e^{-t}}_{\text{瞬态响应}} + \underbrace{\cos t + \sin t}_{\text{稳态响应}} \quad (t \geqslant 0)
$$

2.3.2 连续系统的初始值

在用经典法解微分方程时，一般输入 $f(t)$ 是在 $t=0$（或 $t=t_0$）时刻接入系统的，那么方程的解也适用于 $t>0$（或 $t>t_0$）。为确定解的待定系数所需的一组初始值是指 $t=0_+$（或 $t=t_{0_+}$）时刻的值，即 $y^{(i)}(0_+)$ 或 $y^{(i)}(t_{0_+})(i=0,1,\cdots,n-1)$，简称 0_+ 值。在 $t=0_-$（或 $t=t_{0_-}$）时，激励尚未接入，因而响应及其各阶导数在该时刻的值 $y^{(i)}(0_-)$ 或 $y^{(i)}(t_{0_-})$ 反映了系统的历史情况而与激励无关，它们为求得 $t>0$（或 $t>t_0$）时的响应 $y(t)$ 提供了以前历史的全部信息，称这些在 $t=0_-$（或 $t=t_{0_-}$）时刻的值，即 $y^{(i)}(0_-)$ 或 $y^{(i)}(t_{0_-})$ 为起始值，简称 0_- 值。

对于一个系统，激励一般在 $t=0$（或 $t=t_0$）时刻接入，激励接入前瞬间的 0_- 值容易求得，而激励接入后，由于激励的作用，响应 $y(t)$ 及其各阶导数有可能在 $t=0$（或 $t=t_0$）时刻发生跳变。这样，为求解描述 LTI 系统的微分方程，就需要从已知的 $y^{(i)}(0_-)$ 或 $y^{(i)}(t_{0_-})$ 设法求得 $y^{(i)}(0_+)$ 或 $y^{(i)}(t_{0_+})$。因此，如何求得 0_+ 状态的值就显得尤为重要。

对于电路网络系统，可以利用系统内部储能的连续性，由 0_- 状态的值求得 0_+ 状态的值，即在没有冲激电流（或阶跃电压）作用于电容的条件下，电容两端电压 $u_C(t)$ 不发生跳变；在没有冲激电压（或阶跃电流）作用于电感的条件下，流过电感 L 的电流 $i_L(t)$ 不发生跳变。这时有

$$
u_C(0_+) = u_C(0_-)
$$

$$
i_L(0_+) = i_L(0_-)
$$

利用这两个条件，再根据元件伏安关系和基尔霍夫定律，即可求出 0_+ 状态电路中其他元件或支路的电流或电压。

例 2-11 图 2-7 所示为 RC 一阶电路，电路中无储能，起始电压和电流都为零，激励 $f(t)=\varepsilon(t)$，求系统的响应 $u_R(t)$。

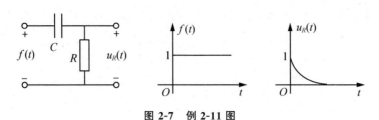

图 2-7　例 2-11 图

解：根据 KVL 和元件伏安关系写出微分方程式

$$f(t) = \frac{1}{RC}\int_{-\infty}^{t} u_R(\tau)\mathrm{d}\tau + u_R(t)$$

即

$$\frac{\mathrm{d}}{\mathrm{d}t}u_R(t) + \frac{1}{RC}u_R(t) = \frac{\mathrm{d}}{\mathrm{d}t}f(t) \tag{2-28}$$

式(2-28)的齐次解为 $Ae^{-\frac{t}{RC}}$。由于 $\frac{\mathrm{d}}{\mathrm{d}t}f(t) = \frac{\mathrm{d}}{\mathrm{d}t}\varepsilon(t) = \delta(t)$，且 $t > 0$ 时 $\delta(t) = 0$，因此方程的特解 $y_p(t) = 0$。故方程的全解为 $y(t) = Ae^{-\frac{t}{RC}}$。

根据 $u_C(0_+) = u_C(0_-) = 0$，得初始条件为

$$u_R(0_+) = f(0_+) - u_C(0_+) = 1 - 0 = 1$$

$u_R(0_+) = 1$，而 $u_R(0_-) = 0$，由此可以看出电阻上的电压发生了跳变。将 $u_R(0_+) = 1$ 代入 $y(t) = Ae^{-\frac{t}{RC}}$，得出 $A = 1$。则系统的响应为

$$y(t) = e^{-\frac{t}{RC}}\varepsilon(t)$$

此微分方程的初始条件也可以由奇异函数平衡法求得，将 $f(t) = \varepsilon(t)$ 代入式(2-28)得

$$\frac{\mathrm{d}}{\mathrm{d}t}u_R(t) + \frac{1}{RC}u_R(t) = \delta(t) \tag{2-29}$$

由式(2-29)可以看出，方程右边为 $\delta(t)$ 函数，为保持方程两边各阶奇异函数平衡，则方程左边第一项 $\frac{\mathrm{d}}{\mathrm{d}t}u_R(t)$ 必包含 $\delta(t)$，由于第一项是第二项的导数，则第二项必包含单位跳变值，即 $u_R(0_+) - u_R(0_-) = u_R(0_+) - 0 = 1$，得微分方程的初始条件为 $u_R(0_+) = 1$。

例 2-12　电路如图 2-8 所示，激励信号 $f(t) = \delta(t)$，求电感支路电流 $i_L(t)$。已知激励信号接入前系统中无储能，且 $i_R(0_-) = i_C(0_-) = i_L(0_-) = 0$。

解：根据 KCL 和元件伏安关系列出方程式

$$LC\frac{\mathrm{d}^2}{\mathrm{d}t^2}i_L(t) + \frac{L}{R}\frac{\mathrm{d}}{\mathrm{d}t}i_L(t) + i_L(t) = f(t)$$

整理后得

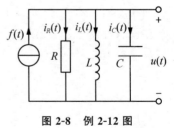

图 2-8　例 2-12 图

$$\frac{\mathrm{d}^2}{\mathrm{d}t^2}i_L(t) + \frac{1}{RC}\frac{\mathrm{d}}{\mathrm{d}t}i_L(t) + \frac{1}{LC}i_L(t) = \frac{1}{LC}\delta(t) \tag{2-30}$$

根据奇异函数平衡法，式(2-30)左边第一项二阶导数项必含冲激函数 $\delta(t)$，因而第

二项一阶导数项必含阶跃函数，由此得第三项必然为连续函数，对式(2-30)两边在$(0_-,0_+)$积分得

$$\int_{0_-}^{0_+} i''_L(t)\mathrm{d}t + \frac{1}{RC}\int_{0_-}^{0_+} i'_L(t)\mathrm{d}t + \frac{1}{LC}\int_{0_-}^{0_+} i_L(t)\mathrm{d}t = \frac{1}{LC}\int_{0_-}^{0_+}\delta(t)\mathrm{d}t$$

由于连续函数在无穷小区间的积分为零，则得

$$i'_L(0_+) - i'_L(0_-) + \frac{1}{RC}[i_L(0_+) - i_L(0_-)] = \frac{1}{LC} \tag{2-31}$$

由于$i_L(t)$在零点没有跳变，即$i_L(0_+) = i_L(0_-) = 0$，代入式(2-31)得

$$i'_L(0_+) - i'_L(0_-) = \frac{1}{LC}$$

当$i'_L(0_-) = 0$时，可得初始条件为

$$i'_L(0_+) = \frac{1}{LC}, \quad i_L(0_+) = 0$$

由上边时域经典法求解微分方程可以看出，必须由0_-状态求出0_+状态的值，才能确定方程中的系数。在后面的章节我们可以看到利用奇异函数平衡法和拉普拉斯变换法都可以直接求出方程的解，而不必从0_-状态求出0_+状态的值。

▶ 2.3.3 微分方程的零输入响应和零状态响应

LTI系统的全响应——即微分方程的全解可以分解为齐次解和特解的叠加，也可以分解为零输入响应和零状态响应的叠加。

零输入响应定义为：没有外加激励信号的作用，只由起始状态（起始时刻系统的储能）所产生的响应。用$y_{zi}(t)$表示。

零状态响应定义为：不考虑起始时刻系统储能的作用（或系统起始状态等于零），由系统外加激励信号所产生的响应。用$y_{zs}(t)$表示。

这样，系统全响应为

$$y(t) = y_{zi}(t) + y_{zs}(t) \tag{2-32}$$

由式(2-32)可得各阶导数之间的关系为

$$y^{(i)}(t) = y_{zi}^{(i)}(t) + y_{zs}^{(i)}(t) \quad (i = 0, 1, 2, \cdots, n-1)$$

将$t = 0_-$和$t = 0_+$分别代入上式得

$$y^{(i)}(0_-) = y_{zi}^{(i)}(0_-) + y_{zs}^{(i)}(0_-) \tag{2-33}$$

$$y^{(i)}(0_+) = y_{zi}^{(i)}(0_+) + y_{zs}^{(i)}(0_+) \tag{2-34}$$

对于零状态响应，在$t = 0_-$时刻激励尚未接入，故有

$$y_{zs}^{(i)}(0_-) = 0 \tag{2-35}$$

对于零输入响应，由于从0_-到0_+都没有激励的作用，且系统内部结构不会发生改变，因此系统的状态在零点不发生跳变，即满足

$$y_{zi}^{(i)}(0_+) = y_{zi}^{(i)}(0_-) = y^{(i)}(0_-) \tag{2-36}$$

根据给定的起始状态（0_-值），利用式(2-33)～式(2-36)就可以求出零输入响应和零状态响应的初始状态（0_+值）。

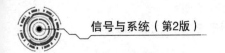

根据零输入响应的定义，$y_{zi}(t)$必然满足齐次方程

$$\frac{\mathrm{d}^n y(t)}{\mathrm{d}t^n} + a_{n-1}\frac{\mathrm{d}^{n-1}y(t)}{\mathrm{d}t^{n-1}} + \cdots + a_1\frac{\mathrm{d}y(t)}{\mathrm{d}t} + a_0 y(t) = 0 \tag{2-37}$$

若微分方程的特征根均为单根，则零输入响应可表示为

$$y_{zi}(t) = \sum_{i=1}^{n} A_{zii}\,\mathrm{e}^{\lambda_i t} \tag{2-38}$$

式(2-38)的系数可由 $y_{zi}^{(i)}(0_+)=y_{zi}^{(i)}(0_-)$ 决定。

按照零状态响应的定义，$y_{zs}(t)$必然满足非齐次方程

$$\sum_{i=0}^{n} a_i y_{zs}^{(i)}(t) = \sum_{j=0}^{m} b_j f^{(j)}(t)$$

若微分方程的特征根均为单根，则零状态响应可表示为

$$y_{zs}(t) = \sum_{i=1}^{n} A_{zsi}\,\mathrm{e}^{\lambda_i t} + y_p(t) \tag{2-39}$$

式(2-39)中 $y_p(t)$是特解，系数 A_{zsi} 由 $y^{(i)}(0_+)=0$ 确定。

可得系统的全响应为

$$\begin{aligned}
y(t) &= y_{zi}(t) + y_{zs}(t) \\
&= \underbrace{\sum_{i=1}^{n} A_{zii}\,\mathrm{e}^{\lambda_i t}}_{\text{零输入响应}} + \underbrace{\sum_{i=1}^{n} A_{zsi}\,\mathrm{e}^{\lambda_i t} + y_p(t)}_{\text{零状态响应}} \\
&= \underbrace{\sum_{i=1}^{n} A_i\,\mathrm{e}^{\lambda_i t}}_{\text{自由响应}} + \underbrace{y_p(t)}_{\text{强迫响应}}
\end{aligned} \tag{2-40}$$

根据以上分析可知：

(1)自由响应和零输入响应都满足齐次方程的解。

(2)零输入响应的系数仅由起始储能[即 $y^{(i)}(0_-)$]决定，而自由响应的系数由初始状态和激励信号共同决定。

(3)若系统起始无储能，即起始状态为零，则零输入响应为零，但自由响应可能不为零，因为它是由激励信号和系统参数共同决定的。

(4)零输入响应由 0_- 到 0_+ 不跳变，即 $y_{zi}^{(i)}(0_+)=y_{zi}^{(i)}(0_-)$；而零状态响应由 0_- 到 0_+ 可能发生跳变。

(5)当起始状态为零时，系统的零状态响应对于各激励信号呈线性关系。

(6)当激励为零时，系统的零输入响应对于各起始状态呈线性关系。

例 2-13 描述系统的微分方程为

$$y''(t) + 4y'(t) + 3y(t) = 2f'(t) + 3f(t)$$

已知 $y(0_-)=2$，$y'(0_-)=-4$，$f(t)=\varepsilon(t)$，求该系统的零输入响应和零状态响应。

解：(1)零输入响应 $y_{zi}(t)$。

零输入响应 $y_{zi}(t)$满足方程

$$y_{zi}''(t) + 4y_{zi}'(t) + 3y_{zi}(t) = 0$$

由上式可得特征根为 $\lambda_1=-1$，$\lambda_2=-3$。零输入响应为

$$y_{zi}(t)=A_{zi1}\mathrm{e}^{-t}+A_{zi2}\mathrm{e}^{-3t}$$

根据式(2-33)、式(2-34)得

$$y_{zi}(0_+)=y_{zi}(0_-)=y(0_-)=2$$
$$y'_{zi}(0_+)=y'_{zi}(0_-)=y'(0_-)=-4$$

根据初始值得

$$y_{zi}(0_+)=A_{zi1}+A_{zi2}=2$$
$$y'_{zi}(0_+)=-A_{zi1}-3A_{zi2}=-4$$

解得 $A_{zi1}=A_{zi2}=1$，得零输入响应为

$$y_{zi}(t)=(\mathrm{e}^{-t}+\mathrm{e}^{-3t})\varepsilon(t)$$

(2)零状态响应 $y_{zs}(t)$。

零状态响应 $y_{zs}(t)$ 满足方程

$$y''_{zs}(t)+4y'_{zs}(t)+3y_{zs}(t)=2\delta(t)+3\varepsilon(t) \tag{2-41}$$

式(2-41)右边含有冲激函数，故左边第一项二阶导数必含冲激函数，则左边第二项一阶导数必发生了跳变，第三项没有跳变，是连续函数，对式(2-41)两边在$(0_-,0_+)$积分得

$$[y'_{zs}(0_+)-y'_{zs}(0_-)]+4[y_{zs}(0_+)-y_{zs}(0_-)]+3\int_{0_-}^{0_+}y_{zs}(t)\mathrm{d}t=2+3\int_{0_-}^{0_+}\varepsilon(t)\mathrm{d}t$$

因为 $y_{zs}(t)$ 和 $\varepsilon(t)$ 都是连续函数，所以在无穷小区间的积分为零，且 $y_{zs}(0_+)=y_{zs}(0_-)[y_{zs}(t)$ 是连续函数]，而 $y_{zs}(0_-)=0$，故得

$$\begin{cases}y_{zs}(0_+)=y_{zs}(0_-)=0\\ y'_{zs}(0_+)-y'_{zs}(0_-)=2\end{cases}$$

得零状态的初始值为

$$y_{zs}(0_+)=0,\quad y'_{zs}(0_+)=2。$$

对于 $t>0$ 时，式(2-41)为

$$y''_{zs}(t)+4y'_{zs}(t)+3y_{zs}(t)=3$$

很容易求得其特解为 $y_p(t)=1$，则零状态响应可表示为

$$y_{zs}(t)=A_{zs1}\mathrm{e}^{-t}+A_{zs2}\mathrm{e}^{-3t}+1$$

将零状态初始值代入上式得：$A_{zs1}=-\dfrac{1}{2}$，$A_{zs2}=-\dfrac{1}{2}$。于是得零状态响应为

$$y_{zs}(t)=\left(-\frac{1}{2}\mathrm{e}^{-t}-\frac{1}{2}\mathrm{e}^{-3t}+1\right)\varepsilon(t)$$

例 2-14 描述系统的微分方程为

$$y''(t)+3y'(t)+2y(t)=2f'(t)+6f(t)$$

已知 $y(0_+)=3$，$y'(0_+)=1$，$f(t)=\varepsilon(t)$，求该系统的零输入响应初始值 $y_{zi}(0_+)$ 和 $y'_{zi}(0_+)$ 以及零状态响应初始值 $y_{zs}(0_+)$ 和 $y'_{zs}(0_+)$。

解： 由于

$$\begin{cases}y(0_+)=y_{zi}(0_+)+y_{zs}(0_+)=3\\ y'(0_+)=y'_{zi}(0_+)+y'_{zs}(0_+)=1\end{cases} \tag{2-42}$$

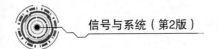

而 $y_{zs}(t)$ 满足方程

$$y''_{zs}(t)+3y'_{zs}(t)+2y_{zs}(t)=2\delta(t)+6\varepsilon(t)$$

对上式两边在 $(0_-，0_+)$ 积分得

$$\left[y'_{zs}(0_+)-y'_{zs}(0_-)\right]+3\left[y_{zs}(0_+)-y_{zs}(0_-)\right]+2\int_{0_-}^{0_+}y_{zs}(t)\mathrm{d}t=2+6\int_{0_-}^{0_+}\varepsilon(t)\mathrm{d}t$$

由于 $y_{zs}(0_-)=y'_{zs}(0_-)=0$，$y_{zs}(t)$ 是连续函数，可得 $y_{zs}(0_+)=0$，$y'_{zs}(0_+)=2$。代入式 (2-42) 得 $y_{zi}(0_+)=3$，$y'_{zi}(0_+)=-1$。

例 2-15 已知某 LTI 的微分方程为

$$3y'(t)+2y(t)=f''(t)+2f'(t)+6f(t)$$

若 $f(t)=\varepsilon(t)$，求该系统的零状态响应。

解：利用 LTI 系统的齐次性和叠加性，当激励为 $f(t)$ 时，其零状态响应为 $y_{zs1}(t)$；若激励为 $f'(t)$ 时，其零状态响应为 $y_{zs2}(t)$，且 $y_{zs2}(t)=y'_{zs1}(t)$；当激励为 $f''(t)$ 时，其零状态响应为 $y_{zs3}(t)$，且 $y_{zs3}(t)=y''_{zs1}(t)$；当激励为 $f''(t)+2f'(t)+6f(t)$ 时，其零状态响应为

$$\begin{aligned}y_{zs}(t)&=y_{zs3}(t)+2y_{zs2}(t)+6y_{zs1}(t)\\&=y''_{zs1}(t)+2y'_{zs1}(t)+6y_{zs1}(t)\end{aligned}$$

由上述分析可知，只要求出激励为 $f(t)$ 时的零状态响应 $y_{zs1}(t)$，再根据线性系统的性质可得到整个系统的零状态响应。

激励为 $f(t)$ 时的零状态响应 $y_{zs1}(t)$ 满足下列方程

$$3y'_{zs1}(t)+2y_{zs1}(t)=f(t)$$

将 $f(t)=\varepsilon(t)$ 代入上式得

$$3y'_{zs1}(t)+2y_{zs1}(t)=\varepsilon(t)$$

由于等号右边仅有阶跃函数，则左边第一项 $y'_{zs1}(t)$ 发生跳变，而 $y_{zs1}(t)$ 不发生跳变，是连续函数，有 $y_{zs}(0_+)=y_{zs}(0_-)=0$，上式的齐次解为 $A\mathrm{e}^{-\frac{2}{3}t}$，特解 $y_p(t)=\dfrac{1}{2}$。则

$$y_{zs1}(t)=A\mathrm{e}^{-\frac{2}{3}t}+\frac{1}{2}\quad(t\geqslant 0)$$

将 $y_{zs}(0_+)=y_{zs}(0_-)=0$ 代入上式得 $A=-\dfrac{1}{2}$，则

$$y_{zs1}(t)=\left(-\frac{1}{2}\mathrm{e}^{-\frac{2}{3}t}+\frac{1}{2}\right)\varepsilon(t)$$

$$y_{zs2}(t)=y'_{zs1}(t)=\left(\frac{1}{3}\mathrm{e}^{-\frac{2}{3}t}\right)\varepsilon(t)$$

$$y_{zs3}(t)=y''_{zs1}(t)=\left(-\frac{2}{9}\mathrm{e}^{-\frac{2}{3}t}\right)\varepsilon(t)+\frac{1}{3}\delta(t)$$

$$\begin{aligned}y_{zs}(t)&=y_{zs3}(t)+2y_{zs2}(t)+6y_{zs1}(t)\\&=\left(3-\frac{23}{9}\mathrm{e}^{-\frac{2}{3}t}\right)\varepsilon(t)+\frac{1}{3}\delta(t)\end{aligned}$$

2.4　线性时不变连续系统的冲激响应和阶跃响应

冲激信号和阶跃信号是线性系统中的两种典型信号。任何信号，都可以分解为许多单位冲激信号之和，也可以分解为许多单位阶跃信号之和。求解任意一个信号通过系统的零状态响应时，根据线性系统的性质，可以先计算出系统对其分解的冲激信号或阶跃信号的零状态响应，然后叠加即可得到此信号通过系统的零状态响应。

2.4.1　线性时不变连续系统的单位冲激响应

以单位冲激信号 $\delta(t)$ 作为激励信号，系统所产生的零状态响应称为单位冲激响应，简称冲激响应，用 $h(t)$ 表示。

根据冲激信号的特点，冲激信号只在 $t=0$ 时不等于零，而在 $t>0$ 区间函数值为零。这样，冲激信号作为激励时，在 $t=0$ 瞬间给系统输入了能量，储存在系统中，而在 $t>0$（或者说 $t=0_+$ 以后）系统的激励为零，只有冲激引入的储能在起作用，因而系统的冲激响应可以由这个储能唯一确定。这个储能可以看作系统的初始状态，冲激响应也可以看作这个初始状态引起的零输入响应。

例 2-16　已知系统的微分方程为 $y''(t)+4y'(t)+3y(t)=2f(t)$，试求系统的冲激响应 $h(t)$。

解： 根据冲激响应的定义，当 $f(t)=\delta(t)$ 时，系统的响应为 $h(t)$，则有

$$\begin{cases} h''(t)+4h'(t)+3h(t)=2\delta(t) \\ h'(0_-)=h(0_-)=0 \end{cases} \tag{2-43}$$

根据上面的分析，冲激响应可以看作冲激引起的储能作用于系统的零输入响应，所以冲激响应和该系统的零输入响应具有相同的函数形式。

式(2-43)的特征根为 $\lambda_1=-1$，$\lambda_2=-3$，故系统的冲激响应为

$$h(t)=(A_1\mathrm{e}^{-t}+A_2\mathrm{e}^{-3t})\varepsilon(t) \tag{2-44}$$

A_1、A_2 为待定系数。要确定 A_1、A_2，必须求出初始状态值 $h'(0_+)$ 和 $h(0_+)$，对式(2-43)两边在 $(0_-,0_+)$ 积分得

$$[h'(0_+)-h'(0_-)]+4[h(0_+)-h(0_-)]+3\int_{0_-}^{0_+}h(t)\mathrm{d}t=2\int_{0_-}^{0_+}\delta(t)\mathrm{d}t$$

由于式(2-43)右边是冲激函数，则说明等式左边 $h''(t)$ 包含冲激函数，$h'(t)$ 包含阶跃函数，$h(t)$ 为连续函数，故 $h(t)$ 在 $t=0$ 处连续，$h(0_+)=h(0_-)=0$，且 $3\int_{0_-}^{0_+}h(t)\mathrm{d}t=0$，$h'(0_-)=0$。由上式得

$$h'(0_+)-h'(0_-)=2$$

$$\begin{cases} h'(0_+)=2 \\ h(0_+)=0 \end{cases}$$

将上式代入式(2-44)得

$$\begin{cases} A_1 + A_2 = 0 \\ -A_1 - 3A_2 = 2 \end{cases}$$

由上式解得 $A_1 = 1$，$A_2 = -1$，则系统的冲激响应为

$$h(t) = (\mathrm{e}^{-t} - \mathrm{e}^{-3t})\varepsilon(t)$$

由上式可以得出，对于系统

$$\frac{\mathrm{d}^n y(t)}{\mathrm{d}t^n} + a_{n-1}\frac{\mathrm{d}^{n-1} y(t)}{\mathrm{d}t^{n-1}} + \cdots + a_1\frac{\mathrm{d}y(t)}{\mathrm{d}t} + a_0 y(t) = f(t)$$

当 $f(t) = \delta(t)$ 时，系统的冲激响应满足方程

$$\begin{cases} \dfrac{\mathrm{d}^n h(t)}{\mathrm{d}t^n} + a_{n-1}\dfrac{\mathrm{d}^{n-1} h(t)}{\mathrm{d}t^{n-1}} + \cdots + a_1\dfrac{\mathrm{d}h(t)}{\mathrm{d}t} + a_0 h(t) = \delta(t) \\ h^{(n-1)}(0_-) = h^{(n-2)}(0_-) = \cdots = h^{(1)}(0_-) = h(0_-) = 0 \end{cases}$$

若微分方程的特征根 $\lambda_i (i=1, 2, \cdots, n)$ 为单根，则冲激响应为

$$h(t) = \left(\sum_{i=1}^{n} A_i \mathrm{e}^{\lambda_i t}\right)\varepsilon(t)$$

式中 $A_i(i=1, 2, \cdots, n)$ 由 $h(t)$ 及各阶导数在 0_+ 的值 $h^{(i)}(0_+)$ 确定。

如果系统的微分方程为

$$\sum_{i=0}^{n} a_i y^{(i)}(t) = \sum_{j=0}^{m} b_j f^{(j)}(t)$$

可利用 LTI 连续系统的微分特性和叠加性求系统的冲激响应 $h(t)$。具体步骤如下：

(1)先求出微分方程 $\sum\limits_{i=0}^{n} a_i y_1^{(i)}(t) = f(t)$ 的单位冲激响应 $h_1(t)$。

(2)利用 LTI 系统的微分特性得 $f^{(j)}(t)$ 的单位冲激响应为 $h_1^{(j)}(t)$。

(3)利用 LTI 系统的叠加性，即可得系统的单位冲激响应 $h(t)$ 为

$$h(t) = \sum_{j=0}^{m} b_j h_1^{(j)}(t)$$

例 2-17 已知系统的微分方程为 $y''(t) + 4y'(t) + 3y(t) = f'(t) + 2f(t)$，试求其冲激响应 $h(t)$。

解：解法一 利用线性时不变系统的线性性质和微分性质求 $h(t)$。

设微分方程 $y_1''(t) + 4y_1'(t) + 3y_1(t) = f(t)$ 的冲激响应为 $h_1(t)$，由于方程特征根为 $\lambda_1 = -1$，$\lambda_2 = -3$，所以 $h_1(t)$ 表达式为

$$h_1(t) = (A_1 \mathrm{e}^{-t} + A_2 \mathrm{e}^{-3t})\varepsilon(t) \tag{2-45}$$

当激励 $f(t) = \delta(t)$ 时，响应 $y_1(t)$ 的零状态响应就是 $h_1(t)$，即

$$\begin{cases} h_1''(t) + 4h_1'(t) + 3h_1(t) = \delta(t) \\ h_1'(0_-) = h_1(0_-) = 0 \end{cases}$$

对上式两边在 $(0_-, 0_+)$ 积分得

$$[h'(0_+) - h'(0_-)] + 4[h(0_+) - h(0_-)] + 3\int_{0_-}^{0_+} h(t)\mathrm{d}t = \int_{0_-}^{0_+} \delta(t)\mathrm{d}t$$

由上式得 $h'(0_+)=1$，$h(0_+)=0$，代入式(2-45)计算出 $A_1=\dfrac{1}{2}$，$A_2=-\dfrac{1}{2}$，则 $h_1(t)$ 表达式为

$$h_1(t)=\left(\frac{1}{2}e^{-t}-\frac{1}{2}e^{-3t}\right)\varepsilon(t)$$

$$h_1'(t)=\left(-\frac{1}{2}e^{-t}+\frac{3}{2}e^{-3t}\right)\varepsilon(t)$$

则系统的冲激响应 $h(t)$ 为

$$h(t)=h_1'(t)+2h_1(t)=\left(\frac{1}{2}e^{-t}+\frac{1}{2}e^{-3t}\right)\varepsilon(t)$$

解法二 利用奇异函数平衡法求 $h(t)$。

首先求出方程 $y''(t)+4y'(t)+3y(t)=f'(t)+2f(t)$ 的特征根为 $\lambda_1=-1$，$\lambda_2=-3$，则可得出 $h(t)$ 的表达式为

$$h(t)=(A_1e^{-t}+A_2e^{-3t})\varepsilon(t)$$

$$h'(t)=(A_1+A_2)\delta(t)+(-A_1e^{-t}-3A_2e^{-3t})\varepsilon(t)$$

$$h''(t)=(A_1+A_2)\delta'(t)+(-A_1-3A_2)\delta(t)+(A_1e^{-t}+9A_2e^{-3t})\varepsilon(t)$$

将 $f(t)=\delta(t)$，$y(t)=h(t)$ 代入微分方程得

$$(A_1+A_2)\delta'(t)+(3A_1+A_2)\delta(t)=\delta'(t)+2\delta(t)$$

对照上式两边奇异函数的系数得

$$\begin{cases} A_1+A_2=1 \\ 3A_1+A_2=2 \end{cases}$$

得 $A_1=A_2=\dfrac{1}{2}$，则冲激响应为

$$h(t)=\left(\frac{1}{2}e^{-t}+\frac{1}{2}e^{-3t}\right)\varepsilon(t)$$

解法二利用奇异函数平衡法，绕过了求 $h'(0_+)$ 和 $h(0_+)$。

▶ 2.4.2 线性时不变连续系统的阶跃响应

对于 LTI 系统，当初始状态为零，激励为阶跃函数 $\varepsilon(t)$ 时引起的响应称为阶跃响应 $g(t)$。单位阶跃响应的求解有下面两种办法。

1. 根据单位阶跃函数与单位冲激函数间的关系求 $g(t)$

由于单位阶跃函数 $\varepsilon(t)$ 与单位冲激函数 $\delta(t)$ 之间的关系为

$$\delta(t)=\frac{d\varepsilon(t)}{dt} \tag{2-46}$$

$$\varepsilon(t)=\int_{-\infty}^{t}\delta(\tau)d\tau \tag{2-47}$$

根据 LTI 系统的微积分性，求出系统的单位冲激响应 $h(t)$ 后，再积分可得到单位阶跃响应，即

$$g(t) = \int_{-\infty}^{t} h(\tau) \mathrm{d}\tau \tag{2-48}$$

2. 根据微分方程直接求阶跃响应 $g(t)$

若描述 LTI 连续系统的微分方程为

$$\frac{\mathrm{d}^n y(t)}{\mathrm{d}t^n} + a_{n-1} \frac{\mathrm{d}^{n-1} y(t)}{\mathrm{d}t^{n-1}} + \cdots + a_1 \frac{\mathrm{d}y(t)}{\mathrm{d}t} + a_0 y(t) = f(t)$$

当激励 $f(t) = \varepsilon(t)$ 时，则响应 $y(t)$ 的零状态响应就是阶跃响应 $g(t)$，即

$$\begin{cases} \dfrac{\mathrm{d}^n g(t)}{\mathrm{d}t^n} + a_{n-1} \dfrac{\mathrm{d}^{n-1} g(t)}{\mathrm{d}t^{n-1}} + \cdots + a_1 \dfrac{\mathrm{d}g(t)}{\mathrm{d}t} + a_0 g(t) = \varepsilon(t) \\ g^{(n-1)}(0_-) = g^{(n-2)}(0_-) = \cdots = g^{(1)}(0_-) = g(0_-) = 0 \end{cases} \tag{2-49}$$

上式右端只含阶跃函数 $\varepsilon(t)$，故除 $g^{(n)}(t)$ 外，$g(t)$ 及其各阶导数都为连续函数，对式(2-49)两边在$(0_-，0_+)$积分，则有

$$g^{(n-1)}(0_+) = g^{(n-2)}(0_+) = \cdots = g^{(1)}(0_+) = g(0_+) = 0$$

若式(2-49)的特征根为单根，则阶跃响应 $g(t)$ 表达式为

$$g(t) = \left(\sum_{i=1}^{n} A_i \mathrm{e}^{\lambda_i t} + \frac{1}{a_0} \right) \varepsilon(t) \tag{2-50}$$

式中 $\dfrac{1}{a_0}$ 为式(2-49)的特解，系数 A_i 由 0_+ 初始值确定。

如果微分方程为

$$\sum_{i=0}^{n} a_i y^{(i)}(t) = \sum_{j=0}^{m} b_j f^{(j)}(t)$$

那么也可根据 LTI 系统的微分特性和叠加性求得其阶跃响应，具体步骤与前面介绍的求冲激响应的方法相似，这里不再赘述。

例 2-18　电路如图 2-9 所示，求关于 $i(t)$ 的冲激响应 $h(t)$ 和阶跃响应 $g(t)$。

解： 根据电路图得

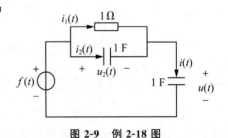

图 2-9　例 2-18 图

$$i(t) = C \frac{\mathrm{d}u(t)}{\mathrm{d}t} = \frac{\mathrm{d}u(t)}{\mathrm{d}t}$$

$$i_2(t) = C \frac{\mathrm{d}u_2(t)}{\mathrm{d}t} = \frac{\mathrm{d}u_2(t)}{\mathrm{d}t}$$

$$u_2(t) = \int_{-\infty}^{t} i_2(\tau) \mathrm{d}\tau$$

$$u_2(t) = f(t) - \int_{-\infty}^{t} i(\tau) \mathrm{d}\tau$$

$$i(t) = i_1(t) + i_2(t) = u_2(t) + \frac{\mathrm{d}u_2(t)}{\mathrm{d}t}$$

$$i(t) = f(t) - \int_{-\infty}^{t} i(\tau) \mathrm{d}\tau + \frac{\mathrm{d}f(t)}{\mathrm{d}t} - i(t)$$

$$2i(t) + \int_{-\infty}^{t} i(\tau)\mathrm{d}\tau = \frac{\mathrm{d}f(t)}{\mathrm{d}t} + f(t)$$

则可得微分方程为

$$2\frac{\mathrm{d}i(t)}{\mathrm{d}t} + i(t) = \frac{\mathrm{d}f^2(t)}{\mathrm{d}t^2} + \frac{\mathrm{d}f(t)}{\mathrm{d}t}$$

设方程 $2\dfrac{\mathrm{d}i(t)}{\mathrm{d}t} + i(t) = f(t)$ 的单位冲激响应为 $h_1(t)$，则 $h_1(t)$ 满足

$$\begin{cases} 2\dfrac{\mathrm{d}h_1(t)}{\mathrm{d}t} + h_1(t) = \delta(t) \\ h_1(0_-) = 0 \end{cases}$$

上式在 $(0_-, 0_+)$ 积分得

$$2[h_1(0_+) - h_1(0_-)] + \int_{0_-}^{0_+} h_1(t)\mathrm{d}t = \int_{0_-}^{0_+} \delta(t)\mathrm{d}t$$

$$h_1(0_+) = \frac{1}{2}$$

特征根为 $\lambda_1 = -\dfrac{1}{2}$，则 $h_1(t)$ 表达式为

$$h_1(t) = (A\mathrm{e}^{-\frac{1}{2}t})\varepsilon(t)$$

将 $h_1(0_+) = \dfrac{1}{2}$ 代入上式得 $A = \dfrac{1}{2}$，则

$$h_1(t) = \left(\frac{1}{2}\mathrm{e}^{-\frac{1}{2}t}\right)\varepsilon(t)$$

$$h_1'(t) = \left(-\frac{1}{4}\mathrm{e}^{-\frac{1}{2}t}\right)\varepsilon(t) + \frac{1}{2}\delta(t)$$

$$h_1''(t) = \frac{1}{2}\delta'(t) - \frac{1}{4}\delta(t) + \left(\frac{1}{8}\mathrm{e}^{-\frac{1}{2}t}\right)\varepsilon(t)$$

于是，得 $i(t)$ 的冲激响应 $h(t)$ 为

$$h(t) = h_1''(t) + h_1'(t) = \frac{1}{2}\delta'(t) + \frac{1}{4}\delta(t) - \left(\frac{1}{8}\mathrm{e}^{-\frac{1}{2}t}\right)\varepsilon(t)$$

$i(t)$ 的阶跃响应为

$$g(t) = \int_{-\infty}^{t} h(\tau)\mathrm{d}\tau$$

$$= \int_{-\infty}^{t} \left[\frac{1}{2}\delta'(\tau) + \frac{1}{4}\delta(\tau) - \left(\frac{1}{8}\mathrm{e}^{-\frac{1}{2}\tau}\right)\varepsilon(\tau)\right]\mathrm{d}\tau$$

$$= \frac{1}{2}\delta(t) + \left(\frac{1}{4}\mathrm{e}^{-\frac{1}{2}t}\right)\varepsilon(t)$$

冲激响应与阶跃响应完全由系统本身决定，与外界因素无关。这两种响应之间有一种依从关系，若求得其中之一，则另一种响应即可确定。

➭ 2.5　线性时不变连续系统的卷积表示及卷积计算

卷积方法在信号与系统中占有相当重要的位置，它广泛应用于通信系统、地震勘探、超声诊断、光学成像、系统辨识等方面。它的应用几乎贯穿本书的每一章。这里讨论的卷积方法就是将信号分解为若干冲激信号之和，利用冲激响应，求解系统对任意激励信号的零状态响应。

▶ 2.5.1　线性时不变连续时间系统的卷积积分

冲激信号可以用矩形脉冲来定义：设矩形脉冲的脉冲宽度为 $\Delta\tau$，脉冲幅度为 $\dfrac{1}{\Delta\tau}$，则其面积为 1，当 $\Delta\tau \to 0$ 时，此矩形脉冲信号就是冲激信号。即

$$\delta(t) = \lim_{\Delta\tau \to 0} \frac{1}{\Delta\tau}\left[\varepsilon\left(t + \frac{\Delta\tau}{2}\right) - \varepsilon\left(t - \frac{\Delta\tau}{2}\right)\right]$$

对于 LTI 系统，当激励为 $\delta(t)$ 时，其零状态响应就是单位冲激响应 $h(t)$。现在我们利用单位冲激响应 $h(t)$ 来求出激励为任意信号 $f(t)$ 时，其零状态响应 $y_{zs}(t)$ 的表达式。

利用信号分解，可以将任意激励信号 $f(t)$ 分解为许多宽度为 $\Delta\tau$ 的窄脉冲，如图 2-10 所示。其中第 k 个脉冲出现在 $t = k\Delta\tau$ 时刻，其强度（脉冲下的面积）为 $f(k\Delta\tau)\cdot\Delta\tau$。这样，可以近似将 $f(t)$ 看作由一系列强度不同，接入时刻不同的窄脉冲组成。当 $\Delta\tau \to 0$ 时，$f(t)$ 可近似表示为

$$f(t) = \sum_{k=-\infty}^{\infty} f(k\Delta\tau)\delta(t - k\Delta\tau)\Delta\tau \quad (2\text{-}51)$$

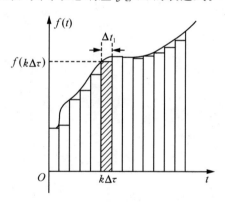

图 2-10　信号分解图示

如果 LTI 系统在第 k 个脉冲作用下的零状态响应为 $h(t - k\Delta\tau)$，那么根据 LTI 系统的零状态响应的线性性质和时不变性，由一系列窄脉冲组成的激励信号 $f(t)$ 的零状态响应 $y_{zs}(t)$ 可近似表示为

$$y_{zs}(t) \approx \sum_{k=-\infty}^{\infty} f(k\Delta\tau)h(t - k\Delta\tau)\Delta\tau \qquad (2\text{-}52)$$

当 $\Delta\tau \to 0$ 时，将 $\Delta\tau$ 写作 $\mathrm{d}\tau$，$k\Delta\tau$ 写作 τ，且 $\Delta\tau \to 0$ 时，求和变为积分。则式(2-51)、式(2-52)可写为

$$f(t) = \lim_{\Delta\tau \to 0} \sum_{k=-\infty}^{\infty} f(k\Delta\tau)\delta(t - k\Delta\tau)\Delta\tau = \int_{-\infty}^{\infty} f(\tau)\delta(t - \tau)\mathrm{d}\tau \qquad (2\text{-}53)$$

$$y_{zs}(t) = \lim_{\Delta\tau \to 0} \sum_{k=-\infty}^{\infty} f(k\Delta\tau)h(t - k\Delta\tau)\Delta\tau = \int_{-\infty}^{\infty} f(\tau)h(t - \tau)\mathrm{d}\tau \qquad (2\text{-}54)$$

式(2-53)、式(2-54)称为卷积积分，记为

$$f(t) = f(t) * \delta(t) = \int_{-\infty}^{\infty} f(\tau) \delta(t-\tau) \mathrm{d}\tau$$

$$y_{zs}(t) = f(t) * h(t) = \int_{-\infty}^{\infty} f(\tau) h(t-\tau) \mathrm{d}\tau$$

上式表明，LTI 系统的零状态响应 $y_{zs}(t)$ 是激励信号 $f(t)$ 与冲激响应 $h(t)$ 的卷积积分。

对于任意两个函数 $f_1(t)$ 和 $f_2(t)$，它们的卷积定义为

$$f_1(t) * f_2(t) \xRightarrow{\text{def}} \int_{-\infty}^{\infty} f_1(\tau) f_2(t-\tau) \mathrm{d}\tau = \int_{-\infty}^{\infty} f_2(\tau) f_1(t-\tau) \mathrm{d}\tau \qquad (2\text{-}55)$$

▶ 2.5.2 卷积积分的图示及计算

用图示法计算卷积积分简单、直观，它是计算卷积积分的方法之一。

1. 卷积积分的图示

卷积积分的图示可以直观地表明卷积的含义，帮助理解卷积的概念，把一些抽象的关系形象化，便于分段计算。

设系统的激励为 $f_1(t)$，系统的单位冲激响应为 $f_2(t)$，波形如图 2-11 所示，系统的零状态响应为

$$y_{zs}(t) = f_1(t) * f_2(t) = \int_{-\infty}^{\infty} f_1(\tau) f_2(t-\tau) \mathrm{d}\tau \qquad (2\text{-}56)$$

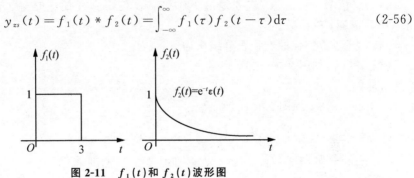

图 2-11 $f_1(t)$ 和 $f_2(t)$ 波形图

由式(2-56)可以看出，式中积分变量为 τ，$f_2(t-\tau)$ 表示在 τ 的坐标系中，$f_2(t)$ 需要以纵坐标为轴进行反转和移位，$y_{zs}(t)$ 就是 $f_1(\tau)$ 和 $f_2(t-\tau)$ 重叠部分相乘的积分。卷积积分如图 2-12 所示。

按照上述理解可将卷积积分运算分为以下几步：

(1)将函数 $f_1(t)$、$f_2(t)$ 的自变量 t 用 τ 代替，如图 2-12(a)、图 2-12(b)所示。

(2)将其中的一个信号以纵坐标为轴反转，例如，将 $f_2(\tau)$ 以纵坐标为轴反转，得到与 $f_2(\tau)$ 关于纵轴对称的函数 $f_2(-\tau)$，如图 2-12(c)所示。

(3)将反转后的信号移位，移位量是 t，t 为参变量，t 的值不同时，$f_2(t-\tau)$ 的位置将不同。在 τ 坐标系中，$t < 0$，图形左移；$t > 0$，图形右移。如图 2-12(d)、图 2-12(e)、图 2-12(f)所示。

(4)将两信号重叠部分相乘 $[f_1(\tau) f_2(t-\tau)]$，并求其积分，即图 2-12(e)、图 2-12(f)所示阴影部分的面积。

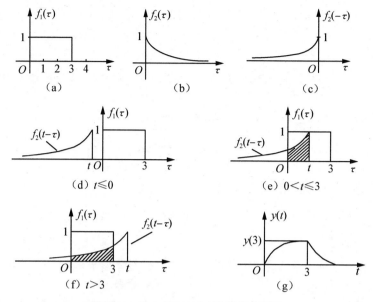

图 2-12 $f_1(t)$ 和 $f_2(t)$ 卷积积分图示

（5）将信号 $f_2(t-\tau)$ 连续地沿 τ 轴平移，就得到在任意时刻 t 的卷积积分 $f_1(t) *$ $f_2(t)$，它是 t 的函数。

按上述步骤完成的卷积积分结果如下：

（1）$t \leqslant 0$，如图 2-12(d)所示。

$$f_1(t) * f_2(t) = 0$$

（2）$0 < t \leqslant 3$，如图 2-12(e)所示。

$$f_1(t) * f_2(t) = \int_0^t e^{-(t-\tau)} d\tau = e^{-t} \int_0^t e^{\tau} d\tau = 1 - e^{-t}$$

（3）$t > 3$，如图 2-12(f)所示，此时在 $0 < \tau < 3$ 范围乘积 $f_1(\tau)f_2(t-\tau)$ 不为零，其余全为零。

$$f_1(t) * f_2(t) = \int_0^3 e^{-(t-\tau)} d\tau = e^{-t} \int_0^3 e^{\tau} d\tau = (e^3 - 1)e^{-t}$$

最终卷积积分的结果如图 2-12(g)所示。

2. 卷积积分上下限的讨论

卷积积分的上下限应为区间 $(-\infty, +\infty)$，但在具体计算时，卷积积分的上下限可根据函数 $f_1(t)$、$f_2(t)$ 的特性而做些简化。

（1）若 $f_1(t)$、$f_2(t)$ 均为因果信号，则卷积积分上下限可写为 $(0_-, t)$，即

$$y_{zs}(t) = f_1(t) * f_2(t) = \int_{0_-}^t f_1(\tau)f_2(t-\tau)d\tau$$

（2）若 $f_1(t)$ 为因果信号，$f_2(t)$ 为无时限信号，则卷积积分上下限可写为 $(0_-, \infty)$，即

$$y_{zs}(t) = f_1(t) * f_2(t) = \int_{0_-}^\infty f_1(\tau)f_2(t-\tau)d\tau$$

（3）若 $f_1(t)$ 为无时限信号，$f_2(t)$ 为因果信号，函数 $f_2(t-\tau)$ 对于 $t-\tau<0$ 的时间范围（即 $\tau>t$ 范围）等于零，则卷积积分上下限可写为 $(-\infty,\ t)$，即

$$y_{zs}(t)=f_1(t)*f_2(t)=\int_{-\infty}^{t}f_1(\tau)f_2(t-\tau)\mathrm{d}\tau$$

（4）若 $f_1(t)$、$f_2(t)$ 均为无时限信号，则卷积积分上下限可写为 $(-\infty,\ \infty)$，即

$$y_{zs}(t)=f_1(t)*f_2(t)=\int_{-\infty}^{\infty}f_1(\tau)f_2(t-\tau)\mathrm{d}\tau$$

例 2-19　求图 2-13 所示函数 $f_1(t)$ 和 $f_2(t)$ 的卷积积分。

 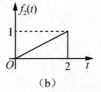

图 2-13　例 2-19 图

解：卷积积分的图示如图 2-14 所示。

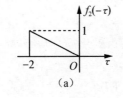 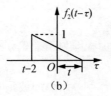

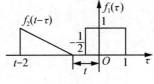 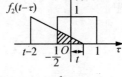

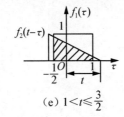 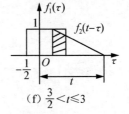

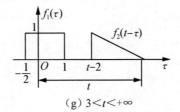 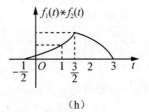

图 2-14　$f_1(t)$ 和 $f_2(t)$ 卷积积分图示

按照卷积积分的步骤计算如下：

(1) $-\infty < t \leqslant -\dfrac{1}{2}$，如图 2-14(c)所示。

$$f_1(t) * f_2(t) = 0$$

(2) $-\dfrac{1}{2} < t \leqslant 1$，如图 2-14(d)所示。

$$f_1(t) * f_2(t) = \int_{-\frac{1}{2}}^{t} 1 \times \frac{1}{2}(t-\tau)\mathrm{d}\tau = \frac{t^2}{4} + \frac{t}{4} + \frac{1}{16}$$

(3) $1 < t \leqslant \dfrac{3}{2}$，如图 2-14(e)所示。

$$f_1(t) * f_2(t) = \int_{-\frac{1}{2}}^{1} 1 \times \frac{1}{2}(t-\tau)\mathrm{d}\tau = \frac{3}{4}t - \frac{3}{16}$$

(4) $\dfrac{3}{2} < t \leqslant 3$，如图 2-14(f)所示。

$$f_1(t) * f_2(t) = \int_{t-2}^{1} 1 \times \frac{1}{2}(t-\tau)\mathrm{d}\tau = -\frac{t^2}{4} + \frac{t}{2} + \frac{3}{4}$$

(5) $3 < t < +\infty$，如图 2-14(g)所示。

$$f_1(t) * f_2(t) = 0$$

以上各图中的阴影面积即为相乘积分的结果，卷积积分 $f_1(t) * f_2(t)$ 的波形如图 2-14(h)所示。

例 2-20 信号 $f_1(t)$ 和 $f_2(t)$ 的波形如图 2-15 所示，设 $y(t) = f_1(t) * f_2(t)$，试求：

(1) $y(0)$、$y(2)$ 的值。

(2) $t > 2$ 时的卷积信号 $y(t)$。

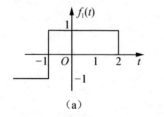
        (a)
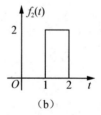
        (b)

图 2-15　例 2-20 图

解：卷积积分图解如图 2-16 所示。

(1) 计算 $y(0)$、$y(2)$ 的值。

当 $t = 0$ 时，$f_2(t-\tau) = f_2(-\tau)$，$f_1(\tau)$、$f_2(-\tau)$ 的波形如图 2-16(a)所示。根据图中 $f_1(\tau)$、$f_2(-\tau)$ 的重叠区间 $[-2, -1]$，求得

$$y(0) = \int_{-2}^{-1} f_1(\tau) f_2(-\tau)\mathrm{d}\tau = \int_{-2}^{-1} (-1) \times 2\mathrm{d}\tau = -2$$

当 $t = 2$ 时，$f_2(t-\tau) = f_2(2-\tau)$，$f_1(\tau)$、$f_2(2-\tau)$ 的波形如图 2-16(b)所示。根据图中 $f_1(\tau)$、$f_2(2-\tau)$ 的重叠区间 $[0, 1]$，求得

$$y(2) = \int_{0}^{1} f_1(\tau) f_2(2-\tau)\mathrm{d}\tau = \int_{0}^{1} 1 \times 2\mathrm{d}\tau = 2$$

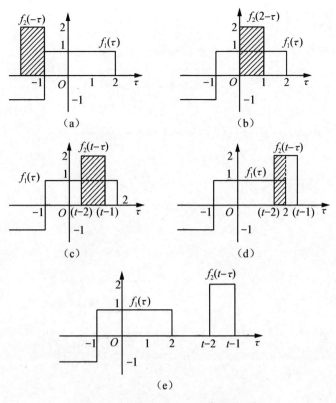

图 2-16 $f_1(t)$ 和 $f_2(t)$ 卷积积分图示

(2)根据 $f_2(t-\tau)$ 的波形，可以确定其左边沿为 $(t-2)$，右边沿为 $(t-1)$，按下面三种情况计算 $t>2$ 时的卷积积分。

当 $f_2(t-\tau)$ 右边沿 $1<t-1<2$，即 $2<t<3$ 时，如图 2-16(c)所示。$f_1(\tau)$ 和 $f_2(t-\tau)$ 波形的重叠区间是 $[t-2, t-1]$，因此

$$y(t)=\int_{t-2}^{t-1} f_1(\tau)f_2(t-\tau)\mathrm{d}\tau=\int_{t-2}^{t-1} 1\times 2\mathrm{d}\tau=2$$

当 $f_2(t-\tau)$ 右边沿 $2<t-1<3$，即 $3<t<4$ 时，如图 2-16(d)所示。$f_1(\tau)$ 和 $f_2(t-\tau)$ 波形的重叠区间是 $[t-2, 2]$，因此

$$y(t)=\int_{t-2}^{2} f_1(\tau)f_2(t-\tau)\mathrm{d}\tau=\int_{t-2}^{2} 1\times 2\mathrm{d}\tau=8-2t$$

当 $f_2(t-\tau)$ 左边沿 $t-2>2$，即 $t>4$ 时，如图 2-16(e)所示。$f_1(\tau)$ 和 $f_2(t-\tau)$ 波形没有重叠区间，因此 $y(t)=0$。

归纳以上结果，求得 $t>2$ 时卷积积分为

$$y(t)=\begin{cases} 2, & 2<t<3 \\ 8-2t, & 3<t<4 \\ 0, & t>4 \end{cases}$$

▶ 2.5.3 卷积的性质

卷积作为一种数学运算，具有一些特殊性质，利用这些性质可以简化卷积运算。

1. 交换律

$$f_1(t) * f_2(t) = f_2(t) * f_1(t)$$

证明：$f_1(t) * f_2(t) = \int_{-\infty}^{\infty} f_1(\tau) f_2(t-\tau) d\tau$

令 $\lambda = t - \tau$，则 $\tau = t - \lambda$，$d\tau = -d\lambda$ 代入上式得

$$f_1(t) * f_2(t) = \int_{-\infty}^{\infty} f_1(\tau) f_2(t-\tau) d\tau$$

$$= \int_{-\infty}^{\infty} f_1(t-\lambda) f_2(\lambda)(-d\lambda) = f_2(t) * f_1(t)$$

2. 分配律

$$f_1(t) * [f_2(t) + f_3(t)] = f_1(t) * f_2(t) + f_1(t) * f_3(t) \tag{2-57}$$

证明：由卷积的定义得

$$f_1(t) * [f_2(t) + f_3(t)] = \int_{-\infty}^{\infty} f_1(\tau)[f_2(t-\tau) + f_3(t-\tau)] d\tau$$

$$= \int_{-\infty}^{\infty} f_1(\tau) f_2(t-\tau) d\tau + \int_{-\infty}^{\infty} f_1(\tau) f_3(t-\tau)] d\tau$$

$$= f_1(t) * f_2(t) + f_1(t) * f_3(t)$$

上式的物理意义为：当 $f_1(t)$ 为单位冲激响应 $h(t)$，而 $f_2(t)$ 和 $f_3(t)$ 为激励信号时，式(2-57)表明几个输入信号之和的零状态响应等于每个信号的零状态响应之和；当 $f_1(t)$ 为激励信号，而 $f_2(t)$ 和 $f_3(t)$ 为单位冲激响应 $h_2(t)$ 和 $h_3(t)$ 时，式(2-57)表明并联系统的冲激响应等于组成并联系统的各子系统冲激响应之和，如图 2-17 所示。

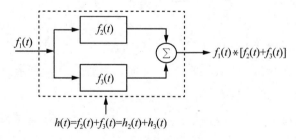

$$h(t) = f_2(t) + f_3(t) = h_2(t) + h_3(t)$$

图 2-17 卷积的分配律

3. 结合律

$$[f_1(t) * f_2(t)] * f_3(t) = f_1(t) * [f_2(t) * f_3(t)] \tag{2-58}$$

证明：$[f_1(t) * f_2(t)] * f_3(t) = \int_{-\infty}^{\infty} \left[\int_{-\infty}^{\infty} f_1(\tau) f_2(\lambda - \tau) d\tau \right] f_3(t-\lambda) d\lambda$

交换上式积分的次序，令 $x = \lambda - \tau$，则 $\lambda = x + \tau$，$d\lambda = dx$，代入上式得

$$\left[f_1(t) * f_2(t)\right] * f_3(t) = \int_{-\infty}^{\infty} f_1(\tau)\left[\int_{-\infty}^{\infty} f_2(\lambda - \tau) f_3(t - \lambda)d\lambda\right]d\tau$$

$$= \int_{-\infty}^{\infty} f_1(\tau)\left\{\int_{-\infty}^{\infty} f_2(x) f_3\left[(t - \tau) - x\right]dx\right\}d\tau$$

$$= \int_{-\infty}^{\infty} f_1(\tau) f_{23}(t - \tau)d\tau = f_1(t) * \left[f_2(t) * f_3(t)\right]$$

式中，$f_{23}(t - \tau) = \int_{-\infty}^{\infty} f_2(x) f_3(t - x - \tau)dx$，即

$$f_{23}(t) = \int_{-\infty}^{\infty} f_2(x) f_3(t - x)dx = f_2(t) * f_3(t)$$

式(2-58)表明，串联系统的冲激响应，等于组成串联系统的各子系统的冲激响应的卷积，如图 2-18 所示。

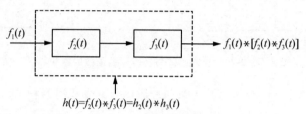

图 2-18　卷积的结合律

4. 函数与冲激函数的卷积

函数 $f(t)$ 与单位冲激函数 $\delta(t)$ 的卷积仍然为 $f(t)$ 本身，根据卷积的定义和冲激函数的特性得

$$f(t) * \delta(t) = \int_{-\infty}^{\infty} f(\tau)\delta(t - \tau)d\tau$$

$$= \int_{-\infty}^{\infty} f(\tau)\delta(\tau - t)d\tau$$

$$= \int_{-\infty}^{\infty} f(t)\delta(\tau - t)d\tau = f(t) \tag{2-59}$$

将式(2-59)进一步展开得

$$f(t) * \delta(t - t_0) = \int_{-\infty}^{\infty} f(\tau)\delta(t - t_0 - \tau)d\tau = f(t - t_0) \tag{2-60}$$

式(2-60)表明，$f(t)$ 与 $\delta(t - t_0)$ 卷积的结果，相当于把函数 $f(t)$ 延迟 t_0。式(2-59)、式(2-60)的图形如图 2-19 所示。

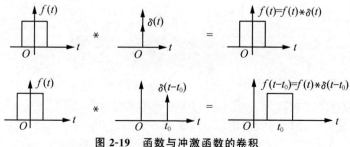

图 2-19　函数与冲激函数的卷积

推论：

$$f(t-t_1) * \delta(t-t_0) = \int_{-\infty}^{\infty} f(\tau-t_1)\delta(t-t_0-\tau)\mathrm{d}\tau = f(t-t_0-t_1) \qquad (2\text{-}61)$$

$$\delta(t-t_1) * \delta(t-t_0) = \int_{-\infty}^{\infty} \delta(\tau-t_1)\delta(t-t_0-\tau)\mathrm{d}\tau = \delta(t-t_0-t_1) \qquad (2\text{-}62)$$

式(2-61)、式(2-62)的图形如图 2-20 所示。

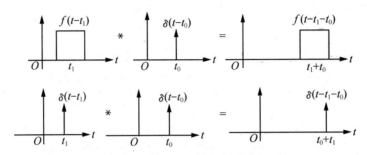

图 2-20　延时函数与延时冲激函数的卷积

根据卷积的交换律、结合律以及函数与冲激函数的卷积得卷积的时移性。若

$$y_{zs}(t) = f_1(t) * f_2(t)$$

则

$$f_1(t-t_1) * f_2(t-t_2) = f_1(t-t_2) * f_2(t-t_1) = y_{zs}(t-t_1-t_2)$$

证明：

$$\begin{aligned}
f_1(t-t_1) * f_2(t-t_2) &= [f_1(t) * \delta(t-t_1)] * [f_2(t) * \delta(t-t_2)] \\
&= [f_1(t) * f_2(t)] * [\delta(t-t_1) * \delta(t-t_2)] \\
&= y_{zs}(t) * \delta(t-t_1-t_2) = y_{zs}(t-t_1-t_2)
\end{aligned}$$

上式表明，如果激励 $f_1(t)$ 作用于冲激响应为 $f_2(t)$ 的系统的零状态响应为 $y_{zs}(t)$，那么激励 $f_1(t)$ 延时 t_1 后作用于冲激响应也延时 t_2 的系统的零状态响应为将原零状态响应 $y_{zs}(t)$ 延时 t_1+t_2。

5. 函数与冲激序列的卷积

已知冲激序列为

$$\delta_T(t) = \sum_{n=-\infty}^{\infty} \delta(t-nT)$$

卷积 $f(t) = f_0(t) * \delta_T(t)$ 为

$$\begin{aligned}
f(t) = f_0(t) * \delta_T(t) &= f_0(t) * \left[\sum_{n=-\infty}^{\infty} \delta(t-nT)\right] \\
&= \sum_{n=-\infty}^{\infty} [f_0(t) * \delta(t-nT)] = \sum_{n=-\infty}^{\infty} f_0(t-nT) \qquad (2\text{-}63)
\end{aligned}$$

式(2-63)的波形如图 2-21 所示。

图 2-21(a)为冲激序列波形，图 2-21(b)为 $f_0(t)$ 的波形（假定 $\tau < T$），图 2-21(c)为 $f_0(t) * \delta_T(t)$ 的波形，由图可以看出 $f_0(t) * \delta_T(t)$ 的波形在每个周期内的波形与 $f_0(t)$ 的

波形相同。式(2-63)提供了一种周期函数的表示方法，即一个周期函数可以写为此周期函数在一个周期内的波形与单位冲激序列的卷积。

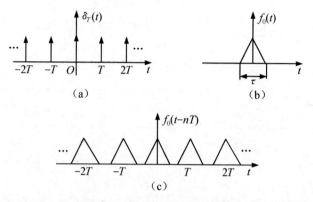

图 2-21　$f_0(t)$ 与 $\delta_T(t)$ 的卷积

例 2-21　计算卷积：$(1)\varepsilon(t+6)*\varepsilon(t-3)$；$(2)\mathrm{e}^{-2t}\varepsilon(t+1)*\varepsilon(t-2)$。

解：(1)根据卷积的定义

$$\varepsilon(t+6)*\varepsilon(t-3)=\int_{-\infty}^{\infty}\varepsilon(\tau+6)\varepsilon(t-\tau-3)\mathrm{d}\tau$$

考虑到 $\tau<-6$ 时，$\varepsilon(t+6)=0$；$\tau>t-3$ 时，$\varepsilon(t-\tau-3)=0$，故上式可写为

$$\varepsilon(t+6)*\varepsilon(t-3)=\int_{-6}^{t-3}\mathrm{d}\tau=t+3$$

由于卷积积分上限大于卷积积分下限，得 $t-3\geqslant-6$，即卷积在 $t\geqslant-3$ 时存在，卷积存在的区间为 $(-3,\infty)$。

$$\varepsilon(t+6)*\varepsilon(t-3)=(t+3)\varepsilon(t+3)$$

直接利用卷积的时移性也可得到以上结果。即

$$\begin{aligned}
\varepsilon(t+6)*\varepsilon(t-3)&=[\varepsilon(t)*\delta(t+6)]*[\varepsilon(t)*\delta(t-3)]\\
&=[\varepsilon(t)*\varepsilon(t)]*[\delta(t+6)*\delta(t-3)]\\
&=[t\varepsilon(t)]*[\delta(t+3)]=(t+3)\varepsilon(t+3)
\end{aligned}$$

$$\begin{aligned}
(2)\mathrm{e}^{-2t}\varepsilon(t+1)*\varepsilon(t-2)&=[\mathrm{e}^2\mathrm{e}^{-2(t+1)}\varepsilon(t+1)]*[\varepsilon(t)*\delta(t-2)]\\
&=[\mathrm{e}^2\mathrm{e}^{-2t}\varepsilon(t)*\delta(t+1)]*[\varepsilon(t)*\delta(t-2)]\\
&=[\mathrm{e}^2\mathrm{e}^{-2t}\varepsilon(t)*\varepsilon(t)]*[\delta(t+1)*\delta(t-2)]\\
&=\left\{\mathrm{e}^2\cdot\frac{1}{2}[1-\mathrm{e}^{-2t}]\varepsilon(t)\right\}*\delta(t-1)\\
&=\frac{1}{2}\mathrm{e}^2[1-\mathrm{e}^{-2(t-1)}]\varepsilon(t-1)
\end{aligned}$$

6. 卷积的微分和积分

(1)卷积的微分。

两个函数卷积后的导数等于其中一个函数的导数与另一个函数的卷积，表示为

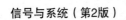

$$\frac{\mathrm{d}}{\mathrm{d}t}\left[f_1(t) * f_2(t)\right] = f_1(t) * \frac{\mathrm{d}f_2(t)}{\mathrm{d}t} = \frac{\mathrm{d}f_1(t)}{\mathrm{d}t} * f_2(t) \tag{2-64}$$

证明：
$$\frac{\mathrm{d}}{\mathrm{d}t}\left[f_1(t) * f_2(t)\right] = \frac{\mathrm{d}}{\mathrm{d}t}\int_{-\infty}^{\infty} f_1(\tau) f_2(t-\tau)\mathrm{d}\tau$$

$$= \int_{-\infty}^{\infty} f_1(\tau)\frac{\mathrm{d}}{\mathrm{d}t}f_2(t-\tau)\mathrm{d}\tau$$

$$= f_1(t) * \frac{\mathrm{d}f_2(t)}{\mathrm{d}t}$$

同样可以证得

$$\frac{\mathrm{d}}{\mathrm{d}t}\left[f_1(t) * f_2(t)\right] = \frac{\mathrm{d}f_1(t)}{\mathrm{d}t} * f_2(t)$$

(2)卷积的积分。

两个函数卷积后的积分等于其中一个函数的积分与另一个函数的卷积，表示为

$$\int_{-\infty}^{t}\left[f_1(\lambda) * f_2(\lambda)\right]\mathrm{d}\lambda = f_1(t) * \int_{-\infty}^{t} f_2(\lambda)\mathrm{d}\lambda$$

$$= f_2(t) * \int_{-\infty}^{t} f_1(\lambda)\mathrm{d}\lambda \tag{2-65}$$

证明：
$$\int_{-\infty}^{t}\left[f_1(\lambda) * f_2(\lambda)\right]\mathrm{d}\lambda = \int_{-\infty}^{t}\left[\int_{-\infty}^{\infty} f_1(\tau) f_2(\lambda-\tau)\mathrm{d}\tau\right]\mathrm{d}\lambda$$

$$= \int_{-\infty}^{\infty} f_1(\tau)\left[\int_{-\infty}^{t} f_2(\lambda-\tau)\mathrm{d}\lambda\right]\mathrm{d}\tau$$

$$= f_1(t) * \int_{-\infty}^{t} f_2(\lambda)\mathrm{d}\lambda$$

根据卷积交换律同样可求得

$$\int_{-\infty}^{t}\left[f_1(\lambda) * f_2(\lambda)\right]\mathrm{d}\lambda = f_2(t) * \int_{-\infty}^{t} f_1(\lambda)\mathrm{d}\lambda$$

(3)卷积的高阶导数和多重积分的运算规律。

设 $f(t) = f_1(t) * f_2(t)$，则有
$$f^{(i)}(t) = f_1^{(j)}(t) * f_2^{(i-j)}(t) \tag{2-66}$$

式(2-66)中 i、j 取正整数时为导数的阶次，取负整数时为重积分的次数。当 $i=0$、$j=1$ 时有

$$f(t) = f_1(t) * f_2(t) = f_1^{(1)}(t) * f_2^{(-1)}(t)$$

$$= \frac{\mathrm{d}f_1(t)}{\mathrm{d}t} * \int_{-\infty}^{t} f_2(\tau)\mathrm{d}\tau \tag{2-67}$$

应用式(2-64)和式(2-67)时必须注意 $f_1(t)$ 和 $f_2(t)$ 应满足条件：$f_1(\infty)=0$，$f_2(\infty)=0$。

LTI 系统的零状态响应等于激励与系统冲激响应的卷积积分，利用式(2-67)可得

$$y_{zs}(t) = f(t) * h(t) = f^{(1)}(t) * h^{(-1)}(t)$$

$$= f'(t) * \int_{-\infty}^{t} h(\tau)\mathrm{d}\tau = f'(t) * g(t)$$

$$= \int_{-\infty}^{\infty} f'(\tau) g(t-\tau)\mathrm{d}\tau \tag{2-68}$$

式(2-68)称为杜阿密尔积分，它表示 LTI 系统的零状态响应等于激励的导数 $f'(t)$ 与系统的阶跃响应 $g(t)$ 的卷积积分。其物理意义为：把激励 $f(t)$ 分解成一系列接入时间不同、幅值不同的阶跃函数[在时刻 τ 为 $f'(\tau)\mathrm{d}\tau \cdot \varepsilon(t-\tau)$]，根据 LTI 系统的零状态线性和时不变性，在激励 $f(t)$ 作用下，系统的零状态响应等于相应的一系列阶跃响应的积分。

利用卷积的微分、积分性质可得如下结论。

函数与冲激偶的卷积

$$f(t) * \delta'(t) = f'(t) * \delta(t) = f'(t)$$

函数与单位阶跃函数的卷积

$$f(t) * \varepsilon(t) = \left[\int_{-\infty}^{t} f(\tau)\mathrm{d}\tau\right] * \delta(t) = \int_{-\infty}^{t} f(\tau)\mathrm{d}\tau$$

推广到一般情况得

$$f(t) * \delta^{(j)}(t) = f^{(j)}(t) * \delta(t) = f^{(j)}(t)$$

$$f(t) * \delta^{(j)}(t-t_0) = f^{(j)}(t) * \delta(t-t_0) = f^{(j)}(t-t_0)$$

上式中 j 表示求导或重积分的次数，当 j 取正整数时表示导数阶次，j 取负整数时为重积分次数。

一些常用函数卷积积分如表 2-3 所示。

表 2-3 卷积积分表

序号	$f_1(t)$	$f_2(t)$	$f_1(t) * f_2(t)$
1	$f(t)$	$\delta(t)$	$f(t)$
2	$f(t)$	$\delta'(t)$	$f'(t)$
3	$f(t)$	$\varepsilon(t)$	$\int_{-\infty}^{t} f(\tau)\mathrm{d}\tau$
4	$\varepsilon(t)$	$\varepsilon(t)$	$t\varepsilon(t)$
5	$t\varepsilon(t)$	$\varepsilon(t)$	$\dfrac{1}{2}t^2\varepsilon(t)$
6	$e^{-at}\varepsilon(t)$	$\varepsilon(t)$	$\dfrac{1}{a}(1-e^{-at})\varepsilon(t)$
7	$e^{-a_1 t}\varepsilon(t)$	$e^{-a_2 t}\varepsilon(t)$	$\dfrac{1}{a_2-a_1}(e^{-a_1 t}-e^{-a_2 t})\varepsilon(t)$ （其中 $a_2 \neq a_1$）
8	$e^{-at}\varepsilon(t)$	$e^{-at}\varepsilon(t)$	$te^{-at}\varepsilon(t)$
9	$t\varepsilon(t)$	$e^{-at}\varepsilon(t)$	$\left(\dfrac{at-1}{a^2}+\dfrac{1}{a^2}e^{-at}\right)\varepsilon(t)$
10	$te^{-at}\varepsilon(t)$	$e^{-at}\varepsilon(t)$	$\dfrac{1}{2}t^2 e^{-at}\varepsilon(t)$
11	$f(t)$	$t\varepsilon(t)$	$\int_{-\infty}^{t}\left[\int_{-\infty}^{t} f(\tau)\mathrm{d}\tau\right]\mathrm{d}\tau$
12	$f(t)$	$\displaystyle\sum_{n=-\infty}^{\infty}\delta(t-nT)$	$\displaystyle\sum_{n=-\infty}^{\infty} f(t-nT)$

序号	$f_1(t)$	$f_2(t)$	$f_1(t) * f_2(t)$
13	$t\mathrm{e}^{-a_1 t}\varepsilon(t)$	$\mathrm{e}^{-a_2 t}\varepsilon(t)$	$\left[\dfrac{(a_2-a_1)t-1}{(a_2-a_1)^2}\mathrm{e}^{-a_1 t}+\dfrac{1}{(a_2-a_1)^2}\mathrm{e}^{-a_2 t}\right]\varepsilon(t)$ （其中$a_1\neq a_2$）
14	$\mathrm{e}^{-a_1 t}\cos(\beta t+\theta)\varepsilon(t)$	$\mathrm{e}^{-a_2 t}\varepsilon(t)$	$\left[\dfrac{\mathrm{e}^{-a_1 t}\cos(\beta t+\theta-\varphi)}{\sqrt{(a_2-a_1)^2+\beta^2}}-\dfrac{\mathrm{e}^{-a_2 t}\cos(\theta-\varphi)}{\sqrt{(a_2-a_1)^2+\beta^2}}\right]\varepsilon(t)$ $\left[\text{其中}\ \varphi=\arctan\left(\dfrac{\beta}{a_1-a_2}\right)\right]$
15	$f(t)$	K （K 为常数）	$\displaystyle\int_{-\infty}^{\infty}Kf(\tau)\mathrm{d}\tau=K\int_{-\infty}^{\infty}f(\tau)\mathrm{d}\tau$ （此卷积不能应用卷积的微积分性质）

例 2-22 证明卷积公式 $\mathrm{e}^{-a_1 t}\varepsilon(t)*\mathrm{e}^{-a_2 t}\varepsilon(t)=\dfrac{1}{a_2-a_1}(\mathrm{e}^{-a_1 t}-\mathrm{e}^{-a_2 t})\varepsilon(t)$，其中 $a_2\neq a_1$。

证明： $\mathrm{e}^{-a_1 t}\varepsilon(t)*\mathrm{e}^{-a_2 t}\varepsilon(t)=\displaystyle\int_{-\infty}^{\infty}\mathrm{e}^{-a_1\tau}\varepsilon(\tau)\mathrm{e}^{-a_2(t-\tau)}\varepsilon(t-\tau)\mathrm{d}\tau$

$$=\int_{0}^{t}\mathrm{e}^{-a_1\tau}\mathrm{e}^{-a_2(t-\tau)}\mathrm{d}\tau=\frac{1}{a_2-a_1}(\mathrm{e}^{-a_1 t}-\mathrm{e}^{-a_2 t})\varepsilon(t)$$

例 2-23 求如图 2-22 所示两函数的卷积积分 $y(t)=f_1(t)*f_2(t)$。

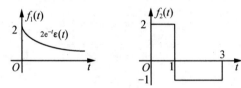

图 2-22 例 2-23 图

解： $y(t)=f_1(t)*f_2(t)$

$$=\left[\int_{-\infty}^{t}f_1(\tau)\mathrm{d}\tau\right]*f_2'(t)$$

$$=\left[\int_{0}^{t}2\mathrm{e}^{-\tau}\mathrm{d}\tau\right]*\left[2\delta(t)-3\delta(t-1)+\delta(t-3)\right]$$

$$=(2-2\mathrm{e}^{-t})\varepsilon(t)*\left[2\delta(t)-3\delta(t-1)+\delta(t-3)\right]$$

$$=2(2-2\mathrm{e}^{-t})\varepsilon(t)-3\left[2-2\mathrm{e}^{-(t-1)}\right]\varepsilon(t-1)+\left[2-2\mathrm{e}^{-(t-3)}\right]\varepsilon(t-3)$$

例 2-24 已知 $f(t)*\mathrm{e}^{-t}\varepsilon(t)=(1-\mathrm{e}^{-t})\varepsilon(t)-\left[1-\mathrm{e}^{-(t-1)}\right]\varepsilon(t-1)$，求 $f(t)$。

解： 将原式等号两端同时求一阶导数得

$$f(t)*\left[\delta(t)-\mathrm{e}^{-t}\varepsilon(t)\right]=\mathrm{e}^{-t}\varepsilon(t)-\mathrm{e}^{-(t-1)}\varepsilon(t-1)$$

$$f(t)-f(t)*\mathrm{e}^{-t}\varepsilon(t)=\mathrm{e}^{-t}\varepsilon(t)-\mathrm{e}^{-(t-1)}\varepsilon(t-1)$$

将 $f(t)*\mathrm{e}^{-t}\varepsilon(t)=(1-\mathrm{e}^{-t})\varepsilon(t)-\left[1-\mathrm{e}^{-(t-1)}\right]\varepsilon(t-1)$ 代入上式得

$$f(t)=\varepsilon(t)-\varepsilon(t-1)$$

例 2-25 求如图 2-23(a)、图 2-23(b)所示两函数的卷积积分 $y(t)=f_1(t)*f_2(t)$。

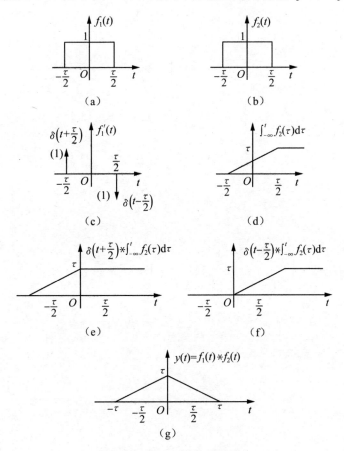

图 2-23 例 2-25 卷积积分图示

解：根据卷积的微积分性质得

$$y(t)=f_1(t)*f_2(t)=f_1'(t)*\int_{-\infty}^{t}f_2(\tau)\mathrm{d}\tau$$

$$=\left[\delta\left(t+\frac{\tau}{2}\right)-\delta\left(t-\frac{\tau}{2}\right)\right]*\int_{-\infty}^{t}f_2(\tau)\mathrm{d}\tau$$

$$=\delta\left(t+\frac{\tau}{2}\right)*\int_{-\infty}^{t}f_2(\tau)\mathrm{d}\tau-\delta\left(t-\frac{\tau}{2}\right)*\int_{-\infty}^{t}f_2(\tau)\mathrm{d}\tau$$

上式中 $f_1'(t)=\delta\left(t+\dfrac{\tau}{2}\right)-\delta\left(t-\dfrac{\tau}{2}\right)$。

$$\int_{-\infty}^{t}f_2(\tau)\mathrm{d}\tau=\begin{cases}\displaystyle\int_{-\infty}^{t}f_2(\tau)\mathrm{d}\tau=0, & t<-\dfrac{\tau}{2}\\[3mm]\displaystyle\int_{-\frac{\tau}{2}}^{t}f_2(\tau)\mathrm{d}\tau=t+\dfrac{\tau}{2}, & -\dfrac{\tau}{2}<t<\dfrac{\tau}{2}\\[3mm]\displaystyle\int_{-\frac{\tau}{2}}^{\frac{\tau}{2}}f_2(\tau)\mathrm{d}\tau=\tau, & t>\dfrac{\tau}{2}\end{cases}$$

$$\delta\left(t+\frac{\tau}{2}\right)*\int_{-\infty}^{t}f_2(\tau)\mathrm{d}\tau=\delta\left(t+\frac{\tau}{2}\right)*\begin{cases}0, & t<-\frac{\tau}{2}\\ t+\frac{\tau}{2}, & -\frac{\tau}{2}<t<\frac{\tau}{2}\\ \tau, & t>\frac{\tau}{2}\end{cases}$$

$$=\begin{cases}0, & t<-\tau \quad \left(t+\frac{\tau}{2}<-\frac{\tau}{2}\right)\\ t+\tau, & -\tau<t<0 \quad \left(-\frac{\tau}{2}<t+\frac{\tau}{2}<\frac{\tau}{2}\right)\\ \tau, & t>0 \quad \left(t+\frac{\tau}{2}>\frac{\tau}{2}\right)\end{cases} \tag{2-69}$$

$$\delta\left(t-\frac{\tau}{2}\right)*\int_{-\infty}^{t}f_2(\tau)\mathrm{d}\tau=\delta\left(t-\frac{\tau}{2}\right)*\begin{cases}0, & t<-\frac{\tau}{2}\\ t+\frac{\tau}{2}, & -\frac{\tau}{2}<t<\frac{\tau}{2}\\ \tau, & t>\frac{\tau}{2}\end{cases}$$

$$=\begin{cases}0, & t<0 \quad \left(t-\frac{\tau}{2}<-\frac{\tau}{2}\right)\\ t, & 0<t<\tau \quad \left(-\frac{\tau}{2}<t-\frac{\tau}{2}<\frac{\tau}{2}\right)\\ \tau, & t>\tau \quad \left(t-\frac{\tau}{2}>\frac{\tau}{2}\right)\end{cases}$$

$f_1'(t)$ 和 $\int_{-\infty}^{t}f_2(\tau)\mathrm{d}\tau$ 的波形分别如图 2-23（c）、图 2-23（d）所示，于是可得 $\delta\left(t+\frac{\tau}{2}\right)*\int_{-\infty}^{t}f_2(\tau)\mathrm{d}\tau$ 曲线如图 2-23(e)所示，$\delta\left(t-\frac{\tau}{2}\right)*\int_{-\infty}^{t}f_2(\tau)\mathrm{d}\tau$ 曲线如图 2-23(f)所示，进而可得 $y(t)=f_1(t)*f_2(t)$ 的波形如图 2-23(g)所示，可见 $y(t)$ 的波形是宽度为 2τ，幅度为 τ 的三角波。

2.5.4 利用卷积积分求零状态响应

LTI 系统对任意激励 $f(t)$ 的零状态响应 $y_{zs}(t)$，可用 $f(t)$ 与单位冲激响应 $h(t)$ 的卷积积分求解，即

$$y_{zs}(t)=f(t)*h(t)=\int_{-\infty}^{\infty}f(\tau)h(t-\tau)\mathrm{d}\tau \tag{2-70}$$

式(2-70)的证明过程如图 2-24 所示。

用卷积积分法求线性时不变系统零状态响应 $y_{zs}(t)$ 的步骤是：

（1）求系统的单位冲激响应 $h(t)$。

（2）按式(2-70)求系统的零状态响应 $y_{zs}(t)$。

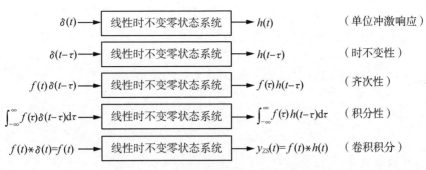

图 2-24 利用卷积积分求零状态响应图示

例 2-26 如图 2-25(a)所示电路，激励 $f(t)=\varepsilon(t)-\varepsilon(t-6\pi)$，其波形如图 2-25(b)所示。求零状态响应 $u_C(t)$，并画出波形。

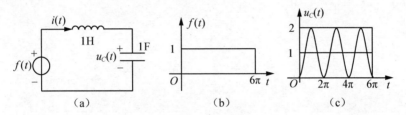

图 2-25 例 2-26 图

解： 该电路的微分方程为

$$\frac{\mathrm{d}^2 u_C(t)}{\mathrm{d}t^2}+u_C(t)=f(t)$$

特征方程为 $\lambda^2+1=0$，特征根为 $\lambda_1=j$，$\lambda_2=-j$。则单位冲激响应为

$$h(t)=A_1\mathrm{e}^{-jt}+A_2\mathrm{e}^{jt}$$

当 $f(t)=\delta(t)$ 时，微分方程表示为

$$\frac{\mathrm{d}^2 u_C(t)}{\mathrm{d}t^2}+u_C(t)=\delta(t)$$

由于 $u_C(0_+)=u_C(0_-)=0$，$u_C'(0_-)=0$ 对上式两端在 $(0_-，0_+)$ 积分得

$$\int_{0_-}^{0_+} u_C''(t)\mathrm{d}t + \int_{0_-}^{0_+} u_C(t)\mathrm{d}t = \int_{0_-}^{0_+} \delta(t)\mathrm{d}t$$

$$u_C'(0_+)-u_C'(0_-)=1$$

可得 $u_C'(0_+)=1$，将 $u_C(0_+)=0$、$u_C'(0_+)=1$ 代入 $h(t)=A_1\mathrm{e}^{-jt}+A_2\mathrm{e}^{jt}$，得 $A_1=\dfrac{j}{2}$，

$A_2=-\dfrac{j}{2}$。则单位冲激响应为

$$h(t)=\frac{j}{2}\mathrm{e}^{-jt}-\frac{j}{2}\mathrm{e}^{jt}=-\frac{j}{2}(\mathrm{e}^{jt}-\mathrm{e}^{-jt})=\sin t\varepsilon(t)$$

故零状态响应为

$$u_C(t) = f(t) * h(t)$$

$$= f'(t) * \int_{-\infty}^{t} \sin \tau \varepsilon(\tau) d\tau$$

$$= [\delta(t) - \delta(t - 6\pi)] * \int_{0}^{t} \sin \tau d\tau$$

$$= [\delta(t) - \delta(t - 6\pi)] * [-\cos \tau]_{0}^{t}$$

$$= [\delta(t) - \delta(t - 6\pi)] * (1 - \cos t)\varepsilon(t)$$

$$= (1 - \cos t)[\varepsilon(t) - \varepsilon(t - 6\pi)]$$

画出波形图如图 2-25(c)所示。

例 2-27　已知系统的单位阶跃响应 $g(t) = (1 - e^{-2t})\varepsilon(t)$，当起始状态 $y(0_-) = 2$，激励 $f_1(t) = e^{-t}\varepsilon(t)$ 时，其全响应为 $y_1(t) = 2e^{-t}\varepsilon(t)$。试求当起始状态为 $y(0_-) = 4$，激励 $f_2(t) = \delta'(t)$ 时的全响应 $y_2(t)$。

解： 系统的冲激响应为

$$h(t) = \frac{d}{dt}g(t) = 2e^{-2t}\varepsilon(t)$$

则

$$h'(t) = 2\delta(t) - 4e^{-2t}\varepsilon(t)$$

当激励为 $f_1(t) = e^{-t}\varepsilon(t)$ 时，零状态响应为

$$y_{zs1}(t) = f_1(t) * h(t) = e^{-t}\varepsilon(t) * 2e^{-2t}\varepsilon(t) = (2e^{-t} - 2e^{-2t})\varepsilon(t)$$

故当起始状态为 $y(0_-) = 2$ 时的零输入响应为

$$y_{zi1}(t) = y_1(t) - y_{zs1}(t) = 2e^{-2t}\varepsilon(t)$$

于是可求得当 $y(0_-) = 4$，激励 $f_2(t) = \delta'(t)$ 时的全响应为

$$y_2(t) = 2y_{zi1}(t) + \delta'(t) * h(t)$$

$$= 2 \times 2e^{-2t}\varepsilon(t) + h'(t)$$

$$= 4e^{-2t}\varepsilon(t) + 2\delta(t) - 4e^{-2t}\varepsilon(t)$$

$$= 2\delta(t)$$

例 2-28　如图 2-26 所示的系统，$h_1(t) = \delta(t-1)$，$h_2(t) = \varepsilon(t) - \varepsilon(t-3)$。(1)求系统的单位冲激响应 $h(t)$，画出波形图。(2)当激励 $f(t) = \varepsilon(t) - \varepsilon(t-1)$ 时，求系统的零状态响应 $y(t)$。

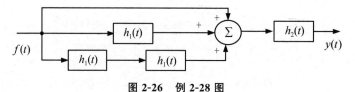

图 2-26　例 2-28 图

解： (1)$y(t) = f(t) * [1 + h_1(t) + h_1(t) * h_1(t)] * h_2(t)$

当 $f(t) = \delta(t)$ 时，即得

$$h(t) = \delta(t) * [1 + \delta(t-1) + \delta(t-1) * \delta(t-1)] * h_2(t)$$

$$= [\delta(t) + \delta(t-1) + \delta(t-2)] * [\varepsilon(t) - \varepsilon(t-3)]$$

$$=\varepsilon(t)+\varepsilon(t-1)+\varepsilon(t-2)-\varepsilon(t-3)-\varepsilon(t-4)-\varepsilon(t-5)$$

$h(t)$的波形如图 2-27(a)所示。

$$(2)\,y(t)=f(t)*h(t)=\left[\int_{-\infty}^{t}f(\tau)\mathrm{d}\tau\right]*h'(t)$$

$$=\{t[\varepsilon(t)-\varepsilon(t-1)]+\varepsilon(t-1)\}*[\delta(t)+\delta(t-1)+\delta(t-2)-\delta(t-3)-$$

$$\delta(t-4)-\delta(t-5)]$$

$$=\begin{cases} t, & 0<t<3 \\ 6-t, & 3\leqslant t<6 \\ 0, & \text{其他} \end{cases}$$

$y(t)$的波形如图 2-27(b)所示。

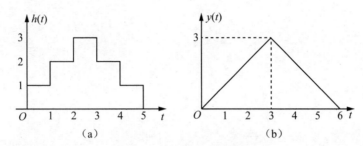

图 2-27   例 2-28 波形图

*2.6 用算子符号表示微分方程

算子符号是一种简化微分、积分方程式表达的方法。下边先给出算子符号的一些基本规则和运算规律，然后通过实例来说明这种方法带来的方便。

2.6.1 算子符号的基本规则

为了书写方便，将微分、积分方程中不断出现的微分与积分符号用下列算子表示

$$p=\frac{\mathrm{d}}{\mathrm{d}t}$$

$$\frac{1}{p}=\int_{-\infty}^{t}(\cdot)\mathrm{d}t$$

$$p[f(t)]=\frac{\mathrm{d}}{\mathrm{d}t}f(t)$$

$$\frac{1}{p}f(t)=\int_{-\infty}^{t}f(t)\mathrm{d}t$$

对于下列微分方程

$$\frac{\mathrm{d}^2}{\mathrm{d}t^2}y(t)+2\frac{\mathrm{d}}{\mathrm{d}t}y(t)+y(t)=3\frac{\mathrm{d}}{\mathrm{d}t}f(t)+2f(t)$$

用微分算子表示为

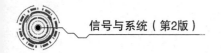

$$p^2 y(t) + 2py(t) + y(t) = 3pf(t) + 2f(t)$$

即

$$(p^2 + 2p + 1)y(t) = (3p + 2)f(t)$$

必须注意，上式表示的不是代数方程，而是微分方程。$(p^2 + 2p + 1)y(t)$ 并不是指 $(p^2 + 2p + 1)$ 乘函数 $y(t)$，而是表示对 $y(t)$ 按规定进行相应的微分运算。但代数方程中的有些运算规则在算子方程式中同样适用。

(1) p 多项式可以进行类似代数运算的因式分解或因式展开，例如

$$(p^2 - p - 20)f(t) = (p + 4)(p - 5)f(t)$$

$$= \left(\frac{d}{dt} + 4\right)\left[\frac{d}{dt}f(t) - 5f(t)\right]$$

$$= \frac{d}{dt}\left[\frac{d}{dt}f(t) - 5f(t)\right] + 4\left[\frac{d}{dt}f(t) - 5f(t)\right]$$

$$= \frac{d^2}{dt^2}f(t) - \frac{d}{dt}f(t) - 20f(t)$$

写成一般形式为

$$(p + a)(p + b)f(t) = [p^2 + (a + b)p + ab]f(t)$$

(2) 某些代数运算规律不适用于算子符号，例如

$$\frac{dy}{dt} = \frac{dx}{dt}$$

对上式两边积分后得

$$y = x + c$$

式中 c 为常数。由此可见，对于算子方程式 $py = px$ 左右两边的算子符号 p 不能消去。

(3) 微分和积分的顺序不能倒换，即

$$p \cdot \frac{1}{p}f(t) \neq \frac{1}{p} \cdot pf(t)$$

这是因为

$$p \cdot \frac{1}{p}f(t) = \frac{d}{dt}\int_{-\infty}^{t} f(t)dt = f(t)$$

$$\frac{1}{p} \cdot pf(t) = \int_{-\infty}^{t} \frac{d}{dt}f(t)dt = f(t) - f(-\infty)$$

上式表明，"先乘后除"的算子运算（对应于先微分后积分）不能相消，而"先除后乘"的算子运算（对应于先积分后微分）则可以相消。即算子的乘、除顺序（对应于微分、积分的先后）不可随意颠倒。

▶ 2.6.2 用算子符号建立微分方程

用算子符号表示微分方程在建立系统数学模型时比较方便，下边讨论电路中的电感、电容的算子符号。

对于电感

$$u_L(t) = L\frac{\mathrm{d}}{\mathrm{d}t}i_L(t) = Lpi_L(t)$$

式中，Lp 就是用算子符号表示的等效电感感抗值。

对于电容

$$u_C(t) = \frac{1}{C}\int_{-\infty}^{t} i_C(\tau)\mathrm{d}\tau = \frac{1}{Cp}i_C(t)$$

式中，$\dfrac{1}{Cp}$ 就是用算子符号表示的等效电容容抗值。

例 2-29　电路如图 2-28(a)所示，求响应 $u_1(t)$、$u_2(t)$ 对于激励 $i(t)$ 的传输算子及 $u_1(t)$、$u_2(t)$ 分别对于激励 $i(t)$ 的微分方程。

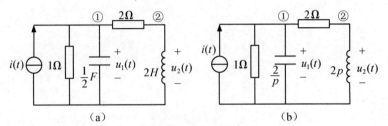

图 2-28　例 2-29 图

解：其算子形式的电路如图 2-28(b)所示，对节点①、节点②列写算子形式的 KCL 方程为

$$\begin{cases} \left(1+\dfrac{1}{2}+\dfrac{p}{2}\right)u_1(t) - \dfrac{1}{2}u_2(t) = i(t) \\ -\dfrac{1}{2}u_1(t) + \left(\dfrac{1}{2p}+\dfrac{1}{2}\right)u_2(t) = 0 \end{cases}$$

对上边第二式两边同时乘 p，这相当于先积分后微分，符合算子运算规律。整理得

$$\begin{cases} (p+3)u_1(t) - u_2(t) = 2i(t) \\ -pu_1(t) + (p+1)u_2(t) = 0 \end{cases}$$

联立解得

$$u_1(t) = \frac{2(p+1)}{p^2+3p+3}i(t)$$

$$u_2(t) = \frac{2p}{p^2+3p+3}i(t)$$

则可得 $u_1(t)$、$u_2(t)$ 分别对于激励 $i(t)$ 的微分方程为

$$(p^2+3p+3)u_1(t) = 2(p+1)i(t)$$

$$(p^2+3p+3)u_2(t) = 2pi(t)$$

即

$$\frac{\mathrm{d}^2 u_1(t)}{\mathrm{d}t^2} + 3\frac{\mathrm{d}u_1(t)}{\mathrm{d}t} + 3u_1(t) = 2\frac{\mathrm{d}i(t)}{\mathrm{d}t} + 2i(t)$$

$$\frac{\mathrm{d}^2 u_2(t)}{\mathrm{d}t^2} + 3\frac{\mathrm{d}u_2(t)}{\mathrm{d}t} + 3u_2(t) = 2\frac{\mathrm{d}i(t)}{\mathrm{d}t}$$

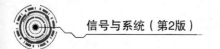

从上例可以看出，用算子符号法建立微分方程可以带来方便，但在列写的过程中一定要注意遵守算子运算的基本规则。

2.6.3 传输算子 $H(p)$

对于 n 阶系统，若 $y(t)$ 为响应，$f(t)$ 为激励，则系统的微分方程一般形式为

$$\frac{\mathrm{d}^n y(t)}{\mathrm{d}t^n} + a_{n-1}\frac{\mathrm{d}^{n-1}y(t)}{\mathrm{d}t^{n-1}} + \cdots + a_1\frac{\mathrm{d}y(t)}{\mathrm{d}t} + a_0 y(t)$$

$$= b_m\frac{\mathrm{d}^m f(t)}{\mathrm{d}t^m} + b_{m-1}\frac{\mathrm{d}^{m-1}f(t)}{\mathrm{d}t^{m-1}} + \cdots + b_1\frac{\mathrm{d}f(t)}{\mathrm{d}t} + b_0 f(t)$$

用微分算子表示，则为

$$(p^n + a_{n-1}p^{n-1} + \cdots + a_1 p + a_0)y(t)$$

$$= (b_m p^m + b_{m-1}p^{m-1} + \cdots + b_1 p + b_0)f(t)$$

可写为

$$A(p)y(t) = B(p)f(t)$$

$$y(t) = \frac{B(p)}{A(p)}f(t) = H(p)f(t)$$

式中，$A(p) = p^n + a_{n-1}p^{n-1} + \cdots + a_1 p + a_0$，称为系统或微分方程的特征多项式。

$$B(p) = b_m p^m + b_{m-1}p^{m-1} + \cdots + b_1 p + b_0$$

$$H(p) = \frac{B(p)}{A(p)} = \frac{b_m p^m + b_{m-1}p^{m-1} + \cdots + b_1 p + b_0}{p^n + a_{n-1}p^{n-1} + \cdots + a_1 p + a_0}$$

$H(p)$ 称为响应 $y(t)$ 对激励 $f(t)$ 的传输算子或转移算子，它是 p 的两个实系数有理多项式之比，其分母即为微分方程的特征多项式 $A(p)$。$H(p)$ 描述了系统本身的特性，与系统的激励无关。微分算子 p 本身表示的是一种微分运算，但从数学角度可以人为地把它看成一个变量(一般式复数)。

传输算子提供了时域分析中简单易行的辅助分析手段，利用传输算子可以求解系统的零输入响应、零状态响应以及系统的单位冲激响应，但其本质上仍与经典法分析系统相同。第 4 章介绍的拉普拉斯变换法与算子法在表现形式上相似，但其彻底改变了经典法的求解过程，使问题的解决更简单，故解决连续时间系统的问题时一般用拉普拉斯变换法。

*2.7 MATLAB 实现连续信号与系统的时域分析

2.7.1 MATLAB 实现线性时不变连续系统分析

描述线性时不变系统的数学模型是线性常系数微分方程。其一般形式为

$$\sum_{i=0}^{n} a_i y^{(i)}(t) = \sum_{j=0}^{m} b_j f^{(j)}(t)$$

其完全响应由零输入响应和零状态响应两部分组成。在 MATLAB 中，控制系统工具

箱提供了一个用于求解零初始条件方程数值解的函数 lsim。其调用格式为

```
y=lsim(sys,f,t)
```

式中，t 表示计算系统响应的抽样点向量，f 是系统输入信号向量，sys 是 LTI 系统模型，用来表示微分方程、差分方程或状态方程。其调用格式为

```
sys=tf(b,a)
```

式中，a 和 b 分别为微分方程的左端和右端系数向量，即 $a=[a_m,\ a_{m-1},\ \cdots,\ a_0]$，$b=[b_m,\ b_{m-1},\ \cdots,\ b_0]$。若微分方程的左端或右端表达式中有缺项，则其向量 a 和 b 中的对应元素为零(注意，不能省略不写，否则会出错)。

2.7.2 MATLAB 实现信号的卷积和相关

MATLAB 信号处理工具箱提供了一个计算两个离散序列卷积和的函数，其调用格式为

```
c=conv(a,b)
```

式中，a、b 分别为待卷积的两序列的向量表示，c 是卷积结果。向量 c 的长度为向量 a、b 的长度之和减 1，即 $length(c)=length(a)+length(b)-1$。

连续信号可以调用函数 sconv 来解决，即首先设定采样间隔 p，对连续信号的 $f_1(t)$、$f_2(t)$ 的非零区间等间隔 p 采样后得到的离散序列 $f_1(k)$、$f_2(k)$，然后构造离散序列 $f_1(k)$ 和 $f_2(k)$ 所对应的时间向量 k_1 和 k_2，最后调用 sconv(f1,f2,k1,k2,p) 函数即可求出近似值。

两个信号的互相关的调用格式为

```
rxy=xcorr(x,y)
rxy=xcorr(x,y,Mlag,'option')
[rxy,lags]=xcorr(x,y,Mlag,'option')
```

式中，x、y 为等长的信号序列；rxy 是序列的互相关函数，若 x、y 的长度都是 N，则 rxy 的长度为 $2N-1$，若 x、y 的长度不等，则将短的序列补零；lags 是返回长度，option 是选择项，若 option=biased，则表示有偏估计，将 rxy 都除以 N，若 option=unbiased，则表示无偏估计，将 rxy 都除以 $(N-abs(m))$，m 为 rxy 的相关延迟时间，若 option=coeff，则表示序列归一化，使零延迟的自相关为 1，若 option 为默认，则 rxy 不定标。Mlag 表示 x 和 y 的最大延迟，返回 rxy 总长度为 $2Mlag+1$，默认为 $2N+1$。

2.7.3 实验二

【实验目的】

在 MATLAB 环境下，求解系统的输出响应，计算信号的卷积和相关。

【实验内容】

(1)已知 LTI 系统的微分方程为 $y''(t)+2y'(t)+100y(t)=f(t)$，其中，$y(0)=y'(0)=0$，$f(t)=10\sin(2\pi t)$，求系统的输出响应 $y(t)$。

(2)已知 LTI 系统的微分方程为 $y''(t)+2y'(t)+100y(t)=f(t)$，其中，$y(0)=y'(0)=0$，求系统的冲激响应 $h(t)$ 和阶跃响应 $g(t)$。

(3)已知信号 $f_1(t)=\varepsilon(t-1)-\varepsilon(t-4)$ 和 $f_2(t)=0.5t[\varepsilon(t)-\varepsilon(t-2)]$，用 MATLAB 计算卷积积分 $s(t)=f_1(t)*f_2(t)$，并绘制 $f_1(t)$、$f_2(t)$ 和 $s(t)$ 的时域波形。

(4)已知序列 $x[k]=\{1,2,3,4;k=0,1,2,3\}$，$y[k]=\{1,1,1,1;k=0,1,2,3\}$，试用 MATLAB 计算 x[k]*y[k]，并绘出卷积结果。

(5)已知两个周期信号 $x(t)=\sin(2\pi ft)$，$y(t)=0.5\sin\left(2\pi ft+\dfrac{\pi}{2}\right)$，其中，$f=10\text{Hz}$。试用 MATLAB 求互相关函数 R_{xy}。

【实验指导与参考代码】

(1)这是一个求系统零状态响应的问题，其 MATLAB 计算程序如下：

```
ts=0;te=5;dt=0.01;
a=[1,2,100];b=[1];
sys=tf([1],[1,2,100]);
t=ts:dt:te;
f=10*sin(2*pi*t);
y=lsim(sys,f,t);
plot(t,y);
xlabel('Time(sec)');
ylabel('y(t)');
```

波形图如图 2-29 所示。

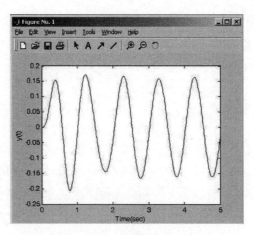

图 2-29 (1)的仿真波形图

(2)在 MATLAB 中，对连续系统的冲激响应和阶跃响应，可分别用控制系统工具提供的函数 impulse 和 step 来求解，其调用格式为

```
y=impulse(sys,t)
y=step(sys,t)
```

其 MATLAB 计算程序如下：

```
ts=0;te=5;dt=0.01;
sys=tf([1],[1,2,100]);
t=ts:dt:te;
h=impulse(sys,t);
figure;
plot(t,h);
xlabel('Time(sec)');
ylabel('h(t)');
g=step(sys,t)
figure;
plot(t,g);
xlabel('Time(sec)');
ylabel('g(t)');
```

波形如图 2-30 所示。

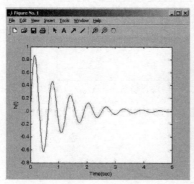

（a）连续系统的冲激响应　　　　　（b）连续系统的阶跃响应

图 2-30　（2）的仿真波形图

（3）MATLAB 中没有直接计算连续信号卷积的函数，实际是将连续信号 $f_1(t)$、$f_2(t)$ 以等间隔采样后得到的离散序列，再将离散序列进行卷积和运算（有关离散序列及卷积和将在第 5 章讲解），我们再用专用函数 conv 来实现连续信号卷积的计算，有关计算程序如下：

```
k1=0:0.01:5;k2=-1:0.01:3;p=0.01;          % 采样时间间隔 p=0.01
f1=Heaviside(k1-1)-Heaviside(k1-4);        % 定义 f1(t)信号
f2=0.5*k2.*[Heaviside(k2)-Heaviside(k2-2)]; % 定义 f2(t)信号
f=conv(f1,f2);f=f*p;                        % 计算序列 1 与序列 2 的卷积和
k0=k1(1)+k2(1);                             % 计算序列 f 非零样值的起点位置
k3=length(f1)+length(f2)-2;                 % 计算卷积和 f 的非零样值宽度
k=k0:p:k0+k3*p;subplot(2,2,1);             % 确定卷积和 f 的非零样值时间向量
plot(k1,f1);axis([0,5,-0.1,1.2]);          % 在子图 1 绘制 f1(t)时域波形图
title('f1(t)');
subplot(2,2,2);plot(k2,f2);                 % 在子图 2 绘制 f2(t)时域波形图
```

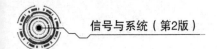

```
title('f2(t)');axis([-1,3,-0.2,1.2]);
subplot(2,2,3);plot(k,f);                          % 画卷积 f(t) 的时域波形
h=get(gca,'position');h(3)=2.4*h(3);
set(gca,'position',h);                             % 第三子图的横坐标范围扩为原来的
                                                     2.4 倍

title('f(t)=f1(t) * f2(t)');axis([0,7,-0.2,1.2]);
```

波形如图 2-31 所示。

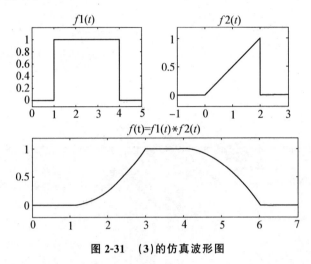

图 2-31　(3)的仿真波形图

(4)实现上述卷积的源程序如下：

```
%program Convolution of two sequences
x=[1,2,3,4];y=[1,1,1,1];z=conv(x,y);
subplot(3,1,1);stem(0:length(x)-1,x);ylabel('x[k]');
subplot(3,1,2);stem(0:length(y)-1,y);ylabel('y[k]');
subplot(3,1,3);stem(0:length(z)-1,z);ylabel('z[k]');
```

程序运行结果如图 2-32 所示。

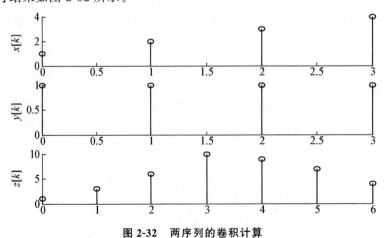

图 2-32　两序列的卷积计算

（5）MATLAB 的源程序如下：

```
%program
fs＝input('the sampling frequency＝');
N＝input('the sampling number＝');
n＝0:N－1;
dt＝1/fs;
mlag＝200;
x＝sin(2*pi*10*n*dt);
y＝0.5*sin(2*pi*10*n*dt＋pi/2);
[rxy,lags]＝xcorr(x,y,mlag,'unbiased');
Plot(lags/fs,rxy);
xlabel('t');ylabel('Rxy(t)');
```

➡ 习　题

2-1　证明$\{\cos t，\cos 2t，\cdots，\cos nt\}$（$n$ 为正整数）在区间$(0，2\pi)$是正交函数集。它是否为完备的正交函数集？

2-2　函数波形如图 2-33 所示，试将此函数 $f(t)$ 用正弦函数来近似，即
$$f(t)\approx C_1\sin t＋C_2\sin 2t＋\cdots＋C_n\sin(nt)$$

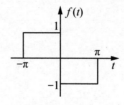

图 2-33　习题 2-2 图

2-3　电路如图 2-34 所示，分别写出电压 $u_0(t)$ 或 $i(t)$ 的微分方程。

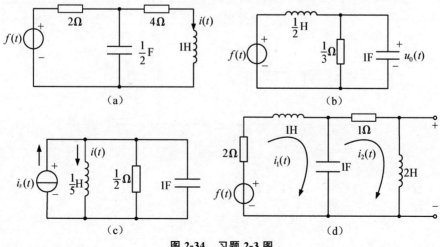

图 2-34　习题 2-3 图

2-4 已知系统的微分方程和初始状态如下，试求其零输入响应。

(1)$y''(t)+5y'(t)+6y(t)=f(t)$，$y(0_-)=1$，$y'(0_-)=-1$；

(2)$y''(t)+y(t)=f(t)$，$y(0_-)=2$，$y'(0_-)=0$；

(3)$y'''(t)+4y''(t)+5y'(t)+2y(t)=f(t)$，$y(0_-)=0$，$y'(0_-)=1$，$y''(0_-)=-1$。

2-5 已知系统的微分方程和初始状态如下，试求其 0_+ 初始值。

(1)$y''(t)+3y'(t)+2y(t)=f(t)$，$y(0_-)=0$，$y'(0_-)=1$，$f(t)=\varepsilon(t)$；

(2)$y''(t)+6y'(t)+8y(t)=f'(t)$，$y(0_-)=0$，$y'(0_-)=1$，$f(t)=\varepsilon(t)$；

(3)$y''(t)+4y'(t)+3y(t)=f'(t)+f(t)$，$y(0_-)=0$，$y'(0_-)=1$，$f(t)=\varepsilon(t)$；

(4)$y''(t)+4y'(t)+5y(t)=f'(t)$，$y(0_-)=1$，$y'(0_-)=2$，$f(t)=e^{-2t}\varepsilon(t)$。

2-6 已知系统的微分方程和初始状态如下，试求其零输入响应、零状态响应和全响应。

(1)$y''(t)+4y'(t)+3y(t)=f(t)$，$y(0_-)=1$，$y'(0_-)=1$，$f(t)=\varepsilon(t)$；

(2)$y''(t)+4y'(t)+4y(t)=f'(t)+3f(t)$，$y(0_-)=1$，$y'(0_-)=2$，$f(t)=e^{-t}\varepsilon(t)$；

(3)$y''(t)+2y'(t)+2y(t)=f'(t)$，$y(0_-)=0$，$y'(0_-)=1$，$f(t)=\varepsilon(t)$。

2-7 计算下列卷积。

(1)$t[\varepsilon(t)-\varepsilon(t-2)]*\delta(1-t)$；

(2)$[(1-3t)\delta'(t)]*e^{-3t}\varepsilon(t)$；

(3)$2*t[\varepsilon(t+2)-\varepsilon(t-1)]$；

(4)$[\varepsilon(t)-\varepsilon(t-4)]*[\sin(\pi t)\cdot\varepsilon(t)]$；

(5)$t\varepsilon(t)*[\varepsilon(t)-\varepsilon(t-2)]$；

(6)$e^{-t}\varepsilon(t)*\delta'(t)*\varepsilon(t)$。

2-8 如图 2-35 所示电路，已知 $u_C(0_-)=1$ V，$i(0_-)=2$ A。求 $t>0$ 时零输入响应 $i(t)$ 和 $u_C(t)$。

2-9 描述系统的方程为 $y'(t)+2y(t)=f'(t)-f(t)$，求其冲激响应和阶跃响应。

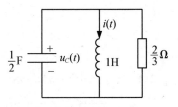

图 2-35　习题 2-8 图

2-10 已知信号 $f_1(t)$、$f_2(t)$ 的波形如图 2-36 所示，求 $y(t)=f_1(t)*f_2(t)$，并画出 $y(t)$ 的波形。

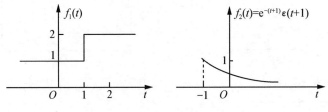

图 2-36　习题 2-10 图

2-11 已知信号 $f_1(t)$、$f_2(t)$ 的波形如图 2-37 所示，设 $y(t)=f_1(t)*f_2(t)$，求 $y(-1)$、$y(0)$ 和 $y(1)$ 的值。

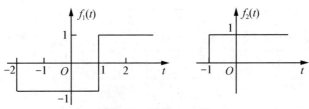

图 2-37　习题 2-11 图

2-12　已知线性时不变系统的输入输出关系为 $y(t)=\int_{t-1}^{\infty}\mathrm{e}^{-2(t-\tau)}f(\tau-2)\mathrm{d}\tau$，试求系统的冲激响应 $h(t)$。

2-13　如图 2-38 所示电路，以 $u_C(t)$ 为响应，求电路的单位冲激响应 $h(t)$ 和单位阶跃响应 $g(t)$。

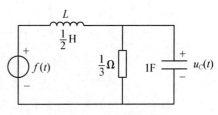

图 2-38　习题 2-13 图

2-14　已知系统的微分方程为 $\dfrac{\mathrm{d}}{\mathrm{d}t}y(t)+2y(t)=\dfrac{\mathrm{d}^2}{\mathrm{d}t^2}f(t)+3\dfrac{\mathrm{d}}{\mathrm{d}t}f(t)+3f(t)$，求系统的单位冲激响应 $h(t)$ 和阶跃响应 $g(t)$。

2-15　已知激励 $f(t)=\mathrm{e}^{-5t}\varepsilon(t)$ 产生的响应为 $y(t)=\sin\omega t\varepsilon(t)$，试求该系统的单位冲激响应 $h(t)$。

2-16　已知系统的冲激响应 $h(t)=\mathrm{e}^{-2t}\varepsilon(t)$。

(1)若激励信号为 $f(t)=\mathrm{e}^{-t}[\varepsilon(t)-\varepsilon(t-2)]+\beta\delta(t-2)$，式中 β 为常数，试确定响应 $y(t)$；

(2)若激励信号为 $f(t)=x(t)[\varepsilon(t)-\varepsilon(t-2)]+\beta\delta(t-2)$，式中 $x(t)$ 为任意 t 函数，想要系统在 $t>2$ 的响应为零，试确定 β 值。

2-17　某 LTI 系统的输入 $f(t)$ 和冲激响应 $h(t)$ 如图 2-39 所示，试求系统的零状态响应，并画出波形。

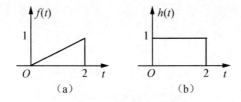

图 2-39　习题 2-17 图

2-18　有一系统对激励为 $f_1(t)=\varepsilon(t)$ 时的完全响应为 $y_1(t)=2\mathrm{e}^{-t}(t\geqslant0)$，对激励为 $f_2(t)=\delta(t)$ 时的完全响应为 $y_2(t)=\delta(t)$。

(1)求该系统的零输入响应 $y_{zi}(t)$；

(2)系统的起始状态保持不变，求其对于激励为 $f_3(t)=\mathrm{e}^{-t}\varepsilon(t)$ 的完全响应 $y_3(t)$。

2-19　求如图 2-40 所示连续时间 LTI 系统的单位冲激响应 $h(t)$。已知 $h_1(t)=\varepsilon(t)$，$h_2(t)=2\delta(t-2)$，$h_3(t)=\mathrm{e}^{-2t}\varepsilon(t)$。

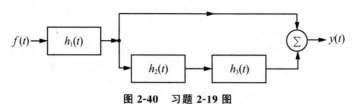

图 2-40　习题 2-19 图

2-20　求如图 2-41 所示系统的单位冲激响应 $h(t)$。已知 $h_1(t)=\varepsilon(t)$（积分器），$h_2(t)=\delta(t-1)$（单位延时器），$h_3(t)=-\delta(t)$（倒相器），激励 $f(t)=e^{-t}\varepsilon(t)$。

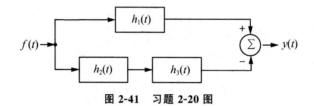

图 2-41　习题 2-20 图

2-21　已知连续时间系统的单位冲激响应为 $h(t)=e^{-t}\varepsilon(t)$，激励 $f(t)=\varepsilon(t)$。

(1)求系统的零状态响应 $y(t)$；

(2)若 $h_1(t)=0.5[h(t)+h(-t)]$，$h_2(t)=0.5[h(t)-h(-t)]$，由 $h_1(t)$ 和 $h_2(t)$ 构成的系统如图 2-42 所示。求响应 $y_1(t)$ 和 $y_2(t)$。

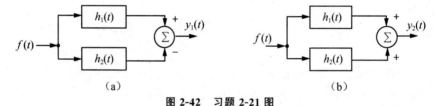

（a）　　　　　　　　　　　　　　（b）

图 2-42　习题 2-21 图

2-22　已知系统的单位阶跃响应为 $g(t)=(1-e^{-2t})\varepsilon(t)$，初始状态不为零。

(1)若激励 $f(t)=e^{-t}\varepsilon(t)$，全响应 $y(t)=2e^{-t}\varepsilon(t)$，求零输入响应 $y_{zi}(t)$。

(2)若系统中无突变情况，求初始状态 $y_{zi}(0_-)=4$，激励 $f(t)=\delta'(t)$ 时的全响应 $y(t)$。

2-23　如图 2-43 所示系统，$h_1(t)=h_2(t)=\varepsilon(t)$，激励 $f(t)=\varepsilon(t)-\varepsilon(t-6\pi)$。求系统的单位冲激响应 $h(t)$ 和零状态响应 $y(t)$，并画出波形。

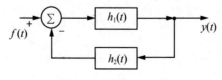

图 2-43　习题 2-23 图

2-24　已知系统的微分方程为 $y''(t)+3y'(t)+2y(t)=f'(t)+3f(t)$，$0_-$ 初始条件 $y(0_-)=1$，$y'(0_-)=2$，试求

(1)系统的零输入响应 $y_{zi}(t)$；

(2)输入 $f(t)=e^{-3t}\varepsilon(t)$ 时，系统的全响应 $y(t)$。

第3章 连续信号与系统的频域分析

本章重点：傅里叶级数，周期性矩形脉冲的频谱，常见基本信号的傅里叶变换，傅里叶变换的性质，周期信号的傅里叶变换，傅里叶级数系数与傅里叶变换关系，频域系统函数，理想低通滤波器，取样定理，调制与解调。

第2章介绍了信号与系统的时域分析方法，它以冲激函数为基本信号，将任意信号分解为一系列加权冲激信号之和，而系统零状态响应就是输入信号与冲激响应的卷积。由信号正交分解可知，三角函数集是完备正交函数集，任意信号都可以分解为三角函数的表达式。换言之，任意信号都可视为一系列正弦信号的组合，这些正弦信号的频率、相位等特性势必反映了原信号的性质，这就是本章介绍信号与系统的频域分析方法的原因。

信号的频域分析的基本思想是以正弦函数或复指数函数作为基本信号单元，将任意信号表示成不同频率的正弦函数或复指数函数信号加权之和，因此将时间变量变换为频率分量。而从频谱分析的角度看，信号作用于线性系统的响应也必然是各频率分量作用下系统响应的叠加，称为系统的频域分析法。傅里叶变换是实现频域和时域相互映射的方法。对线性时不变系统来说，从时域到频域的映射是唯一的，因此信号可以用两者之中的任何一个来表示。

3.1 傅里叶级数

周期信号 $f(t)$ 如果满足狄里赫利条件，即

(1)在一个周期内，若有间断点存在，则间断点的数目是有限个。

(2)在一个周期内，极大值和极小值的数目是有限个。

(3)在一个周期内，是绝对可积的，即 $\int_{t_0}^{t_0+T} |f(t)| \mathrm{d}t$ 等于有限值。

那么此周期信号 $f(t)$ 可以用完备正交函数集的线性组合来表示；如果正交函数集是三角函数集 $\{\cos n\Omega t, \sin m\Omega t\}$ 或复指数函数集 $\{e^{jn\Omega t}\}$，那么此时信号 $f(t)$ 所展成的线性组合就是傅里叶级数。

3.1.1 傅里叶级数的三角形式

前面介绍过，三角函数集 $\{\cos n\Omega t, \sin m\Omega t\}$ $(n, m=0, 1, 2, k)$ 在区间 (t_0, t_0+T) 为完备正交函数集，则对周期为 T 的一类信号(函数)中任一信号 $f(t)$ 都有

$$f(t) = f(t+nT)$$

$$f(t) = \frac{a_0}{2} + a_1\cos(\Omega t) + a_2\cos(2\Omega t) + \cdots + b_1\sin(\Omega t) + b_2\sin(2\Omega t) + \cdots$$

$$= \frac{a_0}{2} + \sum_{n=1}^{\infty} \left[a_n \cos(n\Omega t) + b_n \sin(n\Omega t) \right] \tag{3-1}$$

由式(3-1)得

$$\left. \begin{aligned} a_n &= \frac{2}{T} \int_{t_0}^{t_0+T} f(t) \cos(n\Omega t)\,dt = \frac{2}{T} \int_{-\frac{T}{2}}^{\frac{T}{2}} f(t) \cos(n\Omega t)\,dt \\ b_n &= \frac{2}{T} \int_{t_0}^{t_0+T} f(t) \sin(n\Omega t)\,dt = \frac{2}{T} \int_{-\frac{T}{2}}^{\frac{T}{2}} f(t) \sin(n\Omega t)\,dt \\ a_0 &= \frac{2}{T} \int_{t_0}^{t_0+T} f(t)\,dt = \frac{2}{T} \int_{-\frac{T}{2}}^{\frac{T}{2}} f(t)\,dt \\ \Omega &= \frac{2\pi}{T} \end{aligned} \right\} \tag{3-2}$$

式(3-1)称为周期信号 $f(t)$ 的三角形式傅里叶级数展开式。从数学上来说，当周期信号 $f(t)$ 满足狄里赫利条件时才可展开为傅里叶级数。但在电子、通信、控制等工程技术中的周期信号一般都满足这个条件，故以后一般不再特别注明此条件。若将式(3-1)中同频率项加以合并，则得

$$f(t) = A_0 + \sum_{n=1}^{\infty} A_n \cos(n\Omega t + \varphi_n) \tag{3-3}$$

或

$$f(t) = B_0 + \sum_{n=1}^{\infty} B_n \sin(n\Omega t + \theta_n) \tag{3-4}$$

比较上边两式，得两式间系数与角之间的关系为

$$\left. \begin{aligned} A_n &= B_n = \sqrt{a_n^2 + b_n^2} \\ a_n &= A_n \cos \varphi_n = B_n \sin \theta_n \\ b_n &= -A_n \sin \varphi_n = B_n \cos \theta_n \\ A_0 &= B_0 = \frac{a_0}{2} \\ \tan \theta_n &= \frac{a_n}{b_n} \\ \tan \varphi_n &= -\frac{b_n}{a_n} \end{aligned} \right\} \tag{3-5}$$

式(3-3)、式(3-4)为周期信号 $f(t)$ 的余弦形式和正弦形式傅里叶级数展开式。式(3-3)和式(3-4)同时表明，任何周期信号 $f(t)$，只要满足狄里赫利条件，都可以分解为许多频率成整数倍关系的正(余)弦信号的线性组合。在式(3-1)中，$\frac{a_0}{2}$ 是直流成分；$a_1\cos(\Omega t)$、$b_1\sin(\Omega t)$ 称为基波分量，$\Omega = \frac{2\pi}{T}$ 为基波频率；$a_n\cos(n\Omega t)$、$b_n\sin(n\Omega t)$ 称 n 次谐波分量。直流分量的大小，基波分量和各次谐波的振幅、相位取决于周期信号 $f(t)$ 的波形。从式(3-3)和式(3-5)可知，各分量的振幅 a_n、b_n、A_n、B_n 和相位 φ_n、θ_n 都是 $n\Omega$ 的函数，

并有 a_n、A_n、B_n 是 $n\Omega$ 的偶函数，即 $a_n = a_{-n}$，$A_n = A_{-n}$，$B_n = B_{-n}$；φ_n、θ_n、b_n 是 $n\Omega$ 的奇函数，即 $\varphi_n = -\varphi_{-n}$，$\theta_n = -\theta_{-n}$，$b_n = -b_{-n}$。

　　A_n 与 $n\Omega$ 的关系如图 3-1(a)所示，从图中可以直观地看出各频率分量的相对大小，这种图称为信号的幅度频谱，简称幅度谱。图中每条线代表某一频率分量的幅度，称为谱线。连接各谱线顶点的曲线称为包络线，它反映各分量的幅度变化情况。同样，我们还可以画出相位 φ_n 与 $n\Omega$ 的关系图，如图 3-1(b)所示。这种图称为相位频谱，简称相位谱。周期信号的幅度谱和相位谱都是离散谱。

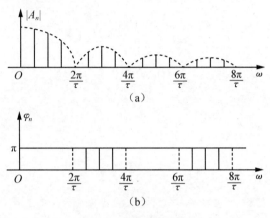

图 3-1　幅度谱与相位谱

3.1.2　傅里叶级数的指数形式

　　复指数函数集 $\{e^{jn\Omega t}\}(n=0, \pm1, \pm2, \cdots)$ 在区间 (t_0, t_0+T) 是一个完备正交函数集，故对于任意周期为 T 的信号 $f(t)$，可在区间 (t_0, t_0+T) 表示为 $\{e^{jn\Omega t}\}$ 的线性组合。即

$$f(t) = \sum_{n=-\infty}^{\infty} F_n e^{jn\Omega t} \tag{3-6}$$

式中，F_n 为

$$F_n = \frac{1}{T}\int_{-\frac{T}{2}}^{\frac{T}{2}} f(t) e^{-jn\Omega t}\,dt \tag{3-7}$$

　　式(3-6)称为周期信号 $f(t)$ 的指数形式傅里叶展开式。式中系数 F_n 一般为复数。指数形式傅里叶级数具有如下性质

$$f(-t) = \sum_{n=-\infty}^{\infty} F_{-n} e^{jn\Omega t}$$

$$f(t-t_0) = \sum_{n=-\infty}^{\infty} F_n e^{-jn\Omega t_0} e^{jn\Omega t}$$

$$f'(t) = \sum_{n=-\infty}^{\infty} jn\Omega F_n e^{jn\Omega t}$$

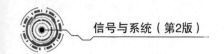

$$f^{(k)}(t) = \sum_{n=-\infty}^{\infty} (jn\Omega)^k F_n e^{jn\Omega t}$$

任意周期信号 $f(t)$ 既可以展开为三角形式傅里叶级数形式，也可以展开为指数形式傅里叶级数形式。即

$$\begin{aligned}
f(t) &= \frac{a_0}{2} + \sum_{n=1}^{\infty} \left[a_n \cos(n\Omega t) + b_n \sin(n\Omega t) \right] \\
&= \frac{a_0}{2} + \sum_{n=1}^{\infty} \frac{a_n}{2}(e^{jn\Omega t} + e^{-jn\Omega t}) + \sum_{n=1}^{\infty} \frac{b_n}{2j}(e^{jn\Omega t} - e^{-jn\Omega t}) \\
&= \frac{a_0}{2} + \sum_{n=1}^{\infty} \left(\frac{a_n - jb_n}{2} e^{jn\Omega t} + \frac{a_n + jb_n}{2} e^{-jn\Omega t} \right) \\
&= F_0 + \sum_{n=1}^{\infty} (F_n e^{jn\Omega t} + F_{-n} e^{-jn\Omega t}) = \sum_{n=-\infty}^{\infty} F_n e^{jn\Omega t}
\end{aligned}$$

其中

$$F_0 = \frac{a_0}{2} = A_0$$

$$F_n = \frac{a_n - jb_n}{2} = |F_n| e^{j\varphi_n} = \frac{A_n}{2} e^{j\varphi_n} \quad n = 1, 2, \cdots$$

$$F_{-n} = \frac{a_n + jb_n}{2} = |F_{-n}| e^{-j\varphi_n} = \frac{A_n}{2} e^{-j\varphi_n} \quad n = 1, 2, \cdots$$

同样可以画出指数形式表示的信号频谱，由于 $F_n = |F_n| e^{j\varphi_n}$，画出复数幅度谱 $|F_n| \sim \omega$ 和相位谱 $\varphi_n \sim \omega$，如图 3-2 所示。

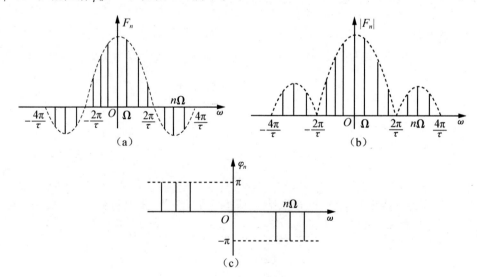

图 3-2　指数形式的信号频谱

例 3-1 求如图 3-3 所示周期信号的指数形式傅里叶级数。

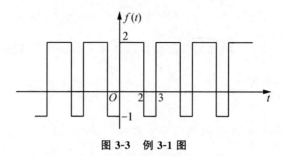

图 3-3 例 3-1 图

解：$f(t)$ 为 $T=3$，$\Omega=\dfrac{2\pi}{T}=\dfrac{2\pi}{3}$ 的周期信号，傅里叶系数为

$$F_n=\frac{2}{3}\int_0^2 \mathrm{e}^{-jn\Omega t}\,\mathrm{d}t-\frac{1}{3}\int_2^3 \mathrm{e}^{-jn\Omega t}\,\mathrm{d}t$$

$$=\frac{3}{j2\pi n}(1-\mathrm{e}^{-j\frac{4\pi}{3}n})$$

$$f(t)=\sum_{n=-\infty}^{\infty}\frac{3}{j2\pi n}(1-\mathrm{e}^{-j\frac{4\pi}{3}n})\,\mathrm{e}^{jn\Omega t}$$

3.1.3 信号的对称性与傅里叶级数的关系

周期信号 $f(t)$ 展开为傅里叶级数时，如果 $f(t)$ 为实函数，且它的波形满足某种对称性，那么在其傅里叶级数中有些项将不出现，留下的各项系数的表示式也变得比较简单。下面介绍几种信号的对称性与傅里叶级数的关系。

1. 偶函数

若周期信号 $f(t)$ 波形相对于纵轴是对称的，即满足 $f(t)=f(-t)$，则 $f(t)$ 是偶函数，其傅里叶级数展开式中含直流分量和余弦分量，即

$$\left.\begin{aligned}&b_n=0\\&a_n=\frac{4}{T}\int_0^{\frac{T}{2}}f(t)\cos(n\Omega t)\,\mathrm{d}t\\&(n=0,\ 1,\ 2,\ \cdots)\end{aligned}\right\}$$

2. 奇函数

若周期信号波形相对于纵坐标是反对称的，即满足 $f(t)=-f(-t)$，则 $f(t)$ 称为奇函数，其傅里叶级数展开式中只含有正弦项，即

$$\left.\begin{aligned}&a_n=0\\&b_n=\frac{4}{T}\int_0^{\frac{T}{2}}f(t)\sin(n\Omega t)\,\mathrm{d}t\\&(n=0,\ 1,\ 2,\ \cdots)\end{aligned}\right\}$$

3. 奇谐函数

若周期信号 $f(t)$ 波形沿时间轴平移半个周期后与原波形相对于时间轴线对称，即满足 $f(t) = -f\left(t \pm \dfrac{T}{2}\right)$，则 $f(t)$ 称为奇谐函数或半波对称函数，其傅里叶级数展开式中只含有正弦和余弦项的奇次谐波分量。

4. 偶谐函数

若周期信号 $f(t)$ 的波形沿时间轴平移半个周期后与原波形完全重叠，即满足 $f(t) = f\left(t \pm \dfrac{T}{2}\right)$，则 $f(t)$ 称为偶谐函数或半周期重叠函数，其傅里叶级数展开式中只含有正弦和余弦项的偶次谐波分量。

由此可得周期信号的对称关系主要有两种：一种是整个周期相对于纵坐标轴的对称关系，这取决于周期信号是偶函数还是奇函数，也就是傅里叶级数展开式中是否含有正弦项或余弦项；另一种是整个周期前后的对称关系，这将决定傅里叶级数展开式中是否包含偶次项或奇次项。掌握了周期信号的奇、偶、奇谐和偶谐等性质后，对于一些波形所包含的谐波分量可以做出迅速判断，并使傅里叶级数系数的计算得到一定简化。

3.2 周期信号的频谱

周期信号的频谱分析可以利用傅里叶级数，也可以借助傅里叶变换。本节以傅里叶级数展开形式研究典型周期信号的频谱。

3.2.1 常见周期信号的频谱

周期信号可以表示为一系列正弦信号或虚指数信号之和，即

$$f(t) = A_0 + \sum_{n=1}^{\infty} A_n \cos(n\Omega t + \varphi_n)$$

$$f(t) = \sum_{n=-\infty}^{\infty} F_n \mathrm{e}^{jn\Omega t}$$

式中，$F_n = |F_n| \mathrm{e}^{j\varphi_n} = \dfrac{A_n}{2} \mathrm{e}^{j\varphi_n}$。为了更直观地表示出信号所含各分量的振幅，以频率（或角频率）为横坐标，以各次谐波的振幅 $|A_n|$ 或者虚指数函数的幅值 $|F_n|$ 为纵坐标，可画出如图 3-4 所示的曲线图，从图 3-4 中可以直观地看出各频率分量的相对大小，这种曲线图称为信号的幅度频谱，简称幅度谱。图中每一条线代表某一频率分量的幅度，称为谱线。连接各谱线顶点的曲线称为包络线，它反映各分量的幅度变化情况。图 3-4(a) 中，信号分解为各余弦分量，每一条谱线表示该次谐波的振幅，称为单边谱；图 3-4(b) 中，信号分解为各虚指数函数，每一条谱线表示各分量的幅度 $|F_n|$，称为双边谱。

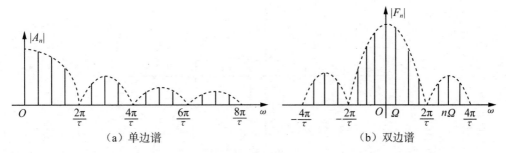

（a）单边谱　　　　　　　　　　　　　　（b）双边谱

图 3-4　幅度谱

同样，还可以画出各次谐波初相位 φ_n 与 $n\Omega$ 的关系图，如图 3-5 所示，这种图称为相位频谱，简称相位谱。

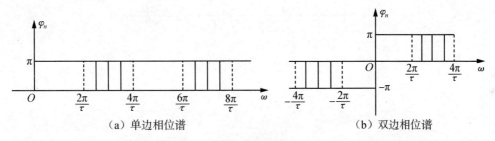

（a）单边相位谱　　　　　　　　　　　　（b）双边相位谱

图 3-5　相位谱

由前面的分析可知，周期信号的谱线只出现在频率为 0，Ω，2Ω，$\cdots$，$n\Omega$ 这些离散的频率点上，即周期信号的幅度谱和相位谱都是离散谱。下面介绍几种常用的周期信号的频谱。

1. 周期性对称方波信号

周期性对称方波信号及频谱如图 3-6 所示，该信号既是偶函数，也是奇谐函数。其傅里叶级数为

$$f(t)=\frac{2E}{\pi}\left[\cos(\Omega t)-\frac{1}{3}\cos(3\Omega t)+\frac{1}{5}\cos(5\Omega t)-\cdots\right]$$
$$=\frac{2E}{\pi}\sum_{n=1}^{\infty}\frac{1}{n}\sin\left(\frac{n\pi}{2}\right)\cos(n\Omega t)$$

由图 3-6 可以得出周期性对称方波信号有如下特点：

(1)它是正负交替的信号，其直流分量(a_0)等于零。

(2)它的脉冲宽度等于周期的一半，即 $\tau=\dfrac{T}{2}$。

(3)它的偶次谐波落在频谱包络线的零值点，所以它的频谱只包含基波和奇次谐波。

(4)由频谱可以看出，其谐波的幅度以 $\dfrac{1}{n}$ 的规律收敛。

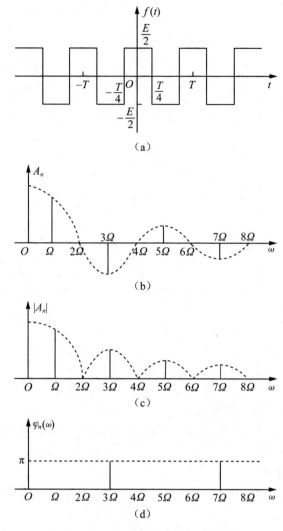

图 3-6 周期性对称方波信号及频谱

2. 周期性锯齿脉冲信号

周期性锯齿脉冲信号及频谱如图 3-7 所示。它是奇函数，因而 $a_n=0$，其傅里叶级数为

$$f(t)=\frac{E}{\pi}\left[\sin(\Omega t)-\frac{1}{2}\sin(2\Omega t)+\frac{1}{3}\sin(3\Omega t)-\frac{1}{4}\sin(4\Omega t)+\cdots\right]$$

$$=\frac{E}{\pi}\sum_{n=1}^{\infty}(-1)^{n+1}\frac{1}{n}\sin(n\Omega t)$$

周期性锯齿脉冲信号的频谱只包含正弦分量，谐波的幅度以 $\frac{1}{n}$ 的规律衰减。

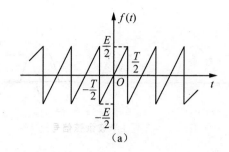

（a）

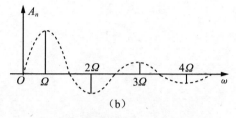

（b）

图 3-7 周期性锯齿脉冲信号及频谱

3. 周期性三角波信号

周期性三角波信号如图 3-8 所示。它是偶函数，因而 $b_n = 0$，其傅里叶级数为

$$f(t) = \frac{E}{2} + \frac{4E}{\pi^2} \sum_{n=1}^{\infty} \frac{1}{n^2} \sin^2\left(\frac{n\pi}{2}\right) \cos(n\Omega t)$$

周期性三角波的频谱只包含直流、基波及奇次谐波频率分量，谐波的幅度以 $\frac{1}{n^2}$ 的规律收敛。

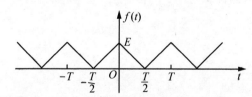

图 3-8 周期性三角波信号

4. 周期性半波余弦信号

周期性半波余弦信号如图 3-9 所示。它是偶函数，因而 $b_n = 0$，其傅里叶级数为

$$f(t) = \frac{E}{\pi} + \frac{E}{2}\left[\cos(\Omega t) + \frac{4}{3\pi}\cos(2\Omega t) - \frac{4}{15\pi}\cos(4\Omega t) + \cdots\right]$$

$$= \frac{E}{\pi} + \frac{E}{2}\cos(\Omega t) - \frac{2E}{\pi} \sum_{n=2}^{\infty} \frac{1}{n^2-1}\cos\left(\frac{n\pi}{2}\right)\cos(n\Omega t)$$

式中，$\Omega = \dfrac{2\pi}{T}$。周期性半波余弦信号的频谱只包含直流、基波及偶次谐波频率分量，谐波的幅度以 $\dfrac{1}{n^2-1}$ 的规律收敛。

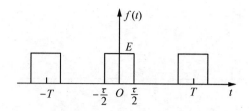

图 3-11 周期性矩形脉冲

将周期性矩形脉冲 $f(t)$ 展成三角形式傅里叶级数，即

$$f(t) = \frac{a_0}{2} + \sum_{n=1}^{\infty} \left[a_n \cos(n\Omega t) + b_n \sin(n\Omega t) \right]$$

其傅里叶系数为

$$a_0 = \frac{2}{T} \int_{-\frac{T}{2}}^{\frac{T}{2}} f(t) \mathrm{d}t = \frac{2}{T} \int_{-\frac{\tau}{2}}^{\frac{\tau}{2}} E \mathrm{d}t = \frac{2E\tau}{T}$$

$$a_n = \frac{2}{T} \int_{-\frac{T}{2}}^{\frac{T}{2}} f(t) \cos(n\Omega t) \mathrm{d}t$$

$$= \frac{2}{T} \int_{-\frac{\tau}{2}}^{\frac{\tau}{2}} E \cos(n\Omega t) \mathrm{d}t$$

$$= \frac{2E}{n\pi} \sin \frac{n\Omega\tau}{2}$$

$$= \frac{E\tau\Omega}{\pi} S_a \left(\frac{n\Omega\tau}{2} \right)$$

$$= \frac{2E\tau}{T} S_a \left(\frac{n\Omega\tau}{2} \right)$$

由于 $f(t)$ 是偶函数，故 $b_n = 0$。

$f(t)$ 三角形式的傅里叶级数为

$$f(t) = \frac{E\tau}{T} + \frac{2E\tau}{T} \sum_{n=1}^{\infty} S_a \left(\frac{n\Omega\tau}{2} \right) \cos(n\Omega t) \tag{3-8}$$

其频谱图和相谱图如图 3-12 所示。

将周期性矩形脉冲 $f(t)$ 展成指数形式傅里叶级数，即

$$f(t) = \sum_{n=-\infty}^{\infty} F_n \mathrm{e}^{jn\Omega t}$$

其傅里叶系数为

$$F_n = \frac{1}{T} \int_{-\frac{T}{2}}^{\frac{T}{2}} f(t) \mathrm{e}^{-jn\Omega t} \mathrm{d}t = \frac{E\tau}{T} S_a \left(\frac{n\Omega\tau}{2} \right)$$

则指数形式的傅里叶级数为

$$f(t) = \frac{E\tau}{T} \sum_{n=-\infty}^{\infty} S_a \left(\frac{n\Omega\tau}{2} \right) \mathrm{e}^{jn\Omega t} \tag{3-9}$$

其频谱图如图 3-13 所示。

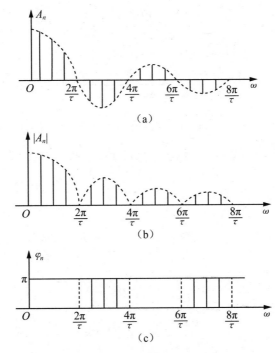

图 3-12　三角形式的频谱图

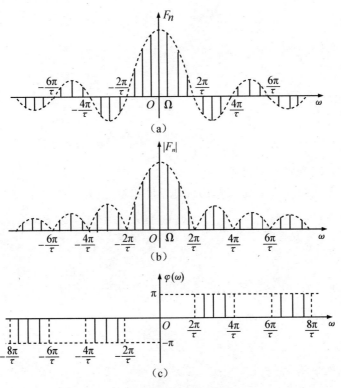

图 3-13　指数形式的频谱图

比较图 3-12 和图 3-13，两种频谱表示方法实质是一致的，其不同之处在于图 3-12 中每条谱线代表一个分量的幅度，而图 3-13 中每个分量一分为二，在正负频率对应位置上各为一半，把正负频率位置上两条谱线加起来才得到一个分量的幅度。图 3-12 称为单边频谱，图 3-13 称为双边频谱。

由图 3-13 可以看出：

(1)周期性矩形脉冲的频谱是离散谱，两谱线之间间隔为 $\Omega = \dfrac{2\pi}{T}$。

(2)直流分量、基波及各次谐波分量的大小正比于脉幅 E 和脉宽 τ，反比于周期 T，其变化的包络是抽样函数。

(3)当 $\omega = \dfrac{2m\pi}{\tau}(m = \pm 1，\pm 2，\cdots)$ 时，谱线的包络线过零点。因此 $\omega = \dfrac{2m\pi}{\tau}$ 称为零分量频率。

(4)周期性矩形脉冲信号包含无穷多条谱线，它可分解为无限多个频率分量，但其主要能量集中在第一个零分量频率之内。因此 $0 \sim \dfrac{2\pi}{\tau}$ 频率范围称为矩形脉冲信号的有效频谱宽度或信号的占有频带，即

$$B_\omega = \frac{2\pi}{\tau} \tag{3-10}$$

$$B_f = \frac{1}{\tau} \tag{3-11}$$

式(3-10)和式(3-11)表明，信号的有效频谱宽度 B 只与脉冲宽度 τ 有关，且成反比例关系。要使信号通过线性系统不失真，只需系统的频率特性与信号的频宽相适应即可实现。下面我们来讨论周期信号的频谱特点及频谱与周期 T 的关系。

1. 周期信号的频谱特点

由周期性矩形脉冲的频谱特点可以得出所有周期性信号的频谱特点如下：

(1)离散性。频谱由频率离散而不连续的谱线组成，这种频谱称为离散谱或线谱。

(2)谐波性。各次谐波分量的频率都是基波频率 $\Omega = \dfrac{2\pi}{T}$ 的整数倍，而且相邻谐波的频率间隔是均匀的，即谱线在频率轴上的位置是 Ω 的整数倍。

(3)收敛性。谱线幅度随 $n \to \infty$ 而衰减到零。因此，这种频谱具有收敛性或衰减性。

2. 周期信号频谱与周期 T 的关系

以周期性矩形脉冲为例来讨论，因为

$$F_n = \frac{E\tau}{T} S_a\left(\frac{n\Omega\tau}{2}\right)$$

在脉冲宽度 τ 保持不变的情况下，若增大周期 T，则可以得出：

(1)离散谱线的间隔 $\Omega = \dfrac{2\pi}{T}$ 将变小，即谱线变密。

(2)各谱线的幅度将变小，包络线变化缓慢，即振幅收敛速度变慢。

（3）由于 τ 不变，故零频率分量位置不变，信号有效频谱宽度亦不变。

（4）信号占有频带内谐波分量增多，同时振幅减小。

当周期 $T \to \infty$ 时，谱线间隔 $\Omega \to 0$，周期信号的离散谱变为非周期信号的连续谱，这将在下一节中讨论。

图 3-14(a)、图 3-14(b)画出了脉冲宽度 τ 相同，周期 T 不同（周期分别为 $T = 5\tau$ 和 $T = 10\tau$）时的信号及其频谱；图 3-14(c)、图 3-14(d)画出了周期 T 相同，脉冲宽度 τ 不同（脉冲宽度分别为 $\tau = \dfrac{T}{5}$ 和 $\tau = \dfrac{T}{10}$）时的信号及其频谱。

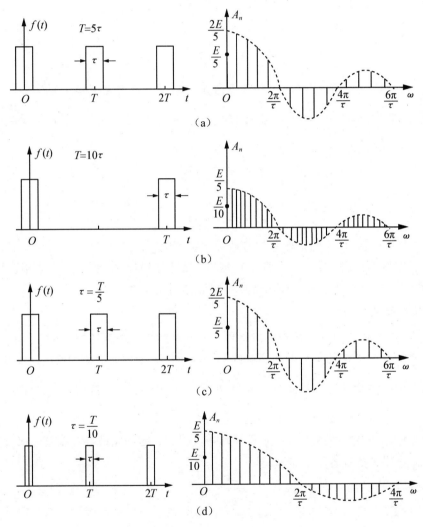

图 3-14　周期、脉冲宽度与频谱的关系

3.2.3　周期信号的功率

周期信号是功率信号，周期信号 $f(t)$ 的归一化平均功率定义为在 1Ω 电阻上消耗的平

均功率，即

$$P = \frac{1}{T} \int_{-\frac{T}{2}}^{\frac{T}{2}} f^2(t)\,\mathrm{d}t$$

将 $f(t)$ 的三角形式傅里叶级数展开式代入上式得

$$P = \frac{1}{T} \int_{-\frac{T}{2}}^{\frac{T}{2}} \left[A_0 + \sum_{n=1}^{\infty} A_n \cos(n\Omega t + \varphi_n) \right]^2 \mathrm{d}t$$

将上式被积函数展开，在展开式中具有 $\cos(n\Omega t + \varphi_n)$ 形式的余弦项，其在一个周期内的积分等于零；具有 $A_n \cos(n\Omega t + \varphi_n) A_m \cos(m\Omega t + \varphi_m)$ 形式的项，当 $m \neq n$ 时，其积分值为零；对于 $m = n$ 的项，其积分值为 $\frac{T}{2} A_n^2$。因此，上式的积分为

$$P = \frac{1}{T} \int_{-\frac{T}{2}}^{\frac{T}{2}} f^2(t)\,\mathrm{d}t = A_0^2 + \sum_{n=1}^{\infty} \frac{1}{2} A_n^2$$

上式第一项为直流功率，第二项为各次谐波的功率之和。上式表明周期信号的功率等于直流功率和各次谐波功率之和。

将 $f(t)$ 的指数形式傅里叶级数展开式代入 $P = \dfrac{1}{T} \displaystyle\int_{-\frac{T}{2}}^{\frac{T}{2}} f^2(t)\,\mathrm{d}t$ 得

$$
\begin{aligned}
P &= \frac{1}{T} \int_{-\frac{T}{2}}^{\frac{T}{2}} f^2(t)\,\mathrm{d}t \\
&= \frac{1}{T} \int_{-\frac{T}{2}}^{\frac{T}{2}} f(t) \left[\sum_{n=-\infty}^{\infty} F_n \mathrm{e}^{jn\Omega t} \right] \mathrm{d}t \\
&= \sum_{n=-\infty}^{\infty} F_n \left[\frac{1}{T} \int_{-\frac{T}{2}}^{\frac{T}{2}} f(t) \mathrm{e}^{jn\Omega t}\,\mathrm{d}t \right] \\
&= \sum_{n=-\infty}^{\infty} F_n \left[\frac{1}{T} \int_{-\frac{T}{2}}^{\frac{T}{2}} f(t) \mathrm{e}^{-j(-n)\Omega t}\,\mathrm{d}t \right] \\
&= \sum_{n=-\infty}^{\infty} F_n F_{-n} \\
&= \sum_{n=-\infty}^{\infty} |F_n| \mathrm{e}^{j\varphi_n} |F_{-n}| \mathrm{e}^{-j\varphi_n} \\
&= \sum_{n=-\infty}^{\infty} |F_n|^2 \qquad\qquad (3\text{-}12)
\end{aligned}
$$

式(3-12)为帕塞瓦尔定理，式中 $|F_n| = |F_{-n}|$。该式表明对于周期信号在时域中求得的功率等于在频域中求得的功率，即功率是守恒的。

例 3-2 求如图 3-15 所示信号的功率谱和信号占有频带内的平均功率占整个信号平均功率的百分比。

解：$\tau = \dfrac{1}{20} = 0.05\mathrm{s}$，$T = 5\tau = 0.25\mathrm{s}$，$\Omega = \dfrac{2\pi}{T} = 8\pi \ \mathrm{rad/s}$

有效频谱宽度 $B_w = \dfrac{2\pi}{\tau} = \dfrac{2\pi}{T/5} = 5\Omega = 5 \times 8\pi = 40\pi \ \mathrm{rad/s}$

故在信号占有频带内共有 5 个谐波分量。

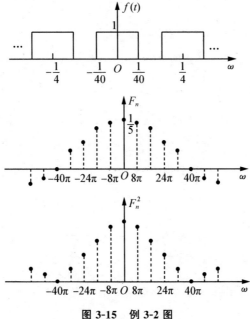

图 3-15　例 3-2 图

整个信号的平均功率为

$$P = \frac{1}{T}\int_{-\frac{T}{2}}^{\frac{T}{2}} f^2(t)\,\mathrm{d}t = \frac{1}{0.25}\int_{-\frac{1}{40}}^{\frac{1}{40}} 1^2\,\mathrm{d}t = 0.2\mathrm{W}$$

因为

$$F_n = \frac{\tau}{T} \times \frac{\sin\dfrac{n\Omega\tau}{2}}{\dfrac{n\Omega\tau}{2}} = \frac{1}{5}S_a\left(\frac{n\pi}{5}\right)$$

故　　　　　　$$F_0 = \frac{\tau}{T} = 0.2$$

$$F_1 = \frac{\tau}{T} \times \frac{\sin\dfrac{\Omega\tau}{2}}{\dfrac{\Omega\tau}{2}} = \frac{1}{5} \times \frac{\sin\dfrac{\pi}{5}}{\dfrac{\pi}{5}} = 0.187$$

$$F_2 = \frac{\tau}{T} \times \frac{\sin\dfrac{2\Omega\tau}{2}}{\dfrac{2\Omega\tau}{2}} = \frac{1}{5} \times \frac{\sin\dfrac{2\pi}{5}}{\dfrac{2\pi}{5}} = 0.1515$$

$$F_3 = \frac{\tau}{T} \times \frac{\sin\dfrac{3\Omega\tau}{2}}{\dfrac{3\Omega\tau}{2}} = \frac{1}{5} \times \frac{\sin\dfrac{3\pi}{5}}{\dfrac{3\pi}{5}} = 0.101$$

$$F_4 = \frac{\tau}{T} \times \frac{\sin\frac{4\Omega\tau}{2}}{\frac{4\Omega\tau}{2}} = \frac{1}{5} \times \frac{\sin\frac{4\pi}{5}}{\frac{4\pi}{5}} = 0.0468$$

$$F_5 = \frac{\tau}{T} \times \frac{\sin\frac{5\Omega\tau}{2}}{\frac{5\Omega\tau}{2}} = \frac{1}{5} \times \frac{\sin\frac{5\pi}{5}}{\frac{5\pi}{5}} = 0$$

故　　　　　$P_0 = F_0^2 = 0.04$ W　　　　　$P_1 = 2F_1^2 = 0.07$ W

$P_2 = 2F_2^2 = 0.046$ W　　　　　$P_3 = 2F_3^2 = 0.0204$ W

$P_4 = 2F_4^2 = 0.00438$ W　　　　　$P_5 = 2F_5^2 = 0$ W

信号在占有频带内的平均功率为

$$P_{\Delta\omega} = P_0 + P_1 + P_2 + P_3 + P_4 + P_5 = 0.18078 \text{ W}$$

故百分比为

$$\frac{P_{\Delta\omega}}{P} = \frac{0.18078}{0.2} = 90.39\%$$

由上式可以看出，周期性矩形脉冲包含在有效频谱宽度内的信号平均功率约占整个信号平均功率的 90%。

3.3　连续时间非周期信号频谱——傅里叶变换

周期信号的傅里叶级数是离散频谱，当周期 T 趋于无穷大时，周期信号变为非周期信号，周期信号的谱线间隔趋于无穷小，离散谱变为连续谱，即非周期信号的频谱是连续谱。下面引入频谱密度函数来讨论非周期信号的频谱。

3.3.1　从傅里叶级数到傅里叶变换

对于周期信号 $f(t)$，它可以表示为

$$f(t) = \sum_{n=-\infty}^{\infty} F_n e^{jn\Omega t}$$

式中，$F_n = \frac{1}{T} \int_{-\frac{T}{2}}^{\frac{T}{2}} f(t) e^{-jn\Omega t} dt$。

将上式改写为

$$F_n T = \frac{2\pi F_n}{\Omega} = \frac{F_n}{f} = \int_{-\frac{T}{2}}^{\frac{T}{2}} f(t) e^{-jn\Omega t} dt$$

当信号 $f(t)$ 的周期 T 趋于无限大时，谱线间隔趋于无穷小，离散频谱变为连续频谱，离散变量 $n\Omega$ 变为连续变量 ω，即周期 $T \to \infty$，谱线间隔 $\Omega \to 0$，$n\Omega \to \omega$。在此极限情况下，$F_n \to 0$，但 $\frac{2\pi F_n}{\Omega}$ 不趋于零，而是趋于有限值，且变成一个连续函数，记为 $F(j\omega)$，即

$$F(j\omega) = \lim_{T \to \infty} F_n T = \lim_{T \to \infty} \frac{2\pi F_n}{\Omega} = \int_{-\infty}^{\infty} f(t) e^{-jn\Omega t} \, dt$$

$F(j\omega)$称为频谱密度函数，简称频谱函数，其意义为单位频率上的谐波幅度。$F(j\omega)$为ω的复函数，可写作

$$F(j\omega) = |F(j\omega)| e^{j\theta(\omega)} = \int_{-\infty}^{\infty} f(t) e^{-j\omega t} \, dt$$

$$= \int_{-\infty}^{\infty} f(t) \cos \omega t \, dt - j \int_{-\infty}^{\infty} f(t) \sin \omega t \, dt$$

$$= R(\omega) + jX(\omega)$$

其中，$|F(j\omega)|$代表非周期信号中各频率分量幅度值的相对大小，辐角$\theta(\omega)$则代表相应各频率分量的相位。当$f(t)$是实函数时，$R(\omega)$、$|F(j\omega)|$是偶函数，$X(\omega)$、$\theta(\omega)$是奇函数。

由于

$$F(j\omega) = \lim_{T \to \infty} F_n T = \lim_{T \to \infty} \frac{2\pi F_n}{\Omega}$$

可得

$$\lim_{T \to \infty} F_n = \lim_{T \to \infty} \frac{\Omega}{2\pi} F(j\omega) = \lim_{T \to \infty} \frac{F(j\omega)}{2\pi} d\omega$$

所以在$T \to \infty$时

$$f(t) = \int_{-\infty}^{\infty} \frac{F(j\omega)}{2\pi} e^{j\omega t} \, d\omega = \frac{1}{2\pi} \int_{-\infty}^{\infty} F(j\omega) e^{j\omega t} \, d\omega$$

该式表明，一个非周期信号可以分解为无限多个幅度为$\dfrac{F(j\omega) \, d\omega}{2\pi}$的复指数信号的叠加。

上式是用周期信号的傅里叶级数通过极限的方法导出的非周期信号频谱的表示式，称为傅里叶变换。

傅里叶正变换

$$F(j\omega) = \int_{-\infty}^{\infty} f(t) e^{-j\omega t} \, dt \qquad (3\text{-}13)$$

记为

$$F(j\omega) = \mathscr{F}[f(t)] \text{ 或 } f(t) \leftrightarrow F(j\omega)$$

傅里叶逆变换

$$f(t) = \frac{1}{2\pi} \int_{-\infty}^{\infty} F(j\omega) e^{j\omega t} \, d\omega \qquad (3\text{-}14)$$

记为

$$f(t) = \mathscr{F}^{-1}[F(j\omega)] \text{ 或 } F(j\omega) \leftrightarrow f(t)$$

傅里叶逆变换也可以写为

$$f(t) = \frac{1}{2\pi} \int_{-\infty}^{\infty} F(j\omega) e^{j\omega t} d\omega$$

$$= \frac{1}{2\pi} \int_{-\infty}^{\infty} |F(j\omega)| e^{j[\omega t + \theta(\omega)]} d\omega$$

$$= \frac{1}{2\pi} \int_{-\infty}^{\infty} |F(j\omega)| \cos[\omega t + \theta(\omega)] d\omega + j\frac{1}{2\pi} \int_{-\infty}^{\infty} |F(j\omega)| \sin[\omega t + \theta(\omega)] d\omega$$

$$= f_r(t) + j f_i(t)$$

上式表明非周期信号 $f(t)$ 可以分解为不同频率正、余弦分量的叠加。

傅里叶变换的存在必须满足一定的条件。傅里叶变换存在的充分条件是在无限区间满足绝对可积条件，即

$$\int_{-\infty}^{\infty} |f(t)| dt < \infty \tag{3-15}$$

证明：因为

$$F(j\omega) = \int_{-\infty}^{\infty} f(t) e^{-j\omega t} dt$$

要使 $F(j\omega)$ 存在，必须使 $F(j\omega) = \int_{-\infty}^{\infty} f(t) e^{-j\omega t} dt < \infty$，因为

$$\int_{-\infty}^{\infty} f(t) e^{-j\omega t} dt < \int_{-\infty}^{\infty} |f(t) e^{-j\omega t}| dt = \int_{-\infty}^{\infty} |f(t)| |e^{-j\omega t}| dt = \int_{-\infty}^{\infty} |f(t)| dt$$

故

$$\int_{-\infty}^{\infty} f(t) e^{-j\omega t} dt < \int_{-\infty}^{\infty} |f(t)| dt$$

若 $\int_{-\infty}^{\infty} |f(t)| dt < \infty$，则 $F(j\omega) = \int_{-\infty}^{\infty} f(t) e^{-j\omega t} dt$ 必然存在。

绝对可积条件只是傅里叶变换存在的充分条件，只要信号满足此条件，则傅里叶变换必然存在。但一些不满足绝对可积条件的函数其傅里叶变换依然是存在的，如阶跃函数、抽样函数、符号函数、周期函数等。

3.3.2 常见基本信号的频谱

常见基本信号频谱有单边指数信号频谱、偶双边指数信号频谱、奇双边指数信号频谱、矩形脉冲信号频谱、符号函数信号频谱、钟形脉冲信号频谱、升余弦脉冲信号频谱、直流信号频谱、单位冲激信号频谱、冲激偶信号频谱、单位阶跃信号频谱。

1. 单边指数信号频谱

单边指数信号如图 3-16(a)所示，表达式为

$$f(t) = \begin{cases} e^{-at}, & t \geqslant 0 \\ 0, & t < 0 \end{cases} \quad (a > 0)$$

$f(t)$ 的傅里叶变换 $F(j\omega)$ 为

$$F(j\omega) = \int_{-\infty}^{\infty} f(t) e^{-j\omega t} dt = \int_{0}^{\infty} e^{-at} e^{-j\omega t} dt$$

$$F(j\omega) = \frac{1}{a + j\omega} \qquad\qquad (3\text{-}16)$$

$$|F(j\omega)| = \frac{1}{\sqrt{a^2 + \omega^2}}$$

$$\theta(\omega) = -\arctan\frac{\omega}{a}$$

可见，幅度频谱和相位频谱函数分别是频率 ω 的偶函数和奇函数。单边指数信号 $f(t)$ 的幅度谱和相位谱如图 3-16(b)、图 3-16(c) 所示。

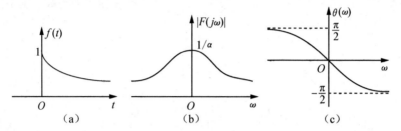

图 3-16 单边指数信号及其频谱

2. 偶双边指数信号频谱

偶双边指数信号如图 3-17(a) 所示，表达式为

$$f(t) = e^{-a|t|} \qquad (-\infty < t < +\infty,\ a > 0)$$

可得其频谱为

$$\begin{aligned}
F(j\omega) &= \int_{-\infty}^{\infty} f(t) e^{-j\omega t}\, dt \\
&= \int_{-\infty}^{0} e^{at} e^{-j\omega t}\, dt + \int_{0}^{\infty} e^{-at} e^{-j\omega t}\, dt \\
&= \frac{2a}{a^2 + \omega^2}
\end{aligned}$$

$$|F(j\omega)| = \frac{2a}{a^2 + \omega^2}$$

$$\theta(\omega) = 0$$

其幅度谱如图 3-17(b) 所示。

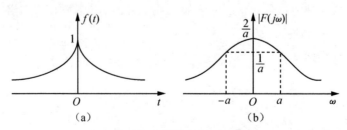

图 3-17 偶双边指数信号及其幅度谱

3. 奇双边指数信号频谱

奇双边指数信号如图 3-18(a)所示，表达式为

$$f(t)=\begin{cases} -\mathrm{e}^{at}, & t<0 \\ \mathrm{e}^{-at}, & t>0 \end{cases} \quad (a>0)$$

可得其频谱为

$$
\begin{aligned}
F(j\omega) &= \int_{-\infty}^{\infty} f(t)\mathrm{e}^{-j\omega t}\,\mathrm{d}t \\
&= -\int_{-\infty}^{0} \mathrm{e}^{at}\mathrm{e}^{-j\omega t}\,\mathrm{d}t + \int_{0}^{\infty} \mathrm{e}^{-at}\mathrm{e}^{-j\omega t}\,\mathrm{d}t \\
&= -j\frac{2\omega}{a^2+\omega^2}
\end{aligned}
$$

$$|F(j\omega)|=\left|\frac{2\omega}{a^2+\omega^2}\right|$$

$$\theta(\omega)=\begin{cases} \dfrac{\pi}{2}, & \omega<0 \\[2mm] -\dfrac{\pi}{2}, & \omega>0 \end{cases}$$

其幅度谱如图 3-18(b)所示。

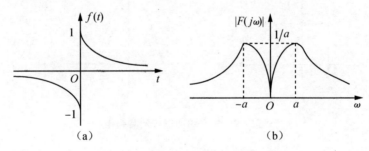

（a） （b）

图 3-18 奇双边指数信号及其幅度谱

4. 矩形脉冲信号频谱

矩形脉冲信号也称门函数，如图 3-19(a)所示，表达式为

$$f(t)=EG_\tau(t)=E\left[\varepsilon\left(t+\frac{\tau}{2}\right)-\varepsilon\left(t-\frac{\tau}{2}\right)\right]$$

其中，E 为脉冲幅度，τ 为脉冲宽度。

因为

$$F(j\omega)=\int_{-\infty}^{\infty} f(t)\mathrm{e}^{-j\omega t}\,\mathrm{d}t = \int_{-\frac{\tau}{2}}^{\frac{\tau}{2}} E\mathrm{e}^{-j\omega t}\,\mathrm{d}t$$

所以

$$F(j\omega)=\frac{2E}{\omega}\sin\left(\frac{\omega\tau}{2}\right)=E\tau\left[\frac{\sin\left(\dfrac{\omega\tau}{2}\right)}{\dfrac{\omega\tau}{2}}\right]$$

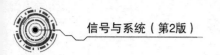

因为

$$\frac{\sin\left(\dfrac{\omega\tau}{2}\right)}{\dfrac{\omega\tau}{2}} = S_a\left(\dfrac{\omega\tau}{2}\right)$$

所以

$$F(j\omega) = E\tau S_a\left(\frac{\omega\tau}{2}\right) \tag{3-17}$$

矩形脉冲的幅度谱和相位谱分别是

$$|F(j\omega)| = E\tau\left|S_a\left(\frac{\omega\tau}{2}\right)\right|$$

$$\theta(\omega) = \begin{cases} 0, & S_a\left(\dfrac{\omega\tau}{2}\right) > 0 \\[3mm] \pi, & S_a\left(\dfrac{\omega\tau}{2}\right) < 0 \end{cases}$$

其频谱如图 3-19(b)所示。

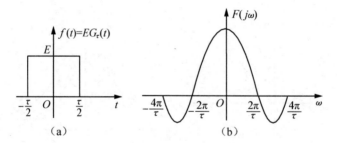

图 3-19　矩形脉冲信号及其频谱

由图 3-19 可知，虽然矩形脉冲信号在时域上是受限的信号，但它的频谱却分布在 $(-\infty, +\infty)$ 上，即频谱分布在无限宽的频率范围上。它的能量主要集中在 $\left(0 \sim \dfrac{2\pi}{\tau}\right)$ 范围，因而近似认为矩形脉冲信号占有的频带宽度为

$$B = \frac{1}{\tau}$$

5. 符号函数信号频谱

符号函数记为 $\text{sgn}(t)$，如图 3-20(a)所示，表示为

$$f(t) = \text{sgn}(t) = \begin{cases} 1, & t > 0 \\ 0, & t = 0 \\ -1, & t < 0 \end{cases}$$

显然，符号函数不满足绝对可积条件，但它的傅里叶变换存在，对奇双边指数信号取极限可得符号函数的傅里叶变换。

奇双边指数信号

$$f(t)=\begin{cases} -\mathrm{e}^{at}, & t<0 \\ \mathrm{e}^{-at}, & t>0 \end{cases} \quad (a>0)$$

当 $a \to 0$ 时，有 $\lim\limits_{a \to 0} f(t)=\mathrm{sgn}(t)$，故得符号函数信号的傅里叶变换为

$$F(j\omega)=\lim_{a \to 0}\left(-j\,\frac{2\omega}{a^2+\omega^2}\right)=\frac{2}{j\omega}$$

$$|F(j\omega)|=\frac{2}{|\omega|}$$

$$\theta(\omega)=\begin{cases} -\dfrac{\pi}{2}, & \omega>0 \\ \dfrac{\pi}{2}, & \omega<0 \end{cases}$$

其幅度谱如图 3-20(b)所示。

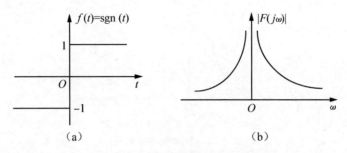

图 3-20　符号函数信号及其幅度谱

6. 钟形脉冲信号频谱

钟形脉冲信号亦称高斯信号，如图 3-21(a)所示，表达式为

$$f(t)=E\mathrm{e}^{-\left(\frac{t}{\tau}\right)^2}, \quad (-\infty<t<+\infty)$$

因为

$$\begin{aligned}
F(j\omega) &= \int_{-\infty}^{\infty} f(t)\mathrm{e}^{-j\omega t}\,\mathrm{d}t \\
&= \int_{-\infty}^{\infty} E\mathrm{e}^{-\left(\frac{t}{\tau}\right)^2}\mathrm{e}^{-j\omega t}\,\mathrm{d}t \\
&= \int_{-\infty}^{\infty} E\mathrm{e}^{-\left(\frac{t}{\tau}\right)^2}(\cos\omega t-j\sin\omega t)\,\mathrm{d}t \\
&= 2\int_{0}^{\infty} E\mathrm{e}^{-\left(\frac{t}{\tau}\right)^2}\cos\omega t\,\mathrm{d}t \\
&= \sqrt{\pi}\,E\tau\,\mathrm{e}^{-\left(\frac{\omega\tau}{2}\right)^2}
\end{aligned}$$

它是一个正实函数，所以钟形脉冲信号的相位谱为零。其幅度谱如图 3-21(b)所示。

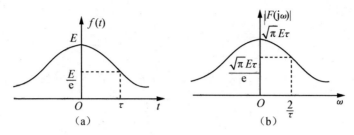

图 3-21　钟形脉冲信号及其幅度谱

7. 升余弦脉冲信号频谱

升余弦脉冲信号如图 3-22 所示，表达式为

$$f(t)=\frac{E}{2}\left[1+\cos\left(\frac{\pi t}{\tau}\right)\right], \quad (0\leqslant t\leqslant\tau)$$

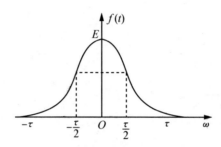

图 3-22　升余弦脉冲信号

频谱函数为

$$F(j\omega)=\int_{-\infty}^{\infty}f(t)\mathrm{e}^{-j\omega t}\mathrm{d}t=\int_{-\tau}^{\tau}\frac{E}{2}\left[1+\cos\left(\frac{\pi t}{\tau}\right)\right]\mathrm{e}^{-j\omega t}\mathrm{d}t$$

$$=\frac{E}{2}\int_{-\tau}^{\tau}\mathrm{e}^{-j\omega t}\mathrm{d}t+\frac{E}{4}\int_{-\tau}^{\tau}\mathrm{e}^{j\frac{\pi}{\tau}t}\mathrm{e}^{-j\omega t}\mathrm{d}t+\frac{E}{4}\int_{-\tau}^{\tau}\mathrm{e}^{-j\frac{\pi}{\tau}t}\mathrm{e}^{-j\omega t}\mathrm{d}t$$

$$=E\tau S_a(\omega\tau)+\frac{E\tau}{2}S_a\left[\left(\omega-\frac{\pi}{\tau}\right)\tau\right]+\frac{E\tau}{2}S_a\left[\left(\omega+\frac{\pi}{\tau}\right)\tau\right]$$

$$=\frac{E\sin(\omega\tau)}{\omega\left[1-\left(\frac{\omega\tau}{\pi}\right)^2\right]}=\frac{E\tau S_a(\omega\tau)}{1-\left(\frac{\omega\tau}{\pi}\right)^2}$$

8. 直流信号频谱

直流信号如图 3-23(a)所示，表达式为

$$f(t)=E, \quad (-\infty<t<+\infty)$$

可见此信号不满足绝对可积条件，但可经过对偶双边指数信号取极限求得其傅里叶变换。

因为

$$f(t)=E\lim_{a\to 0}\mathrm{e}^{-a|t|}=E$$

所以

$$F(j\omega)=E\lim_{a\to 0}\frac{2a}{a^2+\omega^2}=\begin{cases}0, & \omega\neq 0\\ \infty, & \omega=0\end{cases}$$

由于

$$\int_{-\infty}^{\infty}\frac{2a}{a^2+\omega^2}\mathrm{d}\omega=\int_{-\infty}^{\infty}\frac{2}{1+\left(\frac{\omega}{a}\right)^2}\mathrm{d}\left(\frac{\omega}{a}\right)=2\arctan\frac{\omega}{a}\bigg|_{-\infty}^{\infty}=2\pi$$

故上式表示一个冲激信号，即

$$F(j\omega)=2\pi E\delta(\omega)$$

其频谱如图 3-23(b)所示。

直流信号的傅里叶变换也可由矩形脉冲信号取 $\tau\to\infty$ 的极限求得，即当 $\tau\to\infty$ 时，矩形脉冲信号成直流信号 E，此时有

$$\mathcal{F}[E]=\lim_{\tau\to\infty}E\tau S_a\left(\frac{\omega\tau}{2}\right)$$

由冲激函数的定义可知

图 3-23　直流信号及其频谱

$$\delta(\omega)=\lim_{k\to\infty}\frac{k}{\pi}S_a(k\omega)$$

令 $k=\dfrac{\tau}{2}$，可得

$$\mathcal{F}[E]=2\pi E\delta(\omega)$$
$$\mathcal{F}[1]=2\pi\delta(\omega)$$

9. 单位冲激信号频谱

单位冲激信号的时域表示为

$$\delta(t)=\begin{cases}0, & t\neq 0\\ \infty, & t=0\end{cases}$$

$$\int_{-\infty}^{\infty}\delta(t)\mathrm{d}t=1$$

其傅里叶变换式为

$$F(j\omega)=\int_{-\infty}^{\infty}\delta(t)\mathrm{e}^{-j\omega t}\mathrm{d}t=1$$

可见，单位冲激信号的频谱函数是常数 1，它均匀分布于整个频率范围。在时域变化异常剧烈的冲激信号包含幅度相等的所有频率分量。这种频谱称为均匀谱或白色谱。其波形和频谱如图 3-24 所示。

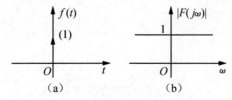

图 3-24　单位冲激信号波形及其频谱

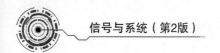

10. 冲激偶信号频谱

因为

$$\mathcal{F}\left[\delta(t)\right]=1$$

$$\delta(t)=\frac{1}{2\pi}\int_{-\infty}^{\infty}e^{j\omega t}\,\mathrm{d}\omega$$

两边求导

$$\frac{\mathrm{d}}{\mathrm{d}t}\left[\delta(t)\right]=\frac{1}{2\pi}\int_{-\infty}^{\infty}(j\omega)e^{j\omega t}\,\mathrm{d}\omega$$

即

$$\mathcal{F}\left[\frac{\mathrm{d}}{\mathrm{d}t}\delta(t)\right]=j\omega$$

同理得

$$\mathcal{F}\left[\frac{\mathrm{d}^{n}}{\mathrm{d}t^{n}}\delta(t)\right]=(j\omega)^{n}$$

11. 单位阶跃信号频谱

对于单位阶跃信号

$$f(t)=\varepsilon(t)$$

可利用单边指数信号取极限求其傅里叶变换，即

$$f(t)=\varepsilon(t)=\lim_{\alpha\to0}e^{-\alpha t}\varepsilon(t)$$

故

$$F(j\omega)=\lim_{\alpha\to0}\frac{1}{\alpha+j\omega}=\lim_{\alpha\to0}\left[\frac{\alpha}{\alpha^{2}+\omega^{2}}+\frac{\omega}{j(\alpha^{2}+\omega^{2})}\right]$$

利用

$$\lim_{\alpha\to0}\frac{\alpha}{\alpha^{2}+\omega^{2}}=\pi\delta(\omega)$$

得

$$F(j\omega)=\pi\delta(\omega)+\frac{1}{j\omega}$$

其波形和频谱如图 3-25 所示。

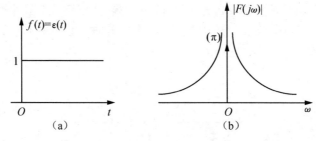

图 3-25　单位阶跃信号及其频谱

表 3-1 中列出了常用信号的波形和傅里叶变换。

表 3-1 常用信号的波形和傅里叶变换

时间函数 $f(t)$	$f(t)$ 波形	傅里叶变换 $F(j\omega)$
单边指数信号 $f(t)=\begin{cases} e^{-at}, & t\geqslant 0 \\ 0, & t<0 \end{cases}\quad(a>0)$		$\dfrac{1}{a+j\omega}$
偶双边指数信号 $f(t)=e^{-a\lvert t\rvert},\ -\infty<t<+\infty$ $(a>0)$		$\dfrac{2a}{a^2+\omega^2}$
奇双边指数信号 $f(t)=\begin{cases} -e^{at}, & t<0 \\ e^{-at}, & t>0 \end{cases}\quad(a>0)$		$\dfrac{-j2\omega}{a^2+\omega^2}$
符号函数信号 $\mathrm{sgn}(t)=\begin{cases} 1, & t>0 \\ -1, & t<0 \end{cases}$		$\dfrac{2}{j\omega}$
直流信号 $f(t)=E$ $-\infty<t<+\infty$		$2\pi E\delta(\omega)$
单位阶跃信号 $\varepsilon(t)=\begin{cases} 1, & t>0 \\ 0, & t<0 \end{cases}$		$\pi\delta(\omega)+\dfrac{1}{j\omega}$
单位冲激信号 $f(t)=\delta(t)$		1

续表

时间函数 $f(t)$	$f(t)$波形	傅里叶变换 $F(j\omega)$
矩形脉冲信号 $f(t)=\begin{cases} E, & \|t\|<\dfrac{\tau}{2} \\ 0, & \|t\|>\dfrac{\tau}{2} \end{cases}$		$E\tau S_a\left(\dfrac{\omega\tau}{2}\right)$
三角脉冲信号 $f(t)=\begin{cases} 1-\dfrac{\|t\|}{\tau}, & \|t\|<\tau \\ 0, & \|t\|>\tau \end{cases}$		$\tau\left[S_a\left(\dfrac{\omega\tau}{2}\right)\right]^2$
钟形脉冲信号 $f(t)=E\mathrm{e}^{-\left(\frac{t}{\tau}\right)^2}$ $(-\infty<t<+\infty)$		$\sqrt{\pi}E\tau\mathrm{e}^{-\left(\frac{\omega\tau}{2}\right)^2}$
升余弦脉冲信号 $f(t)=\dfrac{E}{2}\left[1+\cos\left(\dfrac{\pi t}{\tau}\right)\right]$ $(0\leqslant t<+\infty)$		$\dfrac{E\tau S_a(\omega\tau)}{1-\left(\dfrac{\omega\tau}{\pi}\right)^2}$

⇒ 3.4 傅里叶变换的性质

傅里叶变换式和傅里叶逆变换式建立了时间函数 $f(t)$ 与频谱函数 $F(j\omega)$ 之间的对应关系。$f(t)$ 确定后，$F(j\omega)$ 也被唯一地确定，反之亦然。在信号分析中，需要了解当信号在时域进行某种运算后在频域发生了何种变化，或者，可以从频域的运算推断出时域的变化。另外，由于有些信号用傅里叶变换式无法求出其频谱函数，而用傅里叶变换的性质求其频谱函数比较简便，物理概念也比较清楚。下面我们介绍傅里叶变换的一些基本性质。

❯ 3.4.1 线性（叠加性）

若 $f_i(t)\leftrightarrow F_i(j\omega)(i=1,2,\cdots,n)$，则

$$\mathcal{F}\left[\sum_{i=1}^n a_i f_i(t)\right]=\sum_{i=1}^n a_i F_i(j\omega) \tag{3-18}$$

式中，a_i 为常数，n 为正整数。

式(3-18)说明傅里叶变换是一种线性运算，它满足叠加定理，即相加信号的频谱等于各个信号的频谱叠加。

例 3-3 利用傅里叶变换的线性性质求单位阶跃信号的频谱。

解：因为 $f(t)=\varepsilon(t)=\dfrac{1}{2}+\dfrac{1}{2}\mathrm{sgn}(t)$

故 $F(j\omega)=\dfrac{1}{2}\mathcal{F}[1]+\dfrac{1}{2}\mathcal{F}[\mathrm{sgn}(t)]=\dfrac{1}{2}\times2\pi\delta(\omega)+\dfrac{1}{2}\times\dfrac{2}{j\omega}=\pi\delta(\omega)+\dfrac{1}{j\omega}$

▶ 3.4.2 奇偶性

若 $f(t)\leftrightarrow F(j\omega)$，则

$$F(j\omega)=|F(j\omega)|\mathrm{e}^{j\theta(\omega)}=\int_{-\infty}^{\infty}f(t)\mathrm{e}^{-j\omega t}\,\mathrm{d}t$$

$$=\int_{-\infty}^{\infty}f(t)\cos\omega t\,\mathrm{d}t-j\int_{-\infty}^{\infty}f(t)\sin\omega t\,\mathrm{d}t$$

$$=R(\omega)+jX(\omega)$$

$$|F(j\omega)|=\sqrt{R^2(\omega)+X^2(\omega)}$$

$$\theta(\omega)=\arctan\frac{R(\omega)}{X(\omega)}$$

下面讨论几种特定情况。

(1)当 $f(t)$ 为实函数时，由于

$$R(\omega)=\int_{-\infty}^{\infty}f(t)\cos\omega t\,\mathrm{d}t$$

$$X(\omega)=-\int_{-\infty}^{\infty}f(t)\sin\omega t\,\mathrm{d}t$$

可知 $R(\omega)$ 为偶函数，$X(\omega)$ 为奇函数，则

$$\begin{cases}R(\omega)=R(-\omega)\\X(\omega)=-X(-\omega)\end{cases}$$

$$\begin{cases}F(-j\omega)=F^*(j\omega)\\\theta(\omega)=-\theta(-\omega)\end{cases}$$

$$|F(j\omega)|=|F(-j\omega)|$$

(2)若 $f(t)$ 为实偶函数，即 $f(t)=f(-t)$，则

$$\begin{cases}F(j\omega)=|F(j\omega)|=R(\omega)\\X(\omega)=0\end{cases}$$

可见，若 $f(t)$ 是实偶函数，则 $F(j\omega)$ 必为实偶函数。

(3)若 $f(t)$ 为实奇函数，即 $f(t)=-f(-t)$，则

$$\begin{cases}F(j\omega)=jX(\omega)\\R(\omega)=0\end{cases}$$

可见，若 $f(t)$ 是实奇函数，则 $F(j\omega)$ 必为虚奇函数。

（4）当 $f(t)$ 为虚函数，设 $f(t)=jg(t)$ 时，

$$X(\omega)=\int_{-\infty}^{\infty}g(t)\cos\omega t\,\mathrm{d}t$$

$$R(\omega)=-\int_{-\infty}^{\infty}g(t)\sin\omega t\,\mathrm{d}t$$

则

$$\begin{cases}R(\omega)=-R(-\omega)\\X(\omega)=X(-\omega)\end{cases}$$

此外，无论 $f(t)$ 为实函数或复函数，都具有以下性质

$$\mathcal{F}[f(-t)]=F(-j\omega)$$
$$\mathcal{F}[f^*(t)]=F^*(-j\omega)$$
$$\mathcal{F}[f^*(-t)]=F^*(j\omega)$$

▶ 3.4.3 对称性

若 $f(t)\leftrightarrow F(j\omega)$，则

$$F(jt)\leftrightarrow 2\pi f(-\omega) \tag{3-19}$$

证明：因为

$$f(t)=\frac{1}{2\pi}\int_{-\infty}^{\infty}F(j\omega)\mathrm{e}^{j\omega t}\,\mathrm{d}\omega$$

那么

$$f(-t)=\frac{1}{2\pi}\int_{-\infty}^{\infty}F(j\omega)\mathrm{e}^{-j\omega t}\,\mathrm{d}\omega$$

将式中变量 ω 换为 x，即

$$2\pi f(-t)=\int_{-\infty}^{\infty}F(jx)\mathrm{e}^{-jxt}\,\mathrm{d}x$$

再将 t 用 ω 代替得

$$2\pi f(-\omega)=\int_{-\infty}^{\infty}F(jx)\mathrm{e}^{-jx\omega}\,\mathrm{d}x$$

最后用 t 代替 x 得

$$2\pi f(-\omega)=\int_{-\infty}^{\infty}F(jt)\mathrm{e}^{-jt\omega}\,\mathrm{d}t=\mathcal{F}[F(jt)]$$

若 $f(t)$ 是偶函数，那么 $\mathcal{F}[F(jt)]=2\pi f(\omega)$。

由上可见，信号与它的频谱函数之间存在着对称关系，即信号的波形与它的频谱函数的波形有着互相置换的关系，其幅度之比为常数 2π。式中的 $-\omega$ 表示频谱函数坐标轴必须正负对调。

例 3-4 若信号 $f(t)$ 的傅里叶变换为

$$F(j\omega)=\begin{cases}E,&|\omega|<\dfrac{\tau}{2}\\[2mm]0,&|\omega|>\dfrac{\tau}{2}\end{cases}$$

求 $f(t)$。

解：将 $F(j\omega)$ 中的 ω 换成 t，并考虑 $F(j\omega)$ 是 ω 的实偶函数。

由于 $\mathcal{F}[F(jt)]=\mathcal{F}[EG_\tau(t)]=E\tau S_a\left(\dfrac{\omega\tau}{2}\right)$

根据对称性，$F(jt)\leftrightarrow 2\pi f(-\omega)$，得

$$2\pi f(-\omega)=E\tau S_a\left(\frac{\omega\tau}{2}\right)$$

将式中 $-\omega$ 换成 t，得

$$f(t)=\frac{E\tau}{2\pi}S_a\left(\frac{t\tau}{2}\right)$$

$F(j\omega)$ 和 $f(t)$ 的波形如图 3-26 所示。

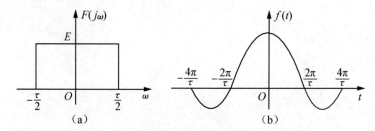

图 3-26　例 3-4 图

例 3-5　求抽样信号 $S_a(t)=\dfrac{\sin t}{t}$ 的频谱函数。

解：由于宽度为 τ，幅度为 1 的矩形脉冲 $G_\tau(t)$ 的频谱函数为 $\tau S_a\left(\dfrac{\omega\tau}{2}\right)$，即

$$G_\tau(t)\leftrightarrow\tau S_a\left(\frac{\omega\tau}{2}\right)$$

令 $\dfrac{\tau}{2}=1$，得 $\tau=2$，即

$$G_2(t)\leftrightarrow 2S_a(\omega)$$

$$\frac{1}{2}G_2(t)\leftrightarrow S_a(\omega)$$

$$S_a(t)\leftrightarrow 2\pi\times\frac{1}{2}G_2(-\omega)=\pi G_2(\omega)$$

例 3-6　求函数 t 和 $\dfrac{1}{t}$ 的频谱函数。

解：（1）求函数 t 的频谱函数。

因为　$\delta'(t)\leftrightarrow j\omega$

所以　$jt\leftrightarrow 2\pi\delta'(-\omega)$，$t\leftrightarrow j2\pi\delta'(\omega)$

(2)求函数 $\dfrac{1}{t}$ 的频谱函数。

因为 $\quad \mathrm{sgn}(t) \leftrightarrow \dfrac{2}{j\omega}$

所以 $\quad \dfrac{2}{jt} \leftrightarrow 2\pi \mathrm{sgn}(-\omega) = -2\pi \mathrm{sgn}(\omega)$, $\quad \dfrac{1}{t} \leftrightarrow -j\pi \mathrm{sgn}(\omega)$

由对称性可以得出，矩形脉冲的频谱函数是抽样函数，而抽样函数的频谱是矩形脉冲，直流信号的频谱函数为冲激函数，而冲激函数的频谱必然是常数。

▶ 3.4.4 尺度变换特性

若 $f(t) \leftrightarrow F(j\omega)$，则

$$f(at) \leftrightarrow \dfrac{1}{|a|} F\left(j\,\dfrac{\omega}{a}\right) \tag{3-20}$$

证明： 因为 $\mathcal{F}[f(at)] = \displaystyle\int_{-\infty}^{\infty} f(at)\mathrm{e}^{-j\omega t}\,\mathrm{d}t$

令 $at = x$，当 $a > 0$ 时

$$\mathcal{F}[f(at)] = \int_{-\infty}^{\infty} f(x)\mathrm{e}^{-j\omega \frac{x}{a}}\,\mathrm{d}\left(\dfrac{x}{a}\right) = \dfrac{1}{a} F\left(j\,\dfrac{\omega}{a}\right)$$

当 $a < 0$ 时

$$\mathcal{F}[f(at)] = \dfrac{1}{a} \int_{\infty}^{-\infty} f(x)\mathrm{e}^{-j\omega \frac{x}{a}}\,\mathrm{d}x$$

$$= \dfrac{-1}{a} \int_{-\infty}^{\infty} f(x)\mathrm{e}^{-j\omega \frac{x}{a}}\,\mathrm{d}x$$

$$= \dfrac{-1}{a} F\left(j\,\dfrac{\omega}{a}\right)$$

综合上述两种情况，得

$$\mathcal{F}[f(at)] = \dfrac{1}{|a|} F\left(j\,\dfrac{\omega}{a}\right)$$

若 $a = -1$，则

$$\mathcal{F}[f(-t)] = F(-j\omega)$$

这一性质表明，信号 $f(at)$ 的波形在时域上压缩到信号 $f(t)$ 的 $\dfrac{1}{a}$，信号随时间变化加快 a 倍，则它所包含的频率分量增加 a 倍，同时幅度响应减少到原函数的 $\dfrac{1}{|a|}$。也就是说，信号波形在时域上的压缩，意味着在频域中信号频带的展宽；反之，信号波形在时域的扩展，意味着频域中信号频带的压缩。在数字通信中，必须压缩矩形脉冲的宽度以提高通信速率，这时必须展宽信道的带宽。$f(at)$ 表示信号 $f(t)$ 沿时间轴压缩 $\dfrac{1}{a}$，$F\left(j\,\dfrac{\omega}{a}\right)$ 表示频谱函数沿频率轴扩展 a 倍。

下面我们讨论一下傅里叶变换对当 $t \to 0$、$\omega \to 0$ 时，$F(j\omega)$、$f(t)$ 的特点。

由于

$$F(j\omega) = \int_{-\infty}^{\infty} f(t) e^{-j\omega t} dt$$

当 $\omega \to 0$ 时，上式变为

$$F(0) = \int_{-\infty}^{\infty} f(t) dt \tag{3-21}$$

同样，因为

$$f(t) = \frac{1}{2\pi} \int_{-\infty}^{\infty} F(j\omega) e^{j\omega t} d\omega$$

当 $t \to 0$ 时，上式变为

$$f(0) = \frac{1}{2\pi} \int_{-\infty}^{\infty} F(j\omega) d\omega \tag{3-22}$$

以上说明，$f(t)$ 所覆盖的面积等于 $F(j\omega)$ 在零点的值 $F(0)$，$F(j\omega)$ 所覆盖的面积等于 $f(t)$ 在零点的值的 2π 倍。设 $f(0)$ 和 $F(0)$ 分别是 $f(t)$ 和 $F(j\omega)$ 的最大值，它们的等效宽度分别是 τ 和 B，则

$$f(0)\tau = F(0)$$
$$F(0)B = 2\pi f(0)$$

由此得

$$B = \frac{2\pi}{\tau} \tag{3-23}$$

其图形如图 3-27 所示。

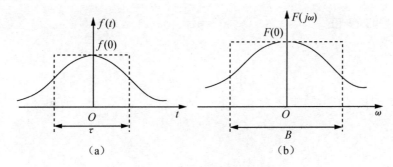

图 3-27　傅里叶变换对的特点

由此可以得出，信号在时域的有效宽度 τ 与其频域的等效带宽 B 成反比，若要压缩信号的持续时间，则不得不以展宽频带为代价。在通信中，信息速率和占用频带宽度是一对矛盾的量。

例 3-7　已知 $f(t) = \begin{cases} E, & |t| < \dfrac{\tau}{8} \\ 0, & |t| > \dfrac{\tau}{8} \end{cases}$，求频谱函数 $F(j\omega)$。

解： 已知 $EG_\tau(t) \leftrightarrow E\tau S_a\left(\dfrac{\omega\tau}{2}\right)$，根据尺度变换的特性，信号 $f(t)$ 的波形是矩形脉冲

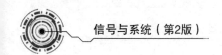

信号 $EG_\tau(t)$ 的波形在时间上压缩为 $\dfrac{1}{4}$，则其频谱函数在频率轴上扩展 4 倍，如图 3-28 所示。即得其频谱函数为

$$F(j\omega) = \frac{E\tau}{4} S_a\left(\frac{\omega\tau}{8}\right)$$

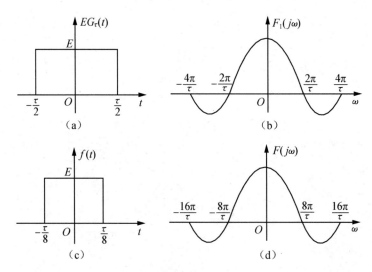

图 3-28　例 3-7 图

3.4.5　时移性

若 $f(t) \leftrightarrow F(j\omega)$，则

$$f(t \pm t_0) \leftrightarrow F(j\omega) e^{\pm j\omega t_0} \tag{3-24}$$

此性质表明信号在时域平移 t_0 个单位，则在频域会产生 ωt_0 的相移，但对幅度没有影响。

推论：

$$f(at - t_0) \Rightarrow \frac{1}{|a|} F\left(j\,\frac{\omega}{a}\right) e^{-j\frac{\omega t_0}{a}} \tag{3-25}$$

$$f(t_0 - at) \Rightarrow \frac{1}{|a|} F\left(-j\,\frac{\omega}{a}\right) e^{-j\frac{\omega t_0}{a}} \tag{3-26}$$

例 3-8　信号波形如图 3-29 所示，求其频谱函数。

解：由图可知，$f(t) = G_2(t+1) - G_2(t-1)$

因为 $G_2(t) \leftrightarrow 2S_a(\omega)$，则

$$F(j\omega) = 2S_a(\omega) e^{j\omega} - 2S_a(\omega) e^{-j\omega} = j4\,\frac{\sin^2 \omega}{\omega}$$

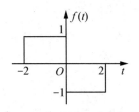

图 3-29　例 3-8 图

3.4.6　频移性

若 $f(t) \leftrightarrow F(j\omega)$，则

$$f(t)e^{\pm j\omega_0 t} \leftrightarrow F[j(\omega \mp \omega_0)] \tag{3-27}$$

式(3-27)表明，信号 $f(t)$ 在时域乘因子 $e^{j\omega_0 t}$，对应于将信号的频谱函数沿 ω 轴右移 ω_0；信号 $f(t)$ 在时域乘因子 $e^{-j\omega_0 t}$，对应于将信号的频谱函数沿 ω 轴左移 ω_0。

例 3-9　求 $y(t) = f(3-5t)e^{j7t}$ 的频谱函数 $Y(j\omega)$。

解： 由尺度变换得

$$f(3-5t) \leftrightarrow \frac{1}{5}F\left(-j\frac{\omega}{5}\right)e^{-j3\left(\frac{\omega}{5}\right)} = \frac{1}{5}F\left(-j\frac{\omega}{5}\right)e^{-j\frac{3}{5}\omega}$$

由频移性得

$$f(3-5t)e^{j7t} \leftrightarrow \frac{1}{5}F\left(-j\frac{\omega-7}{5}\right)e^{-j\frac{3}{5}(\omega-7)}$$

例 3-10　已知调制信号为 $f(t)$，其频谱为 $F(j\omega)$，载波信号为 $\cos(\omega_0 t)$，已调信号 $y(t) = f(t)\cos(\omega_0 t)$，求已调信号的频谱函数 $Y(j\omega)$。

解： 因为

$$y(t) = f(t)\cos(\omega_0 t) = \frac{1}{2}(e^{j\omega_0 t} + e^{-j\omega_0 t})f(t)$$

则

$$Y(j\omega) = \frac{1}{2}\{F[j(\omega-\omega_0)] + F[j(\omega+\omega_0)]\}$$

3.4.7　卷积定理

1. 时域卷积定理

若 $f_1(t) \leftrightarrow F_1(j\omega)$，$f_2(t) \leftrightarrow F_2(j\omega)$，则

$$f_1(t) * f_2(t) \leftrightarrow F_1(j\omega)F_2(j\omega) \tag{3-28}$$

时域卷积定理的证明：

$$\begin{aligned}
\mathcal{F}\{f_1(t) * f_2(t)\} &= \int_{-\infty}^{\infty}\left[\int_{-\infty}^{\infty} f_1(\tau)f_2(t-\tau)d\tau\right]e^{-j\omega t}dt \\
&= \int_{-\infty}^{\infty} f_1(\tau)\left[\int_{-\infty}^{\infty} f_2(t-\tau)e^{-j\omega t}dt\right]d\tau \\
&= \int_{-\infty}^{\infty} f_1(\tau)F_2(j\omega)e^{-j\omega\tau}d\tau \\
&= F_2(j\omega)\int_{-\infty}^{\infty} f_1(\tau)e^{-j\omega\tau}d\tau \\
&= F_1(j\omega)F_2(j\omega)
\end{aligned}$$

例 3-11 图 3-30(a)所示的三角形函数为

$$f(t)=\begin{cases}1-\dfrac{|t|}{\tau}, & |t|<\tau\\[2mm] 0, & |t|>\tau\end{cases}$$

可看作两个如图 3-30(b)所示的门函数 $G_\tau(t)$ 卷积，试利用时域卷积定理求其频谱函数。

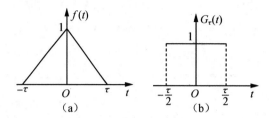

图 3-30　例 3-11 图

解：因为

$$G_\tau(t)\leftrightarrow \frac{\tau\sin\left(\dfrac{\omega\tau}{2}\right)}{\dfrac{\omega\tau}{2}}=\tau S_a\left(\frac{\omega\tau}{2}\right)$$

又因为

$$f(t)=\frac{1}{\tau}G_\tau(t)*G_\tau(t)$$

所以

$$F(j\omega)=\tau S_a^2\left(\frac{\omega\tau}{2}\right) \tag{3-29}$$

2. 频域卷积定理

若 $f_1(t)\leftrightarrow F_1(j\omega)$，$f_2(t)\leftrightarrow F_2(j\omega)$，则

$$f_1(t)f_2(t)\leftrightarrow \frac{1}{2\pi}F_1(j\omega)*F_2(j\omega) \tag{3-30}$$

例 3-12 求斜升函数 $r(t)=t\varepsilon(t)$ 的频谱函数。

解：已知 $t\leftrightarrow j2\pi\delta'(\omega)$，则

$$\mathcal{F}[t\varepsilon(t)]=\frac{1}{2\pi}\mathcal{F}[t]*\mathcal{F}[\varepsilon(t)]$$

$$=\frac{1}{2\pi}\times\left\{j2\pi\delta'(\omega)*\left[\pi\delta(\omega)+\frac{1}{j\omega}\right]\right\}$$

$$=j\pi\delta'(\omega)-\frac{1}{\omega^2}$$

$$t\varepsilon(t)\leftrightarrow j\pi\delta'(\omega)-\frac{1}{\omega^2} \tag{3-31}$$

例 3-13 求函数 $f(t)=|t|$ 的频谱函数。

解：由于

$$|t|=t\varepsilon(t)+(-t)\varepsilon(-t)$$

利用奇偶性得

$$(-t)\varepsilon(-t)\leftrightarrow -j\pi\delta'(\omega)-\frac{1}{\omega^2}$$

$$t\varepsilon(t)\leftrightarrow j\pi\delta'(\omega)-\frac{1}{\omega^2}$$

则得

$$|t|\leftrightarrow -\frac{2}{\omega^2} \tag{3-32}$$

3.4.8 时域微分和积分特性

1. 时域微分性

若 $f(t)\leftrightarrow F(j\omega)$，则

$$f^{(n)}(t)\leftrightarrow (j\omega)^n F(j\omega) \tag{3-33}$$

证明：因为 $f'(t)=f'(t)*\delta(t)=f(t)*\delta'(t)$

$$\mathcal{F}\{f'(t)\}=\mathcal{F}\{f(t)\}\mathcal{F}\{\delta'(t)\}=j\omega F(j\omega)$$

重复应用上式得

$$\mathcal{F}\{f^{(n)}(t)\}=(j\omega)^n F(j\omega)$$

2. 时域积分性

若 $f(t)\leftrightarrow F(j\omega)$，则

$$\int_{-\infty}^{t}f(\tau)\mathrm{d}\tau\leftrightarrow \pi F(0)\delta(\omega)+\frac{F(j\omega)}{j\omega} \tag{3-34}$$

其中，$f^{(-1)}(-\infty)=0$，$F(0)=F(j\omega)|_{\omega=0}$。

证明：因为 $\int_{-\infty}^{t}f(\tau)\mathrm{d}\tau=\left[\int_{-\infty}^{t}f(\tau)\mathrm{d}\tau\right]*\delta(t)=f(t)*\varepsilon(t)$，所以

$$\mathcal{F}\left[\int_{-\infty}^{t}f(\tau)\mathrm{d}\tau\right]=\mathcal{F}[f(t)]\mathcal{F}[\varepsilon(t)]$$

$$=F(j\omega)\left[\pi\delta(\omega)+\frac{1}{j\omega}\right]$$

$$=\pi F(0)\delta(\omega)+\frac{F(j\omega)}{j\omega}$$

例 3-14 求如图 3-31 所示信号 $f(t)$ 的频谱函数。

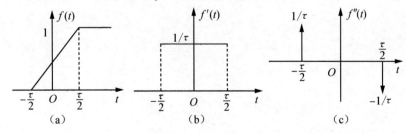

图 3-31　例 3-14 图

解：对 $f(t)$ 求两次微分，得

$$f''(t) = \frac{1}{\tau}\delta(t+\tau/2) - \frac{1}{\tau}\delta(t-\tau/2)$$

$$f''(t) \leftrightarrow \frac{1}{\tau}e^{j\omega\tau/2} - \frac{1}{\tau}e^{-j\omega\tau/2} = j\frac{2}{\tau}\sin\left(\frac{\omega\tau}{2}\right)$$

由时域微分得

$$f'(t) = \int_{-\infty}^{t} f''(x)\,\mathrm{d}x \leftrightarrow \frac{2}{\tau\omega}\sin\left(\frac{\omega\tau}{2}\right) + \pi\times 0\times\delta(\omega) = \frac{2}{\tau\omega}\sin\left(\frac{\omega\tau}{2}\right) = S_a\left(\frac{\omega\tau}{2}\right)$$

$$f(t) = \int_{-\infty}^{t} f'(x)\,\mathrm{d}x \leftrightarrow \frac{2}{j\omega^2\tau}\sin\left(\frac{\omega\tau}{2}\right) + \pi S_a(0)\delta(\omega) = \pi\delta(\omega) + \frac{1}{j\omega}S_a\left(\frac{\omega\tau}{2}\right)$$

由例 3-14 可得，在求函数 $g(t)$ 的傅里叶变换时，常可根据其导数的变换，利用积分特性求得其傅里叶变换。但需要注意的是，对某些函数虽然有 $f(t) = \dfrac{\mathrm{d}}{\mathrm{d}t}g(t)$，但是由于 $\mathrm{d}g(t) = f(t)\mathrm{d}t$，两边取积分得

$$\int_{-\infty}^{t}\mathrm{d}g(t) = \int_{-\infty}^{t} f(t)\,\mathrm{d}t$$

$$g(t) = \int_{-\infty}^{t} f(\tau)\,\mathrm{d}\tau + g(-\infty)$$

对上式求傅里叶变换得

$$G(j\omega) = \pi F(0)\delta(\omega) + \frac{F(j\omega)}{j\omega} + 2\pi g(-\infty)\delta(\omega)$$

此时需注意 $g(t)$ 在 $-\infty$ 处的值。若 $g(-\infty)=0$，则 $G(j\omega) = \pi F(0)\delta(\omega) + \dfrac{F(j\omega)}{j\omega}$。

例 3-15　求如图 3-32(a)、图 3-32(b)所示信号的傅里叶变换。

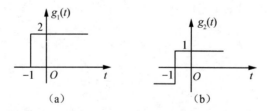

图 3-32　例 3-15 图

解：图 3-32(a)的函数可写为

$$g_1(t) = 2\varepsilon(t+1)$$

$$g_1'(t) = f(t) = 2\delta(t+1)$$

因为 $f(t) \leftrightarrow F(j\omega) = 2e^{j\omega}$，$F(0)=2$，$g_1(-\infty)=0$，得

$$G_1(j\omega) = 2\pi\delta(\omega) + \frac{2}{j\omega}e^{j\omega}$$

图 3-32(b)的函数可写为

$$g_2(t) = \mathrm{sgn}(t+1) = 2\varepsilon(t+1) - 1$$
$$g_2'(t) = f(t) = 2\delta(t+1)$$

因为 $f(t) \leftrightarrow F(j\omega) = 2e^{j\omega}$，$F(0) = 2$，$g_2(-\infty) = -1$，得

$$G_2(j\omega) = 2\pi\delta(\omega) + \frac{2}{j\omega}e^{j\omega} - 2\pi\delta(\omega) = \frac{2}{j\omega}e^{j\omega}$$

▶ 3.4.9　频域微分和积分特性

设

$$F^{(n)}(j\omega) = \frac{\mathrm{d}^n}{\mathrm{d}\omega^n}F(j\omega)$$

$$F^{(-1)}(j\omega) = \int_{-\infty}^{\omega} F(jx)\,\mathrm{d}x$$

其中，$F^{(-1)}(-\infty) = 0$。

1. 频域微分性

若 $f(t) \leftrightarrow F(j\omega)$，则

$$(-jt)^n f(t) \leftrightarrow F^{(n)}(j\omega) \tag{3-35}$$

例 3-16　求函数 $t\varepsilon(t)$ 的频谱函数。

解：由于 $\varepsilon(t) \leftrightarrow \pi\delta(\omega) + \frac{1}{j\omega}$

根据频域微分性得

$$-jt\varepsilon(t) \leftrightarrow \frac{\mathrm{d}}{\mathrm{d}\omega}\left[\pi\delta(\omega) + \frac{1}{j\omega}\right] = \pi\delta'(\omega) - \frac{1}{j\omega^2}$$

$$t\varepsilon(t) \leftrightarrow j\pi\delta'(\omega) - \frac{1}{\omega^2}$$

2. 频域积分性

若 $f(t) \leftrightarrow F(j\omega)$，则

$$\pi f(0)\delta(t) + \frac{1}{-jt}f(t) \leftrightarrow F^{(-1)}(j\omega) \tag{3-36}$$

式中，$f(0) = f(t)\big|_{t=0} = \frac{1}{2\pi}\int_{-\infty}^{\infty} F(j\omega)\,\mathrm{d}\omega$。

如果 $f(0) = 0$，则有

$$\frac{1}{-jt}f(t) \leftrightarrow F^{(-1)}(j\omega)$$

例 3-17　求函数 $\dfrac{\sin t}{t}$ 的频谱函数。

解：因为 $f(t) = \sin t = \dfrac{1}{j2}(e^{jt} - e^{-jt})$

$$f(t) = \sin t \leftrightarrow j\pi[\delta(\omega+1) - \delta(\omega-1)]$$

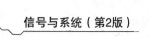
由于 $f(0)=0$，根据频域积分性得

$$\frac{\sin t}{-jt} \leftrightarrow \int_{-\infty}^{\omega} j\pi\left[\delta(x+1)-\delta(x-1)\right] \mathrm{d}x$$

$$\frac{\sin t}{-jt} \leftrightarrow j\pi\left[\varepsilon(\omega+1)-\varepsilon(\omega-1)\right]=j\pi G_2(\omega)$$

$$\frac{\sin t}{t} \leftrightarrow \pi G_2(\omega)$$

▶ 3.4.10 帕塞瓦尔定理

若 $f_1(t) \leftrightarrow F_1(j\omega)$，$f_2(t) \leftrightarrow F_2(j\omega)$，则

$$\int_{-\infty}^{\infty} f_1(t)f_2^*(t)\mathrm{d}t=\frac{1}{2\pi}\int_{-\infty}^{\infty} F_1(j\omega)F_2^*(j\omega)\mathrm{d}\omega \tag{3-37}$$

当 $f_1(t)=f_2(t)$ 时

$$\int_{-\infty}^{\infty}\left|f_1(t)\right|^2\mathrm{d}t=\frac{1}{2\pi}\int_{-\infty}^{\infty}\left|F_1(j\omega)\right|^2\mathrm{d}\omega \tag{3-38}$$

若 $f_1(t)$ 为实函数，则

$$\int_{-\infty}^{\infty} f_1^2(t)\mathrm{d}t=\frac{1}{2\pi}\int_{-\infty}^{\infty} F_1^2(j\omega)\mathrm{d}\omega \tag{3-39}$$

若 $f_1(t)$ 和 $f_2(t)$ 为实函数，则

$$\int_{-\infty}^{\infty} f_1(t)f_2(t)\mathrm{d}t=\frac{1}{2\pi}\int_{-\infty}^{\infty} F_1(j\omega)F_2(j\omega)\mathrm{d}\omega \tag{3-40}$$

例 3-18 求 $\int_{-\infty}^{\infty} S_a^2(\omega)\mathrm{d}\omega$ 的值。

解：因为 $G_2(t) \leftrightarrow 2S_a(\omega)$

$$\int_{-\infty}^{\infty} S_a^2(\omega)\mathrm{d}\omega=\frac{2\pi}{4}\times\frac{1}{2\pi}\int_{-\infty}^{\infty} 2S_a(\omega)\times 2S_a(\omega)\mathrm{d}\omega$$

根据帕塞瓦尔定理得

$$\int_{-\infty}^{\infty} S_a^2(\omega)\mathrm{d}\omega=\frac{\pi}{2}\int_{-\infty}^{\infty} G_2(t)G_2(t)\mathrm{d}t=\pi$$

例 3-19 求矩形脉冲信号频谱的第一个过零点内占有的能量。

解：设矩形脉冲幅度为 E，宽度为 τ，则频谱的第一个过零点为 $\omega=\dfrac{2\pi}{\tau}$，矩形脉冲信号的频谱为

$$F(j\omega)=E\tau S_a\left(\frac{\omega\tau}{2}\right)$$

在第一个过零点内的能量为

$$E_0=\frac{1}{2\pi}\int_{-\frac{2\pi}{\tau}}^{\frac{2\pi}{\tau}}\left[E\tau S_a\left(\frac{\omega\tau}{2}\right)\right]^2\mathrm{d}\omega=\frac{E^2\tau^2}{\pi}\int_{0}^{\frac{2\pi}{\tau}}\left[S_a\left(\frac{\omega\tau}{2}\right)\right]^2\mathrm{d}\omega=0.903E^2\tau$$

根据帕塞瓦尔定理得

$$E_t = \frac{1}{2\pi}\int_{-\infty}^{\infty}\left[E\tau S_a\left(\frac{\omega\tau}{2}\right)\right]^2 d\omega = \int_{-\infty}^{\infty}\left[EG_\tau(t)\right]^2 dt = \int_{-\frac{\tau}{2}}^{\frac{\tau}{2}} E^2 dt = E^2\tau$$

可得第一个过零点内占有的能量为

$$\frac{E_0}{E_t} = \frac{0.903E^2\tau}{E^2\tau} = 90.3\%$$

上式表明信号能量的 90.3% 集中在频带宽度 $0\sim\dfrac{2\pi}{\tau}$ 内。

表 3-2 中列出了傅里叶变换的基本性质。

表 3-2　傅里叶变换的基本性质

性质名称	时域 $f(t)$	频域 $F(j\omega)$
1. 线性	$a f_1(t)+b f_2(t)$	$a F_1(j\omega)+b F_2(j\omega)$
2. 对称性	$F(jt)$	$2\pi f(-\omega)$
3. 尺度变换性	$f(at)$	$\dfrac{1}{|a|}F\left(j\dfrac{\omega}{a}\right)$
	$a=-1$ 时，即 $f(-t)$	$F(-j\omega)$
4. 时移性	$f(t\pm t_0)$	$F(j\omega)e^{\pm j\omega t_0}$
5. 频移性	$f(t)e^{\pm j\omega_0 t}$	$F[j(\omega\mp\omega_0)]$
6. 时域微分	$\dfrac{d^n f(t)}{dt^n}$	$(j\omega)^n F(j\omega)$
7. 频域微分	$(-jt)^n f(t)$	$\dfrac{d^n F(j\omega)}{d\omega^n}$
8. 时域积分	$\int_{-\infty}^{t} f(x)dx$	$\dfrac{F(j\omega)}{j\omega}+\pi F(0)\delta(\omega)$
9. 频域积分	$\pi f(0)\delta(t)+\dfrac{1}{-jt}f(t)$	$\int_{-\infty}^{\infty} F(jx)dx$
10. 时域卷积	$f_1(t)*f_2(t)$	$F_1(j\omega)F_2(j\omega)$
11. 频域卷积	$f_1(t)f_2(t)$	$\dfrac{1}{2\pi}F_1(j\omega)*F_2(j\omega)$
12. 帕塞瓦尔定理	$\int_{-\infty}^{\infty} f_1(t)f_2^*(t)dt = \dfrac{1}{2\pi}\int_{-\infty}^{\infty} F_1(j\omega)F_2^*(j\omega)d\omega$	

3.4.11　能量谱和功率谱

信号的能量和功率也是描写信号特性的方法之一。

1. 能量信号和能量谱

信号 $f(t)$（电压或电流）在一单位电阻上的瞬时功率为 $|f(t)|^2$，在区间 $(-T,T)$ 的能量为

131

$$E = \int_{-T}^{T} |f(t)|^2 \, \mathrm{d}t$$

在 $(-\infty, +\infty)$ 上信号的能量定义为

$$E = \lim_{T \to \infty} \int_{-T}^{T} |f(t)|^2 \, \mathrm{d}t = \int_{-\infty}^{\infty} |f(t)|^2 \, \mathrm{d}t \tag{3-41}$$

若 $f(t)$ 的能量为有限值，即 $0 < E < +\infty$ 时，则信号 $f(t)$ 称为能量信号，如门函数、非周期性三角脉冲、单边或双边指数衰减信号等。

由于

$$
\begin{aligned}
E &= \int_{-\infty}^{\infty} |f(t)|^2 \, \mathrm{d}t \\
&= \int_{-\infty}^{\infty} f(t) \left[\frac{1}{2\pi} \int_{-\infty}^{\infty} F(j\omega) e^{j\omega} \, \mathrm{d}\omega \right] \mathrm{d}t \\
&= \frac{1}{2\pi} \int_{-\infty}^{\infty} F(j\omega) \left[\int_{-\infty}^{\infty} f(t) e^{j\omega} \, \mathrm{d}t \right] \mathrm{d}\omega \\
&= \frac{1}{2\pi} \int_{-\infty}^{\infty} F(j\omega) F(-j\omega) \, \mathrm{d}\omega \\
&= \frac{1}{2\pi} \int_{-\infty}^{\infty} |F(j\omega)|^2 \, \mathrm{d}\omega
\end{aligned}
$$

式中，$f(t)$ 为实函数，故 $F(-j\omega) = F^*(j\omega)$。

若定义单位频率的能量为能量密度函数，用 $G(j\omega)$ 表示，则

$$E = \int_{-\infty}^{\infty} |f(t)|^2 \, \mathrm{d}t = \frac{1}{2\pi} \int_{-\infty}^{\infty} |F(j\omega)|^2 \, \mathrm{d}\omega = \frac{1}{2\pi} \int_{-\infty}^{\infty} G(j\omega) \, \mathrm{d}\omega$$

$$G(j\omega) = |F(j\omega)|^2$$

能量密度函数 $G(j\omega)$ 简称能量谱，它只与信号的频谱函数的模有关，与相位无关，是偶函数。

2. 功率信号与功率谱

信号 $f(t)$（电压或电流）在一单位电阻上的瞬时功率为 $|f(t)|^2$，在区间 $\left(-\dfrac{T}{2}, \dfrac{T}{2}\right)$ 的平均功率为

$$P = \frac{1}{T} \int_{-\frac{T}{2}}^{\frac{T}{2}} |f(t)|^2 \, \mathrm{d}t \tag{3-42}$$

在 $(-\infty, +\infty)$ 上信号的平均功率定义为

$$P = \lim_{T \to \infty} \frac{1}{T} \int_{-\frac{T}{2}}^{\frac{T}{2}} |f(t)|^2 \, \mathrm{d}t = \frac{1}{2\pi} \int_{-\infty}^{\infty} \left. \frac{|F(j\omega)|^2}{T} \right|_{T=\infty} \mathrm{d}\omega$$

令

$$D(\omega) = \lim_{T \to \infty} \frac{|F(j\omega)|^2}{T}$$

$D(\omega)$ 表示单位频率上的平均功率，称为功率密度函数，简称功率谱。它只与信号的频谱函数的模有关，与相位无关，是偶函数。

例 3-20　求信号 $f(t)=\dfrac{2\sin 5t}{\pi t}\cos 900t$ 的能量。

解：由于 $G_{\tau}(t)\leftrightarrow \tau S_a\left(\dfrac{\omega\tau}{2}\right)$

当 $\tau=10$ 时，$G_{10}(t)\leftrightarrow 10S_a(5\omega)=10\dfrac{\sin 5\omega}{5\omega}$

根据对称性，有

$$10S_a(5t)\leftrightarrow 2\pi G_{10}(-\omega)$$

即

$$\frac{2\sin 5t}{\pi t}\leftrightarrow 2G_{10}(\omega)$$

又因为

$$\cos 900t\leftrightarrow \pi\delta(\omega+900)+\pi\delta(\omega-900)$$

利用频域卷积定理得

$$F(j\omega)=\frac{1}{2\pi}\{2G_{10}(\omega)*[\pi\delta(\omega+900)+\pi\delta(\omega-900)]\}$$
$$=G_{10}(\omega+900)+G_{10}(\omega-900)$$

故信号的能量为

$$E=\int_{-\infty}^{\infty}|f(t)|^2\mathrm{d}t=\frac{1}{2\pi}\int_{-\infty}^{\infty}|F(j\omega)|^2\mathrm{d}\omega$$
$$=\frac{1}{2\pi}\int_{-\infty}^{\infty}|G_{10}(\omega+900)|^2\mathrm{d}\omega+\frac{1}{2\pi}\int_{-\infty}^{\infty}|G_{10}(\omega-900)|^2\mathrm{d}\omega$$
$$=\frac{1}{2\pi}\int_{-905}^{-895}1^2\mathrm{d}\omega+\frac{1}{2\pi}\int_{895}^{905}1^2\mathrm{d}\omega$$
$$=\frac{10}{\pi}\ \mathrm{J}$$

▶▶ 3.5　周期信号的(广义)傅里叶变换

周期信号虽然不满足绝对可积条件，但其傅里叶变换存在。本节先介绍周期信号的傅里叶变换，然后讨论傅里叶变换与傅里叶级数的关系，从而将周期信号与非周期信号的分析方法统一起来。

▷ 3.5.1　周期信号的傅里叶变换

复指数信号，余弦、正弦信号，单位冲激序列是典型信号，其傅里叶变换应用极广，由其傅里叶变换可以得出一般周期性信号的傅里叶变换的求取方法。

1. 复指数信号的傅里叶变换

若 $f(t)\leftrightarrow F(j\omega)$，由频移性可知

$$f(t)\mathrm{e}^{j\omega_0 t}\leftrightarrow F[j(\omega-\omega_0)]$$

因为 $1 \leftrightarrow 2\pi\delta(\omega)$，令 $f(t)=1$ 得

$$e^{j\omega_0 t} \leftrightarrow 2\pi\delta(\omega-\omega_0)$$

$$e^{-j\omega_0 t} \leftrightarrow 2\pi\delta(\omega+\omega_0)$$

2. 余弦、正弦函数的傅里叶变换

余弦信号 $\qquad\qquad\qquad \cos\omega_0 t = \dfrac{1}{2}(e^{j\omega_0 t} + e^{-j\omega_0 t})$

其傅里叶变换为

$$\cos\omega_0 t \leftrightarrow \pi[\delta(\omega-\omega_0) + \delta(\omega+\omega_0)]$$

正弦信号 $\qquad\qquad\qquad \sin\omega_0 t = \dfrac{1}{2j}(e^{j\omega_0 t} - e^{-j\omega_0 t})$

其傅里叶变换为

$$\sin\omega_0 t \leftrightarrow j\pi[\delta(\omega+\omega_0) - \delta(\omega-\omega_0)]$$

余弦信号、正弦信号及其相应的傅里叶变换分别如图 3-33、图 3-34 所示。

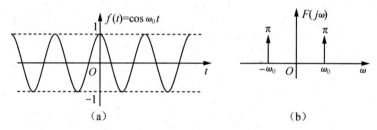

图 3-33　余弦信号及其傅里叶变换

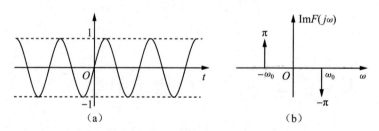

图 3-34　正弦信号及其傅里叶变换

3. 单位冲激序列的傅里叶变换

若 $f(t)$ 为单位冲激序列，即

$$f(t) = \delta_T(t) = \sum_{n=-\infty}^{\infty} \delta(t-nT)$$

其傅里叶级数展开式为

$$f(t) = \sum_{n=-\infty}^{\infty} \frac{1}{T}e^{jn\Omega t}$$

则其傅里叶变换为

$$F(j\omega) = \frac{1}{T}\sum_{n=-\infty}^{\infty} 2\pi\delta(\omega - n\Omega) = \Omega\sum_{n=-\infty}^{\infty}\delta(\omega - n\Omega) \qquad (3\text{-}43)$$

式中，$\Omega = \dfrac{2\pi}{T}$。

可见，时域周期为 T 的单位冲激序列，其傅里叶变换是周期为 Ω 的冲激序列。其时域和频域波形如图 3-35 所示。

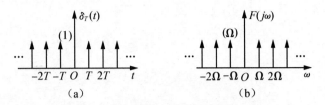

图 3-35　单位冲激序列及其傅里叶变换

4. 一般周期信号的傅里叶变换

对于周期为 T 的周期信号 $f(t)$，其傅里叶级数展开式为

$$f(t) = \sum_{n=-\infty}^{\infty} F_n e^{jn\Omega t}$$

式中，$\Omega = \dfrac{2\pi}{T}$，$F_n = \dfrac{1}{T}\displaystyle\int_{-\frac{T}{2}}^{\frac{T}{2}} f(t)e^{-jn\Omega t}\,\mathrm{d}t$。

对上式两边求傅里叶变换，考虑到 F_n 与时间 t 无关，利用线性和频移性得

$$F(j\omega) = \sum_{n=-\infty}^{\infty} F_n 2\pi\delta(\omega - n\Omega) = 2\pi\sum_{n=-\infty}^{\infty} F_n\delta(\omega - n\Omega) \qquad (3\text{-}44)$$

式(3-44)表明，周期信号的傅里叶变换（或频谱密度函数）由无穷多个冲激函数组成，这些冲激函数位于信号的各谐波角频率 $n\Omega\,(n = 0,\ \pm 1,\ \pm 2,\ \cdots)$ 处，其强度为各相应幅度 F_n 的 2π 倍。

例 3-21　周期性矩形信号 $P_T(t)$ 如图 3-36(a)所示，周期为 T，脉冲宽度为 τ，幅度为 1，试求其频谱函数。

解：解法一　周期性矩形脉冲的傅里叶系数为

$$F_n = \frac{\tau}{T}S_a\left(\frac{n\Omega\tau}{2}\right)$$

其傅里叶变换为

$$F(j\omega) = 2\pi\sum_{n=-\infty}^{\infty} F_n\delta(\omega - n\Omega)$$

$$= \frac{2\pi\tau}{T}\sum_{n=-\infty}^{\infty} S_a\left(\frac{n\Omega\tau}{2}\right)\delta(\omega - n\Omega)$$

$$= \sum_{n=-\infty}^{\infty} \frac{2\sin\left(\dfrac{n\Omega\tau}{2}\right)}{n}\delta(\omega - n\Omega)$$

解法二　周期性矩形脉冲可以看成幅度为 1，宽度为 τ 的门函数与周期为 T 的单位冲激序列的卷积，即

$$P_T(t) = G_\tau(t) * \sum_{n=-\infty}^{\infty} \delta(t - nT)$$

对上式两边求傅里叶变换，根据时域卷积定理得

$$P_T(j\omega) = \tau S_a\left(\frac{\omega\tau}{2}\right) \cdot \Omega \sum_{n=-\infty}^{\infty} \delta(\omega - n\Omega)$$

$$= \frac{2\pi\tau}{T} \sum_{n=-\infty}^{\infty} S_a\left(\frac{n\Omega\tau}{2}\right) \delta(\omega - n\Omega) \qquad (3\text{-}45)$$

式中，$\Omega = \dfrac{2\pi}{T}$ 为基波角频率，由式(3-45)可见，周期性矩形脉冲的傅里叶变换由位于 $\omega = 0$，$\pm\Omega$，$\pm2\Omega$，…处的冲激函数组成，其强度为 $\dfrac{2\pi\tau}{T} S_a\left(\dfrac{n\Omega\tau}{2}\right)$。其频谱如图 3-36(b)所示。

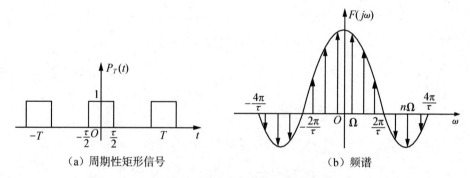

（a）周期性矩形信号　　　　　　　　（b）频谱

图 3-36　周期性矩形信号及其频谱

3.5.2　傅里叶系数与傅里叶变换

周期为 T 的周期信号 $f_T(t)$ 可以看成 $f_0(t)$ 与周期为 T 的冲激序列 $\delta_T(t)$ 的卷积，即

$$f_T(t) = f_0(t) * \delta_T(t)$$

式中，$f_0(t)$ 为从周期信号 $f_T(t)$ 截取的一个周期得到的信号。

该周期信号的傅里叶变换为

$$F(j\omega) = F_0(j\omega) \cdot \Omega \sum_{n=-\infty}^{\infty} \delta(\omega - n\Omega) = \Omega \sum_{n=-\infty}^{\infty} F_0(jn\Omega)\delta(\omega - n\Omega) \qquad (3\text{-}46)$$

周期为 T 的周期信号 $f_T(t)$ 展成傅里叶级数为

$$f_T(t) = \sum_{n=-\infty}^{\infty} F_n e^{jn\Omega t}$$

对式(3-46)求傅里叶变换得

$$F(j\omega) = 2\pi \sum_{n=-\infty}^{\infty} F_n \delta(\omega - n\Omega) \qquad (3\text{-}47)$$

比较式(3-46)、式(3-47)得

$$F_n = \frac{1}{T}F_0(jn\Omega) = \frac{1}{T}F_0(j\omega)\big|_{\omega=n\Omega} \tag{3-48}$$

式(3-48)表明，周期信号的傅里叶系数 F_n 等于 $F_0(j\omega)$ 在频率为 $n\Omega$ 处的值乘 $\frac{1}{T}$。

由傅里叶系数的定义式得

$$F_n = \frac{1}{T}\int_{-\frac{T}{2}}^{\frac{T}{2}} f_T(t)e^{-jn\Omega t}\,\mathrm{d}t = \frac{1}{T}\int_{-\frac{T}{2}}^{\frac{T}{2}} f_0(t)e^{-jn\Omega t}\,\mathrm{d}t$$

由傅里叶变换的定义式得

$$F_0(j\omega) = \int_{-\infty}^{\infty} f_0(t)e^{-j\omega t}\,\mathrm{d}t = \int_{-\frac{T}{2}}^{\frac{T}{2}} f_0(t)e^{-j\omega t}\,\mathrm{d}t$$

比较以上两式也可得到式(3-48)。式(3-48)表明，傅里叶变换的性质、定理也可以用于傅里叶级数，从而提供了另一种求傅里叶级数的方法。

例 3-22　将图 3-37(a)所示周期信号 $f_T(t)$ 展开成指数型傅里叶级数。

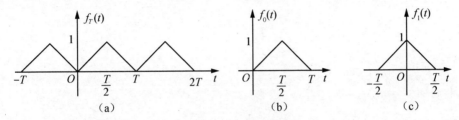

图 3-37　例 3-22 图

解：周期信号 $f_T(t)$ 取一个周期波形 $f_0(t)$ 如图 3-37(b)所示。图 3-37(c)所示信号 $f_1(t)$ 为三角形脉冲，它的傅里叶变换为

$$F_1(j\omega) = \frac{T}{2}S_a^2\left(\frac{\omega T}{4}\right)$$

图 3-37(b)的信号 $f_0(t)$ 比 $f_1(t)$ 的时间延迟 $\frac{T}{2}$，即

$$f_0(t) = f_1\left(t - \frac{T}{2}\right)$$

根据时移特性，信号 $f_0(t)$ 的傅里叶变换为

$$F_0(j\omega) = F_1(j\omega)e^{-j\frac{\omega T}{2}} = \frac{T}{2}S_a^2\left(\frac{\omega T}{4}\right)e^{-j\frac{\omega T}{2}}$$

由式(3-48)可得周期信号 $f_T(t)$ 的傅里叶系数为

$$F_n = \frac{1}{T}F_0(j\omega)\big|_{\omega=n\Omega} = \frac{1}{2}S_a^2\left(\frac{n\Omega T}{4}\right)e^{-j\frac{n\Omega T}{2}} = \frac{1}{2}S_a^2\left(\frac{n\pi}{2}\right)e^{-jn\pi}$$

即

$$F_n = \frac{2\sin^2\left(\frac{n\pi}{2}\right)}{n^2\pi^2}e^{-jn\pi}$$

于是周期信号 $f_T(t)$ 的傅里叶展开式为

$$f_T(t) = \sum_{n=-\infty}^{\infty} \frac{2\sin^2\left(\dfrac{n\pi}{2}\right)}{n^2\pi^2} e^{-jn\pi} e^{jn\Omega t}$$

3.6 线性时不变连续系统的频域分析

任意信号 $f(t)$ 作用于线性时不变连续系统后引起的响应，我们可以运用傅里叶级数或傅里叶变换，将 $f(t)$ 分解成一系列离散的或连续的复指数信号之和，即对周期信号 $f(t)$，有

$$f(t) = \sum_{n=-\infty}^{\infty} F_n e^{jn\Omega t}$$

且

$$F_n = \frac{1}{T}\int_{-\frac{T}{2}}^{\frac{T}{2}} f(t) e^{-jn\Omega t}\, dt$$

式中，$\Omega = \dfrac{2\pi}{T}$。

对非周期信号 $f(t)$，有

$$f(t) = \frac{1}{2\pi}\int_{-\infty}^{\infty} F(j\omega) e^{j\omega t}\, d\omega$$

且

$$F(j\omega) = \int_{-\infty}^{\infty} f(t) e^{-j\omega t}\, dt$$

然后将这些基本复指数信号分别作用于系统，根据线性时不变连续时间系统的叠加性和齐次性，把所得的响应叠加起来，即可求出系统对于信号 $f(t)$ 的完整响应。

频域分析法就是把系统的激励和响应关系应用傅里叶变换从时域变换到频域来研究，将处理时间变量 t 转换成处理频率变量 ω，将解系统的微分方程转化为解代数方程，通过响应的频谱函数来研究响应的频率特性和系统的功能。

本节将研究不同信号通过线性系统的响应、信号通过线性系统不失真的条件、理想低通模型等。

3.6.1 连续时间系统的频率响应

一个连续时间系统，激励不同，其零状态响应也不同，系统一定时，其频率特性也不会随激励的改变而改变，系统的频率特性可以用系统函数 $H(j\omega)$ 表征。

1. 虚指数信号通过 LTI 系统的零状态响应

设 LTI 系统的单位冲激响应为 $h(t)$，若激励为

$$f(t) = e^{j\omega t} \quad (-\infty < t < +\infty)$$

根据时域分析可得（因为 $t = -\infty$ 时可认为系统的状态为零），系统的零状态响应为

$$y_{zs}(t) = h(t) * f(t)$$
$$= h(t) * e^{j\omega t}$$
$$= \int_{-\infty}^{\infty} h(\tau) e^{j\omega(t-\tau)} \, \mathrm{d}\tau$$
$$= e^{j\omega t} \int_{-\infty}^{\infty} h(\tau) e^{-j\omega\tau} \, \mathrm{d}\tau$$

令 $H(j\omega) = \int_{-\infty}^{\infty} h(\tau) e^{-j\omega\tau} \mathrm{d}\tau$，则

$$y_{zs}(t) = H(j\omega) e^{j\omega t} = |H(j\omega)| e^{j[\omega t + \varphi(\omega)]} \tag{3-49}$$

式(3-49)表明，当激励为虚指数信号 $e^{j\omega t}$ 时，零状态响应为同频率指数信号的加权，加权函数为 $H(j\omega)$，它是一个与时间 t 无关的频率函数，称为频域系统函数，因 $h(t)$ 描述的是系统的时域特性，故 $H(j\omega)$ 反映系统的频域特性。

2. 正弦信号通过 LTI 系统的零状态响应

当激励为正弦信号 $f(t)$ 时，即

$$f(t) = A \cos \Omega t = \frac{A}{2}(e^{j\Omega t} + e^{-j\Omega t}) \quad (-\infty < t < +\infty)$$

由式(3-49)可知，系统的零状态响应为

$$y_{zs}(t) = \frac{A}{2} H(j\Omega)(e^{j\Omega t} + e^{-j\Omega t})$$
$$= A|H(j\Omega)| \cos[\Omega t + \varphi(\Omega)] \tag{3-50}$$

式中，$H(j\Omega) = H(j\omega)|_{\omega = \Omega} = |H(j\Omega)| e^{j\varphi(\Omega)}$。

3. 周期信号通过 LTI 系统的零状态响应

当激励为周期信号 $f(t)$ 时，因为

$$f(t) = \sum_{n=-\infty}^{\infty} F_n e^{jn\Omega t} \tag{3-51}$$

根据式(3-49)，系统的零状态响应为

$$y_{zs}(t) = \sum_{n=-\infty}^{\infty} F_n H(jn\Omega) e^{jn\Omega t} \tag{3-52}$$

式(3-52)表明周期信号 $f(t)$ 作用于 LTI 系统的零状态响应依然是同频率周期信号，只是比指数形式傅里叶级数扩大了 $H(jn\Omega)$ 倍。

对式(3-51)、式(3-52)两边求傅里叶变换得

$$F(j\omega) = 2\pi \sum_{n=-\infty}^{\infty} F_n \delta(\omega - n\Omega)$$

$$Y_{zs}(j\omega) = 2\pi \sum_{n=-\infty}^{\infty} F_n H(jn\Omega) \delta(\omega - n\Omega)$$

由上式可见，响应的频谱和激励的频谱一样，也是由无穷项冲激序列组成，是离散谱，只是响应的冲激强度被系统函数加权。

4. 非周期信号通过 LTI 系统的零状态响应

当激励为任意信号 $f(t)$ 时，由于

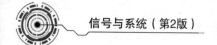

$$f(t) = \frac{1}{2\pi} \int_{-\infty}^{\infty} F(j\omega) e^{j\omega t} d\omega = \int_{-\infty}^{\infty} \frac{F(j\omega) d\omega}{2\pi} e^{j\omega t}$$

即信号 $f(t)$ 可以看成无穷多不同频率的虚指数分量之和，其中频率为 ω 的分量为 $\frac{F(j\omega) d\omega}{2\pi} e^{j\omega t}$，由式（3-49）得该分量的响应为 $\frac{F(j\omega) d\omega}{2\pi} H(j\omega) e^{j\omega t}$，将这些响应分量求和（积分），就可以得出系统的响应，即

$$y_{zs}(t) = \int_{-\infty}^{\infty} \frac{F(j\omega) d\omega}{2\pi} H(j\omega) e^{j\omega t}$$

$$= \frac{1}{2\pi} \int_{-\infty}^{\infty} F(j\omega) H(j\omega) e^{j\omega t} d\omega$$

令响应 $y_{zs}(t)$ 的频谱函数为 $Y_{zs}(j\omega)$，则由上式得

$$Y_{zs}(j\omega) = H(j\omega) F(j\omega)$$

5. 频域系统函数

频域系统函数 $H(j\omega)$ 是系统频域特性的表征，利用系统函数求系统的零状态响应更为方便。

（1）定义：系统函数 $H(j\omega)$ 定义为零状态响应的频谱函数 $Y_{zs}(j\omega)$ 与输入激励的频谱函数 $F(j\omega)$ 之比。即

$$H(j\omega) = \frac{Y_{zs}(j\omega)}{F(j\omega)}$$

在电路分析中，系统函数就是网络函数或传输函数，它可以是阻抗函数、导纳函数、电压比或电流比。

（2）$H(j\omega)$ 的求法。

① 当给定激励与零状态响应时，根据定义求解，即

$$H(j\omega) = \frac{Y_{zs}(j\omega)}{F(j\omega)}$$

② 当已知系统的单位冲激响应 $h(t)$ 时，可用下式求得

$$H(j\omega) = \mathcal{F}[h(t)] = \int_{-\infty}^{\infty} h(\tau) e^{-j\omega\tau} d\tau$$

③ 当给定系统的电路模型时，用相量法求解。

④ 当给定系统的数学模型（微分方程）时，用傅里叶变换法求解。

例3-23 某线性时不变系统的单位冲激响应为 $h(t) = (e^{-2t} - e^{-3t}) \varepsilon(t)$，求激励信号为 $f(t) = e^{-t} \varepsilon(t)$ 时系统的零状态响应。

解： 由于

$$f(t) = e^{-t} \varepsilon(t) \leftrightarrow F(j\omega) = \frac{1}{j\omega + 1}$$

$$h(t) = (e^{-2t} - e^{-3t}) \varepsilon(t) \leftrightarrow H(j\omega) = \frac{1}{j\omega + 2} - \frac{1}{j\omega + 3} = \frac{1}{(j\omega + 2)(j\omega + 3)}$$

$$Y_{zs}(j\omega) = H(j\omega) F(j\omega) = \frac{1}{(j\omega + 1)(j\omega + 2)(j\omega + 3)}$$

$$Y_{zs}(j\omega)=\frac{1/2}{(j\omega+1)}+\frac{-1}{(j\omega+2)}+\frac{1/2}{(j\omega+3)}$$

则得

$$y_{zs}(t)=\left(\frac{1}{2}e^{-t}-e^{-2t}+\frac{1}{2}e^{-3t}\right)\varepsilon(t)$$

例 3-24 已知描述线性时不变系统的微分方程为

$$y''(t)+5y'(t)+6y(t)=f'(t)+4f(t)$$

求激励信号 $f(t)=e^{-t}\varepsilon(t)$ 时系统的零状态响应。

解： 对微分方程两边取傅里叶变换得

$$[(j\omega)^2+5j\omega+6]Y_{zs}(j\omega)=(j\omega+4)F(j\omega)$$

$$H(j\omega)=\frac{Y_{zs}(j\omega)}{F(j\omega)}=\frac{j\omega+4}{(j\omega+2)(j\omega+3)}$$

$$F(j\omega)=\frac{1}{j\omega+1}$$

$$Y_{zs}(j\omega)=H(j\omega)F(j\omega)=\frac{j\omega+4}{(j\omega+1)(j\omega+2)(j\omega+3)}$$

$$Y_{zs}(j\omega)=\frac{j\omega+4}{(j\omega+1)(j\omega+2)(j\omega+3)}=\frac{3/2}{j\omega+1}+\frac{-2}{j\omega+2}+\frac{1/2}{j\omega+3}$$

取傅里叶逆变换得

$$y_{zs}(t)=\left(\frac{3}{2}e^{-t}-2e^{-2t}+\frac{1}{2}e^{-3t}\right)\varepsilon(t)$$

例 3-25 如图 3-38 所示为线性时不变系统的幅频响应 $|H(j\omega)|$ 和相频响应 $\varphi(\omega)$，系统的激励 $f(t)=2+4\cos(2t)+4\cos(4t)+4\cos(6t)$，求系统的零状态响应 $y_{zs}(t)$。

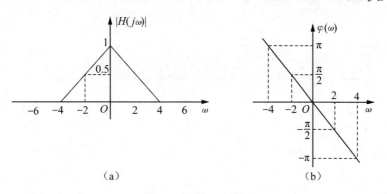

图 3-38　例 3-25 图

解： 解法一　傅里叶变换法

$$F(j\omega)=4\pi\delta(\omega)+4\pi[\delta(\omega+2)+\delta(\omega-2)]+4\pi[\delta(\omega+4)+\delta(\omega-4)]+$$
$$4\pi[\delta(\omega+6)+\delta(\omega-6)]$$
$$=4\pi\sum_{n=-3}^{3}\delta(\omega-2n)$$

$$Y_{zs}(j\omega) = H(j\omega)F(j\omega)$$

$$= 4\pi H(j\omega)\sum_{n=-3}^{3}\delta(\omega - 2n)$$

$$= 4\pi\sum_{n=-3}^{3}H(j\omega)\delta(\omega - 2n)$$

$$= 4\pi\sum_{n=-3}^{3}H(j2n)\delta(\omega - 2n)$$

$$= 4\pi\left[0.5e^{j\frac{\pi}{2}}\delta(\omega + 2) + \delta(\omega) + 0.5e^{-j\frac{\pi}{2}}\delta(\omega - 2)\right]$$

对上式取傅里叶逆变换得

$$y_{zs}(t) = e^{-j\left(2t - \frac{\pi}{2}\right)} + 2 + e^{j\left(2t - \frac{\pi}{2}\right)} = 2 + 2\cos\left(2t - \frac{\pi}{2}\right)$$

解法二　傅里叶级数法

利用欧拉公式，输入信号 $f(t)$ 可写为

$$f(t) = 2 + 4\cos(\Omega t) + 4\cos(2\Omega t) + 4\cos(3\Omega t) = \sum_{n=-3}^{3}2e^{jn\Omega t}$$

式中，$\Omega = 2$ rad/s。由上式得傅里叶系数 $F_n = 2$，$(n = 0, \pm1, \pm2, \pm3)$。由于输入信号仅含有离散频率 $\omega = n\Omega$，故响应的傅里叶系数为

$$Y_n = H(j\omega)\big|_{\omega = n\Omega} \cdot F_n$$

按上式计算各频率分量的响应如表 3-3 所示（$\Omega = 2$）。

表 3-3　各频率分量及响应

n	角频率 $\omega = n\Omega$	F_n	$H(jn\Omega)$	Y_n
0	0	2	1	2
1	2	2	$0.5e^{-j\frac{\pi}{2}}$	$e^{-j\frac{\pi}{2}}$
-1	-2	2	$0.5e^{j\frac{\pi}{2}}$	$e^{j\frac{\pi}{2}}$
±2	±4	2	0	0
±3	±6	2	0	0

系统的响应 $y_{zs}(t)$ 可写为

$$y_{zs}(t) = \sum_{n=-\infty}^{\infty}Y_n e^{jn\Omega t} = Y_{-3}e^{-j3\Omega t} + Y_{-2}e^{-j2\Omega t} + Y_{-1}e^{-j\Omega t} + Y_0 + Y_1e^{j\Omega t} + Y_2e^{j2\Omega t} + Y_3e^{j3\Omega t}$$

$$= e^{-j\left(\Omega - \frac{\pi}{2}\right)} + 2 + e^{j\left(\Omega - \frac{\pi}{2}\right)}$$

$$= 2 + 2\cos\left(2t - \frac{\pi}{2}\right)$$

例 3-26　如图 3-39（a）所示系统，已知 $f(t) = \dfrac{\sin t}{\pi t}\cos(1000t)$，$s(t) = \cos(1000t)$，$H(j\omega)$ 的波形如图 3-39（b）所示，求响应 $y(t)$。

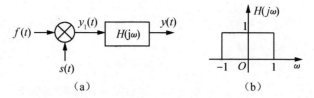

$$图\ 3\text{-}39 \quad 例\ 3\text{-}26\ 图$$

解： 由于 $G_\tau(t) \leftrightarrow \tau S_a\left(\dfrac{\tau\omega}{2}\right)$，故

$$\tau S_a\left(\frac{\tau t}{2}\right) \leftrightarrow 2\pi G_\tau(-\omega)$$

令 $\tau=2$，上式为

$$2S_a(t) \leftrightarrow 2\pi G_2(-\omega) = 2\pi G_2(\omega)$$

$$\frac{\sin t}{t} = S_a(t) \leftrightarrow \pi G_2(\omega)$$

$$\frac{\sin t}{\pi t} \leftrightarrow G_2(\omega)$$

$$\cos(1000t) \leftrightarrow \pi[\delta(\omega+1000) + \delta(\omega-1000)]$$

$$F(j\omega) = \frac{1}{2\pi} G_2(\omega) * \pi[\delta(\omega+1000) + \delta(\omega-1000)]$$

$$= \frac{1}{2} G_2(\omega+1000) + \frac{1}{2} G_2(\omega-1000)$$

$$y_1(t) = f(t)s(t) = f(t)\cos(1000t)$$

$$Y_1(j\omega) = \frac{1}{2\pi} F(j\omega) * \pi[\delta(\omega+1000) + \delta(\omega-1000)]$$

$$= \frac{1}{2\pi}\left[\frac{1}{2} G_2(\omega+1000) + \frac{1}{2} G_2(\omega-1000)\right] * \pi[\delta(\omega+1000) + \delta(\omega-1000)]$$

$$= \frac{1}{4} G_2(\omega+2000) + \frac{1}{2} G_2(\omega) + \frac{1}{4} G_2(\omega-2000)$$

$$Y(j\omega) = Y_1(j\omega)H(j\omega) = \frac{1}{2} G_2(\omega)$$

取傅里叶逆变换，得响应为

$$y(t) = \frac{1}{2\pi} S_a(t) = \frac{\sin t}{2\pi t}$$

3.6.2 无失真传输系统

对于一个线性系统，一般要求能够无失真传输信号。信号的无失真传输是指系统的输出信号与输入信号相比，只有幅度的大小和出现时间的先后不同，而没有波形上的变化。设输入信号为 $f(t)$，那么经过无失真传输后，输出信号 $y(t)$ 应为

$$y(t) = kf(t - t_0) \qquad (3-53)$$

即输出信号 $y(t)$ 的幅度是输入信号 $f(t)$ 的 k 倍，而且比输入信号在时间上延迟了 t_0。对式(3-53)两边取傅里叶变换得

$$Y(j\omega) = k e^{-j\omega t_0} F(j\omega)$$

由于 $Y(j\omega) = H(j\omega)F(j\omega)$，可得无失真传输系统的系统函数为

$$H(j\omega) = k e^{-j\omega t_0}$$

幅频特性和相频特性为

$$\left. \begin{array}{r} |H(j\omega)| = k \\ \varphi(\omega) = -\omega t_0 \end{array} \right\} \qquad (3-54)$$

其无失真传输的幅频特性和相频特性如图 3-40 所示。

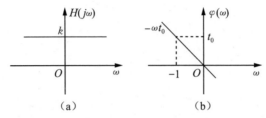

(a)　　　　　　　(b)

图 3-40　无失真传输的幅频特性和相频特性

式(3-54)为无失真传输系统在频域应满足的条件，即：

(1)系统的幅频特性在整个频率范围内应为常数 k，即系统的通频带为无穷大；

(2)系统的相频特性在整个频率范围内应与 ω 成正比，即 $\varphi(\omega) = -\omega t_0$。

式(3-54)是信号无失真传输的理想条件。根据传输系统的具体情况或要求，以上条件可以适当放宽，例如，在传输有限带宽的信号时，只要在信号占有频带范围内，系统的幅频、相频特性满足以上条件即可。

对 $H(j\omega) = k e^{-j\omega t_0}$ 取傅里叶逆变换，可得系统的单位冲激响应为

$$h(t) = k\delta(t - t_0) \qquad (3-55)$$

式(3-55)表明，一个无失真传输系统，其单位冲激响应仍为一个冲激函数，只是强度变为 k，并产生了 t_0 时间延迟。此式为无失真传输系统的时域条件。

▶ 3.6.3　理想低通滤波器

具有如图 3-41 所示幅频和相频特性的系统称为理想低通滤波器。

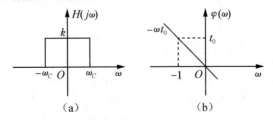

(a)　　　　　　　(b)

图 3-41　理想低通滤波器的幅频、相频特性

理想低通滤波器的频率特性可写为

$$H(j\omega)=k\,\mathrm{e}^{-j\omega t_0}G_{2\omega_c}(\omega)=\begin{cases}k\,\mathrm{e}^{-j\omega t_0}, & |\omega|<\omega_c \\ 0, & |\omega|>\omega_c\end{cases}$$

从理想低通滤波器的频率特性可以看出，频率低于 ω_c 的信号，系统能无失真的传输，而频率高于 ω_c 的信号则不能通过系统，故 ω_c 称为截止频率。$|\omega|<\omega_c$ 的频率范围称为通带；$|\omega|>\omega_c$ 的频率范围称为阻带。只有在通带内，理想低通滤波器才满足无失真传输条件。

1. 理想低通滤波器的冲激响应

系统的冲激响应是系统函数 $H(j\omega)$ 的傅里叶逆变换，即

$$h(t)=\mathcal{F}\left[H(j\omega)\right]=\mathcal{F}\left[k\,\mathrm{e}^{-j\omega t_0}G_{2\omega_c}(\omega)\right]$$

由于

$$G_\tau(t)\leftrightarrow\tau S_a\left(\frac{\tau\omega}{2}\right)$$

$$\tau S_a\left(\frac{\tau t}{2}\right)\leftrightarrow2\pi G_\tau(-\omega)$$

令 $\tau=2\omega_c$，上式为

$$2\omega_c S_a(\omega_c t)\leftrightarrow2\pi G_{2\omega_c}(-\omega)=2\pi G_{2\omega_c}(\omega)$$

$$\frac{\omega_c}{\pi}S_a(\omega_c t)\leftrightarrow G_{2\omega_c}(\omega)$$

$$\mathcal{F}^{-1}\left[G_{2\omega_c}(\omega)\right]=\frac{\omega_c}{\pi}S_a(\omega_c t)$$

根据时移性可得理想低通滤波器的冲激响应为

$$\begin{aligned}h(t)&=\mathcal{F}^{-1}\left[k\,\mathrm{e}^{-j\omega t_0}G_{2\omega_c}(\omega)\right]\\&=\frac{k\omega_c}{\pi}S_a\left[\omega_c(t-t_0)\right]\\&=\frac{k\omega_c}{\pi}\frac{\sin\left[\omega_c(t-t_0)\right]}{\omega_c(t-t_0)}\end{aligned}$$

理想低通滤波器的单位冲激响应的波形如图 3-42 所示。

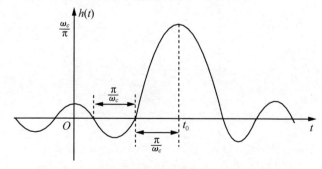

图 3-42　理想低通滤波器的单位冲激响应波形图

由图 3-42 可知，对于理想低通滤波器，其冲激响应 $h(t)$ 的波形为抽样信号，与输入信号 $\delta(t)$ 波形相比，产生了严重失真。这是因为理想低通滤波器是通频带有限系统，而冲激信号 $\delta(t)$ 的频带宽度是无限宽，经过理想低通滤波器后，凡是高于 ω_c 的频率分量都衰减为零，同时冲激响应的主峰出现的时刻 t_0 比激励信号 $\delta(t)$ 延迟了一段时间 t_0，它正是理想低通滤波器的相频特性的斜率。如果截止频率 ω_c 增大，则 $h(t)$ 峰值增加，主瓣压缩，当 $\omega_c \rightarrow +\infty$ 时，系统将失去低通滤波器的特性而变成一个无失真传输系统。冲激响应 $h(t)$ 在 $t < 0$ 时已经存在，即系统响应在时间上超前于激励，故理想低通滤波器属于非因果系统，它在物理上是无法实现的。但是，只要可实现的滤波器能够做到相当接近于理想滤波器特性，则其特性可以用理想滤波器的特性近似表示。

2. 理想低通滤波器的阶跃响应

设理想低通滤波器的阶跃响应为 $g(t)$，根据时域分析得

$$g(t) = h(t) * \varepsilon(t) = \int_{-\infty}^{t} h(\tau) d\tau = \int_{-\infty}^{t} \frac{k\omega_c}{\pi} \frac{\sin[\omega_c(\tau - t_0)]}{\omega_c(\tau - t_0)} d\tau$$

令 $\omega_c(\tau - t_0) = x$，$\omega_c d\tau = dx$，上式可写为

$$g(t) = \frac{k}{\pi} \int_{-\infty}^{\omega_c(t-t_0)} \frac{\sin x}{x} dx = \frac{k}{\pi} \int_{-\infty}^{0} \frac{\sin x}{x} dx + \frac{k}{\pi} \int_{0}^{\omega_c(t-t_0)} \frac{\sin x}{x} dx$$

上式第一项积分记为

$$\int_{-\infty}^{0} \frac{\sin x}{x} dx = \int_{0}^{\infty} \frac{\sin x}{x} dx = \frac{\pi}{2}$$

上式第二项积分记为

$$Si(y) = \int_{0}^{y} \frac{\sin x}{x} dx$$

上式为正弦积分，其函数值可从专门的正弦积分表中查得。

理想低通滤波器的阶跃响应为

$$g(t) = \frac{k}{2} + \frac{k}{\pi} Si[\omega_c(t - t_0)] \tag{3-56}$$

当 $k = 1$ 时，$g(t)$ 的波形如图 3-43 所示。由图可见，阶跃响应的波形不像阶跃信号那样陡直，是逐渐上升，响应上升的时间取决于滤波器的截止频率，ω_c 越小，$g(t)$ 上升的越缓慢。

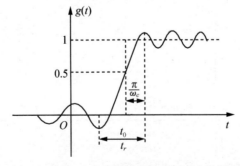

图 3-43 理想低通滤波器的单位阶跃响应的波形图

上升时间 t_r 定义为从最小值上升到最大值所需的时间。由图 3-43 可得上升时间为

$$t_r = \frac{2\pi}{\omega_c} = \frac{1}{B}$$

式中，$B = \frac{\omega_c}{2\pi}$ 为低通滤波器的带宽。阶跃响应的上升时间 t_r 与理想低通滤波器的带宽 B 成反比，ω_c 越大，阶跃响应的上升时间 t_r 就越短，当 $\omega_c \to \infty$ 时，$t_r \to 0$，滤波器无低通特性而成为一个无失真传输系统。阶跃响应 $g(t)$ 在 $t < 0$ 时也存在，它反映了理想低通滤波器的非因果性和物理不可实现性。

当某信号的傅里叶变换恢复或逼近原信号时，如果原信号包含间断点，那么在各间断点处，其恢复信号将出现过冲，这种现象称为吉布斯现象。对于具有不连续的波形，在恢复过程中不论包含多少频谱分量，在跳变点处的峰起（过冲）值都不能减少，其峰起值趋近于跳变值的 9%。由图 3-43 可知，阶跃响应的第一个极大值发生在 $t = t_0 + \frac{\pi}{\omega_c}$ 处，将其代入式(3-56)，得阶跃响应的极大值为

$$g_{max}(t) = \frac{k}{2} + \frac{k}{\pi} Si[\omega_c(t-t_0)] = \frac{k}{2} + \frac{k}{\pi} Si(\pi) = 1.0895k$$

由上式可知，阶跃响应的极大值与理想低通滤波器的通带宽度 ω_c 无关，增大通频带 B，可以使阶跃响应的上升时间 t_r 缩短，但其过冲的幅值不变。

3. 理想低通滤波器的矩形脉冲响应

如图 3-44(a)所示为输入理想低通滤波器的矩形脉冲 $f(t)$ 的波形，其表达式可以写为

$$f(t) = \varepsilon(t) - \varepsilon(t-\tau)$$

利用线性时不变性可得理想低通滤波器的矩形脉冲响应为

$$y(t) = \frac{k}{\pi}\{Si[\omega_c(t-t_0)] - Si[\omega_c(t-t_0-\tau)]\}$$

响应的波形如图 3-44(b)所示，此图为 $\frac{\pi}{\omega_c} \leqslant \tau$ 的波形，如果 $\frac{\pi}{\omega_c}$ 与 τ 接近或大于 τ，$y(t)$ 的波形将严重失真。

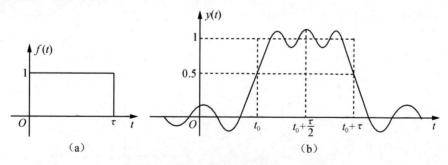

图 3-44 理想低通滤波器的矩形脉冲响应

例 3-27 如图 3-45 所示为二阶低通滤波器的电路图，其中 $R = \sqrt{\frac{L}{2C}}$。试求其幅频特性和相频特性，并与理想低通滤波器进行比较。

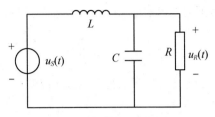

图 3-45　例 3-27 图

解：电路的频率响应函数为

$$H(j\omega)=\frac{U_R(j\omega)}{U_S(j\omega)}=\frac{\dfrac{1}{\dfrac{1}{R}+j\omega C}}{j\omega L+\dfrac{1}{\dfrac{1}{R}+j\omega C}}=\frac{1}{1-\omega^2 LC+j\omega\dfrac{L}{R}}$$

将 $R=\sqrt{\dfrac{L}{2C}}$，$\omega_c=\dfrac{1}{\sqrt{LC}}$ 代入上式得

$$H(j\omega)=\frac{1}{1-\left(\dfrac{\omega}{\omega_c}\right)^2+j\sqrt{2}\dfrac{\omega}{\omega_c}}=|H(j\omega)|e^{j\varphi(\omega)}$$

其幅频特性和相频特性为

$$|H(j\omega)|=\frac{1}{\sqrt{1+\left(\dfrac{\omega}{\omega_c}\right)^4}}$$

$$\varphi(\omega)=-\arctan\left(\frac{\sqrt{2}\dfrac{\omega}{\omega_c}}{1-\left(\dfrac{\omega}{\omega_c}\right)^2}\right)$$

幅频特性和相频特性如图 3-46 所示。在 $\omega=\pm\omega_c$ 处，$|H(\pm j\omega_c)|=\dfrac{1}{\sqrt{2}}$，$\varphi(\pm\omega_c)=\mp\dfrac{\pi}{2}$，由图 3-46 可见，在 $-\omega_c<\omega<\omega_c$ 时，其幅频特性和相频特性与理想低通滤波器非常相似。

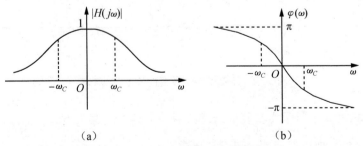

（a）　　　　　　　　　　　（b）

图 3-46　例 3-27 的幅频特性和相频特性

可求得此电路的冲激响应和阶跃响应（利用后边介绍的拉普拉斯变换求解）为

$$h(t) = \left[\sqrt{2}\,\omega_c\, \mathrm{e}^{-\frac{\omega_c}{\sqrt{2}}t} \sin\left(\frac{\omega_c}{\sqrt{2}}t\right) \right] \varepsilon(t)$$

$$g(t) = \left[1 - \sqrt{2}\, \mathrm{e}^{-\frac{\omega_c}{\sqrt{2}}t} \sin\left(\frac{\omega_c}{\sqrt{2}}t + \frac{\pi}{4}\right) \right] \varepsilon(t)$$

如图 3-47 所示为此电路的单位冲激响应和阶跃响应波形，其特性与理想低通滤波器的特性相似，但在 $t<0$ 时，$h(t)=0$，$g(t)=0$。故此电路是物理可实现的。

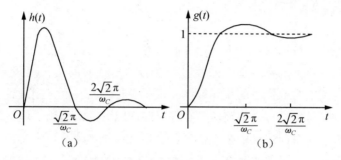

图 3-47 例 3-27 的冲激响应和阶跃响应

4. 系统的物理可实现性和佩利-维纳准则

理想低通滤波器在物理上是不可实现的，但是传输特性接近理想低通滤波器特性的滤波器系统可以构成，而要在物理上实现这种系统，其数学模型又具有何种特性呢？下面给出系统可实现的准则。

（1）时域准则。

一个物理可实现系统的冲激响应 $h(t)$ 在 $t<0$ 时必须为零。即 $h(t)$ 应该是因果信号，可写为

$$h(t)=0, \quad t<0$$

（2）频域准则。

如果一个系统的系统函数为 $H(j\omega)$，要使该系统为物理可实现系统，那么其幅频特性必须是平方可积的，即

$$\int_{-\infty}^{\infty} |H(j\omega)|^2 \mathrm{d}\omega < \infty$$

且满足

$$\int_{-\infty}^{\infty} \frac{|\ln|H(j\omega)||}{1+\omega^2} \mathrm{d}\omega < \infty \tag{3-57}$$

式（3-57）称为佩利-维纳准则。不满足此准则的幅频特性，其对应的系统是非因果系统，其响应将在激励之前出现。由式（3-57）可得 $|H(j\omega)|$ 可以在某些离散点上为零，但不能在某一有限频带内为零，这是因为在 $|H(j\omega)|=0$ 的频带内，$|\ln|H(j\omega)|| \to \infty$。同时还可以看到，$|H(j\omega)|$ 趋于零的速度不能快于指数函数。例如，$H(j\omega)=k\mathrm{e}^{-a|\omega|}$ 是允

许的，但高斯函数 $H(j\omega)=k\mathrm{e}^{-a\omega^2}$ 则是物理不可实现的。由于所有理想低通滤波器 $|H(j\omega)|$ 都是物理不可实现的，因此滤波器的设计问题实际上是研究如何选择一个 $|H(j\omega)|$，它既要逼近所要设计的理想低通滤波器的 $|H(j\omega)|$，又要在物理上可实现。

佩利-维纳准则只是从系统幅频特性提出要求，而在相位特性上却没有给出约束，因此，该准则是系统物理可实现的必要条件，而不是充分条件。如果 $|H(j\omega)|$ 已被检验满足此准则，便可以找到适当的相位函数 $\varphi(\omega)$ 与 $|H(j\omega)|$ 一起构成物理可实现的系统。

■▶ 3.7 取样定理

取样定理在通信系统、信息传输理论方面占有十分重要的地位，它为现代数字通信提供了理论基础，这是由于取样定理在连续时间信号与离散时间信号之间架起了一座桥梁，为连续时间信号与离散时间信号的相互转换提供了理论依据。取样定理论述了在一定条件下，一个连续时间信号完全可以用该信号在等时间间隔上的瞬时值（或称样本值）表示，这些样本值包含了该连续时间信号的全部信息，利用这些样本值可以恢复原信号。下面先讨论信号的取样，即从连续时间信号得到离散取样信号，然后讨论将取样信号恢复为原信号的过程，并介绍取样定理。

▶ 3.7.1 信号取样

如果信号 $f(t)$ 的频带是有限的，其频谱函数 $F(j\omega)$ 满足

$$F(j\omega)=0, \qquad |\omega|>\omega_m$$

即 $f(t)$ 的频谱函数 $F(j\omega)$ 只在区间 $(-\omega_m, \omega_m)$ 为有限值，而在此区间外为零，这样的信号称为带限信号。本节仅讨论带限信号的取样问题。带限信号 $f(t)$ 及其频谱函数 $F(j\omega)$ 的波形如图 3-48 所示。

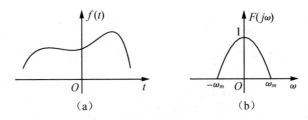

图 3-48　带限信号及其频谱函数

取样是指利用取样脉冲序列 $s(t)$ 从连续信号 $f(t)$ 中抽取一系列离散样值而得到离散信号 $f_s(t)$ 的过程，这里得到的离散信号 $f_s(t)$ 称为取样信号。信号的取样如图 3-49 所示。

取样信号 $f_s(t)$ 可写为

$$f_s(t)=f(t)\cdot s(t) \tag{3-58}$$

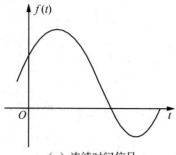

（a）连续时间信号

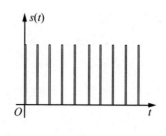

（b）取样脉冲序列

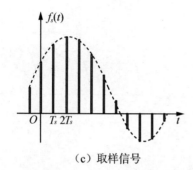

（c）取样信号

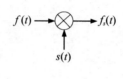

（d）取样的模型

图 3-49　信号的取样

若 $f(t)\leftrightarrow F(j\omega)$，$s(t)\leftrightarrow S(j\omega)$，则取样信号 $f_s(t)$ 的频谱函数 $F_s(j\omega)$ 为

$$F_s(j\omega)=\frac{1}{2\pi}F(j\omega)*S(j\omega)$$

取样脉冲序列 $s(t)$ 称为开关函数；各脉冲间隔的时间相同，均为 T_s，称为均匀取样，T_s 称为取样周期，$f_s=\dfrac{1}{T_s}$ 称为取样频率，$\omega_s=2\pi f_s=\dfrac{2\pi}{T_s}$ 为取样角频率。

1. 冲激取样

如果取样序列 $s(t)$ 是周期为 T_s 的冲激函数序列 $\delta_{T_s}(t)$，即

$$s(t)=\delta_{T_s}(t)=\sum_{n=-\infty}^{\infty}\delta(t-nT_s)$$

其频谱函数为

$$S(j\omega)=\mathcal{F}[\delta_{T_s}(t)]=\omega_s\sum_{n=-\infty}^{\infty}\delta(\omega-n\omega_s)$$

式中，$\omega_s=\dfrac{2\pi}{T_s}$。由式(3-58)可得取样信号为

$$f_s(t)=f(t)\cdot s(t)=f(t)\delta_{T_s}(t)=f(t)\sum_{n=-\infty}^{\infty}\delta(t-nT_s)=\sum_{n=-\infty}^{\infty}f(nT_s)\delta(t-nT_s)$$

取样信号 $f_s(t)$ 的频谱函数为

$$F_s(j\omega)=\frac{1}{2\pi}F(j\omega)*S(j\omega)=\frac{1}{2\pi}F(j\omega)*\omega_s\sum_{n=-\infty}^{\infty}\delta(\omega-n\omega_s)$$

$$= \frac{\omega_s}{2\pi} \sum_{n=-\infty}^{\infty} F[j(\omega - n\omega_s)] = \frac{1}{T_s} \sum_{n=-\infty}^{\infty} F[j(\omega - n\omega_s)] \tag{3-59}$$

$f(t)$、$s(t)$、$f_s(t)$ 及其频谱 $F(j\omega)$、$S(j\omega)$、$F_s(j\omega)$ 的波形如图 3-50 所示。

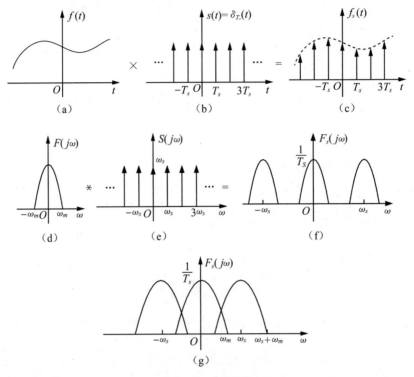

图 3-50 冲激取样

由图 3-50 和式(3-59)可知，取样信号 $f_s(t)$ 的频谱函数 $F_s(j\omega)$ 由原来信号频谱函数 $F(j\omega)$ 的无限多个频移组成，其频移的角频率分别为 $n\omega_s(n=0，\pm 1，\pm 2，\cdots)$，其幅值为原频谱的 $\frac{1}{T_s}$。

由图 3-50 可以看出，如果 $\omega_s \geqslant 2\omega_m\left(即 f_s \geqslant 2f_m 或 T_s \leqslant \frac{1}{2f_m}\right)$时，频谱函数 $F_s(j\omega)$ 不会发生相互重叠，如图 3-50(f)所示，这时可以设法（如用低通滤波器）从取样信号的频谱函数 $F_s(j\omega)$ 中得到原信号的频谱函数 $F(j\omega)$，取傅里叶逆变换可得原信号 $f(t)$。如果 $\omega_s < 2\omega_m\left(即 f_s < 2f_m 或 T_s > \frac{1}{2f_m}\right)$时，频谱函数 $F_s(j\omega)$ 发生相互重叠，无法将它们分开，如图 3-50(g)所示，这时无法从取样信号的频谱函数 $F_s(j\omega)$ 中得到原信号的频谱函数 $F(j\omega)$，故无法得到原信号 $f(t)$。由此可知，要从取样信号 $f_s(t)$ 中恢复原信号 $f(t)$，必须满足 $\omega_s \geqslant 2\omega_m$。均匀冲激取样称为理想取样。

2. 矩形脉冲取样

如果取样脉冲序列 $s(t)$ 是幅度为 1，脉宽为 $\tau(\tau < T_s)$ 的矩形脉冲序列 $P_{T_s}(t)$，即

$$s(t) = P_{T_s}(t)$$

由式(3-45)可得，取样脉冲序列 $s(t)$ 的频谱函数为

$$S(j\omega) = \tau S_a\left(\frac{\omega\tau}{2}\right) \cdot \omega_s \sum_{n=-\infty}^{\infty} \delta(\omega - n\omega_s) = \frac{2\pi\tau}{T_s} \sum_{n=-\infty}^{\infty} S_a\left(\frac{n\omega_s\tau}{2}\right)\delta(\omega - n\omega_s)$$

由上式可以得出，取样脉冲序列 $s(t)$ 的频谱函数 $S(j\omega)$ 是频域周期为 $\omega_s = \dfrac{2\pi}{T_s}$ 的冲激函数序列，冲激强度的包络线是抽样函数 $\dfrac{2\pi\tau}{T_s}S_a\left(\dfrac{\omega\tau}{2}\right)$。

由于 $f_s(t) = f(t) \cdot s(t) = f(t)P_{T_s}(t)$，根据频域卷积定理可得取样信号 $f_s(t)$ 的频谱函数为

$$F_s(j\omega) = \frac{1}{2\pi}F(j\omega) * S(j\omega)$$

$$= \frac{1}{2\pi}F(j\omega) * \frac{2\pi\tau}{T_s} \sum_{n=-\infty}^{\infty} S_a\left(\frac{n\omega_s\tau}{2}\right)\delta(\omega - n\omega_s)$$

$$= \frac{\tau}{T_s} \sum_{n=-\infty}^{\infty} S_a\left(\frac{n\omega_s\tau}{2}\right)F[j(\omega - n\omega_s)] \tag{3-60}$$

$f(t)$、$s(t)$、$f_s(t)$ 及其频谱 $F(j\omega)$、$S(j\omega)$、$F_s(j\omega)$ 的波形如图 3-51 所示。

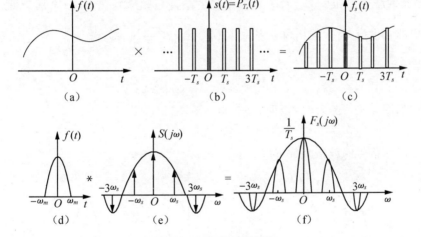

图 3-51 矩形脉冲取样

由式(3-60)和图 3-51 可知，矩形脉冲取样信号频谱是由原信号 $f(t)$ 的频谱函数 $F(j\omega)$ 的无限个频移组成，其频移的角频率为 $n\omega_s(n=0, \pm1, \pm2, \cdots)$，其幅值随 $\dfrac{\tau}{T_s}S_a\left(\dfrac{\omega\tau}{2}\right)$ 变化，即幅值变化的包络是抽样函数。当 $\omega_s \geqslant 2\omega_m$ 时，频谱不会发生重叠，可以利用理想低通滤波器从取样信号 $f_s(t)$ 中恢复原信号；当 $\omega_s < 2\omega_m$ 时，频谱发生重叠，不能从取样信号 $f_s(t)$ 中恢复原信号。矩形脉冲取样称为自然取样。

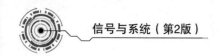

3.7.2 时域取样定理

时域取样定理解决了连续时域带限信号离散化问题。

1. 时域取样定理的内容

一个最高频率为 f_m［即频谱在区间$(-\omega_m，\omega_m)$］的带限信号 $f(t)$，可唯一地由其在均匀间隔 $T_s\left(T_s\leqslant\dfrac{1}{2f_m}\right)$ 上的样点值 $f_s(t)=f_s(nT_s)$ 确定。

从取样信号 $f_s(t)$ 中恢复原信号 $f(t)$，需满足两个条件：

(1) $f(t)$ 必须是带限信号，其频谱函数在 $|\omega|>\omega_m$ 各处为零；

(2) 取样频率不能过低，必须 $f_s\geqslant2f_m$（即 $\omega_s\geqslant2\omega_m$），即取样间隔不能太长，必须 $\left(T_s\leqslant\dfrac{1}{2f_m}\right)$，否则将发生重叠。通常将最低允许取样频率 $f_s=2f_m$ 称为奈奎斯特($Nyquist$)频率，把最大允许取样间隔 $\left(T_s=\dfrac{1}{2f_m}\right)$ 称为奈奎斯特间隔。

2. 原信号 $f(t)$ 的恢复

现在以冲激取样为例，介绍如何从取样信号 $f_s(t)$ 恢复原信号 $f(t)$。设有冲激取样信号 $f_s(t)$，其取样频率 $\omega_s>2\omega_m$（ω_m 为原信号的最高角频率）。选择一个理想低通滤波器，其频率响应的幅度为 T_s，截止角频率为 $\omega_c\left(\omega_m<\omega_c\leqslant\dfrac{\omega_s}{2}\right)$，即

$$H(j\omega)=\begin{cases}T_s，&|\omega|<\omega_c\\0，&|\omega|>\omega_c\end{cases}$$

其频谱如图 3-52(b)所示。由图 3-52(a)～图 3-52(c)可得

$$F(j\omega)=F_s(j\omega)\cdot H(j\omega)$$

即恢复了原信号的频谱函数 $F(j\omega)$。

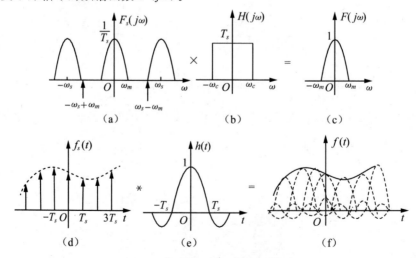

图 3-52　由取样信号恢复连续信号

根据时域卷积定理得

$$f(t)=f_s(t)*h(t)$$

由于冲激取样信号为

$$f_s(t)=f(t)\cdot s(t)=f(t)\delta_{T_s}(t)=f(t)\sum_{n=-\infty}^{\infty}\delta(t-nT_s)=\sum_{n=-\infty}^{\infty}f(nT_s)\delta(t-nT_s)$$

对 $H(j\omega)$ 求傅里叶逆变换可得理想低通滤波器的单位冲激响应为

$$h(t)=T_s\frac{\omega_c}{\pi}S_a(\omega_c t)$$

为简便，令 $\omega_c=\dfrac{\omega_s}{2}$，则 $T_s=\dfrac{2\pi}{\omega_s}=\dfrac{\pi}{\omega_c}$，得

$$h(t)=S_a\left(\frac{\omega_s t}{2}\right)$$

将 $f_s(t)$ 和 $h(t)$ 的表达式代入 $f(t)=f_s(t)*h(t)$ 得

$$f(t)=\sum_{n=-\infty}^{\infty}f(nT_s)\delta(t-nT_s)*S_a\left(\frac{\omega_s t}{2}\right)$$
$$=\sum_{n=-\infty}^{\infty}f(nT_s)S_a\left[\frac{\omega_s}{2}(t-nT_s)\right]$$
$$=\sum_{n=-\infty}^{\infty}f(nT_s)S_a\left(\frac{\omega_s}{2}t-n\pi\right)$$

上式表明，连续信号 $f(t)$ 可以展开成正交抽样函数（S_a 函数）的无穷级数，该级数的系数等于取样值 $f(nT_s)$。也就是说，若在取样信号 $f_s(t)$ 的每个样值点处画一个最大峰值为 $f(nT_s)$ 的 S_a 函数波形，则其合成波形就是原信号 $f(t)$。因此，只要已知各个取样值 $f(nT_s)$，就能唯一地确定出原信号 $f(t)$。

3.7.3 频域取样定理

频域取样定理解决了连续频域时限信号离散化问题。

1. 频域取样定理的内容

如果信号 $f(t)$ 为有限时间信号（简称时限信号），即它在时间区间 $(-t_m,t_m)$ 以外为零，那么 $f(t)$ 的频谱函数 $F(j\omega)$ 可唯一地由其在均匀频率间隔 $f_s\left(f_s<\dfrac{1}{2t_m}\right)$ 上的样点值 $F(jn\omega_s)$ 确定。

2. 频域取样

有限时间信号 $f(t)$ 的频谱函数 $F(j\omega)$ 为连续谱。

频域冲激序列为

$$\delta_{\omega_s}(\omega)=\sum_{n=-\infty}^{\infty}\delta(\omega-n\omega_s)$$

用频域冲激序列 $\delta_{\omega_s}(\omega)$ 对 $F(j\omega)$ 取样，得到的频谱函数 $F_s(j\omega)$ 为

$$F_s(j\omega) = F(j\omega) \cdot \sum_{n=-\infty}^{\infty} \delta(\omega - n\omega_s) = \sum_{n=-\infty}^{\infty} F(jn\omega_s)\delta(\omega - n\omega_s) \qquad (3-61)$$

其频域取样如图 3-53 所示。

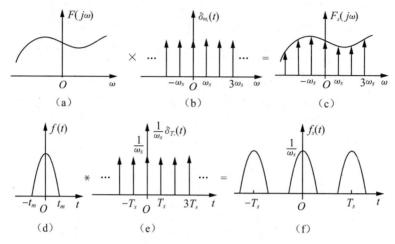

图 3-53　频域取样

对频域冲激序列取傅里叶逆变换得

$$\mathcal{F}^{-1}[\delta_{\omega_s}(\omega)] = \frac{1}{\omega_s} \sum_{n=-\infty}^{\infty} \delta(t - nT_s)$$

式中，$T_s = \dfrac{2\pi}{\omega_s}$。对式(3-61)取傅里叶逆变换得被取样后的频谱函数 $F_s(j\omega)$ 对应的时间函数为

$$f_s(t) = f(t) * \frac{1}{\omega_s} \sum_{n=-\infty}^{\infty} \delta(t - nT_s)$$

$$= \frac{1}{\omega_s} \sum_{n=-\infty}^{\infty} f(t) * \delta(t - nT_s)$$

$$= \frac{1}{\omega_s} \sum_{n=-\infty}^{\infty} f(t - nT_s)$$

由上式可知，时间有限信号 $f(t)$ 的频谱函数 $F(j\omega)$ 在频域中被间隔为 ω_s 的冲激序列取样，则取样得到的频谱函数 $F_s(j\omega)$ 所对应的时域信号 $f_s(t)$ 以 T_s 为周期无限重复，如图 3-53(f)所示。由图可知，若 $T_s > 2t_m$（或 $f_s = \dfrac{1}{T_s} < \dfrac{1}{2t_m}$），则在时域中 $f_s(t)$ 的波形不会重叠。若在时域中用矩形脉冲作为选通信号，则就可以无失真地恢复原信号谱。

例 3-28　如图 3-54(a)所示系统。已知 $f_0(t) = \dfrac{\omega_m}{\pi} S_a(\omega_m t)$，系统 $H_1(j\omega)$ 的频率特性如图 3-54(b)所示，$H_2(j\omega)$ 为一个理想低通滤波器。

(1)画出 $f(t)$ 的频谱图。

(2)若使 $f_s(t)$ 包含 $f(t)$ 的全部信息，则冲激取样序列 $\delta_{T_s}(t)$ 的最大间隔 T_s 应为多少？

（3）分别画出在奈奎斯特频率（$\omega_s = 2\omega_m$）和 $\omega_s = 4\omega_m$ 时的取样信号的频谱图 $F_s(j\omega)$。

（4）在 $\omega_s = 4\omega_m$ 的情况下，若 $y(t) = f(t)$，则理想低通滤波器截止频率应为多少？幅频特性应具有何种形式？

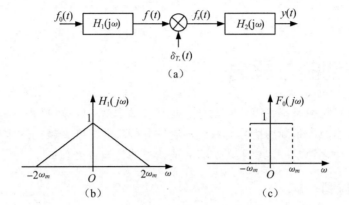

图 3-54 例 3-28 图

解：（1）由 $f_0(t) = \dfrac{\omega_m}{\pi} S_a(\omega_m t)$ 可得其频谱函数 $F_0(j\omega)$ 为

$$F_0(j\omega) = \begin{cases} 1, & |\omega| < \omega_m \\ 0, & |\omega| > \omega_m \end{cases}$$

$F_0(j\omega)$ 的波形如图 3-54(c) 所示。因为

$$F(j\omega) = F_0(j\omega) H_1(j\omega)$$

画出 $F(j\omega)$ 的波形如图 3-55(a) 所示。

（2）根据取样定理，取样频率应满足

$$2\pi f_s \geqslant 2\omega_m$$

$$2\pi \frac{1}{T_s} \geqslant 2\omega_m$$

$$T_{s(\max)} = \frac{\pi}{\omega_m}$$

所以最大间隔 T_s 应为 $\dfrac{\pi}{\omega_m}$，即奈奎斯特间隔。

（3）奈奎斯特频率为 $\omega_s = 2\omega_m$，由取样定理可画出 $\omega_s = 2\omega_m$ 和 $\omega_s = 4\omega_m$ 时的取样信号频谱函数 $F_s(j\omega)$，如图 3-55(b)、图 3-55(c) 所示。

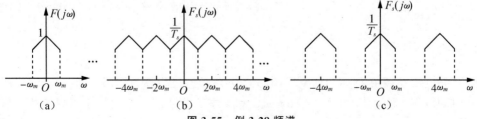

图 3-55 例 3-28 频谱

（4）若 $y(t)=f(t)$，则应有 $Y(j\omega)=F(j\omega)$，故理想低通滤波器的截止频率 ω_c 应满足 $\omega_m \leqslant \omega_C \leqslant (\omega_s - \omega_m)$，一般取 $\omega_c = \dfrac{\omega_s}{2}$。其频率特性应为

$$H_2(j\omega)=\begin{cases} T_s, & |\omega|<\omega_c \\ 0, & |\omega|>\omega_c \end{cases}$$

3.8 调制与解调

在通信和信息传输系统、工业自动化、电子工程技术中，调制和解调应用最为广泛。调制和解调的基本原理是利用信号与系统的频域分析和傅里叶变换的基本性质，将信号的频谱进行搬移，使之满足一定要求，从而完成信号的传输或处理。

3.8.1 调制

如图 3-56 所示为幅度调制（AM）系统。其中 $f(t)$ 为调制信号，即待传输或处理的信号。$s(t)=\cos(\omega_0 t)$ 称为载波信号，ω_0 为载波频率，则此系统输出的响应 $y(t)$ 为

图 3-56 幅度调制系统

$$y(t)=f(t)s(t)=f(t)\cos\omega_0 t \tag{3-62}$$

$y(t)$ 是一个幅度随 $f(t)$ 变化的信号，故称为调幅信号。

设 $f(t)\leftrightarrow F(j\omega)$，$s(t)\leftrightarrow S(j\omega)$，$y(t)\leftrightarrow Y(j\omega)$，则由频域卷积定理得

$$Y(j\omega)=\frac{1}{2\pi}F(j\omega)*S(j\omega)$$

$$S(j\omega)=\pi[\delta(\omega-\omega_0)+\delta(\omega+\omega_0)]$$

所以
$$Y(j\omega)=\frac{1}{2}\{F[j(\omega-\omega_0)]+F[j(\omega+\omega_0)]\} \tag{3-63}$$

若 $F(j\omega)$ 和 $S(j\omega)$ 如图 3-57（a）、图 3-57（b）所示，则调幅信号 $y(t)$ 的频谱函数 $Y(j\omega)$ 如图 3-57（c）所示。

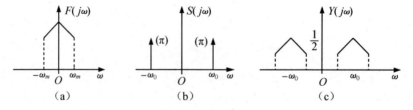

（a）   （b）   （c）

图 3-57 $F(j\omega)$、$S(j\omega)$、$Y(j\omega)$ 频谱

3.8.2 解调

由已调制的高频信号 $y(t)$ 恢复原调制信号 $f(t)$ 的过程称为解调。如图 3-58（a）所示为调幅信号的解调系统，其中 $s(t)=\cos(\omega_0 t)$ 称为本地载波信号，它与原调幅的载波信号同

频率、同相位。可见该系统是把接收到的调幅信号经本地载波信号再调制，即

$$g(t)=y(t)s(t)=f(t)\cos^2(\omega_0 t)=\frac{1}{2}\big[f(t)+f(t)\cos 2(\omega_0 t)\big] \tag{3-64}$$

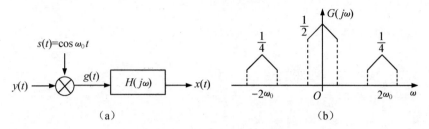

图 3-58　解调系统及频谱图

对式(3-64)两边取傅里叶变换得

$$G(j\omega)=\frac{1}{2}F(j\omega)+\frac{1}{4}\{F[j(\omega+2\omega_0)]+F[j(\omega-2\omega_0)]\} \tag{3-65}$$

由图 3-58(b)所示 $G(j\omega)$ 的频谱结构可知，频谱中含有原信号 $f(t)$ 的全部信息 $F(j\omega)$，此外还有附加的高频分量。当 $g(t)$ 通过理想低通滤波器时，只有使滤波器的幅度为 2，截止频率 ω_c 满足 $\omega_0<\omega_c<2\omega_0-\omega_m$ 时，由输出响应 $x(t)=f(t)$ 达到恢复调制信号 $f(t)$，完成解调的目的。

＊3.9　MATLAB 实现信号与系统的频域分析

连续系统的频域表达式可以通过符号运算获得，其频谱的可视化可以用幅度谱和相位谱绘制，对于周期信号，可以通过计算其傅里叶级数，画出它的幅度谱和相位谱。

3.9.1　MATLAB 实现连续信号与系统的频域分析

1. 连续时间傅里叶变换

MATLAB 提供了求解连续信号傅里叶变换的函数 fourier，其调用格式为

$$X=fourier(x) \text{ 或 } X=fourier(x,t,w)$$

其中，x 为符号表达式，表示信号 $x(t)$；t 为积分变量；w 表示频率 ω；X 表示信号 $x(t)$ 的傅里叶变换。若信号表达式 x 中除 t 外还有其他符号变量，应采用后者的指令形式。

ifourier 函数用于求解信号的傅里叶逆变换，其调用格式为

$$x=ifourier(X) \text{ 或 } x=ifourier(X,w,t)$$

其参数意义和 fourier 相同。若 w 不是 MATLAB 的积分变量，应采用后者的指令格式。

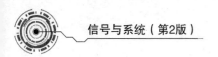

2. 连续时间傅里叶级数(CTFS)

在 MATLAB 中定义一个周期函数，并保存为 M 文件，就可以使用 MATLAB 程序 CTFS-exponential( )求其复指数傅里叶级数的系数 F_n。

```
function[c,kk]=CTFS_exponential(x,P,N)
w0=2*pi/P;
xexp_jw0t_=[x'(t).*exp(-j*k*w0*t)'];
xexp_jw0t=inline(xexp_jw0t_,'t','k','w0');
kk=-N:N;tol=1e-6
for k=kk
  c(k+N+1)=quad1(xexp_jw0t,-P/2.P/2,tol,[],k,w0);
end
```

3. MATLAB 的系统频域响应分析

MATLAB 提供了专门用于计算系统频域响应的函数，连续系统计算用 freqs，离散系统计算用 freqz，它以系统频率响应的有理函数表示为基础。该函数可以求出系统频域响应的数值解，并可以绘出系统的幅频及相频响应曲线。

函数 freqz 有如下几种不同调用方式：

(1)[h，w]=freqz(b，a，l) 返回的频率响应矢量 h 和数字频率矢量 w 的长度都为 l，w 的取值范围是$(0，\pi)$(单位为弧度/取样)；第三个输入参数若不指定或指定为[ ]，则按照约定值 512(取样点)计算频率响应矢量。

(2)h=freqz(b，a，w) 在给定数字频率矢量 w 上计算频率响应矢量 h，w 可以取任意长度。

(3)[h，w]=freqz(b，a，'whole') 在单位圆周的 n 个样点上计算频率响应矢量，数字频率矢量 w 的长度为 l，取值范围$(0，2\pi]$。

(4)[h，f]=freqz(b，a，l，fs) 返回的频率响应矢量 h 和频率矢量 f 的长度都为 l。h 根据给定的取样频率 fs 来计算，fs 的单位是 Hz。频率矢量 f 也是以 Hz 为单位，取值范围是$(0，f_s/2)$。

(5)h=freqz(b，a，f，fs) 在给定频率矢量 f 上计算频率响应矢量 h，f 可以取任意长度，单位为 Hz。

(6)[h，w]=freqz(b，a，'whole'，fs) 在单位圆周的 n 个样点上计算频率响应矢量，频率矢量 f 长度为 l，取值范围$(0，f_s]$。

(7)freqz(b，a，…) 画出频率响应的幅度和展开相位图形，显示在当前窗口中。

不难看出，如果 $a=1$ 和 $b=x=[x(1)，x(2)，…，x(M)]$，则可以调用函数 freqz 来计算序列 x 的 DTFT。

3.9.2 实验三

【实验目的】

在 MATLAB 环境中，求解信号的频谱。

【实验内容】

(1)试求单边指数信号 $f(t) = \dfrac{2}{3} e^{-2t} \varepsilon(t)$ 的频谱密度。

(2)已知模拟滤波器的频率响应为

$$H(j\omega) = \frac{Y(j\omega)}{F(j\omega)} = \frac{3}{(j\omega)^2 + 3j\omega + 3}$$

利用 MATLAB 画出系统的频率响应曲线。

(3)周期性矩形脉冲信号如图 3-59 所示，画出它的幅度谱和相位谱，以及前 5 次谐波叠加波形和前 10 次谐波叠加波形。

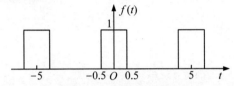

图 3-59 周期性矩形脉冲信号图

(4)用 MATLAB 分别绘制抽样信号 $f_1(t) = S_a(t)$ 和矩形脉冲信号 $f_2(t) = \pi[\varepsilon(t+1) - \varepsilon(t-1)]$ 的时域波形和频谱，并验证傅里叶变换的对偶性。

【实验指导与参考代码】

(1)MATLAB 命令如下：

```
%example(1)
syms t w x;
x=2/3*exp(-2*t)*sym('Heaviside('t');
X=fourier(x);
ezplot(abs(X));
```

(2)MATLAB 命令如下：

```
%example(2)
b=[0 0 3];a=[1 3 3];
[h,w]=freqs(b,a,100);
H=abs(h);PH=angle(h);
subplot(2,1,1);
plot(w,H)
xlabel('角频率(w)');ylabel('幅度');title('H(jw)的幅频特性');
subplot(2,1,2);
plot(w,PH*180/pi)
xlabel('角频率(w)');ylabel('相位(度)');title('H(jw)的相频特性');
```

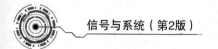

（3）分析计算及 MATLAB 程序参考。

分析：周期性矩形脉冲信号的脉冲宽度 $\tau=1$，周期 $T_1=5$，基波角频率 $\Omega_1=0.4\pi$，它的傅里叶级数为

$$f(t)=0.2\sum_{n=-\infty}^{\infty}S_a(0.2n\pi)e^{j0.4n\pi t}$$

MATLAB 参考程序如下，其幅度谱和相位谱是离散的，绘制的幅度谱、相位谱和波形如图 3-60 所示。

```matlab
n=-10:10;w1=0.4*pi;                           % 显示的谐波次数
n1=-10:-1;ft1=sin(0.2*pi*n1)./(pi*n1);        % 计算负半轴的傅里叶级数
n2=1:10;ft2=sin(0.2*pi*n2)./(pi*n2);          % 计算正半轴的傅里叶级数
ft=[ft1,0.2,ft2];                             % 组合负半轴、零点和正半轴的级数
fn=abs(ft);phase=angle(ft);                   % 计算幅度谱和相位谱
subplot(2,2,1);stem(n,fn);title('幅度谱');    % stem 函数绘制离散序列
subplot(2,2,2);stem(n,phase);title('相位谱');
syms t;s1=0.2;s2=0.2;                         % 直流分量
for k1=1:5
    s1=s1+2*sin(k1*pi/5)*cos(w1*t*k1)/pi./k1;
end
for k2=1:10
    s2=s2+2*sin(k2*pi/5)*cos(w1*t*k2)/pi./k2;
end
subplot(2,2,3);ezplot(s1);title('前 5 次谐波叠加');
subplot(2,2,4);ezplot(s2);title('前 10 次谐波叠加');
```

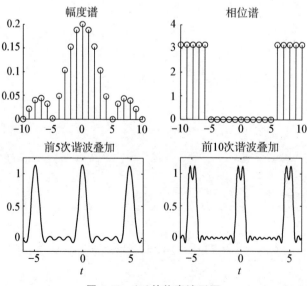

图 3-60　（3）的仿真波形图

（4）MATALAB 参考程序如下，绘制的频谱和波形如图 3-61 所示。

```
syms t;f1＝sin(t)/t;                              % 抽样函数 f1(t)＝Sa(t)
f2＝pi * sym('(Heaviside(t＋1)－Heaviside(t－1))');   % 计算门函数 f2(t)＝πG(t)
F1＝simple(fourier(f1));F2＝simple(fourier(f2));subplot(221);ezplot(f1,[－10,10]);
subplot(222);ezplot(F1,[－2 2]);title('π[u(w＋1)－u(w－1)]');
subplot(223);ezplot(f2,[－2 2]);title('π[u(t＋1)－u(t－1)]');
subplot(224);ezplot(F2,[－10 10]);
```

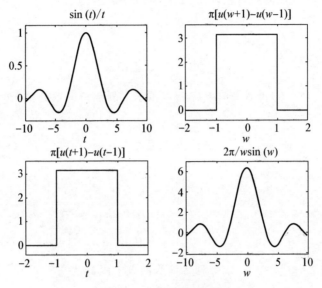

图 3-61　（4）的仿真波形图

习　题

3-1　求如图 3-62 所示周期锯齿波 $f(t)$ 的傅里叶级数。

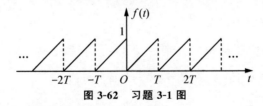

图 3-62　习题 3-1 图

3-2　求如图 3-63 所示周期函数的傅里叶级数。

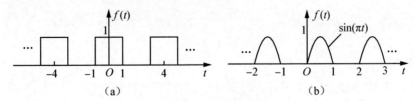

图 3-63　习题 3-2 图

3-3 试求下列各信号的频谱函数。

(1) $f(t) = \varepsilon(-t)$;

(2) $f(t) = e^t \varepsilon(-t)$;

(3) $f(t) = \dfrac{1}{2} \text{sgn}(-t)$;

(4) $f(t) = e^{j2t} \varepsilon(t)$;

(5) $f(t) = \varepsilon(t - 3)$;

(6) $f(t) = e^{-|t|} \cos t$;

(7) $f(t) = e^{-2t} \varepsilon(t + 1)$;

(8) $f(t) = \varepsilon\left(\dfrac{1}{2}t - 1\right)$。

3-4 利用傅里叶变换的对称性求下列各信号的频谱函数。

(1) $f(t) = \dfrac{\sin[2\pi(t-2)]}{\pi(t-2)}$;

(2) $f(t) = \dfrac{2a}{a^2 + t^2}$ $(a > 0)$;

(3) $f(t) = \left(\dfrac{\sin 2\pi t}{2\pi t}\right)^2$;

(4) $f(t) = -\dfrac{1}{\pi t^2}$。

3-5 已知信号 $f(t)$ 的频谱函数 $F(j\omega)$，试求下列频谱函数的傅里叶逆变换。

(1) $F(j\omega) = \delta(\omega - \omega_0)$;

(2) $F(j\omega) = \delta(\omega + \omega_0) - \delta(\omega - \omega_0)$;

(3) $F(j\omega) = \varepsilon(\omega + \omega_0) - \varepsilon(\omega - \omega_0)$;

(4) $F(j\omega) = 6\pi\delta(\omega) + \dfrac{5}{(j\omega - 2)(j\omega + 3)}$;

(5) $F(j\omega) = \omega^2$;

(6) $F(j\omega) = \dfrac{1}{\omega^2}$;

(7) $F(j\omega) = 2\cos\omega$;

(8) $F(j\omega) = e^{a\omega}\varepsilon(-\omega)$;

(9) $F(j\omega) = \displaystyle\sum_{n=0}^{2} \dfrac{2\sin\omega}{\omega} e^{-j(2n+1)\omega}$;

(10) $F(j\omega) = [\varepsilon(\omega) - \varepsilon(\omega - 2)]e^{-j\omega}$。

3-6 已知 $f_1(t) \leftrightarrow F_1(j\omega)$，求下列各信号的频谱函数。

(1) $f(t) = t f_1(5t)$;

(2) $f(t) = (t - 3)f_1(t)$;

(3) $f(t) = (t - 3)f_1(-3t)$;

(4) $f(t) = t\,\dfrac{\mathrm{d}}{\mathrm{d}t} f_1(t)$;

(5) $f(t) = f_1(2t - 5)$;

(6) $f(t) = e^{jt} f_1(3 - 2t)$;

(7) $f(t) = (1 - t)f_1(1 - t)$;

(8) $f(t) = \dfrac{\mathrm{d}f_1(t)}{\mathrm{d}t} * \dfrac{1}{\pi t}$;

(9) $f(t) = \displaystyle\int_{-\infty}^{1 - \frac{1}{2}t} f_1(\tau)\,\mathrm{d}\tau$。

3-7 已知 $F(j\omega)$ 的幅频与相频分别为 $|F(j\omega)| = 2[\varepsilon(\omega + 3) - \varepsilon(\omega - 3)]$，$\varphi(\omega) = -\dfrac{3}{2}\omega + \pi$，求 $F(j\omega)$ 的原函数 $f(t)$ 及 $f(t) = 0$ 时的 t 值。

3-8 利用信号的能量公式 $W = \displaystyle\int_{-\infty}^{\infty} f^2(t)\,\mathrm{d}t = \dfrac{1}{2\pi}\int_{-\infty}^{\infty} |F(j\omega)|^2\,\mathrm{d}\omega$，求下列积分。

(1) $f(t) = \displaystyle\int_{-\infty}^{\infty} S_a^2(at)\,\mathrm{d}t$;

(2) $f(t) = \displaystyle\int_{-\infty}^{\infty} S_a^4(at)\,\mathrm{d}t$;

(3) $f(t) = \displaystyle\int_{-\infty}^{\infty} \dfrac{1}{(a^2 + t^2)^2}\,\mathrm{d}t$。

3-9 $f(t)$ 的波形如图 3-64 所示，已知 $f(t)$ 的频谱函数为 $F(j\omega) = |F(j\omega)|e^{j\varphi(\omega)}$，利用傅里叶变换的性质（不做积分运算）求：

$(1)\varphi(\omega)$；　　　　　$(2)F(0)$；　　　　　$(3)\int_{-\infty}^{\infty}F(j\omega)\mathrm{d}\omega$。

3-10　写出下列系统的系统函数 $H(j\omega)$。

$(1)y(t)=\dfrac{\mathrm{d}}{\mathrm{d}t}f(t)$；　　　　$(2)y(t)=f(t-t_0)$；　　　　$(3)\ y(t)=\int_{-\infty}^{t}f(\tau)\mathrm{d}\tau$。

3-11　如图 3-65 所示为系统的幅频与相频特性，系统的激励 $f(t)=2+4\cos 5t+4\cos 10t$，求系统响应 $y(t)$。

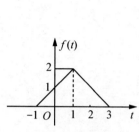

图 3-64　习题 3-9 图

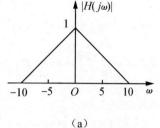

(a)　　　　　　　　(b)

图 3-65　习题 3-11 图

3-12　已知信号 $h(t)$ 的幅度频谱和相位频谱如图 3-66 所示，求 $h(t)$。

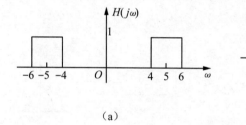

(a)　　　　　　　　(b)

图 3-66　习题 3-12 图

3-13　已知系统的频率响应为

$$H(j\omega)=\begin{cases}\mathrm{e}^{j\frac{\pi}{2}} & -6<\omega<0\\ \mathrm{e}^{-j\frac{\pi}{2}} & 0<\omega<6\\ 0 & 其他\end{cases}$$

系统的激励 $f(t)=\dfrac{\sin(3t)}{t}\cos(5t)$，求系统的响应 $y(t)$。

3-14　已知系统如图 3-67(a)所示，$f(t)=\dfrac{\sin(2t)}{2\pi t}$，$s(t)=\cos(1000t)$。系统的幅频特性 $H(j\omega)$ 如图 3-67(b)所示，相频特性 $\varphi(\omega)=0$。求响应 $y(t)$。

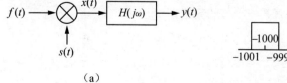

(a)　　　　　　　　(b)

图 3-67　习题 3-14 图

3-15 已知系统函数为 $H(j\omega)=\dfrac{1-j\omega}{1+j\omega}$，试求

(1)单位阶跃响应；(2)激励 $f(t)=\mathrm{e}^{-2t}\varepsilon(t)$ 的零状态响应。

3-16 已知系统如图 3-68 所示，$f(t)=\displaystyle\sum_{n=-\infty}^{\infty}\mathrm{e}^{jnt}$，系统函数为

$$H(j\omega)=\begin{cases}\mathrm{e}^{j\frac{\pi}{3}\omega}, & |\omega|<1.5\ \mathrm{rad/s}\\ 0, & \text{其他}\end{cases}$$

试画出 $f(t)$、$y_1(t)$、$y(t)$ 的频谱图，并求出信号 $y(t)$。

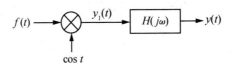

图 3-68　习题 3-16 图

3-17 已知连续系统如图 3-69(a)所示，$f(t)$ 为带限信号，其频谱如图 3-69(b)所示，最高频率为 ω_m，且 $\omega_0>\omega_m$。

(1)画出 $y_1(t)$、$y_2(t)$ 的频谱函数 $Y_1(j\omega)$、$Y_2(j\omega)$；

(2)欲使 $y(t)=f(t)$，求 $H(j\omega)$。

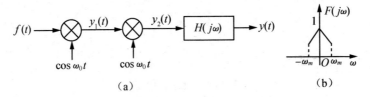

(a)　　　　　　　　　　(b)

图 3-69　习题 3-17 图

3-18 已知频域系统函数 $H(j\omega)=\dfrac{j\omega}{-\omega^2+j5\omega+6}$，系统的初始状态 $y(0)=2$，$y'(0)=1$，激励 $f(t)=\mathrm{e}^{-t}\varepsilon(t)$，求全响应 $y(t)$。

3-19 求下列信号的奈奎斯特间隔 T_N 和频率 f_N。

(1)$S_a(200t)$；　　　　　(2)$S_a^2(100t)$；　　　　　(3)$S_a(100t)+S_a^2(60t)$。

3-20 已知 $f(t)=S_a(1000\pi t)S_a(2000\pi t)$，$s(t)=\displaystyle\sum_{n=-\infty}^{\infty}\delta(t-nT)$，$f_s(t)=f(t)s(t)$。

(1)若要从 $f_s(t)$ 无失真地恢复 $f(t)$，求最大取样周期 T_N；

(2)当取样周期 $T=T_N$ 时，画出 $f_s(t)$ 的频谱图。

◈ 第4章 连续信号与系统的复频域分析 ◈

本章重点：单边拉普拉斯变换及收敛域，拉普拉斯变换的性质，拉普拉斯逆变换，连续系统的复频域分析，系统函数，s 域电路模型，信号流图及梅森公式，连续系统的稳定性及判定准则。

连续时间信号与系统的频域分析，揭示了信号与系统的内在频率特性，是信号与系统分析和设计的重要方法，是信号处理的重要基础，在许多领域得到了广泛的应用。但是，傅里叶分析有严格的限制，即要求信号满足绝对可积条件，而有些重要信号，如阶跃信号、周期信号等不满足绝对可积条件，不能直接进行傅里叶变换。尽管引入了 δ(·)函数以后解决了一些问题，但是仍有一些信号不存在傅里叶变换，因而无法对其进行频域分析。另外，当系统不稳定时，系统的频率响应一般不存在，所以频域分析法不适合分析不稳定系统。为此，本章引入另一种连续时间信号与系统的分析方法，这种方法以拉普拉斯(Laplace)变换为工具。拉普拉斯变换将时域表示的信号和系统映射到复频域，因而可将信号与系统的时域分析转换成复频域的分析。傅里叶变换的主要思想是将信号表示为虚指数信号的线性组合，而拉普拉斯变换的主要思想是将信号表示为复指数信号的线性组合。由于虚指数信号是复指数信号的特例，因此复频域分析是频域分析的推广，更具有一般性。运用拉普拉斯变换方法，可以把线性时不变系统的时域建模简便地进行变换，经求解再还原为时间函数。

本章先给出拉普拉斯变换的基本定义和性质，而后讨论拉普拉斯变换在系统分析中的应用及系统函数的定义。接着讨论连续时间系统的表示与模拟。然后比较傅里叶变换和拉普拉斯变换并讨论两者之间的区别和联系。最后分析系统的零、极点及系统稳定性。

⇛ 4.1 拉普拉斯变换

用傅里叶变换对信号和系统进行分析有其优势，但也存在一些不足。如果时间函数 $f(t)$ 满足狄里赫利条件并且绝对可积时，那么其傅里叶变换存在，即

$$F(j\omega) = \int_{-\infty}^{\infty} f(t) e^{-j\omega t} \, dt$$

$$f(t) = \frac{1}{2\pi} \int_{-\infty}^{\infty} F(j\omega) e^{j\omega t} \, d\omega$$

在工程中有一些信号并不满足绝对可积条件，如阶跃信号 $\varepsilon(t)$、斜变信号 $t\varepsilon(t)$、单边正弦信号 $\sin t\varepsilon(t)$ 等，对这些信号难以求得它们的傅里叶变换。

另外一类信号，如单边增长的指数信号 $e^{\alpha t}\varepsilon(t)$（其中 $\alpha > 0$），信号的幅度随时间 t 的增大而增大，此类信号根本就不存在傅里叶变换，所以用傅里叶变换无法对其进行分析。

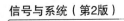

在求傅里叶逆变换时，需要求 ω 从 $-\infty$ 到 $+\infty$ 区间的广义积分。求这个积分往往比较困难，甚至是不可能的，有时则需要引入一些特殊函数。

利用傅里叶变换法只能求系统的零状态响应，而不能求系统的零输入响应。在需要求系统的零输入响应时，还得利用别的方法，如时域经典法。

由于以上原因，使傅里叶变换在工程应用上受到了一定的限制，为了解决上述问题，在研究线性系统问题时，一般利用拉普拉斯变换。

▷ 4.1.1 拉普拉斯变换概述

当函数 $f(t)$ 不满足绝对可积条件时，可采用 $f(t)$ 乘因子 $e^{-\sigma t}$（σ 为任意实常数），这样就得到一个新的时间函数 $f(t)e^{-\sigma t}$，如果能根据函数 $f(t)$ 的具体性质，恰当地选取 σ 的值，从而使函数 $f(t)e^{-\sigma t} \rightarrow 0$（当 $t \rightarrow \infty$ 时），即满足条件

$$\lim_{t \rightarrow \infty} f(t)e^{-\sigma t} = 0 \tag{4-1}$$

那么函数 $f(t)e^{-\sigma t}$ 满足绝对可积条件，因而它的傅里叶变换一定存在。因子 $e^{-\sigma t}$ 起到使函数 $f(t)e^{-\sigma t}$ 收敛的作用，故称 $e^{-\sigma t}$ 为收敛因子。

设函数 $f(t)e^{-\sigma t}$ 满足狄里赫利条件且绝对可积（可通过恰当的选取 σ 的值来达到），则其傅里叶变换为

$$F(j\omega) = \int_{-\infty}^{\infty} f(t)e^{-\sigma t} e^{-j\omega t} \, dt = \int_{-\infty}^{\infty} f(t)e^{-(\sigma+j\omega)t} \, dt \tag{4-2}$$

上式积分结果是 $\sigma + j\omega$ 的函数，令其为 $F_b(\sigma + j\omega)$，即

$$F_b(\sigma + j\omega) = \int_{-\infty}^{\infty} f(t)e^{-(\sigma+j\omega)t} \, dt$$

相应的傅里叶逆变换为

$$f(t)e^{-\sigma t} = \frac{1}{2\pi} \int_{-\infty}^{\infty} F_b(\sigma + j\omega) e^{j\omega t} \, d\omega$$

上式两边同乘 $e^{\sigma t}$，得

$$f(t) = \frac{1}{2\pi} \int_{-\infty}^{\infty} F_b(\sigma + j\omega) e^{\sigma t} e^{j\omega t} \, d\omega$$

令 $s = \sigma + j\omega$，$ds = d(\sigma + j\omega) = j d\omega$（因为 σ 为任意实常数），并且当 $\omega = -\infty$ 时，$s = \sigma - j\infty$；当 $\omega = \infty$ 时，$s = \sigma + j\infty$；将以上这些关系代入上面两式得

$$F_b(s) = \int_{-\infty}^{\infty} f(t)e^{-st} \, dt \tag{4-3}$$

$$f(t) = \frac{1}{2\pi j} \int_{\sigma-j\infty}^{\sigma+j\infty} F_b(s) e^{st} \, ds \tag{4-4}$$

式(4-3)称为双边拉普拉斯变换，式(4-4)称为双边拉普拉斯逆变换。

由以上所述可见，傅里叶变换建立了信号的时域与频域之间的关系，即 $f(t) \leftrightarrow F(j\omega)$；而拉普拉斯变换建立了信号的时域与复频域之间的关系，即 $f(t) \leftrightarrow F(s)$。

在推导拉普拉斯变换时，收敛因子 $e^{-\sigma t}$ 的引入，从数学上看，是将函数 $f(t)$ 乘因子 $e^{-\sigma t}$ 使之满足绝对可积条件；从物理意义上看，是将频率 ω 变换为复频率 s，ω 只能描述

振荡的重复频率，而 s 不仅能给出重复频率，还可以表示振荡幅度的增长速率或衰减速率。

▶ 4.1.2　收敛域

不同的时域函数可能其拉普拉斯变换表达式是一样的，这就需要研究其收敛域问题。

1. 复频率平面

以复频率 $s=\sigma+j\omega$ 的实部 σ 和虚部 $j\omega$ 为互相垂直的坐标轴而构成的平面，称为复频率平面，简称 s 平面，如图 4-1 所示。

复平面上有三个区域：$j\omega$ 轴以左的区域为左半开平面，$j\omega$ 轴以右的区域为右半开平面，$j\omega$ 轴本身也是一个区域，它是左半开平面和右半开平面的分界轴。将 s 平面划分为三个区域，对以后研究问题带来了很大的方便。

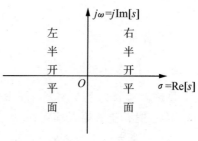

图 4-1　s 平面图

2. 收敛域

如前所述，选择适当的 σ 值才可能使式(4-2)的积分收敛，信号 $f(t)$ 的双边拉普拉斯变换存在。通常把 $f(t)\mathrm{e}^{-\sigma t}$ 满足绝对可积的 σ 值的范围称为收敛域(region of convergence，ROC)。下面就来讨论这个问题。

例 4-1　求下列函数的拉普拉斯变换及其收敛域。

(1) $f_1(t)=\delta(t)$；

(2) $f_2(t)=\mathrm{e}^{at}\varepsilon(t)$；

(3) $f_3(t)=-\mathrm{e}^{\beta t}\varepsilon(-t)$；

(4) $f_4(t)=\mathrm{e}^{at}\varepsilon(t)-\mathrm{e}^{\beta t}\varepsilon(-t)$　$(\beta>a)$。

解：(1) $f_1(t)$ 为单位冲激信号，属于时限信号，其拉普拉斯变换为

$$F_{b1}(s)=\int_{-\infty}^{\infty}\delta(t)\mathrm{e}^{-st}\,\mathrm{d}t=1$$

可见，单位冲激信号的拉普拉斯变换在整个 s 平面都存在，故其收敛域为全 s 平面，即 $\sigma>-\infty$。

(2) $f_2(t)$ 为因果信号，其拉普拉斯变换为

$$F_{b2}(s)=\int_{-\infty}^{\infty}\mathrm{e}^{at}\varepsilon(t)\mathrm{e}^{-st}\,\mathrm{d}t=\int_{0}^{\infty}\mathrm{e}^{at}\,\mathrm{e}^{-st}\,\mathrm{d}t$$

$$=\frac{\mathrm{e}^{-(s-a)t}}{-(s-a)}\bigg|_{0}^{\infty}=\begin{cases}无界，&\mathrm{Re}[s]=\sigma<a\\[4pt]不定，&\sigma=a\\[4pt]\dfrac{1}{s-a}，&\sigma>a\end{cases}$$

可见，对于因果信号，仅当 $\mathrm{Re}[s]=\sigma>a$ 时，其拉普拉斯变换存在，其收敛域如图 4-2(a) 所示，收敛域为以 $\sigma_0=a$ 为边界的右半开平面。

(3) $f_3(t)$ 为反因果信号，其拉普拉斯变换为

$$F_{b3}(s)=\int_{-\infty}^{\infty}-\mathrm{e}^{\beta t}\varepsilon(-t)\mathrm{e}^{-st}\,\mathrm{d}t=-\int_{-\infty}^{0}\mathrm{e}^{\beta t}\,\mathrm{e}^{-st}\,\mathrm{d}t$$

$$=\frac{e^{-(s-\beta)t}}{(s-\beta)}\bigg|_{-\infty}^{0}=\begin{cases}无界, & \mathrm{Re}[s]=\sigma>\beta \\ 不定, & \sigma=\beta \\ \dfrac{1}{s-\beta}, & \sigma<\beta\end{cases}$$

可见，对于反因果信号，仅当 $\mathrm{Re}[s]=\sigma<\beta$ 时，其拉普拉斯变换存在，其收敛域如图 4-2(b) 所示，收敛域为以 $\sigma_0<\beta$ 为边界的左半开平面。

(4)$f_4(t)$ 为双边信号，可以看作因果信号 $f_2(t)$ 与反因果信号 $f_3(t)$ 的和。即

$$f_4(t)=f_2(t)+f_3(t)$$

其拉普拉斯变换为

$$F_{b4}(s)=\int_{-\infty}^{\infty}f(t)e^{-st}\mathrm{d}t=\int_{-\infty}^{0}e^{\beta t}e^{-st}\mathrm{d}t+\int_{0}^{\infty}e^{at}e^{-st}\mathrm{d}t=\frac{1}{s-\beta}+\frac{1}{s-a}$$

显然，当 $\mathrm{Re}[s-\beta]<0$，即 $\mathrm{Re}[s]<\beta$ 时，上式第一项存在；当 $\mathrm{Re}[s-a]>0$，即 $\mathrm{Re}[s]>a$ 时，上式第二项存在。可见双边信号的收敛域为 $a<\sigma<\beta(a<\beta)$ 的带状区域，如图 4-2(c) 所示。若 $a\geqslant\beta$，则由于没有公共收敛域，双边信号的拉普拉斯变换不存在。

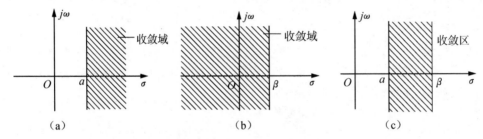

图 4-2　例 4-1 的收敛域

由以上分析可以得出以下结论：

(1)若时限信号的双边拉普拉斯变换存在，则其收敛域为 $\sigma>-\infty$，即其收敛域为全部 s 平面。

(2)若因果信号的双边拉普拉斯变换存在，则其收敛域在平行于 $j\omega$ 轴的一条直线的右边区域。

(3)若反因果信号的双边拉普拉斯变换存在，则其收敛域在平行于 $j\omega$ 轴的一条直线的左边区域。

(4)若非时限双边信号的双边拉普拉斯变换存在，则其收敛域为平行于 $j\omega$ 轴的两条直线之间的带状区域。

如前所述，双边拉普拉斯变换的收敛域比较复杂，并且信号与其双边拉普拉斯变换不一一对应，这就使其应用受到限制。例 4-1 中的因果信号 $f_2(t)$ 与反因果信号 $f_3(t)$ 满足 $a=\beta$ 时，其双边拉普拉斯变换式相同。实际应用中的信号都是有起始时刻的[$t<t_0$ 时，$f(t)=0$]，若起始时刻 $t_0=0$，则 $f(t)$ 为因果信号。因果信号的双边拉普拉斯变换就称为单边拉普拉斯变换。本章主要讨论单边拉普拉斯变换。

▶ 4.1.3　单边拉普拉斯变换

工程中的信号一般为因果信号，因果信号 $f(t)$ 一般写为 $f(t)\varepsilon(t)$，其拉普拉斯变换及拉普拉斯逆变换为

$$F(s) = \mathcal{L}[f(t)] = \int_{0_-}^{\infty} f(t)e^{-st}\,dt \tag{4-5}$$

$$f(t) = \mathcal{L}^{-1}[F(s)] = \begin{cases} 0 & t < 0 \\ \dfrac{1}{2\pi j}\displaystyle\int_{\sigma-j\infty}^{\sigma+j\infty} F(s)e^{st}\,ds & t > 0 \end{cases} \tag{4-6}$$

式(4-5)为单边拉普拉斯变换，式(4-6)为单边拉普拉斯逆变换。拉普拉斯变换和逆变换也可记为

$$\mathcal{L}[f(t)] = F(s) \quad \text{或} \quad f(t) \leftrightarrow F(s)$$

$$\mathcal{L}^{-1}[F(s)] = f(t) \quad \text{或} \quad F(s) \leftrightarrow f(t)$$

式(4-5)中积分下限取为 0_- 是考虑到 $f(t)$ 中可能包含 $\delta(t)$、$\delta'(t)$ …… 奇异函数，今后未注明 $t=0$，均指 0_-。

例 4-2　求矩形脉冲信号 $f(t)$ 的象函数。其中 $f(t)$ 的表达式为

$$f(t) = G_\tau\left(t - \frac{\tau}{2}\right) = \begin{cases} 1, & 0 < t < \tau \\ 0, & \text{其余} \end{cases}$$

解： 由于 $f(t)$ 为时限信号，其收敛域为 $\mathrm{Re}[s] > -\infty$。象函数为

$$F(s) = \mathcal{L}[f(t)] = \int_{0_-}^{\infty} f(t)e^{-st}\,dt = \int_{0_-}^{\tau} e^{-st}\,dt = \frac{1 - e^{-s\tau}}{s}$$

例 4-3　求下列函数的象函数。

(1)$\delta(t)$;　　　(2)$\delta'(t)$;　　　(3)$\varepsilon(t)$;　　　(4)$t^n\varepsilon(t)$;　　　(5)$e^{s_0 t}\varepsilon(t)$。

解：(1)$\delta(t)$ 是时限信号，其收敛域为 $\sigma > -\infty$，象函数为

$$\mathcal{L}[\delta(t)] = \int_{0_-}^{\infty} \delta(t)e^{-st}\,dt = \int_{0_-}^{\infty} \delta(t)\,dt = 1 \qquad \mathrm{Re}[s] > -\infty$$

(2)$\delta'(t)$ 是时限信号，其收敛域为 $\sigma > -\infty$，象函数为

$$\mathcal{L}[\delta'(t)] = \int_{0_-}^{\infty} \delta'(t)e^{-st}\,dt = -(-s)e^{-st}\big|_{t=0} = s \quad \mathrm{Re}[s] > -\infty$$

(3)$\varepsilon(t)$ 为因果信号，其象函数为

$$\mathcal{L}[\varepsilon(t)] = \int_{0_-}^{\infty} e^{-st}\,dt = -\frac{e^{-st}}{s}\bigg|_0^{\infty} = \frac{1}{s} \quad \mathrm{Re}[s] > 0$$

(4)$t^n\varepsilon(t)$ 为因果信号，其象函数为

$$\mathcal{L}[t^n\varepsilon(t)] = \int_{0_-}^{\infty} t^n e^{-st}\,dt = -\frac{t^n}{s}e^{-st}\bigg|_0^{\infty} + \frac{n}{s}\int_0^{\infty} t^{n-1}e^{-st}\,dt = \frac{n}{s}\int_0^{\infty} t^{n-1}e^{-st}\,dt$$

所以

$$\mathcal{L}[t^n\varepsilon(t)] = \frac{n}{s}\mathcal{L}[t^{n-1}\varepsilon(t)]$$

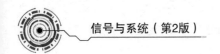

当 $n=1$ 时，$\qquad \mathcal{L}[t\varepsilon(t)]=\dfrac{1}{s^2}$

当 $n=2$ 时，$\qquad \mathcal{L}[t^2\varepsilon(t)]=\dfrac{2}{s^3}$

依此类推，得 $\qquad \mathcal{L}[t^n\varepsilon(t)]=\dfrac{n!}{s^{n+1}} \qquad \mathrm{Re}[s]>0$

(5)由 $\lim\limits_{t\to\infty}f(t)\mathrm{e}^{-\sigma t}=\lim\limits_{t\to\infty}\mathrm{e}^{s_0 t}\varepsilon(t)\mathrm{e}^{-\sigma t}=0$ 可知，$\mathrm{e}^{s_0 t}\varepsilon(t)$ 的收敛域为 $\sigma>\mathrm{Re}[s_0]$，其象函数为

$$\mathcal{L}[\mathrm{e}^{s_0 t}\varepsilon(t)]=\int_{0_-}^{\infty}\mathrm{e}^{s_0 t}\mathrm{e}^{-st}\,\mathrm{d}t=-\left.\frac{\mathrm{e}^{-(s-s_0)t}}{s-s_0}\right|_0^{\infty}=\frac{1}{s-s_0} \qquad \mathrm{Re}[s]>\mathrm{Re}[s_0]$$

若 s_0 为实数，令 $s_0=\pm a(a>0)$，则实指数函数的拉普拉斯变换为

$$\mathcal{L}[\mathrm{e}^{at}\varepsilon(t)]=\frac{1}{s-a} \qquad \mathrm{Re}[s]>a$$

$$\mathcal{L}[\mathrm{e}^{-at}\varepsilon(t)]=\frac{1}{s+a} \qquad \mathrm{Re}[s]>-a$$

若 s_0 为虚数，令 $s_0=\pm j\beta$，则虚指数函数的拉普拉斯变换为

$$\mathcal{L}[\mathrm{e}^{j\beta t}\varepsilon(t)]=\frac{1}{s-j\beta} \qquad \mathrm{Re}[s]>0$$

$$\mathcal{L}[\mathrm{e}^{-j\beta t}\varepsilon(t)]=\frac{1}{s+j\beta} \qquad \mathrm{Re}[s]>0$$

若令 $s_0=0$，则得单位阶跃函数的象函数为

$$\mathcal{L}[\varepsilon(t)]=\frac{1}{s} \qquad \mathrm{Re}[s]>0$$

由上边的讨论可见，拉普拉斯变换对时间函数 $f(t)$ 的限制少，象函数是复变函数，它存在于收敛域内，而傅里叶变换 $F(j\omega)$ 仅是 $F(s)$ 收敛域中虚轴$(s=j\omega)$上的函数，因而可以用复变函数的理论解决线性系统的各种问题。

常用函数的拉普拉斯变换如表 4-1 所示。

表 4-1 常用函数的拉普拉斯变换

编号	$f(t)(t>0)$	$F(s)=\mathcal{L}[f(t)]$
1	$\delta(t)$	1
2	$\delta^{(n)}(t)$	s^n
3	$\varepsilon(t)$	$\dfrac{1}{s}$
4	$t\varepsilon(t)$	$\dfrac{1}{s^2}$
5	$t^n\varepsilon(t)(n>0)$	$\dfrac{n!}{s^{n+1}}$

续表

编号	$f(t)(t>0)$	$F(s)=\mathcal{L}[f(t)]$
6	$e^{-at}\varepsilon(t)$	$\dfrac{1}{s+a}$
7	$te^{-at}\varepsilon(t)$	$\dfrac{1}{(s+a)^2}$
8	$e^{-j\omega_0 t}\varepsilon(t)$	$\dfrac{1}{s+j\omega_0}$
9	$t^n e^{-at}\varepsilon(t)(n>0)$	$\dfrac{n!}{(s+a)^{n+1}}$
10	$[\sin\omega_0 t]\varepsilon(t)$	$\dfrac{\omega_0}{s^2+\omega_0^2}$
11	$[\cos\omega_0 t]\varepsilon(t)$	$\dfrac{s}{s^2+\omega_0^2}$
12	$[e^{-at}\sin\omega_0 t]\varepsilon(t)$	$\dfrac{\omega_0}{(s+a)^2+\omega_0^2}$
13	$[e^{-at}\cos\omega_0 t]\varepsilon(t)$	$\dfrac{s+a}{(s+a)^2+\omega_0^2}$
14	$[t\sin\omega_0 t]\varepsilon(t)$	$\dfrac{2\omega_0 s}{(s^2+\omega_0^2)^2}$
15	$[t\cos\omega_0 t]\varepsilon(t)$	$\dfrac{s^2-\omega_0^2}{(s^2+\omega_0^2)^2}$
16	$[sh\omega_0 t]\varepsilon(t)$	$\dfrac{\omega_0}{s^2-\omega_0^2}$
17	$[ch\omega_0 t]\varepsilon(t)$	$\dfrac{s}{s^2-\omega_0^2}$
18	$\displaystyle\sum_{n=0}^{\infty}\delta(t-nT)$	$\dfrac{1}{1-e^{-sT}}$
19	$\displaystyle\sum_{n=0}^{\infty}f_0(t-nT)$	$\dfrac{F_0(s)}{1-e^{-sT}}$
20	$\displaystyle\sum_{n=0}^{\infty}[\varepsilon(t-nT)-\varepsilon(t-nT-\tau)](T>\tau)$	$\dfrac{1-e^{-s\tau}}{s(1-e^{-sT})}$

▶ 4.2 拉普拉斯变换的性质

信号 $f(t)$ 和它的拉普拉斯变换 $F(s)$ 是同一信号在不同域中的表示。因此，信号在时间域中的任何变换都会引起 $F(s)$ 在 s 域中的变化，拉普拉斯变换的性质反映了信号的时

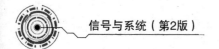

域特性与 s 域特性的关系。利用这些性质并结合常用的变换对，可以很方便地对一些信号进行拉普拉斯变换和逆变换，这也是分析线性时不变系统的重要基础。

▶ 4.2.1 线性

若
$$f_1(t) \leftrightarrow F_1(s), \ \mathrm{Re}[s] > \sigma_1$$
$$f_2(t) \leftrightarrow F_2(s), \ \mathrm{Re}[s] > \sigma_2$$

则有
$$a_1 f_1(t) + a_2 f_2(t) \leftrightarrow a_1 F_1(s) + a_2 F_2(s), \ \mathrm{Re}[s] > \max[\sigma_1, \sigma_2]$$

上式中 a_1、a_2 为常数，收敛域是两函数收敛域重叠的部分。如果是两函数之差，那么其收敛域可能会扩大。

例 4-4 求单边正弦函数 $\sin \beta t \varepsilon(t)$ 和单边余弦函数 $\cos \beta t \varepsilon(t)$ 的象函数。

解： 由于

$$\sin \beta t = \frac{1}{2j}(e^{j\beta t} - e^{-j\beta t})$$

根据线性性质得

$$\mathcal{L}[\sin \beta t \varepsilon(t)] = \mathcal{L}\left[\frac{1}{2j}(e^{j\beta t} - e^{-j\beta t})\varepsilon(t)\right] = \mathcal{L}\frac{1}{2j}[e^{j\beta t}\varepsilon(t)] - \mathcal{L}\frac{1}{2j}[e^{-j\beta t}\varepsilon(t)]$$

$$= \frac{1}{2j}\left[\frac{1}{s - j\beta}\right] - \frac{1}{2j}\left[\frac{1}{s + j\beta}\right]$$

$$= \frac{\beta}{s^2 + \beta^2}, \ \mathrm{Re}[s] > 0$$

同理可得

$$\mathcal{L}[\cos \beta t \varepsilon(t)] = \mathcal{L}\left[\frac{1}{2}(e^{j\beta t} + e^{-j\beta t})\varepsilon(t)\right] = \frac{s}{s^2 + \beta^2}, \ \mathrm{Re}[s] > 0$$

▶ 4.2.2 尺度变换

若 $f(t) \leftrightarrow F(s), \ \mathrm{Re}[s] > \sigma_0$，则

$$f(at) \leftrightarrow \frac{1}{a} F\left(\frac{s}{a}\right), \ \mathrm{Re}[s] > a\sigma_0, \ (a > 0)$$

证明：
$$\mathcal{L}[f(at)] = \int_0^{\infty} f(at) e^{-st} \, dt$$

令 $\tau = at$，则上式变为

$$\mathcal{L}[f(at)] = \int_0^{\infty} f(at) e^{-st} \, dt$$

$$= \int_0^{\infty} f(\tau) e^{-\left(\frac{s}{a}\right)\tau} \, d\left(\frac{\tau}{a}\right)$$

$$= \frac{1}{a} \int_0^{\infty} f(\tau) e^{-\left(\frac{s}{a}\right)\tau} \, d\tau$$

$$= \frac{1}{a} F\left(\frac{s}{a}\right)$$

上式中，若 $F(s)$ 的收敛域为 $\mathrm{Re}[s] > \sigma_0$，则 $F\left(\frac{s}{a}\right)$ 的收敛域为 $\mathrm{Re}\left[\frac{s}{a}\right] > \sigma_0$，即 $\mathrm{Re}[s] > a\sigma_0$。

▶ 4.2.3 时移特性

若 $f(t)\varepsilon(t) \leftrightarrow F(s)$，$\mathrm{Re}[s] > \sigma_0$，则

$$f(t-t_0)\varepsilon(t-t_0) \leftrightarrow \mathrm{e}^{-st_0} F(s)，\mathrm{Re}[s] > \sigma_0$$

证明：
$$\mathcal{L}[f(t-t_0)\varepsilon(t-t_0)] = \int_0^\infty f(t-t_0)\varepsilon(t-t_0)\mathrm{e}^{-st}\mathrm{d}t$$
$$= \int_{t_0}^\infty f(t-t_0)\mathrm{e}^{-st}\mathrm{d}t$$

令 $x = t - t_0$，则 $t = x + t_0$，上式可写为

$$\mathcal{L}[f(t-t_0)\varepsilon(t-t_0)] = \int_0^\infty f(x)\mathrm{e}^{-sx}\mathrm{e}^{-st_0}\mathrm{d}x$$
$$= \mathrm{e}^{-st_0}\int_0^\infty f(x)\mathrm{e}^{-sx}\mathrm{d}x$$
$$= \mathrm{e}^{-st_0} F(s)$$

同理可得

$$f(t+t_0)\varepsilon(t+t_0) \leftrightarrow \mathrm{e}^{st_0} F(s)，\mathrm{Re}[s] > \sigma_0$$

上式中延时信号 $f(t-t_0)\varepsilon(t-t_0)$ 是指因果信号 $f(t)\varepsilon(t)$ 延时 t_0 后的信号，而非 $f(t-t_0)\varepsilon(t)$。例如，有函数 $\sin(\beta t)$，显然 $\sin[\beta(t-t_0)]\varepsilon(t-t_0)$ 与 $\sin[\beta(t-t_0)]\varepsilon(t)$ 不同，因而其象函数也不同。

推论：

若 $f(t)\varepsilon(t) \leftrightarrow F(s)$，$\mathrm{Re}[s] > \sigma_0$，则有

$$f(at-b)\varepsilon(at-b) \leftrightarrow \frac{1}{a}\mathrm{e}^{-\frac{b}{a}s} F\left(\frac{s}{a}\right)，\mathrm{Re}[s] > a\sigma_0$$

上式中 $a > 0$，$b \geqslant 0$。

例 4-5 求矩形脉冲 $f(t) = G_\tau\left(t-\frac{\tau}{2}\right)$ 的象函数。

解： 由于 $f(t) = G_\tau\left(t-\frac{\tau}{2}\right) = \varepsilon(t) - \varepsilon(t-\tau)$，根据拉普拉斯变换的线性和时移性，得

$$\mathcal{L}\left[G_\tau\left(t-\frac{\tau}{2}\right)\right] = \mathcal{L}[\varepsilon(t)] - \mathcal{L}[\varepsilon(t-\tau)]$$
$$= \frac{1}{s} - \frac{\mathrm{e}^{-s\tau}}{s}$$
$$= \frac{1-\mathrm{e}^{-s\tau}}{s}，\mathrm{Re}[s] > -\infty$$

由上例可见，虽然两个阶跃函数的收敛域均为 $\mathrm{Re}[s]>0$，但二者差的收敛域比其中的任何一个都大，也就是说，应用拉普拉斯变换的线性性质后，其收敛域可能扩大。

例 4-6　求如图 4-3 所示周期矩形脉冲信号的拉普拉斯变换。

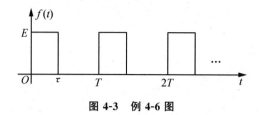

图 4-3　例 4-6 图

解： 设　$f_1(t)=\begin{cases} E, & 0<t<\tau \\ 0, & \tau<t<T \end{cases}$，即 $f_1(t)=E[\varepsilon(t)-\varepsilon(t-\tau)]$

$$\mathcal{L}[f_1(t)]=\mathcal{L}[E\varepsilon(t)]-\mathcal{L}[E\varepsilon(t-\tau)]$$

$$=\frac{E}{s}-\frac{E\mathrm{e}^{-s\tau}}{s}$$

$$=\frac{E}{s}(1-\mathrm{e}^{-s\tau})$$

因为　　　$f(t)=f_1(t)+f_1(t-T)+f_1(t-2T)+f_1(t-3T)+\cdots$

所以　　　$F(s)=F_1(s)+F_1(s)\mathrm{e}^{-sT}+F_1(s)\mathrm{e}^{-2sT}+F_1(s)\mathrm{e}^{-3sT}+\cdots$

这是等比级数，当 $\mathrm{Re}[s]>0$ 时，$|\mathrm{e}^{-sT}|<1$，该级数收敛，由等比级数求和公式得

$$F(s)=F_1(s)(1+\mathrm{e}^{-sT}+\mathrm{e}^{-2sT}+\mathrm{e}^{-3sT}+\cdots)$$

$$=F_1(s)\frac{1}{1-\mathrm{e}^{-sT}}$$

$$=\frac{E}{s}\cdot\frac{1-\mathrm{e}^{-s\tau}}{1-\mathrm{e}^{-sT}},\ \mathrm{Re}[s]>0$$

这里象函数的收敛域比任何一个矩形脉冲的收敛域（矩形脉冲的收敛域为 $\mathrm{Re}[s]>-\infty$）都小，这是由于该函数包含无穷个矩形脉冲函数，线性性质关于收敛域的说明只适用于有限个函数求和的情形。

▶ 4.2.4　复频移特性

若 $f(t)\leftrightarrow F(s)$，$\mathrm{Re}[s]>\sigma_0$，且有复常数 $s_a=\sigma_a+j\omega_a$，则

$$f(t)\mathrm{e}^{\pm s_a t}\leftrightarrow F(s\mp s_a),\ \mathrm{Re}[s]>\sigma_0\pm\sigma_a$$

例 4-7　求 $\mathrm{e}^{-at}\sin(\omega t)\varepsilon(t)$ 和 $\mathrm{e}^{-at}\cos(\omega t)\varepsilon(t)$ 的拉普拉斯变换。

解： 已知　　　　　$\sin(\omega t)\varepsilon(t)\leftrightarrow\dfrac{\omega}{s^2+\omega^2},\ \mathrm{Re}[s]>0$

由复频域频移性得

$$\mathrm{e}^{-at}\sin(\omega t)\varepsilon(t)\leftrightarrow\frac{\omega}{(s+a)^2+\omega^2},\ \mathrm{Re}[s]>-a$$

同理可得

$$e^{-at}\cos(\omega t)\varepsilon(t)\leftrightarrow\frac{s+a}{(s+a)^2+\omega^2}, \quad \text{Re}[s]>-a$$

例 4-8 已知因果信号 $f(t)$ 的象函数为 $F(s)=\dfrac{s}{s^2+1}$，求 $e^{-5t}f(3t-2)$ 的象函数。

解：由于

$$f(t)\leftrightarrow\frac{s}{s^2+1}$$

根据时移特性得

$$f(t-2)\leftrightarrow\frac{s}{s^2+1}e^{-2s}$$

根据尺度变换

$$f(3t-2)\leftrightarrow\frac{1}{3}\frac{\dfrac{s}{3}}{\left(\dfrac{s}{3}\right)^2+1}e^{-2\left(\frac{s}{3}\right)}=\frac{s}{s^2+9}e^{-\frac{2s}{3}}$$

再根据复频移特性得

$$e^{-5t}f(3t-2)\leftrightarrow\frac{s+5}{(s+5)^2+9}e^{-\frac{2}{3}(s+5)}$$

4.2.5 卷积定理

卷积定理分为时域卷积定理和频域卷积定理。

1. 时域卷积定理

若因果信号

$$f_1(t)\leftrightarrow F_1(s), \quad \text{Re}[s]>\sigma_1$$
$$f_2(t)\leftrightarrow F_2(s), \quad \text{Re}[s]>\sigma_2$$

则

$$f_1(t)*f_2(t)\leftrightarrow F_1(s)F_2(s)$$

上式的收敛域为 $F_1(s)$ 和 $F_2(s)$ 收敛域的公共部分。

证明：由于单边拉普拉斯变换所讨论的信号 $f_1(t)$ 和 $f_2(t)$ 均为因果信号，即信号 $f_1(t)$ 和 $f_2(t)$ 可写为 $f_1(t)\varepsilon(t)$ 和 $f_2(t)\varepsilon(t)$，二者的卷积积分为

$$f_1(t)*f_2(t)=\int_{-\infty}^{\infty}f_1(\tau)\varepsilon(\tau)f_2(t-\tau)\varepsilon(t-\tau)\mathrm{d}\tau$$

$$=\int_{0}^{\infty}f_1(\tau)f_2(t-\tau)\varepsilon(t-\tau)\mathrm{d}\tau$$

对上式两边求拉普拉斯变换，并交换积分的顺序，得

$$\mathcal{L}\left[f_1(t)*f_2(t)\right]=\int_{0}^{\infty}\left[\int_{0}^{\infty}f_1(\tau)f_2(t-\tau)\varepsilon(t-\tau)\mathrm{d}\tau\right]e^{-st}\mathrm{d}t$$

$$=\int_{0}^{\infty}f_1(\tau)\left[\int_{0}^{\infty}f_2(t-\tau)\varepsilon(t-\tau)e^{-st}\mathrm{d}t\right]\mathrm{d}\tau$$

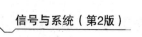

根据时移特性可知，上式括号中的积分

$$\int_0^\infty f_2(t-\tau)\varepsilon(t-\tau)e^{-st}\,dt = e^{-s\tau}F_2(s)$$

则得

$$\mathscr{L}[f_1(t)*f_2(t)] = \int_0^\infty f_1(\tau)e^{-s\tau}F_2(s)\,d\tau = F_1(s)F_2(s)$$

2. 频域卷积定理

$$\mathscr{L}[f_1(t)f_2(t)] = \frac{1}{2\pi j}[F_1(s)*F_2(s)]$$
$$= \frac{1}{2\pi j}\int_{\sigma-j\infty}^{\sigma+j\infty} F_1(\eta)F_2(s-\eta)\,d\eta$$

记为

$$f_1(t)f_2(t) \leftrightarrow \frac{1}{2\pi j}[F_1(s)*F_2(s)]$$

例 4-9 如图 4-4(a)所示为 $t=0$ 时刻接入的周期性矩形脉冲信号，求其象函数。

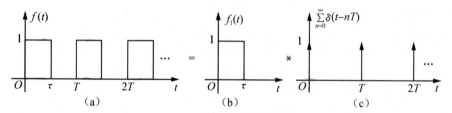

图 4-4 例 4-9 图

解： 设有始周期函数 $f(t)$ 在第一周期内$(0\leqslant t<T)$ 为 $f_1(t)$，即

$$f_1(t)=G_\tau\left(t-\frac{\tau}{2}\right)=\begin{cases}0, & t<0,\ t>\tau \\ 1, & 0\leqslant t<\tau\end{cases}$$

有始周期函数 $f(t)$ 可写为

$$f(t)=f_1(t)*\sum_{n=0}^\infty \delta(t-nT)$$

两边取拉普拉斯变换得

$$\mathscr{L}[f(t)]=\mathscr{L}\left[f_1(t)*\sum_{n=0}^\infty\delta(t-nT)\right]=\frac{F_1(s)}{1-e^{-Ts}}$$
$$F_1(s)=\mathscr{L}[f_1(t)]=\mathscr{L}\left[G_\tau\left(t-\frac{\tau}{2}\right)\right]=\frac{1-e^{-s\tau}}{s}$$

故有始周期函数 $f(t)$ 的象函数为

$$f(t)\leftrightarrow F(s)=\frac{1-e^{-s\tau}}{s}\cdot\frac{1}{1-e^{-Ts}}=\frac{1-e^{-s\tau}}{s(1-e^{-Ts})}$$

图 4-4(a)中，若脉冲宽度 $\tau=\dfrac{T}{2}$，就得方波信号 $f_2(t)$，如图 4-5(a)所示。其象函数为

$$f_2(t) \leftrightarrow F_2(s) = \frac{1-\mathrm{e}^{-\frac{T}{2}s}}{s(1-\mathrm{e}^{-Ts})} = \frac{1}{s(1+\mathrm{e}^{-\frac{T}{2}s})}$$

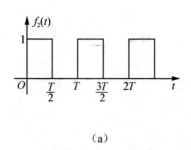
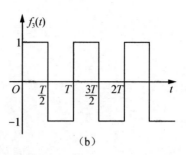

(a)　　　　　　　　　　　　　　(b)

图 4-5　方波和对称方波图

图 4-5(b)的对称方波 $f_3(t)$ 可以表示为

$$f_3(t) = f_2(t) - f_2\left(t - \frac{T}{2}\right)$$

由时移性可得其象函数为

$$f_3(t) \leftrightarrow F_3(s) = \frac{1-\mathrm{e}^{-\frac{T}{2}s}}{s(1+\mathrm{e}^{-\frac{T}{2}s})}$$

▶ 4.2.6　时域微分和积分

利用时域微分特性可以将时域微分方程变为复频域代数方程求解，可以很方便地求解零输入响应、零状态响应以及全响应。

1. 时域微分特性

若 $f(t) \leftrightarrow F(s)$，$\mathrm{Re}[s] > \sigma_0$，则

$$\frac{\mathrm{d}f(t)}{\mathrm{d}t} \leftrightarrow sF(s) - f(0_-) \tag{4-7}$$

$$f^{(2)}(t) \leftrightarrow s^2 F(s) - sf(0_-) - f^{(1)}(0_-) \tag{4-8}$$

$$f^{(n)}(t) \leftrightarrow s^n F(s) - \sum_{m=0}^{n-1} s^{n-1-m} f^{(m)}(0_-) \tag{4-9}$$

以上各象函数的收敛域至少为 $\mathrm{Re}[s] > \sigma_0$。

证明：根据拉普拉斯变换的定义得

$$\mathcal{L}\left[\frac{\mathrm{d}f(t)}{\mathrm{d}t}\right] = \int_{0_-}^{\infty} \frac{\mathrm{d}f(t)}{\mathrm{d}t} \mathrm{e}^{-st}\, \mathrm{d}t = \int_{0_-}^{\infty} \mathrm{e}^{-st}\, \mathrm{d}f(t)$$

对上式进行分部积分得

$$\mathcal{L}\left[\frac{\mathrm{d}f(t)}{\mathrm{d}t}\right] = \mathrm{e}^{-st} f(t)\Big|_{0_-}^{\infty} + s\int_{0_-}^{\infty} f(t)\mathrm{e}^{-st}\, \mathrm{d}t$$

$$= \lim_{t\to\infty}\mathrm{e}^{-st} f(t) - f(0_-) + sF(s)$$

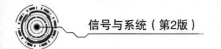

因为 $e^{-st}f(t)$ 在其收敛域内收敛，故 $\lim\limits_{t\to\infty}e^{-st}f(t)=0$，所以

$$\mathcal{L}\left[\frac{\mathrm{d}f(t)}{\mathrm{d}t}\right]=sF(s)-f(0_-)$$

上式第一项为 $sF(s)$，其收敛域可能扩大。例如，若 $F(s)=\dfrac{1}{s}$，其收敛域为 $\mathrm{Re}[s]>0$，而 $sF(s)=1$，其收敛域为 $\mathrm{Re}[s]>-\infty$，所以上式的收敛域至少为 $\mathrm{Re}[s]>\sigma_0$。

反复应用式(4-7)可得高阶导数的拉普拉斯变换，即

$$\begin{aligned}\mathcal{L}\left[f^{(2)}(t)\right]&=s\mathcal{L}\left[f^{(1)}(t)\right]-f^{(1)}(0_-)\\&=s\left[sF(s)-f(0_-)\right]-f^{(1)}(0_-)\\&=s^2F(s)-sf(0_-)-f^{(1)}(0_-)\end{aligned}$$

如果 $f(t)$ 是因果信号，那么 $f(t)$ 及其各阶导数的值 $f^{(n)}(0_-)=0(n=0,1,2,\cdots)$，这时微分特性为

$$f^{(n)}(t)\leftrightarrow s^nF(s),\quad\mathrm{Re}[s]>\sigma_0$$

例 4-10 已知 $f(t)=\varepsilon(t)\cos t$ 的象函数为 $F(s)=\dfrac{s}{s^2+1}$，求 $\varepsilon(t)\sin t$ 的象函数。

解：

$$\begin{aligned}f^{(1)}(t)&=\frac{\mathrm{d}}{\mathrm{d}t}\left[\varepsilon(t)\cos t\right]\\&=\cos t\frac{\mathrm{d}}{\mathrm{d}t}\varepsilon(t)+\varepsilon(t)\frac{\mathrm{d}}{\mathrm{d}t}\cos t\\&=\cos t\delta(t)-\sin t\varepsilon(t)\\&=\delta(t)-\varepsilon(t)\sin t\end{aligned}$$

即

$$\varepsilon(t)\sin t=\delta(t)-f^{(1)}(t)$$

对上式两边取拉普拉斯变换，利用微分特性并考虑到 $f(0_-)=\varepsilon(t)\cos t\Big|_{t=0_-}=0$，得

$$\begin{aligned}\mathcal{L}\left[\varepsilon(t)\sin t\right]&=\mathcal{L}\left[\delta(t)\right]-\mathcal{L}\left[f^{(1)}(t)\right]\\&=1-\left[s\cdot\frac{s}{s^2+1}-0\right]\\&=\frac{1}{s^2+1}\end{aligned}$$

注意，对于单边拉普拉斯变换，$\cos t$ 与 $\varepsilon(t)\cos t$ 的象函数相同，如果利用 $\sin t=-\dfrac{\mathrm{d}}{\mathrm{d}t}\cos t$ 的关系求 $\sin t$ 的象函数时，就应考虑到 $f(0_-)=\cos t\Big|_{t=0_-}=1$。即

$$\mathcal{L}\left[\sin t\right]=-\mathcal{L}\left[\frac{\mathrm{d}}{\mathrm{d}t}\cos t\right]=-\left[sF(s)-f(0_-)\right]=-\left[s\cdot\frac{s}{s^2+1}-1\right]=\frac{1}{s^2+1}$$

例 4-11 已知流经电感的电流 $i_L(t)$ 的拉普拉斯变换为 $\mathcal{L}\left[i_L(t)\right]=I_L(s)$，求电感电压 $u_L(t)$ 的拉普拉斯变换。

解： 已知电感上电流与电压的关系为

$$u_L(t) = L\frac{\mathrm{d}}{\mathrm{d}t}i_L(t)$$

则

$$U_L(s) = \mathcal{L}\left[u_L(t)\right] = \mathcal{L}\left[L\frac{\mathrm{d}}{\mathrm{d}t}i_L(t)\right] = sLI_L(s) - Li_L(0_-)$$

这里 $i_L(0_-)$ 是电感电流的起始值。如果 $i_L(0_-)=0$，则为

$$U_L(s) = sLI_L(s)$$

2. 时域积分特性

若 $f(t) \leftrightarrow F(s)$，$\mathrm{Re}[s] > \sigma_0$，则

$$\left(\int_{0_-}^{t}\right)^n f(x)\mathrm{d}x \leftrightarrow \frac{1}{s^n}F(s)$$

$$f^{(-1)}(t) = \int_{-\infty}^{t} f(x)\mathrm{d}x \leftrightarrow \frac{1}{s}F(s) + \frac{1}{s}f^{(-1)}(0_-) \qquad (4\text{-}10)$$

$$f^{(-n)}(t) = \left(\int_{-\infty}^{t}\right)^n f(x)\mathrm{d}x \leftrightarrow \frac{1}{s^n}F(s) + \sum_{m=1}^{n}\frac{1}{s^{n-m+1}}f^{(-m)}(0_-)$$

上式中符号 $f^{(-n)}(t)$ 和 $\left(\int_{-\infty}^{t}\right)^n f(x)\mathrm{d}x$ 表示对函数 $f(t)$ 从 $-\infty$ 到 t 的 n 重积分，符号 $\left(\int_{0_-}^{t}\right)^n f(x)\mathrm{d}x$ 表示对函数 $f(t)$ 从 0 到 t 的 n 重积分。上式的收敛域至少是 $\mathrm{Re}[s] > \sigma_0$ 与 $\mathrm{Re}[s] > 0$ 相重叠的部分。

对式(4-10)的证明如下：

由于 $\int_{-\infty}^{t} f(x)\mathrm{d}x = \int_{-\infty}^{0_-} f(x)\mathrm{d}x + \int_{0_-}^{t} f(x)\mathrm{d}x$，而第一项 $\int_{-\infty}^{0_-} f(x)\mathrm{d}x = f^{(-1)}(0_-)$ 为函数 $f(x)$ 的积分在 $t=0_-$ 时的值[注意：这里隐含 $f(-\infty)=0$]，其为常数，因此

$$\mathcal{L}\left[\int_{-\infty}^{t} f(x)\mathrm{d}x\right] = \mathcal{L}\left[\int_{-\infty}^{0_-} f(x)\mathrm{d}x\right] + \mathcal{L}\left[\int_{0_-}^{t} f(x)\mathrm{d}x\right]$$

$$= \frac{f^{(-1)}(0_-)}{s} + \mathcal{L}\left[\int_{0_-}^{t} f(x)\mathrm{d}x\right]$$

式 $\mathcal{L}\left[\int_{0_-}^{t} f(x)\mathrm{d}x\right]$ 可用分部积分，令 $u = \int_{0_-}^{t} f(x)\mathrm{d}x$，$\mathrm{d}v = \mathrm{e}^{-st}\mathrm{d}t$，则 $\mathrm{d}u = f(t)\mathrm{d}t$，$v = -\frac{1}{s}\mathrm{e}^{-st}$，得

$$\mathcal{L}\left[\int_{0_-}^{t} f(x)\mathrm{d}x\right] = \int_{0_-}^{\infty}\left[\int_{0_-}^{t} f(x)\mathrm{d}x\right]\mathrm{e}^{-st}\mathrm{d}t$$

$$= -\frac{\mathrm{e}^{-st}}{s}\int_{0_-}^{t} f(x)\mathrm{d}x\bigg|_{0_-}^{\infty} + \frac{1}{s}\int_{0_-}^{\infty} f(t)\mathrm{e}^{-st}\mathrm{d}t$$

$$= -\frac{1}{s}\lim_{t\to\infty}\mathrm{e}^{-st}\int_{0_-}^{t} f(x)\mathrm{d}x + \frac{1}{s}F(s)$$

如果 $f(t)$ 为指数阶函数，则其积分也为指数阶函数，那么 $\lim\limits_{t\to\infty}\mathrm{e}^{-st}\int_{0_-}^{t} f(x)\mathrm{d}x$ 是收敛

的，因而上式第一项为零，即得

$$\mathcal{L}\left[\int_{0_-}^t f(x)\,\mathrm{d}x\right] = \int_{0_-}^\infty \left[\int_{0_-}^t f(x)\,\mathrm{d}x\right] \mathrm{e}^{-st}\,\mathrm{d}t = \frac{1}{s}F(s)$$

故得

$$\mathcal{L}\left[\int_{-\infty}^t f(x)\,\mathrm{d}x\right] = \frac{f^{(-1)}(0_-)}{s} + \frac{1}{s}F(s)$$

例 4-12　函数 $f_1(t)$、$f_2(t)$、$f_3(t)$ 及其导数 $f_4(t)$、$f_5(t)$、$f_6(t)$ 的波形如图 4-6 所示。

(1)利用微分特性，根据函数 $f_1(t)$、$f_2(t)$、$f_3(t)$ 的象函数求函数 $f_4(t)$、$f_5(t)$、$f_6(t)$ 的象函数。

(2)利用积分特性，根据函数 $f_4(t)$、$f_5(t)$、$f_6(t)$ 的象函数求函数 $f_1(t)$、$f_2(t)$、$f_3(t)$ 的象函数。

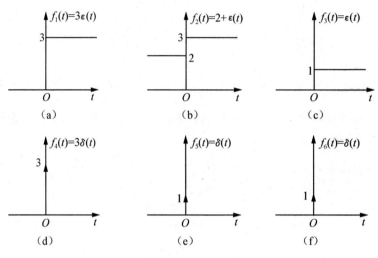

图 4-6　例 4-12 图

解：(1)已知

$$f_1(t) \leftrightarrow F_1(s) = \frac{3}{s}$$

$$f_2(t) \leftrightarrow F_2(s) = \frac{3}{s}$$

$$f_3(t) \leftrightarrow F_3(s) = \frac{1}{s}$$

由于

$$f_4(t) = f_1^{(1)}(t),\ f_5(t) = f_2^{(1)}(t),\ f_6(t) = f_3^{(1)}(t)$$
$$f_1(0_-) = 0,\ f_2(0_-) = 2,\ f_3(0_-) = 0$$

利用微分特性得

$$F_4(s) = \mathcal{L}[f_4(t)] = \mathcal{L}[f_1^{(1)}(t)] = sF_1(s) - f_1(0_-) = s \cdot \frac{3}{s} - 0 = 3$$

$$F_5(s)=\pmb{\mathscr{L}}[f_5(t)]=\pmb{\mathscr{L}}[f_2^{(1)}(t)]=sF_2(s)-f_2(0_-)=s\cdot\frac{3}{s}-2=1$$

$$F_6(s)=\pmb{\mathscr{L}}[f_6(t)]=\pmb{\mathscr{L}}[f_3^{(1)}(t)]=sF_3(s)-f_3(0_-)=s\cdot\frac{1}{s}-0=1$$

(2)虽然 $f_1(t)=f_4^{(-1)}(t)$，$f_2(t)=f_5^{(-1)}(t)$，$f_3(t)=f_6^{(-1)}(t)$，但是
$f_1(0_-)=f_4^{(-1)}(0_-)=0$，$f_2(0_-)=f_5^{(-1)}(0_-)=2$，$f_3(0_-)=f_6^{(-1)}(0_-)=0$。
利用积分特性得

$$F_1(s)=\pmb{\mathscr{L}}[f_1(t)]=\pmb{\mathscr{L}}[f_4^{(-1)}(t)]=\frac{F_4(s)}{s}+\frac{f_1(0_-)}{s}=\frac{3}{s}+0=\frac{3}{s}$$

$$F_2(s)=\pmb{\mathscr{L}}[f_2(t)]=\pmb{\mathscr{L}}[f_5^{(-1)}(t)]=\frac{F_5(s)}{s}+\frac{f_2(0_-)}{s}=\frac{1}{s}+\frac{2}{s}=\frac{3}{s}$$

$$F_3(s)=\pmb{\mathscr{L}}[f_3(t)]=\pmb{\mathscr{L}}[f_6^{(-1)}(t)]=\frac{F_6(s)}{s}+\frac{f_3(0_-)}{s}=\frac{1}{s}-0=\frac{1}{s}$$

例 4-13 已知流过电容的电流 $i_c(t)$ 的拉普拉斯变换为 $I_c(s)$，求电容电压 $u_c(t)$ 的拉普拉斯变换 $U_c(s)$。

解：因为 $u_c(t)=\dfrac{1}{C}\displaystyle\int_{-\infty}^{t}i_c(\tau)\mathrm{d}\tau$，所以

$$U_c(s)=\pmb{\mathscr{L}}\left[\frac{1}{C}\int_{-\infty}^{t}i_c(\tau)\mathrm{d}\tau\right]$$

$$=\frac{I_c(s)}{Cs}+\frac{i_c^{(-1)}(0_-)}{Cs}=\frac{I_c(s)}{Cs}+\frac{u_c(0_-)}{s}$$

式中，$i_c^{(-1)}(0_-)=\displaystyle\int_{-\infty}^{0_-}i_c(\tau)\mathrm{d}\tau$。

例 4-14 如图 4-7(a)所示为三角波，利用积分特性求其象函数。

$$f(t)=\begin{cases}\dfrac{2}{\tau}t, & 0<t<\dfrac{\tau}{2}\\[2mm]2-\dfrac{2}{\tau}t, & \dfrac{\tau}{2}<t<\tau\\[2mm]0, & t<0\ \text{或}\ t>\tau\end{cases}$$

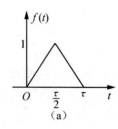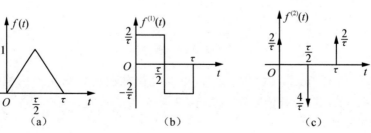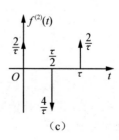

图 4-7 例 4-14 图

解：如图 4-7(a)所示三角脉冲的一阶，二阶导数如图 4-7(b)、图 4-7(c)所示，由图可得

$$f_1(t) = f^{(1)}(t) = \frac{2}{\tau} \left[\varepsilon(t) - 2\varepsilon\left(t - \frac{\tau}{2}\right) + \varepsilon(t - \tau) \right]$$

$$f_2(t) = f^{(2)}(t) = \frac{2}{\tau}\delta(t) - \frac{4}{\tau}\delta\left(t - \frac{\tau}{2}\right) + \frac{2}{\tau}\delta(t - \tau)$$

$$F_2(s) = \mathcal{L}[f_2(t)] = \frac{2}{\tau} - \frac{4}{\tau}e^{-\frac{s\tau}{2}} + \frac{2}{\tau}e^{-s\tau}$$

$$F_1(s) = \mathcal{L}[f_1(t)] = \mathcal{L}[f_2^{(-1)}(t)] = \frac{F_2(s)}{s} + \frac{f_2^{(-1)}(0_-)}{s}$$

$$= \frac{F_2(s)}{s} + \frac{f_1(0_-)}{s} = \frac{2}{\tau s}(1 - 2e^{-\frac{s\tau}{2}} + e^{-s\tau})$$

$$F(s) = \mathcal{L}[f(t)] = \mathcal{L}[f_1^{(-1)}(t)] = \frac{F_1(s)}{s} + \frac{f_1^{(-1)}(0_-)}{s}$$

$$= \frac{F_1(s)}{s} + \frac{f(0_-)}{s} = \frac{2}{\tau s^2}(1 - 2e^{-\frac{s\tau}{2}} + e^{-s\tau})$$

▶ 4.2.7　s 域的微分和积分

若 $f(t) \leftrightarrow F(s)$，$\mathrm{Re}[s] > \sigma_0$，则

$$tf(t) \leftrightarrow (-1)\frac{\mathrm{d}F(s)}{\mathrm{d}s}, \quad \mathrm{Re}[s] > \sigma_0 \tag{4-11}$$

$$t^n f(t) \leftrightarrow (-1)^n \frac{\mathrm{d}^n F(s)}{\mathrm{d}s^n}, \quad \mathrm{Re}[s] > \sigma_0 \tag{4-12}$$

$$\frac{f(t)}{t} \leftrightarrow \int_s^\infty F(x)\mathrm{d}x, \quad \mathrm{Re}[s] > \sigma_0 \tag{4-13}$$

微分特性的证明为

$$F(s) = \int_0^\infty f(t)e^{-st}\mathrm{d}t$$

上式两边对 s 求导数，并交换积分顺序，得

$$\frac{\mathrm{d}F(s)}{\mathrm{d}s} = \frac{\mathrm{d}}{\mathrm{d}s}\int_0^\infty f(t)e^{-st}\mathrm{d}t = \int_0^\infty f(t)\mathrm{d}t\,\frac{\mathrm{d}}{\mathrm{d}s}e^{-st} = -\int_0^\infty tf(t)e^{-st}\mathrm{d}t$$

即得

$$\mathcal{L}[tf(t)] = \int_0^\infty tf(t)e^{-st}\mathrm{d}t = (-1)\frac{\mathrm{d}F(s)}{\mathrm{d}s}$$

重复利用上述结果可得式(4-12)。若 $f(t)$ 是指数阶的，则乘 t 仍是指数阶的，故式(4-11)、式(4-12)的收敛域仍为 $\mathrm{Re}[s] > \sigma_0$。

积分特性的证明为

$$\int_s^\infty F(x)\mathrm{d}x = \int_s^\infty \left[\int_0^\infty f(t)e^{-xt}\mathrm{d}t \right]\mathrm{d}x$$

$$= \int_0^\infty f(t) \left[\int_s^\infty e^{-xt}\mathrm{d}x \right]\mathrm{d}t$$

$$= \int_0^\infty \frac{f(t)}{t} \mathrm{e}^{-st} \, \mathrm{d}t$$

$$= \mathscr{L} \left[\frac{f(t)}{t} \right]$$

例 4-15 求函数 $f(t) = (t+1)^2 \mathrm{e}^{-at} \varepsilon(t)$ 的象函数。

解： 令 $f_1(t) = \mathrm{e}^{-at} \varepsilon(t)$，则 $F_1(s) = \dfrac{1}{s+a}$

$$f(t) = (t+1)^2 \mathrm{e}^{-at} \varepsilon(t) = t^2 \mathrm{e}^{-at} \varepsilon(t) + 2t \mathrm{e}^{-at} \varepsilon(t) + \mathrm{e}^{-at} \varepsilon(t)$$

利用 s 域微分特性得

$$t^2 \mathrm{e}^{-at} \varepsilon(t) \leftrightarrow (-1)^2 \frac{\mathrm{d}^2 F_1(s)}{\mathrm{d}s^2} = \frac{2}{(s+a)^3}$$

$$2t \mathrm{e}^{-at} \varepsilon(t) \leftrightarrow 2 \cdot (-1) \frac{\mathrm{d} F_1(s)}{\mathrm{d}s} = \frac{2}{(s+a)^2}$$

则象函数为

$$F(s) = \frac{2}{(s+a)^3} + \frac{2}{(s+a)^2} + \frac{1}{(s+a)}$$

例 4-16 已知 $f(t)$ 的单边拉普拉斯变换为 $F(s)$，求 $g(t) = t \mathrm{e}^{-4t} f(2t)$ 的拉普拉斯变换。

解： 根据拉普拉斯变换的性质得

$$f(t) \leftrightarrow F(s)$$

$$f(2t) \leftrightarrow \frac{1}{2} F\left(\frac{s}{2}\right)$$

$$\mathrm{e}^{-4t} f(2t) \leftrightarrow \frac{1}{2} F\left(\frac{s+4}{2}\right)$$

$$t \mathrm{e}^{-4t} f(2t) \leftrightarrow -\frac{\mathrm{d}}{\mathrm{d}s} \left[\frac{1}{2} F\left(\frac{s+4}{2}\right) \right]$$

例 4-17 求 $\dfrac{\sin t}{t} \varepsilon(t)$ 和 $\displaystyle\int_0^t \frac{\sin x}{x} \, \mathrm{d}x$ 的象函数。

解： 由于 $\sin t \leftrightarrow \dfrac{1}{s^2+1}$，由 s 域积分特性可得

$$\mathscr{L} \left[\frac{\sin t}{t} \varepsilon(t) \right] = \int_s^\infty \frac{1}{x^2+1} \, \mathrm{d}x = \arctan x \Big|_s^\infty = \frac{\pi}{2} - \arctan s = \arctan\left(\frac{1}{s}\right)$$

根据上式，再利用时域积分特性得

$$Si(t) = \int_0^t \frac{\sin x}{x} \, \mathrm{d}x \leftrightarrow \frac{1}{s} \arctan\left(\frac{1}{s}\right)$$

▶ 4.2.8 初值定理和终值定理

若已知 $F(s)$，需求 $f(0_+)$ 和 $f(\infty)$ 的值时，可直接利用初值定理和终值定理求得，而不必求得原函数 $f(t)$。

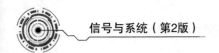

1. 初值定理

若 $f(t)$ 有初值 $f(0_+)=\lim\limits_{t\to 0_+}f(t)$，且 $f(t)\leftrightarrow F(s)$，$\mathrm{Re}[s]>\sigma_0$。当 $f(t)$ 不含 $\delta(t)$ 及

其各阶导数时，有

$$f(0_+)=\lim_{t\to 0_+}f(t)=\lim_{s\to\infty}sF(s)$$

当 $f(t)$ 含有 $A_0\delta(t)$，$A_1\delta^{(1)}(t)$，$\cdots$，$A_k\delta^{(k)}(t)$ 等冲激函数及各阶导数时，有

$$f(0_+)=\lim_{t\to 0_+}f(t)=\lim_{s\to\infty}s\left[F(s)-\sum_{j=0}^{k}A_js^j\right] \tag{4-14}$$

式(4-14)中 k 为 $f(t)$ 含有的冲激函数导数的阶次。

$$f^{(1)}(0_+)=\lim_{t\to 0_+}f^{(1)}(t)=\lim_{s\to\infty}s\left[sF(s)-f(0_+)\right]$$

$$f^{(n)}(0_+)=\lim_{t\to 0_+}f^{(n)}(t)=\lim_{s\to\infty}s\left[s^nF(s)-\sum_{m=0}^{n-1}s^{n-1-m}f^{(m)}(0_+)\right]$$

上式证明如下：由时域微分特性可知

$$f'(t)\leftrightarrow sF(s)-f(0_-) \tag{4-15}$$

$$\int_{0_-}^{\infty}f'(t)\mathrm{e}^{-st}\mathrm{d}t=\int_{0_-}^{0_+}f'(t)\mathrm{e}^{-st}\mathrm{d}t+\int_{0_+}^{\infty}f'(t)\mathrm{e}^{-st}\mathrm{d}t \tag{4-16}$$

由于在 $(0_-，0_+)$ 区间 $\mathrm{e}^{-st}=1$，所以

$$\int_{0_-}^{0_+}f'(t)\mathrm{e}^{-st}\mathrm{d}t=\int_{0_-}^{0_+}f'(t)\mathrm{d}t=f(0_+)-f(0_-)$$

将上式代入式(4-16)得

$$\int_{0_-}^{\infty}f'(t)\mathrm{e}^{-st}\mathrm{d}t=f(0_+)-f(0_-)+\int_{0_+}^{\infty}f'(t)\mathrm{e}^{-st}\mathrm{d}t$$

和式(4-15)比较得

$$sF(s)-f(0_-)=f(0_+)-f(0_-)+\int_{0_+}^{\infty}f'(t)\mathrm{e}^{-st}\mathrm{d}t$$

即

$$sF(s)=f(0_+)+\int_{0_+}^{\infty}f'(t)\mathrm{e}^{-st}\mathrm{d}t$$

对上式取 $s\to\infty$ 的极限，得

$$\lim_{s\to\infty}sF(s)=f(0_+)+\lim_{s\to\infty}\int_{0_+}^{\infty}f'(t)\mathrm{e}^{-st}\mathrm{d}t$$

$$=f(0_+)+\int_{0_+}^{\infty}f'(t)\mathrm{d}t\lim_{s\to\infty}\mathrm{e}^{-st}$$

$$=f(0_+)$$

即得

$$f(0_+)=\lim_{t\to 0_+}f(t)=\lim_{s\to\infty}sF(s)$$

例 4-18 已知 $F(s) = \dfrac{2s}{s+1}$，求 $f(0_+)$ 的值。

解：$F(s) = \dfrac{2s}{s+1} = 2 - \dfrac{2}{s+1}$，则 $f(t)$ 含有 $2\delta(t)$ 项。

$$f(0_+) = \lim_{t \to 0_+} f(t) = \lim_{s \to \infty} s[F(s) - A] = \lim_{s \to \infty} s\left[\dfrac{2s}{s+1} - 2\right] = \lim_{s \to \infty} \dfrac{-2s}{s+1} = -2$$

2. 终值定理

若 $f(t)$ 有终值 $f(\infty) = \lim\limits_{t \to \infty} f(t)$，且 $f(t) \leftrightarrow F(s)$，$\mathrm{Re}[s] > \sigma_0$，$\sigma_0 < 0$。则

$$f(\infty) = \lim_{t \to \infty} f(t) = \lim_{s \to 0} sF(s)$$

注意：终值存在的条件为 $F(s)$ 在 s 右半平面和 $j\omega$ 轴上无极点。

上式证明如下：由于

$$\lim_{s \to 0} \int_{0_+}^{\infty} f'(t) e^{-st} \, dt = \int_{0_+}^{\infty} f'(t) \left[\lim_{s \to 0} e^{-st}\right] dt = \int_{0_+}^{\infty} f'(t) \, dt = f(\infty) - f(0_+)$$

$$sF(s) = f(0_+) + \int_{0_+}^{\infty} f'(t) e^{-st} \, dt$$

对上式取 $s \to 0$ 的极限，得

$$\begin{aligned} \lim_{s \to 0} sF(s) &= f(0_+) + \lim_{s \to 0} \int_{0_+}^{\infty} f'(t) e^{-st} \, dt \\ &= f(0_+) + f(\infty) - f(0_+) \\ &= f(\infty) \end{aligned}$$

即得

$$f(\infty) = \lim_{t \to \infty} f(t) = \lim_{s \to 0} sF(s)$$

例 4-19 已知 $F(s) = \dfrac{1}{s+a}$，$\mathrm{Re}[s] > -a$，求原函数 $f(t)$ 的初值和终值。

解：$f(0_+) = \lim\limits_{t \to 0_+} f(t) = \lim\limits_{s \to \infty} sF(s) = \lim\limits_{s \to \infty} s \cdot \dfrac{1}{s+a} = 1$

由 $F(s)$ 的原函数 $f(t) = e^{-at}\varepsilon(t)$ 可知，a 为任何值，上式都成立。$f(t)$ 的终值为：

$$f(\infty) = \lim_{s \to 0} sF(s) = \lim_{s \to 0} s \cdot \dfrac{1}{s+a} = \begin{cases} 0, & a > 0 \quad ① \\ 1, & a = 0 \quad ② \\ 0, & a < 0 \quad ③ \end{cases}$$

对于 $a \geq 0$，$sF(s) = \dfrac{s}{s+a}$ 的收敛域为 $\mathrm{Re}[s] > -a(a > 0)$ 和 $\mathrm{Re}[s] > -\infty(a = 0)$，显然 $s = 0$ 在收敛域内，因而结果①②是正确的；而对于 $a < 0$，$sF(s)$ 的收敛域为 $\mathrm{Re}[s] > -a = |a|$，显然 $s = 0$ 不在收敛域内，因而结果③不是正确的，实质 $a < 0$ 时原函数 $f(t)$ 无终值。

单边拉普拉斯变换的性质如表 4-2 所示。

表 4-2　单边拉普拉斯变换的性质

名称	时域 $\qquad f(t) \leftrightarrow F(s) \qquad$ s 域	
定义	$f(t)=\dfrac{1}{2\pi j}\displaystyle\int_{\sigma-j\infty}^{\sigma+j\infty}F(s)\mathrm{e}^{st}\,\mathrm{d}s$	$F(s)=\displaystyle\int_{0_-}^{\infty}f(t)\mathrm{e}^{-st}\,\mathrm{d}t,\ \sigma>\sigma_0$
线性	$a_1 f_1(t)+a_2 f_2(t)$	$a_1 F_1(s)+a_2 F_2(s),\ \sigma>\max(\sigma_1,\sigma_2)$
尺度变换	$f(at),\ a>0$	$\dfrac{1}{a}F\left(\dfrac{s}{a}\right),\ \sigma>a\sigma_0$
时移	$f(t-t_0)\varepsilon(t-t_0)$	$\mathrm{e}^{-st_0}F(s),\ \sigma>\sigma_0$
	$f(at-b)\varepsilon(at-b),\ a>0,\ b\geq0$	$\dfrac{1}{a}\mathrm{e}^{-\frac{b}{a}s}F\left(\dfrac{s}{a}\right),\ \sigma>a\sigma_0$
复频移	$\mathrm{e}^{s_a t}f(t)$	$F(s-s_a),\ \sigma>\sigma_a+\sigma_0$
时域卷积	$f_1(t)*f_2(t)$	$F_1(s)F_2(s),\ \sigma>\max(\sigma_1,\sigma_2)$
复频域卷积	$f_1(t)f_2(t)$	$\dfrac{1}{2\pi j}\displaystyle\int_{\sigma-j\infty}^{\sigma+j\infty}F_1(x)F_2(s-x)\,\mathrm{d}x$ $\sigma>\sigma_1+\sigma_2,\ \sigma_1<\sigma<\sigma-\sigma_2$
时域微分	$f^{(1)}(t)$	$sF(s)-f(0_-),\ \sigma>\sigma_0$
	$f^{(n)}(t)$	$s^n F(s)-\displaystyle\sum_{m=0}^{n-1}s^{n-1-m}f^{(m)}(0_-)$
时域积分	$\left(\displaystyle\int_{0_-}^{t}\right)^n f(x)\,\mathrm{d}x$	$\dfrac{1}{s^n}F(s),\ \sigma>\max(\sigma_0,0)$
	$f^{(-1)}(t)$	$\dfrac{1}{s}F(s)+\dfrac{1}{s}f^{(-1)}(0_-)$
	$f^{(-n)}(t)$	$\dfrac{1}{s^n}F(s)+\displaystyle\sum_{m=1}^{n}\dfrac{1}{s^{n-m+1}}f^{(-m)}(0_-)$
s 域微分	$t^n f(t)$	$(-1)^n F^{(n)}(s),\ \sigma>\sigma_0$
s 域积分	$\dfrac{f(t)}{t}$	$\displaystyle\int_{s}^{\infty}F(x)\,\mathrm{d}x,\ \sigma>\sigma_0$
初值定理	$f(0_+)=\displaystyle\lim_{s\to\infty}sF(s),\ F(s)$ 为真分式	
终值定理	$f(\infty)=\displaystyle\lim_{s\to0}sF(s),\ s=0$ 在收敛域内	

4.3　拉普拉斯逆变换

　　从已知的象函数 $F(s)$ 求与之对应的原函数 $f(t)$，称为拉普拉斯逆变换。由拉普拉斯逆变换的定义求拉普拉斯逆变换是一个复变函数的积分，运算比较复杂。信号与系统中通常有三种方法可以求拉普拉斯逆变换，分别是查表法、部分分式展开法、留数法。

▶ 4.3.1　查表法

如表 4-3 所示是一些常用函数的拉普拉斯逆变换。

表 4-3　常用函数的拉普拉斯逆变换

编号（注）	$F(s)$	$f(t)(t \geqslant 0)$
0-1	s	$\delta'(t)$
0-2	1	$\delta(t)$
1-1	$\dfrac{1}{s}$	$\varepsilon(t)$
1-2	$\dfrac{b}{s+a}$	$b\mathrm{e}^{-at}$
2-1	$\dfrac{\beta}{s^2+\beta^2}$	$\sin(\beta t)$
2-2	$\dfrac{s}{s^2+\beta^2}$	$\cos(\beta t)$
2-3	$\dfrac{\beta}{s^2-\beta^2}$	$sh(\beta t)$
2-4	$\dfrac{s}{s^2-\beta^2}$	$ch(\beta t)$
2-5	$\dfrac{\beta}{(s+a)^2+\beta^2}$	$\mathrm{e}^{-at}\sin(\beta t)$
2-6	$\dfrac{s+a}{(s+a)^2+\beta^2}$	$\mathrm{e}^{-at}\cos(\beta t)$
2-7	$\dfrac{\beta}{(s+a)^2-\beta^2}$	$\mathrm{e}^{-at}sh(\beta t)$
2-8	$\dfrac{s+a}{(s+a)^2-\beta^2}$	$\mathrm{e}^{-at}ch(\beta t)$
2-9	$\dfrac{b_1 s+b_0}{(s+a)^2+\beta^2}$	$A\mathrm{e}^{-at}\sin(\beta t+\theta)$ 其中 $A\mathrm{e}^{j\theta}=\dfrac{b_0-b_1(a-j\beta)}{\beta}$
2-10	$\dfrac{b_1 s+b_0}{s^2}$	$b_0 t+b_1$
2-11	$\dfrac{b_1 s+b_0}{s(s+a)}$	$\dfrac{b}{a}-\left(\dfrac{b_0}{a}-b_1\right)\mathrm{e}^{-at}$
2-12	$\dfrac{b_1 s+b_0}{(s+a)(s+\beta)}$	$\dfrac{b_0-b_1 a}{\beta-a}\mathrm{e}^{-at}+\dfrac{b_0-b_1\beta}{a-\beta}\mathrm{e}^{-\beta t}$
2-13	$\dfrac{b_1 s+b_0}{(s+a)^2}$	$[(b_0-b_1 a)t+b_1]\mathrm{e}^{-at}$

编号（注）	$F(s)$	$f(t)(t \geqslant 0)$
3-1	$\dfrac{b_2 s^2 + b_1 s + b_0}{(s+a)(s+\beta)(s+\gamma)}$	$\dfrac{b_0 - b_1 a + b_2 a^2}{(\beta-a)(\gamma-a)}e^{-at} + \dfrac{b_0 - b_1\beta + b_2\beta^2}{(a-\beta)(\gamma-\beta)}e^{-\beta t} + \dfrac{b_0 - b_1\gamma + b_2\gamma^2}{(\beta-\gamma)(a-\gamma)}e^{-\gamma t}$
3-2	$\dfrac{b_2 s^2 + b_1 s + b_0}{(s+a)^2(s+\beta)}$	$\dfrac{b_0 - b_1\beta + b_2\beta^2}{(a-\beta)^2}e^{-\beta t} + \dfrac{b_0 - b_1 a + b_2 a^2}{(\beta-a)}t e^{-at} - \dfrac{b_0 - b_1\beta + b_2 a(2\beta-a)}{(\beta-a)^2}e^{-at}$
3-3	$\dfrac{b_2 s^2 + b_1 s + b_0}{(s+a)^3}$	$b_2 e^{-at} + (b_1 - 2b_2 a)t e^{-at} + \dfrac{1}{2}(b_0 - b_1 a + b_2 a^2)t^2 e^{-at}$
3-4	$\dfrac{b_2 s^2 + b_1 s + b_0}{(s^2+\beta^2)(s+\gamma)}$	$\dfrac{b_0 - b_1\gamma + b_2\gamma^2}{\gamma^2+\beta^2}e^{-\gamma t} + A\sin(\beta t + \theta)$ $\left(\text{其中 } A e^{j\theta} = \dfrac{(b_0 - b_2\beta^2) + jb_1\beta}{\beta(\gamma+j\beta)}\right)$
3-5	$\dfrac{b_2 s^2 + b_1 s + b_0}{(s+\gamma)[(s+a)^2+\beta^2]}$	$\dfrac{b_0 - b_1\gamma + b_2\gamma^2}{(a-\gamma)^2+\beta^2}e^{-\gamma t} + A e^{-at}\sin(\beta t + \theta)$ $\left(\text{其中 } A e^{j\theta} = \dfrac{b_0 - b_1(a-j\beta) + b_2(a-j\beta)^2}{\beta(\gamma-a+j\beta)}\right)$
4-1	$\dfrac{1}{s^2(s^2+\beta^2)}$	$\dfrac{1}{\beta^3}[\beta t - \sin(\beta t)]$
4-2	$\dfrac{1}{(s^2+\beta^2)^2}$	$\dfrac{1}{2\beta^3}[\sin(\beta t) - \beta t\cos(\beta t)]$
4-3	$\dfrac{s}{(s^2+\beta^2)^2}$	$\dfrac{1}{2\beta}t\sin(\beta t)$
4-4	$\dfrac{s^2}{(s^2+\beta^2)^2}$	$\dfrac{1}{2\beta}[\sin(\beta t) + \beta t\cos(\beta t)]$
4-5	$\dfrac{s^2-\beta^2}{(s^2+\beta^2)^2}$	$t\cos(\beta t)$
28	s^n	$\delta^{(n)}(t)$
29	$\dfrac{1}{s^n}$	$\dfrac{1}{(n-1)!}t^{(n-1)}\varepsilon(t)(n>0)$
30	$\dfrac{1}{(s+a)^n}$	$\dfrac{1}{(n-1)!}t^{(n-1)}e^{-at}\varepsilon(t)(n>0)$

注：编号中第一个数字表示 $F(s)$ 分母中 s 的最高次幂。

下边举例说明利用查表法求其原函数 $f(t)$。

例 4-20　求 $F(s) = \dfrac{5s+4}{s^2+5s+6}$ 的原函数 $f(t)$。

解：由于 $F(s)=\dfrac{5s+4}{s^2+5s+6}=\dfrac{5s+4}{(s+3)(s+2)}$

与表 4-3 的编号 2-12 比较得 $a=3$，$\beta=2$，$b_1=5$，$b_0=4$。则得原函数表达式为

$$f(t)=(11e^{-3t}-6e^{-2t})\varepsilon(t)$$

例 4-21 求 $F(s)=\dfrac{3s+4}{s^2+2s+17}$ 的原函数 $f(t)$。

解：由于 $F(s)=\dfrac{3s+4}{s^2+2s+17}=\dfrac{3s+4}{(s+1)^2+4^2}=\dfrac{3(s+1)}{(s+1)^2+4^2}+\dfrac{1}{4}\times\dfrac{4}{(s+1)^2+4^2}$

与表 4-3 的编号 2-5、2-6 比较得：$a=1$，$\beta=4$。则得原函数表达式为

$$f(t)=\left(3e^{-t}\cos 4t+\frac{1}{4}e^{-t}\sin 4t\right)\varepsilon(t)$$

▶ 4.3.2 部分分式展开法

工程中系统响应的象函数 $F(s)$ 通常是复变量 s 的两个有理多项式之比，即

$$F(s)=\frac{N(s)}{D(s)}=\frac{b_m s^m+b_{m-1}s^{m-1}+\cdots+b_1 s+b_0}{s^n+a_{n-1}s^{n-1}+\cdots+a_1 s+a_0}=P(s)+\frac{N_0(s)}{D(s)} \tag{4-17}$$

式中，a_0，a_1，$\cdots$，a_{n-1} 和 b_0，b_1，$\cdots$，b_m 均为实系数，m 和 n 均为正整数。

式(4-17)中，当分子的阶数大于等于分母的阶数时，即 $m\geqslant n$ 时，应用多项式除法将 $F(s)$ 表示为一个 s 多项式与一个真分式 $\dfrac{N_0(s)}{D(s)}$ 之和，即

$$F(s)=P(s)+\frac{N_0(s)}{D(s)}=B_{m-n}s^{m-n}+\cdots+B_1 s+B_0+\frac{N_0(s)}{D(s)}$$

多项式 $P(s)=B_{m-n}s^{m-n}+\cdots+B_1 s+B_0$ 各项的时间函数是冲激函数及各阶导数。余式 $\dfrac{N_0(s)}{D(s)}$ 为一个真分式。所以在下面的分析中，均按 $F(s)=\dfrac{N(s)}{D(s)}$ 已是真分式的情况讨论。

1. $F(s)$ 有单极点（特征根为单根）

分母多项式 $D(s)=s^n+a_{n-1}s^{n-1}+\cdots+a_1 s+a_0=0$ 的根为 n 个单根 p_1，p_2，$\cdots$，p_n。由于 $D(s)=0$ 时有 $F(s)=\infty$，故称 $D(s)=0$ 的根 $p_i(i=1,2,\cdots,n)$ 为 $F(s)$ 的极点。此时可将 $D(s)$ 进行因式分解，并展开成部分分式，即

$$F(s)=\frac{N(s)}{D(s)}=\frac{b_m s^m+b_{m-1}s^{m-1}+\cdots+b_1 s+b_0}{(s-p_1)(s-p_2)\cdots(s-p_i)\cdots(s-p_n)}$$

$$=\frac{K_1}{s-p_1}+\frac{K_2}{s-p_2}+\cdots+\frac{K_i}{s-p_i}+\cdots+\frac{K_n}{s-p_n} \tag{4-18}$$

式(4-18)中 $K_i(i=1,2,\cdots,n)$ 为待定常数，可用如下方法求得，将上式等号两端同乘 $(s-p_i)$，得

$$F(s)(s-p_i)=\frac{N(s)(s-p_i)}{D(s)}=\frac{K_1(s-p_i)}{s-p_1}+\frac{K_2(s-p_i)}{s-p_2}+\cdots+K_i+\cdots+\frac{K_n(s-p_i)}{s-p_n}$$

对上式两边取 $s\to p_i$ 的极限，等号右端除 K_i 外，其余各项均趋近于零，于是得

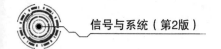

$$K_i = F(s)(s-p_i)\Big|_{s=p_i} = \lim_{s \to p_i}\left[(s-p_i)\frac{N(s)}{D(s)}\right] \qquad\qquad (4\text{-}19)$$

式中，$\dfrac{K_i}{s-p_i}$ 的时间函数为 $K_i \mathrm{e}^{p_i t}$，利用线性性质，可得原函数为

$$f(t) = \sum_{i=1}^{n} K_i \mathrm{e}^{p_i t}\varepsilon(t)$$

上式中的系数 K_i 由式(4-19)求得。

例 4-22 求象函数 $F(s) = \dfrac{s^2+s+2}{s^3+3s^2+2s}$ 的原函数 $f(t)$。

解： $D(s) = s^3+3s^2+2s = s(s+1)(s+2) = 0$ 的根为 $p_1 = 0$，$p_2 = -1$，$p_3 = -2$。故 $F(s)$ 的部分分式为

$$F(s) = \frac{s^2+s+2}{s^3+3s^2+2s} = \frac{K_1}{s} + \frac{K_2}{s+1} + \frac{K_3}{s+2}$$

其中

$$K_1 = \frac{s^2+s+2}{s(s+1)(s+2)} \cdot s\,\Big|_{s=0} = 1$$

$$K_2 = \frac{s^2+s+2}{s(s+1)(s+2)} \cdot (s+1)\,\Big|_{s=-1} = -2$$

$$K_3 = \frac{s^2+s+2}{s(s+1)(s+2)} \cdot (s+2)\,\Big|_{s=-2} = 2$$

代入上式得

$$F(s) = \frac{s^2+s+2}{s^3+3s^2+2s} = \frac{1}{s} - \frac{2}{s+1} + \frac{2}{s+2}$$

故原函数为

$$f(t) = \varepsilon(t) - 2\mathrm{e}^{-t}\varepsilon(t) + 2\mathrm{e}^{-2t}\varepsilon(t)$$

2. $F(s)$ 有共轭复极点

分母多项式 $D(s) = s^n + a_{n-1}s^{n-1} + \cdots + a_1 s + a_0 = 0$ 的根若有复数根，它们必共轭成对，否则多项式 $D(s)$ 的系数中必有一部分是复数或虚数，而不可能全为实数。

而对于共轭复极点 $p_i = -\alpha+j\beta$，$p_i^* = -\alpha-j\beta$ 所对应的部分分式展开式 $\dfrac{K_i}{s+\alpha-j\beta} + \dfrac{K_i^*}{s+\alpha+j\beta}$ 的系数也是共轭对应关系，其拉普拉斯逆变换为

$$f_i(t) = \mathcal{L}^{-1}\left[\frac{K_i}{s+\alpha-j\beta} + \frac{K_i^*}{s+\alpha+j\beta}\right] = \mathrm{e}^{-\alpha t}(K_i \mathrm{e}^{j\beta t} + K_i^*\,\mathrm{e}^{-j\beta t})$$

利用复指数与正、余弦函数之间的关系，上式也可写成

$$f_i(t) = \mathrm{e}^{-\alpha t}(K_i \mathrm{e}^{j\beta t} + K_i^*\,\mathrm{e}^{-j\beta t}) = 2\mathrm{e}^{-\alpha t}[A\cos(\beta t) - B\sin(\beta t)]$$

式中，$K_i = A+jB$，或者 $A = \dfrac{K_i+K_i^*}{2}$，$B = \dfrac{K_i-K_i^*}{2j}$。

需要注意两个共轭极点的顺序，上半平面的极点$-\alpha+j\beta$对应的系数为K_i，下半平面的极点为$-\alpha-j\beta$对应的系数为K_i^*。

另外，需要指出的是，在对$F(s)$进行拉普拉斯逆变换时，如果不特别说明一般指单边拉普拉斯逆变换，因此拉普拉斯逆变换的结果往往写成$\mathcal{L}^{-1}[F(s)]\varepsilon(t)$的形式。但更常见的情况是，在给出$F(s)$的同时也就给出收敛域$\operatorname{Re}[s]>\sigma_0$，这样就限定了单边拉普拉斯逆变换。

例 4-23　求象函数$F(s)=\dfrac{2s^2+6s+6}{(s+2)(s^2+2s+2)}$的原函数$f(t)$。

解：$D(s)=(s+2)(s^2+2s+2)=(s+2)(s+1+j)(s+1-j)=0$的根为$p_1=-2$，$p_2=-1-j$，$p_3=-1+j=p_2^*$。故$F(s)$的部分分式展开为

$$F(s)=\frac{2s^2+6s+6}{(s+2)(s+1+j)(s+1-j)}=\frac{K_1}{s+2}+\frac{K_2}{s+1+j}+\frac{K_3}{s+1-j}$$

其中

$$K_1=\frac{2s^2+6s+6}{(s+2)(s+1+j)(s+1-j)}\cdot(s+2)\bigg|_{s=-2}=1$$

$$K_2=\frac{2s^2+6s+6}{(s+2)(s+1+j)(s+1-j)}\cdot(s+1+j)\bigg|_{s=-1-j}=\frac{1}{2}+j\,\frac{1}{2}=\frac{1}{\sqrt{2}}e^{j\frac{\pi}{4}}$$

$$K_3=\frac{2s^2+6s+6}{(s+2)(s+1+j)(s+1-j)}\cdot(s+1-j)\bigg|_{s=-1+j}=\frac{1}{2}-j\,\frac{1}{2}=\frac{1}{\sqrt{2}}e^{-j\frac{\pi}{4}}=K_2^*$$

可见K_2和K_3互为共轭，当求得K_2时，即可根据共轭关系直接写出K_3。将K_1、K_2、K_3代入上式得

$$F(s)=\frac{2s^2+6s+6}{(s+2)(s+1+j)(s+1-j)}=\frac{1}{s+2}+\frac{1}{s+1+j}\cdot\frac{1}{\sqrt{2}}e^{j\frac{\pi}{4}}+\frac{1}{s+1-j}\cdot\frac{1}{\sqrt{2}}e^{-j\frac{\pi}{4}}$$

故原函数为

$$f(t)=e^{-2t}\varepsilon(t)+\frac{1}{\sqrt{2}}e^{j\frac{\pi}{4}}e^{-(1+j)t}\varepsilon(t)+\frac{1}{\sqrt{2}}e^{-j\frac{\pi}{4}}e^{-(1-j)t}\varepsilon(t)$$

$$=\left[e^{-2t}+\sqrt{2}\,e^{-t}\cos\left(t-\frac{\pi}{4}\right)\right]\varepsilon(t)$$

3. $F(s)$有重极点(特征根为重根)

如果分母多项式$D(s)=s^n+a_{n-1}s^{n-1}+\cdots+a_1s+a_0=0$在$s=p_1$处有$r$重根，即$p_1=p_2=\cdots=p_r$，而其余$(n-r)$个根$s_{r+1}$，$\cdots$，$s_n$都不等于$p_1$，象函数$F(s)$的展开式写为

$$F(s)=\frac{N(s)}{D(s)}=\frac{K_{11}}{(s-p_1)^r}+\frac{K_{12}}{(s-p_1)^{r-1}}+\cdots+\frac{K_{1r}}{s-p_1}+\frac{N_2(s)}{D_2(s)}$$

$$=\sum_{i=1}^{r}\frac{K_{1i}}{(s-p_1)^{r+1-i}}+\frac{N_2(s)}{D_2(s)}=F_1(s)+F_2(s) \tag{4-20}$$

式中，$F_2(s)=\dfrac{N_2(s)}{D_2(s)}$是除重根以外的项，且当$s=p_1$时，$D_2(s)\neq0$。系数$K_{1i}(i=1$，

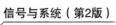

2，$\cdots$，r)的求解办法为将式(4-20)等号两边同乘$(s-p_1)^r$，得

$$(s-p_1)^r F(s) = K_{11} + (s-p_1)K_{12} + \cdots + (s-p_1)^{i-1}K_{1i} + \cdots +$$

$$+ (s-p_1)^{r-1}K_{1r} + (s-p_1)^r \frac{N_2(s)}{D_2(s)} \qquad (4\text{-}21)$$

令$s=p_1$，得

$$K_{11} = \left[(s-p_1)^r F(s)\right]\Big|_{s=p_1}$$

将式(4-21)对s求导，得

$$\frac{\mathrm{d}}{\mathrm{d}s}\left[(s-p_1)^r F(s)\right] = K_{12} + \cdots + (i-1)(s-p_1)^{i-2}K_{1i} + \cdots +$$

$$(r-1)(s-p_1)^{r-2}K_{1r} + \frac{\mathrm{d}}{\mathrm{d}s}\left[(s-p_1)^r \frac{N_2(s)}{D_2(s)}\right]$$

令$s=p_1$，得

$$K_{12} = \frac{\mathrm{d}}{\mathrm{d}s}\left[(s-p_1)^r F(s)\right]\Big|_{s=p_1}$$

依次类推，可得(式中$i=1$，2，$\cdots$，r)

$$K_{1i} = \frac{1}{(i-1)!}\frac{\mathrm{d}^{i-1}}{\mathrm{d}s^{i-1}}\left[(s-p_1)^r F(s)\right]\Big|_{s=p_1} \qquad (4\text{-}22)$$

由于$t^n\varepsilon(t) \leftrightarrow \dfrac{n!}{s^{n+1}}$，利用复频移特性，可得

$$\frac{1}{(s-p_1)^{n+1}} \leftrightarrow \frac{1}{n!}t^n \mathrm{e}^{p_1 t}\varepsilon(t)$$

于是式(4-20)中重根部分的象函数$F_1(s)$的原函数为

$$f_1(t) = \mathscr{L}^{-1}\left[\sum_{i=1}^{r}\frac{K_{1i}}{(s-p_1)^{r+1-i}}\right] = \left[\sum_{i=1}^{r}\frac{K_{1i}}{(r-i)!}t^{r-i}\right]\mathrm{e}^{p_1 t}\cdot\varepsilon(t)$$

例 4-24　求象函数$F(s) = \dfrac{s+3}{(s+2)(s+1)^3}$的原函数$f(t)$。

解：$D(s)=0$有三重根$p_1=p_2=p_3=-1$和单根$p_4=-2$。故$F(s)$可展开为

$$F(s) = \frac{s+3}{(s+2)(s+1)^3} = \frac{K_{11}}{(s+1)^3} + \frac{K_{12}}{(s+1)^2} + \frac{K_{13}}{(s+1)} + \frac{K_4}{s+2}$$

根据式(4-19)和式(4-22)可分别求得系数K_{11}、K_{12}、K_{13}和K_4如下：

$$K_{11} = (s+1)^3 F(s)\Big|_{s=-1} = 2$$

$$K_{12} = \frac{\mathrm{d}}{\mathrm{d}s}\left[(s+1)^3 F(s)\right]\Big|_{s=-1} = -1$$

$$K_{13} = \frac{1}{(3-1)!}\frac{\mathrm{d}^2}{\mathrm{d}s^2}\left[(s+1)^3 F(s)\right]\Big|_{s=-1} = 1$$

$$K_4 = (s+2)F(s)\Big|_{s=-2} = -1$$

所以

$$F(s)=\frac{s+3}{(s+2)(s+1)^3}=\frac{2}{(s+1)^3}-\frac{1}{(s+1)^2}+\frac{1}{s+1}-\frac{1}{s+2}$$

取逆变换得

$$f(t)=\left[(t^2-t+1)\mathrm{e}^{-t}-\mathrm{e}^{-2t}\right]\varepsilon(t)$$

例 4-25 求象函数 $F(s)=\dfrac{1-\mathrm{e}^{-2s}}{s+1}$ 的原函数 $f(t)$。

解：将 $F(s)$ 改写为

$$F(s)=\frac{1-\mathrm{e}^{-2s}}{s+1}=\frac{1}{s+1}-\frac{1}{s+1}\cdot \mathrm{e}^{-2s}$$

上式第二项有延时因子 e^{-2s}，它对应的原函数也延时 2 个单位。即

$$\frac{1}{s+1}\leftrightarrow \mathrm{e}^{-t}\varepsilon(t)$$

$$\frac{1}{s+1}\cdot \mathrm{e}^{-2s}\leftrightarrow \mathrm{e}^{-(t-2)}\varepsilon(t-2)$$

所以

$$f(t)=\mathrm{e}^{-t}\varepsilon(t)-\mathrm{e}^{-(t-2)}\varepsilon(t-2)$$

4.3.3 留数法

拉普拉斯逆变换式为

$$f(t)=\frac{1}{2\pi j}\int_{\sigma-j\infty}^{\sigma+j\infty}F(s)\mathrm{e}^{st}\mathrm{d}s\ t>0$$

上式是一个复变函数的线积分，其积分路径是 s 平面内平行于 $j\omega$ 轴的 $\sigma=c_1>\sigma_0$ 的直线 AB（直线 AB 必须在收敛轴以右），如图 4-8 所示。直接求这个积分是很困难的，但从复变函数理论可知，将此积分问题可转化为求 $F(s)$ 的全部极点在一个闭合回线内部的全部留数的代数和，这种方法称为留数法，也称围线积分法。闭合回线确定的原则是：必须把 $F(s)$ 的全部极点都包围在此闭合回线的内部，因此，从普遍性考虑，此闭合回线应是由直线 AB 与直线 AB 左侧半径为 $R=\infty$ 的圆 C_R 组成。这样，求拉普拉斯逆变换的运算，就转化为求被积函数 $F(s)\mathrm{e}^{st}$ 在 $F(s)$ 的全部极点上的代数和，即

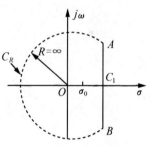

图 4-8 拉普拉斯逆变换的积分路径

$$f(t)=\frac{1}{2\pi j}\int_{\sigma-j\infty}^{\sigma+j\infty}F(s)\mathrm{e}^{st}\mathrm{d}s=\frac{1}{2\pi j}\int_{AB}F(s)\mathrm{e}^{st}\mathrm{d}s+\frac{1}{2\pi j}\int_{C_R}F(s)\mathrm{e}^{st}\mathrm{d}s$$

$$=\frac{1}{2\pi j}\oint_{AB+C_R}F(s)\mathrm{e}^{st}\mathrm{d}s=\sum_{i=1}^{n}\mathrm{Re}\,s[p_i]$$

式中

$$\int_{AB}F(s)\mathrm{e}^{st}\mathrm{d}s=\int_{\sigma-j\infty}^{\sigma+j\infty}F(s)\mathrm{e}^{st}\mathrm{d}s$$

$$\int_{C_R}F(s)\mathrm{e}^{st}\mathrm{d}s=0$$

$p_i(i=1, 2, \cdots, n)$ 为 $F(s)$ 的极点，即 $D(s)=0$ 的根；$\mathrm{Re}\, s[p_i]$ 为极点 p_i 的留数，下面分两种情况介绍留数的求法。

(1)若 p_i 为 $D(s)=0$ 的单根[即为 $F(s)$ 的一阶极点]，则其留数为

$$\mathrm{Re}\, s[p_i]=F(s)\mathrm{e}^{st}(s-p_i)\big|_{s=p_i} \tag{4-23}$$

(2)若 p_i 为 $D(s)=0$ 的 r 阶重根[即为 $F(s)$ 的 r 阶极点]，则其留数为

$$\mathrm{Re}\, s[p_i]=\frac{1}{(r-1)!}\frac{\mathrm{d}^{r-1}}{\mathrm{d}s^{r-1}}[F(s)\mathrm{e}^{st}(s-p_i)^r]\big|_{s=p_i} \tag{4-24}$$

例 4-26　用留数法求象函数 $F(s)=\dfrac{s+2}{s(s+3)(s+1)^2}$ 的原函数 $f(t)$。

解：$D(s)=s(s+3)(s+1)^2=0$ 的根为 $p_1=-1$(二重根)，$p_2=-3$，$p_3=0$。根据式(4-23)、式(4-24)可求得各极点上的留数为

$$\mathrm{Re}\, s[p_1]=\frac{1}{(2-1)!}\frac{\mathrm{d}^{2-1}}{\mathrm{d}s^{2-1}}[F(s)\mathrm{e}^{st}(s+1)^2]\big|_{s=-1}$$

$$=\frac{\mathrm{d}}{\mathrm{d}s}\left[\frac{s+2}{s(s+3)}\mathrm{e}^{st}\right]\Big|_{s=-1}$$

$$=\frac{s+2}{s(s+3)}t\,\mathrm{e}^{st}\Big|_{s=-1}+\frac{s(s+3)-(s+2)(2s+3)}{s^2(s+3)^2}\mathrm{e}^{st}\Big|_{s=-1}$$

$$=-\frac{1}{2}t\mathrm{e}^{-t}-\frac{3}{4}\mathrm{e}^{-t}$$

$$\mathrm{Re}\, s[p_2]=[F(s)\mathrm{e}^{st}(s+3)]\big|_{s=-3}=\left[\frac{s+2}{s(s+1)^2}\mathrm{e}^{st}\right]\Big|_{s=-3}=\frac{1}{12}\mathrm{e}^{-3t}$$

$$\mathrm{Re}\, s[p_3]=[F(s)\mathrm{e}^{st}s]\big|_{s=0}=\left[\frac{s+2}{(s+3)(s+1)^2}\mathrm{e}^{st}\right]\Big|_{s=0}=\frac{2}{3}$$

故得

$$f(t)=\sum_{i=1}^{3}\mathrm{Re}\, s[p_i]=\mathrm{Re}\, s[p_1]+\mathrm{Re}\, s[p_2]+\mathrm{Re}\, s[p_3]$$

$$=\left(-\frac{1}{2}t\mathrm{e}^{-t}-\frac{3}{4}\mathrm{e}^{-t}+\frac{1}{12}\mathrm{e}^{-3t}+\frac{2}{3}\right)\varepsilon(t)$$

4.4　线性时不变连续系统的复频域分析

　　拉普拉斯变换是分析线性连续系统的有力工具，主要表现在：利用拉普拉斯变换可将描述时域系统的微分方程变换为 s 域的代数方程，便于运算和求解；同时它将系统的初始状态自然地包含于象函数方程中，可以更方便地求解系统对输入信号的响应(零输入响应和零状态响应)；更有效地研究既定系统的特性；更方便地实现系统的综合和设计。下面对微分方程的复频域求解、系统函数求解和分析及电路系统的 s 域求解方法进行详细介绍。

4.4.1　微分方程的复频域求解

若 LTI 系统的激励为 $f(t)$、响应为 $y(t)$，则描述 n 阶系统的微分方程为

$$\sum_{i=0}^{n} a_i y^{(i)}(t) = \sum_{j=0}^{m} b_j f^{(j)}(t) \tag{4-25}$$

式中，系数 $a_i(i=0,1,\cdots,n)$，$b_j(j=0,1,\cdots,m)$ 均为实数。设 $\mathcal{L}[y(t)]=Y(s)$，$\mathcal{L}[f(t)]=F(s)$，系统的初始状态为 $y(0_-)$，$y^{(1)}(0_-)$，$\cdots$，$y^{(n-1)}(0_-)$。根据时域微分定理得 $y(t)$ 及其各阶导数的拉普拉斯变换为

$$\mathcal{L}[y^{(i)}(t)] = s^i Y(s) - \sum_{k=0}^{i-1} s^{i-1-k} y^{(k)}(0_-)$$

式中，$i=0,1,\cdots,n$。

如果 $f(t)$ 是在 $t=0$ 时接入，那么在 $t=0_-$ 时 $f(t)$ 及其各阶导数均为零，即 $f^{(j)}(0_-)=0$，其中 $(j=0,1,\cdots,m)$，因而 $f(t)$ 及其各阶导数的拉普拉斯变换为

$$\mathcal{L}[f^{(j)}(t)] = s^j F(s)$$

对式(4-25)两边取拉普拉斯变换得

$$\sum_{i=0}^{n} a_i \left[s^i Y(s) - \sum_{k=0}^{i-1} s^{i-1-k} y^{(k)}(0_-) \right] = \sum_{j=0}^{m} b_j s^j F(s)$$

$$\sum_{i=0}^{n} (a_i s^i) Y(s) - \sum_{i=0}^{n} a_i \left[\sum_{k=0}^{i-1} s^{i-1-k} y^{(k)}(0_-) \right] = \left[\sum_{j=0}^{m} b_j s^j \right] F(s)$$

$$Y(s) = \frac{\sum_{i=0}^{n} a_i \left[\sum_{k=0}^{i-1} s^{i-1-k} y^{(k)}(0_-) \right]}{\sum_{i=0}^{n} [a_i s^i]} + \frac{\left[\sum_{j=0}^{m} b_j s^j \right] F(s)}{\sum_{i=0}^{n} [a_i s^i]} \tag{4-26}$$

$$Y(s) = \frac{A(s)}{D(s)} + \frac{B(s)}{D(s)} F(s) \tag{4-27}$$

式中，$D(s) = \sum_{i=0}^{n} [a_i s^i]$ 是式(4-25)的特征多项式；多项式 $A(s)$ 与 a_i 及响应的各初始状态 $y^{(k)}(0_-)$ 有关，多项式 $D(s)$、$B(s)$ 只与微分方程的系数 a_i、b_j 有关。所以 $\dfrac{A(s)}{D(s)}$ 只与初始状态有关而与输入无关，因而是零输入响应 $y_{zi}(t)$ 的象函数，记为 $Y_{zi}(s)$；$\dfrac{B(s)}{D(s)} F(s)$ 只与输入有关而与初始状态无关，因而是零状态响应 $y_{zs}(t)$ 的象函数，记为 $Y_{zs}(s)$；则式(4-27)可写为

$$Y(s) = \frac{A(s)}{D(s)} + \frac{B(s)}{D(s)} F(s) = Y_{zi}(s) + Y_{zs}(s)$$

对上式求拉普拉斯逆变换，得全响应为

$$y(t) = y_{zi}(t) + y_{zs}(t)$$

单边拉普拉斯变换不仅可以将描述连续时间系统的时域微分方程变换成 s 域的代数方程，而且在此代数方程中同时体现了系统的初始状态。解此代数方程，即可分别求得系统

的零输入响应 $y_{zi}(t)$、零状态响应 $y_{zs}(t)$ 以及全响应 $y(t)$。

例 4-27 已知 LTI 的微分方程为

$$y''(t)+3y'(t)+2y(t)=f'(t)+3f(t)$$

激励 $f(t)=e^{-3t}\varepsilon(t)$，初始状态 $y(0_-)=1$，$y'(0_-)=2$。求系统的零输入响应 $y_{zi}(t)$、零状态响应 $y_{zs}(t)$ 和全响应 $y(t)$。

解： 对微分方程取拉普拉斯变换，得

$$s^2Y(s)-sy(0_-)-y'(0_-)+3sY(s)-3y(0_-)+2Y(s)=sF(s)+3F(s)$$

$$Y(s)=Y_{zi}(s)+Y_{zs}(s)=\frac{sy(0_-)+y'(0_-)+3y(0_-)}{s^2+3s+2}+\frac{s+3}{s^2+3s+2}F(s)$$

将 $y(0_-)=1$，$y'(0_-)=2$，$F(s)=\dfrac{1}{s+3}$ 代入上式得

$$Y_{zi}(s)=\frac{s+5}{s^2+3s+2}=\frac{4}{s+1}-\frac{3}{s+2}$$

$$Y_{zs}(s)=\frac{s+3}{s^2+3s+2}\cdot\frac{1}{s+3}=\frac{1}{s+1}-\frac{1}{s+2}$$

则得零输入响应为

$$y_{zi}(t)=(4e^{-t}-3e^{-2t})\varepsilon(t)$$

零状态响应为

$$y_{zs}(t)=(e^{-t}-e^{-2t})\varepsilon(t)$$

全响应为

$$y(t)=y_{zi}(t)+y_{zs}(t)=(5e^{-t}-4e^{-2t})\varepsilon(t)$$

例 4-28 已知 LTI 的微分方程为

$$y''(t)+3y'(t)+2y(t)=2f'(t)+6f(t)$$

激励 $f(t)=\varepsilon(t)$，$y(0_+)=2$，$y'(0_+)=2$。求 $y(0_-)$ 和 $y'(0_-)$。

解： 由 $y(t)=y_{zi}(t)+y_{zs}(t)$ 可得

$$y^{(i)}(0_+)=y_{zi}^{(i)}(0_+)+y_{zs}^{(i)}(0_+)$$

$$y^{(i)}(0_-)=y_{zi}^{(i)}(0_-)+y_{zs}^{(i)}(0_-)$$

由于激励 $f(t)$ 在 $t=0$ 时刻接入，故 $y_{zs}^{(i)}(0_-)=0$，可得 $y^{(i)}(0_-)=y_{zi}^{(i)}(0_-)$。对零输入响应，有 $y_{zi}^{(i)}(0_-)=y_{zi}^{(i)}(0_+)$，于是有

$$y^{(i)}(0_-)=y_{zi}^{(i)}(0_-)=y_{zi}^{(i)}(0_+)=y^{(i)}(0_+)-y_{zs}^{(i)}(0_+) \tag{4-28}$$

对微分方程取拉普拉斯变换，有

$$s^2Y(s)-sy(0_-)-y'(0_-)+3sY(s)-3y(0_-)+2Y(s)=2sF(s)+6F(s)$$

$$Y(s)=Y_{zi}(s)+Y_{zs}=\frac{sy(0_-)+y'(0_-)+3y(0_-)}{s^2+3s+2}+\frac{2(s+3)}{s^2+3s+2}F(s)$$

$$Y_{zs}(s)=\frac{2(s+3)}{s^2+3s+2}\cdot\frac{1}{s}=\frac{3}{s}-\frac{4}{s+1}+\frac{1}{s+2}$$

$$y_{zs}(t)=(3-4e^{-t}+e^{-2t})\varepsilon(t) \tag{4-29}$$

由式(4-29)可得 $y_{zs}(0_+)=0$，$y'_{zs}(0_+)=2$，代入式(4-28)得

$$y(0_-) = y_{zi}(0_-) = y_{zi}(0_+) = y(0_+) - y_{zs}(0_+) = 2 - 0 = 2$$
$$y'(0_-) = y'_{zi}(0_-) = y'_{zi}(0_+) = y'(0_+) - y'_{zs}(0_+) = 2 - 2 = 0$$

例 4-29 已知 LTI 的微分方程为

$$y''(t) + 4y'(t) + 4y(t) = f'(t) + 3f(t)$$

激励 $f(t) = e^{-t}\varepsilon(t)$ 时，其全响应的初值为 $y(0_+) = 1$，$y'(0_+) = 3$。求系统的全响应 $y(t)$，零状态响应 $y_{zs}(t)$，零输入响应 $y_{zi}(t)$。

解： 系统的特征方程为 $\lambda^2 + 4\lambda + 4 = 0$，得特征根为：$\lambda_1 = \lambda_2 = -2$，故零输入响应的通解为

$$y_{zi}(t) = (At + B)e^{-2t}\varepsilon(t)$$

在零状态下对微分方程求拉普拉斯变换，且 $F(s) = \dfrac{1}{s+1}$，有

$$Y_{zs}(s) = \frac{s+3}{s^2 + 4s + 4} \times \frac{1}{s+1} = \frac{2}{s+1} + \frac{-1}{(s+2)^2} + \frac{-2}{s+2}$$

故得零状态响应为

$$y_{zs}(t) = (2e^{-t} - te^{-2t} - 2e^{-2t})\varepsilon(t)$$

全响应为

$$y(t) = y_{zi}(t) + y_{zs}(t) = (At + B)e^{-2t}\varepsilon(t) + (2e^{-t} - te^{-2t} - 2e^{-2t})\varepsilon(t)$$

将 $y(0_+) = 1$，$y'(0_+) = 3$ 代入上式，可得 $A = 4$，$B = 1$。故得

$$y_{zi}(t) = (4t + 1)e^{-2t}\varepsilon(t)$$
$$y(t) = y_{zi}(t) + y_{zs}(t) = (2e^{-t} + 3te^{-2t} - e^{-2t})\varepsilon(t)$$

▶ 4.4.2　系统函数

对于线性时不变零状态系统，$f(t)$ 为激励，$y_{zs}(t)$ 为零状态响应，设系统的单位冲激响应为 $h(t)$，则有

$$y_{zs}(t) = h(t) * f(t)$$

对上式两边取拉普拉斯变换，并设

$$\mathcal{L}[y_{zs}(t)] = Y_{zs}(s), \quad \mathcal{L}[f(t)] = F(s), \quad \mathcal{L}[h(t)] = H(s)$$

则有

$$Y_{zs}(s) = H(s)F(s)$$

故有

$$H(s) = \frac{Y_{zs}(s)}{F(s)}$$

$H(s)$ 称为复频域系统函数，简称系统函数。

对于 n 阶 LTI 系统，其零状态系统的微分方程的一般式为

$$\sum_{i=0}^{n} a_i y_{zs}^{(i)}(t) = \sum_{j=0}^{m} b_j f^{(j)}(t)$$

式中，$f(t)$ 和 $y_{zs}(t)$ 分别为系统的激励和零状态响应，由于系统为零状态系统，所以有

$y_{zs}^{(i)}(0_-)=0(i=0,1,2,\cdots,n-1)$；又由于 $t<0$ 时 $f(t)=0$，故有 $f^{(r)}(0_-)=0(r=0,1,2,\cdots,j-1)$。对上式两边同时取拉普拉斯变换得

$$\sum_{i=0}^{n}a_is^iY_{zs}(s)=\sum_{j=0}^{m}b_js^jF(s)$$

可得系统函数的一般形式为

$$H(s)=\frac{Y_{zs}(s)}{F(s)}=\frac{\displaystyle\sum_{j=0}^{m}b_js^j}{\displaystyle\sum_{i=0}^{n}a_is^i}$$

虽然 $H(s)$ 是响应与激励的两个象函数之比，但由于它只与系统本身的结构和元件参数有关，故一个系统的 $H(s)$ 与该系统的激励和响应无关。系统函数 $H(s)$ 充分、完整地描述了系统本身的特性，通过对系统函数 $H(s)$ 进行研究即可得到系统的特性。

例 4-30 已知系统的微分方程为

$$y''(t)+7y'(t)+10y(t)=2f'(t)+f(t)$$

$f(t)=e^{-t}\varepsilon(t)$，$y(0_-)=4$，$y'(0_-)=-3$。求：

(1)系统函数 $H(s)$ 和单位冲激响应 $h(t)$；

(2)零输入响应 $y_{zi}(t)$；

(3)零状态响应 $y_{zs}(t)$。

解： (1)令零状态象函数为 $Y_{zs}(s)$，对方程取拉普拉斯变换（初始状态为零）得

$$s^2Y_{zs}(s)+7sY_{zs}(s)+10Y_{zs}(s)=2sF(s)+F(s)$$

$$H(s)=\frac{Y_{zs}(s)}{F(s)}=\frac{2s+1}{s^2+7s+10}=\frac{-1}{s+2}+\frac{3}{s+5}$$

$$h(t)=(-e^{-2t}+3e^{-5t})\varepsilon(t)$$

(2)对微分方程取拉普拉斯变换得

$$Y(s)=\frac{sy(0_-)+y'(0_-)+7y(0_-)}{s^2+7s+10}+\frac{2s+1}{s^2+7s+10}F(s)$$

$$Y_{zi}(s)=\frac{4s+25}{s^2+7s+10}=\frac{\dfrac{17}{3}}{s+2}+\frac{-\dfrac{5}{3}}{s+5}$$

$$Y_{zs}(s)=\frac{2s+1}{s^2+7s+10}F(s)=\frac{2s+1}{(s+2)(s+5)}\times\frac{1}{s+1}=\frac{1}{s+2}+\frac{-\dfrac{3}{4}}{s+5}+\frac{-\dfrac{1}{4}}{s+1}$$

(3)对以上两式取拉普拉斯逆变换得

零输入响应
$$y_{zi}(t)=\left(\frac{17}{3}e^{-2t}-\frac{5}{3}e^{-5t}\right)\varepsilon(t)$$

零状态响应
$$y_{zs}(t)=\left(e^{-2t}-\frac{3}{4}e^{-5t}-\frac{1}{4}e^{-t}\right)\varepsilon(t)$$

例 4-31 当系统的激励 $f(t)=\delta(t)+\delta(t-1)$ 时，系统的零状态响应为 $y_{zs}(t)=\varepsilon(t)-\varepsilon(t-1)$。求系统的单位阶跃响应 $g(t)$，并画出 $g(t)$ 的波形。

解：激励和零状态响应的象函数为

$$F(s) = \mathscr{L}[f(t)] = 1 + \mathrm{e}^{-s}$$

$$Y_{zs}(s) = \mathscr{L}[y_{zs}(t)] = \frac{1}{s}(1 - \mathrm{e}^{-s})$$

故系统函数为

$$H(s) = \frac{Y_{zs}(s)}{F(s)} = \frac{1 - \mathrm{e}^{-s}}{s(1 + \mathrm{e}^{-s})}$$

阶跃函数的象函数为

$$F_1(s) = \mathscr{L}[\varepsilon(t)] = \frac{1}{s}$$

单位阶跃响应的象函数为

$$G(s) = \mathscr{L}[g(t)] = F_1(s)H(s) = \frac{1}{s} \times \frac{1 - \mathrm{e}^{-s}}{s(1 + \mathrm{e}^{-s})}$$

$$= \frac{(1 - \mathrm{e}^{-s})(1 - \mathrm{e}^{-s})}{s^2(1 + \mathrm{e}^{-s})(1 - \mathrm{e}^{-s})} = \frac{(1 - \mathrm{e}^{-s})}{s} \times \frac{(1 - \mathrm{e}^{-s})}{s} \times \frac{1}{1 - \mathrm{e}^{-2s}}$$

经拉普拉斯逆变换得

$$g(t) = [\varepsilon(t) - \varepsilon(t-1)] * [\varepsilon(t) - \varepsilon(t-1)] * \sum_{n=0}^{\infty} \delta(t - 2n) = y(t) * \sum_{n=0}^{\infty} \delta(t - 2n)$$

其中，$y(t) = [\varepsilon(t) - \varepsilon(t-1)] * [\varepsilon(t) - \varepsilon(t-1)]$。

$y(t)$ 与 $g(t)$ 的波形如图 4-9 所示。

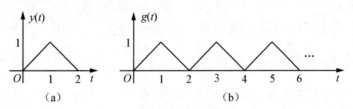

图 4-9　例 4-31 图

例 4-32　某系统的系统函数为 $H(s) = H_0 \dfrac{s+3}{s^2+3s+2}$，其中 H_0 为未知常数。已知该系统的单位阶跃响应的终值为 1。要使该系统的零状态响应为 $y_{zs}(t) = \left(1 - \dfrac{4}{3}\mathrm{e}^{-t} + \dfrac{1}{3}\mathrm{e}^{-2t}\right)\varepsilon(t)$，求激励 $f(t)$。

解：由于系统对激励 $f(t)$ 的零状态响应为 $y_{zs}(t) = \left(1 - \dfrac{4}{3}\mathrm{e}^{-t} + \dfrac{1}{3}\mathrm{e}^{-2t}\right)\varepsilon(t)$，故

$$Y_{zs}(s) = \frac{1}{s} - \frac{4}{3}\frac{1}{(s+1)} + \frac{1}{3}\frac{1}{(s+2)} = \frac{2}{3} \cdot \frac{s+3}{s(s^2+3s+2)}$$

利用终值定理得

$$g(\infty) = \lim_{s \to 0} sG(s) = \lim_{s \to 0} s\frac{1}{s}H(s) = \lim_{s \to 0} H(s) = \frac{3}{2}H_0 = 1$$

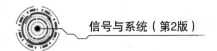

得 $H_0 = \dfrac{2}{3}$，故 $H(s) = H_0 \dfrac{s+3}{s^2+3s+2} = \dfrac{2}{3} \cdot \dfrac{s+3}{s^2+3s+2}$；又因为 $Y_{zs}(s) = H(s)F(s)$，故

$$F(s) = \frac{Y_{zs}(s)}{H(s)} = \frac{1}{s}$$

得系统的激励为 $f(t) = \varepsilon(t)$。

例 4-33 试求零初始状态的理想积分器和理想微分器的系统函数。

解：（1）具有零初始状态的理想积分器的输入与输出关系为

$$y(t) = \int_0^t f(\tau)\mathrm{d}\tau$$

两边取拉普拉斯变换，可得

$$Y(s) = \frac{1}{s}F(s)$$

所以有 $H(s) = \dfrac{Y(s)}{F(s)} = \dfrac{1}{s}$。

（2）理想微分器的输入与输出的关系为

$$y(t) = \frac{\mathrm{d}f(t)}{\mathrm{d}t}$$

系统的冲激响应为

$$h(t) = \frac{\mathrm{d}\delta(t)}{\mathrm{d}t}$$

两边取拉普拉斯变换，可得 $H(s) = s - \delta(0_-)$。因为 $\delta(0_-) = 0$，所以 $H(s) = s$。

理想积分器是进行系统模拟的基本器件，在后续章节中，常用 s^{-1} 表示理想积分器。

▶ 4.4.3 电路系统的 s 域模型

研究电路问题的基本依据是基尔霍夫电压定律（KVL）和基尔霍夫电流定律（KCL）以及电路元件的伏安关系（VCR）。分析电路时，首先对电路列微分方程，接着用拉普拉斯变换的方法分析电路。当电路结构复杂时，如电路具有多个节点和回路，直接用 s 域的元件模型列方程的方法更为简单。

1. KCL 的复频域形式

对于电路中的任一个节点 A 或割集 C，其时域形式的 KCL 方程为

$$\sum_{k=1}^{n} i_k(t) = 0, \quad k = 1, 2, \cdots, n$$

式中，n 为连接在节点 A 上的支路数或割集 C 中包含的支路数。对上式取拉普拉斯变换得

$$\pmb{\mathcal{L}}\left[\sum_{k=1}^{n} i_k(t)\right] = \sum_{k=1}^{n} \pmb{\mathcal{L}}[i_k(t)] = \sum_{k=1}^{n} I_k(S) = 0$$

式中，$I_k(s) = \pmb{\mathcal{L}}[i_k(t)]$，为支路电流 $i_k(t)$ 的象函数。上式即为 KCL 的复频域形式，它表明电路中任意节点 A 的所有支路电流象函数的代数和等于零；或者电路的任一割集 C 中所有支路电流象函数的代数和等于零。

2. KVL 的复频域形式

对于电路中任一回路，其时域形式的 KVL 方程为

$$\sum_{k=1}^{n} u_k(t) = 0, \quad k = 1, 2, \cdots, n$$

式中，n 为回路中所含支路的个数。对上式取拉普拉斯变换得

$$\mathscr{L}\left[\sum_{k=1}^{n} u_k(t)\right] = \sum_{k=1}^{n} \mathscr{L}[u_k(t)] = \sum_{k=1}^{n} U_k(s) = 0$$

式中，$U_k(s) = \mathscr{L}[u_k(t)]$，为支路电压 $u_k(t)$ 的象函数。上式即为 KVL 的复频域形式，它表明电路中任一回路中所有支路电压象函数的代数和等于零。

3. 电阻元件

电阻元件的时域伏安关系为

$$u(t) = Ri(t) \quad \text{或} \quad i(t) = \frac{u(t)}{R} = Gu(t)$$

对上式取拉普拉斯变换，即得电阻元件的复频域伏安关系为

$$U(s) = RI(s) \quad \text{或} \quad I(s) = \frac{U(s)}{R} = GU(s)$$

式中，$U(s) = \mathscr{L}[u(t)]$，$I(s) = \mathscr{L}[i(t)]$，其时域、复频域电路模型如图 4-10 所示。

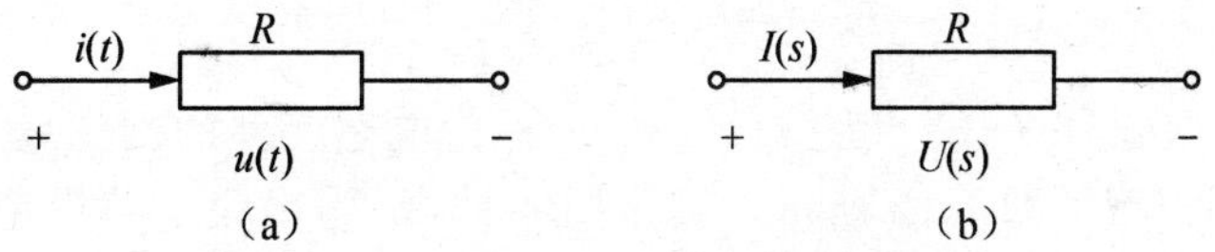

（a） （b）

图 4-10 电阻元件的时域和复频域模型

4. 电容元件

电容元件的时域伏安关系为

$$i(t) = C\frac{\mathrm{d}u(t)}{\mathrm{d}t} \quad \text{或} \quad u(t) = u(0_-) + \frac{1}{C}\int_{0_-}^{t} i(\tau)\mathrm{d}\tau$$

式中，$u(0_-)$ 为 $t = 0_-$ 时刻电容 C 上的初始电压。对上式取拉普拉斯变换，即得电容元件的复频域伏安关系为

$$I(s) = CsU(s) - Cu(0_-) = \frac{U(s)}{1/Cs} - Cu(0_-)$$

$$U(s) = \frac{1}{s}u(0_-) + \frac{1}{Cs}I(s)$$

式中，$U(s) = \mathscr{L}[u(t)]$，$I(s) = \mathscr{L}[i(t)]$，$\frac{1}{Cs}$ 称为电容元件的复频域容抗。电容元件的时域和复频域电路模型如图 4-11 所示。其中图 4-11(b)为并联电路模型，图 4-11(c)为串联电路模型。

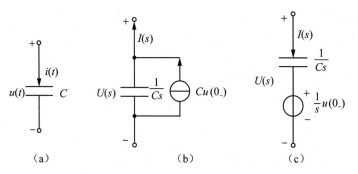

图 4-11　电容元件的时域和复频域模型

5. 电感元件

电感元件的时域伏安关系为

$$u(t) = L\frac{\mathrm{d}i(t)}{\mathrm{d}t} \qquad 或 \qquad i(t) = i(0_-) + \frac{1}{L}\int_{0_-}^{t} u(\tau)\mathrm{d}\tau$$

式中，$i(0_-)$ 为 $t = 0_-$ 时刻电感 L 上的初始电流。对上式取拉普拉斯变换，即得电感元件的复频域伏安关系为

$$U(s) = LsI(s) - Li(0_-)$$

$$I(s) = \frac{1}{s}i(0_-) + \frac{1}{Ls}U(s)$$

式中，$U(s) = \mathcal{L}[u(t)]$，$I(s) = \mathcal{L}[i(t)]$，Ls 称为电感元件的复频域感抗。电感元件的时域和复频域电路模型如图 4-12 所示，其中图 4-12(b) 为串联电路模型，图 4-12(c) 为并联电路模型。

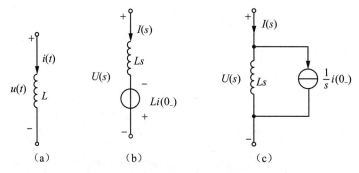

图 4-12　电感元件的时域和复频域模型

6. 耦合电感元件

耦合电感元件的时域电路模型如图 4-13(a) 所示，其时域伏安关系为

$$u_1(t) = L_1\frac{\mathrm{d}i_1(t)}{\mathrm{d}t} + M\frac{\mathrm{d}i_2(t)}{\mathrm{d}t}$$

$$u_2(t) = M\frac{\mathrm{d}i_1(t)}{\mathrm{d}t} + L_2\frac{\mathrm{d}i_2(t)}{\mathrm{d}t}$$

对上边两式取拉普拉斯变换，即得其复频域伏安关系为

$$U_1(s)=L_1sI_1(s)-L_1i_1(0_-)+MsI_2(s)-Mi_2(0_-)$$
$$U_2(s)=MsI_1(s)-Mi_1(0_-)+L_2sI_2(s)-L_2i_2(0_-)$$

式中，$U_1(s)=\mathcal{L}[u_1(t)]$，$U_2(s)=\mathcal{L}[u_2(t)]$，$I_1(s)=\mathcal{L}[i_1(t)]$，$I_2(s)=\mathcal{L}[i_2(t)]$，$i_1(0_-)$、$i_2(0_-)$ 分别为电感 L_1、L_2 中的初始电流，Ms 为耦合电感元件的复频域互感。耦合电感元件的复频域电路模型如图 4-13(b) 所示。

如图 4-13(a) 所示耦合电感元件的去耦等效电路如图 4-13(c) 所示，与之对应的 s 域电路模型如图 4-13(d) 所示。

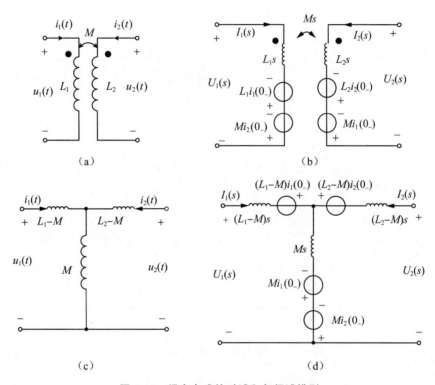

图 4-13　耦合电感的时域和复频域模型

由以上讨论可知，经过拉普拉斯变换，将时域中用微分、积分形式描述的元件端电压 $u(t)$ 与电流 $i(t)$ 的关系，变为 s 域中用代数方程描述的 $U(s)$ 与 $I(s)$ 的关系，而且在 s 域中 KCL、KVL 也成立。这样，在分析电路的各种问题时，将原电路中已知电压源、电流源都变换为相应的象函数；未知电压、电流也用其象函数表示；各电路元件都用其 s 域模型替代(初始状态变换为相应的内部象电源)，则可画出原电路的 s 域电路模型。对该 s 域电路而言，用以分析计算正弦稳态电路的各种方法(如无源支路的串、并联、电压源与电流源的等效变换，等效电源定理以及回路法、节点法等)都适用。这样，可按 s 域的电路模型解出所需未知响应的象函数，取其逆变换就得到所需的时域响应。其一般步骤如下：

(1)根据换路前时的电路(即 $t<0$ 时的电路)求 $t=0$ 时刻电感电流和电容电压的初始值 $i_L(0_-)$ 和 $u_C(0_-)$。

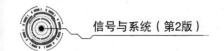

(2)求电路激励(电源)的拉普拉斯变换(即象函数)。

(3)画出换路后电路(即 $t>0$ 时的电路)的复频域电路模型。需要注意，在画电路 s 域模型时，应画出其所有的内部象电源，并特别注意其参考方向。

(4)应用节点电压法、网孔电流法、回路电流法以及电路的各种等效变换、电路定理等，对复频域电路模型列写 KCL、KVL 方程组，从而求得未知量的象函数。

(5)对所求得的未知量的象函数进行拉普拉斯逆变换，即得时域中的解。

例 4-34　电路如图 4-14(a)所示，已知 $u_s(t)=12$ V，$L=1$ H，$C=1$ F，$R_1=3$ Ω，$R_2=2$ Ω，$R_3=1$ Ω。原电路已处于稳定状态，当 $t=0$ 时，开关 S 闭合，求 S 闭合后 R_3 两端电压的零输入响应 $y_{zi}(t)$ 和零状态响应 $y_{zs}(t)$。

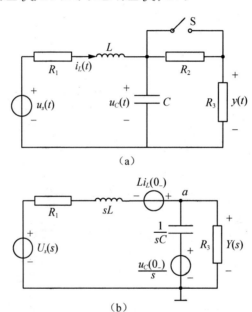

(a)

(b)

图 4-14　例 4-34 图

解：首先求出电容电压和电感电流的初始值 $u_C(0_-)$ 和 $i_L(0_-)$。在 $t=0$ 时，开关未闭合，由图 4-14(a)可求得

$$u_C(0_-)=\frac{R_2+R_3}{R_1+R_2+R_3}u_s=6 \text{ V}$$

$$i_L(0_-)=\frac{1}{R_1+R_2+R_3}u_s=2 \text{ A}$$

图 4-14(b)为 $t=0$ 时刻开关闭合后电路的 s 模型，由图可见，选定参考点后，a 点的电位就是 $Y(s)$。列 a 点的节点方程为

$$\left(\frac{1}{sL+R_1}+sC+\frac{1}{R_3}\right)Y(s)=\frac{Li_L(0_-)+U_s(s)}{sL+R_1}+\frac{\dfrac{u_C(0_-)}{s}}{\dfrac{1}{sC}}$$

将 L、C、R_1、R_3 的数据代入上式得

$$\left(\frac{1}{s+3}+s+1\right)Y(s)=\frac{i_L(0_-)+U_s(s)}{s+3}+u_C(0_-)$$

$$Y(s)=\frac{i_L(0_-)+(s+3)u_C(0_-)}{s^2+4s+4}+\frac{U_s(s)}{s^2+4s+4}$$

上式第一项仅与各初始值有关，因而是零输入响应的象函数 $Y_{zi}(s)$；其第二项仅与输入的象函数 $U_s(s)$ 有关，因而是零状态响应的象函数 $Y_{zs}(s)$，即

$$Y_{zi}(s)=\frac{i_L(0_-)+(s+3)u_C(0_-)}{s^2+4s+4}$$

$$Y_{zs}(s)=\frac{U_s(s)}{s^2+4s+4}$$

将 $u_C(0_-)=6V$，$i_L(0_-)=2A$，$U_s(s)=\dfrac{12}{s}$ 代入上式得

$$Y_{zi}(s)=\frac{6s+20}{s^2+4s+4}=\frac{8}{(s+2)^2}+\frac{6}{s+2}$$

$$Y_{zs}(s)=\frac{12}{s(s^2+4s+4)}=\frac{12}{s(s+2)^2}=\frac{3}{s}-\frac{6}{(s+2)^2}-\frac{3}{s+2}$$

取逆变换得

$$y_{zi}(t)=(8t+6)e^{-2t}\varepsilon(t)$$

$$y_{zs}(t)=[3-(6t+3)e^{-2t}]\varepsilon(t)$$

例 4-35　电路如图 4-15(a)所示，当 $t<0$ 时，开关 S 断开，电路达到稳态。$t=0$ 时刻开关 S 闭合，求 $t>0$ 时的电流 $i(t)$。

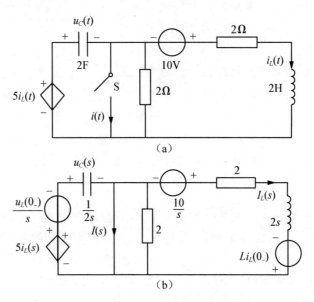

图 4-15　例 4-35 图

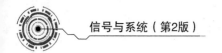

解：当 $t<0$ 时，电路达到稳态，可得

$$i_L(0_-)=\frac{10}{2+2}=2.5\ \text{A}$$

$$u_C(0_-)=5i_L(0_-)+2i_L(0_-)=7i_L(0_-)=17.5\ \text{V}$$

当 $t>0$ 时，s 域电路如图 4-15(b)所示，由图得

$$I(s)=I_C(s)-I_L(s)=\left[5I_L(s)-\frac{17.5}{s}\right]2s-I_L(s)$$

$$I(s)=(10s-1)I_L(s)-35=(10s-1)\frac{\frac{10}{s}+5}{2s+2}-35$$

$$=\frac{50s^2+95s-10}{2s(s+1)}-35=-10-\frac{5}{s}+\frac{27.5}{s+1}$$

故得

$$i(t)=-10\delta(t)-5\varepsilon(t)+27.5\text{e}^{-t}\varepsilon(t)$$

4.5　连续时间系统的表示与模拟

　　人们在解决问题时总是习惯将大问题拆成小问题，并分别在一定条件下求解这些小问题，然后再相互连接起来分析、计算，从而求解大问题。这里的小问题可以看成子系统，大问题可以看成整个大系统，如何由子系统的相互联系获得大系统的特定功能，这就需要了解系统的连接方式。

　　一个连续系统可以用一个矩形方框图简单地表示，如图 4-16 所示。方框图左边的有向线段表示系统的输入 $f(t)$，右边的有向线段表示系统的输出 $y(t)$，方框表示联系输入和输出的部分，是系统的

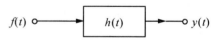

图 4-16　系统的框图表示

主体。另外，几个子系统的组合连接又可构成一个复杂系统，称为复合系统。

　　系统也可以用一些输入、输出关系简单的基本单元(子系统)连接起来表示。这些基本单元有加法器、数乘器(放大器)、积分器等。此外，系统的组合连接方式有串联、并联及两种方式的混合连接。下面介绍连续系统的串联和并联。

1. 连续系统的串联

　　图 4-17(a)表示由 n 个子系统串联组成的复合系统的时域形式。图中 $h_i(t)(i=1,$ $2,\cdots,n)$ 为第 i 个子系统的冲激响应，$H_i(s)$ 为 $h_i(t)$ 的拉普拉斯变换。如图 4-17(a)所示，每个子系统的输出又是与它相连的后一个子系统的输入。设复合系统的冲激响应为 $h(t)$，根据线性连续系统的时域分析结论，$h(t)$ 与 $h_i(t)$ 的关系为

$$h(t)=h_1(t)*h_2(t)*\cdots*h_n(t)\qquad(4\text{-}30)$$

若 $h(t)$ 与 $h_i(t)$ 为因果函数，$h(t)$ 的拉普拉斯变换即系统函数 $H(s)$，根据拉普拉斯

变换的时域卷积性质，$H(s)$ 与 $H_i(s)$ 的关系为

$$H(s) = H_1(s) \cdot H_2(s) \cdots H_n(s) \tag{4-31}$$

图 4-17(b)表示由 n 个子系统串联组成的复合系统的复频域形式。

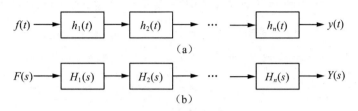

$$（a）$$

$$（b）$$

图 4-17 连续系统的串联

2. 连续系统的并联

图 4-18 表示由 n 个子系统并联组成的复合系统，其中图 4-18(a)为时域形式，图 4-18(b)为复频域形式。符号 $\sum$ 表示加法器，其输出等于各输入之和。复合系统的输入 $f(t)$ 同时又是各子系统的输入，复合系统的输出 $y(t)$ 等于各子系统输出之和。复合系统的冲激响应 $h(t)$ 与子系统冲激响应 $h_i(t)$ 之间的关系为

$$h(t) = h_1(t) + h_2(t) + \cdots + h_n(t) = \sum_{i=1}^{n} h_i(t) \tag{4-32}$$

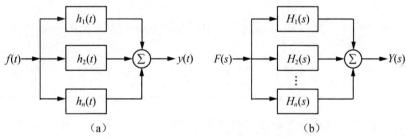

$$（a）$$ $$（b）$$

图 4-18 连续系统的并联

$h(t)$ 的拉普拉斯变换 $H(s)$（即系统函数），其与 $h_i(t)$ 的拉普拉斯变换 $H_i(s)$ 之间的关系为

$$H(s) = H_1(s) + H_2(s) + \cdots + H_n(s) = \sum_{i=1}^{n} H_i(s) \tag{4-33}$$

系统分析中常会遇到用时域框图或 s 域框图描述的系统，若是用时域框图描述的系统，可根据系统的时域框图列出描述该系统的微分方程，然后求解即可。或是根据其时域框图画出其对应的 s 域框图，根据 s 域框图列写有关象函数的代数方程，然后解出响应的象函数，取其逆变换即得系统的响应。系统框图中基本运算器件有数乘器、加法器、积分器三种。表 4-4 列出了三种基本运算器的表示符号及其时域、s 域中输入与输出的关系。

表 4-4   基本运算器的时域、s 域模型

名称	时域模型	s 域模型
数乘器	$f(t) \to a \to y(t)$ 或 $f(t) \xrightarrow{a} y(t)$ $y(t)=af(t)$	$F(s) \to a \to Y(s)$ 或 $F(s) \xrightarrow{a} Y(s)$ $Y(s)=aF(s)$
加法器	$f_1(t)$ $+$ Σ $-$ $\to y(t)$ $f_2(t)$ $y(t)=f_1(t)-f_2(t)$	$f_1(s)$ $+$ Σ $-$ $\to Y(s)$ $f_2(s)$ $Y(s)=F_1(s)-F_2(s)$
积分器	$f(t) \to \int \to y(t)$ $y(t)=\int_{-\infty}^{t} f(x)\mathrm{d}x$ $=y(0_-)+\int_{0_-}^{t} f(x)\mathrm{d}x$ $y(0_-)=\int_{-\infty}^{0} f(x)\mathrm{d}x=f^{(-1)}(0_-)$	$\frac{f^{(1)}(0_-)}{s}$ $F(s) \to \frac{1}{s} \to + \Sigma \to Y(s)$ $Y(s)=\frac{F(s)}{s}+\frac{f^{(-1)}(0_-)}{s}$
积分器 （零状态）	$f(t) \to \int \to y(t)$ $y(t)=\int_{0}^{t} f(x)\mathrm{d}x$	$F(s) \to \frac{1}{s} \to Y(s)$ $Y(s)=\frac{F(s)}{s}$

需要注意的是，LTI 系统在时域的主要运算是卷积，而在 s 域的主要运算却是乘积，因此 s 域相应框图之间的关系是相乘的关系。

对于一阶微分方程

$$y'(t)+ay(t)=f(t) \tag{4-34}$$

如果系统的响应是零状态响应且激励为因果信号，那么这样可以对微分方程两端分别求单边拉普拉斯变换，对应的 s 域方程为

$$sY(s)+a_0Y(s)=F(s) \tag{4-35}$$

该一阶系统对应的时域框图和 s 域框图如图 4-19 所示。

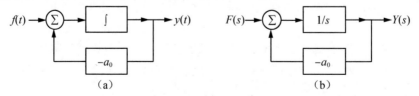

图 4-19   一阶微分方程的时域框图和 s 域框图

对于二阶微分方程

$$y''(t)+a_1y'(t)+a_0y(t)=f(t) \tag{4-36}$$

如果系统的响应是零状态响应且激励为因果信号，那么式(4-36)对应的 s 域方程为

$$s^2Y(s)+a_1sY(s)+a_0Y(s)=F(s) \tag{4-37}$$

该二阶系统对应的时域框图和 s 域框图如图 4-20 所示。

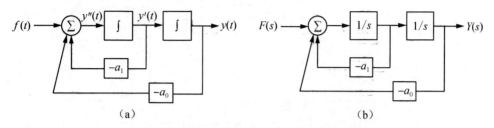

图 4-20 二阶微分方程的时域框图和 s 域框图

对于 n 阶微分方程

$$y^{(n)}(t)+a_{n-1}y^{(n-1)}(t)+\cdots+a_2y^{(2)}(t)+a_1y'(t)+a_0y(t)=f(t) \tag{4-38}$$

式(4-38)的时域框图如图 4-21 所示。

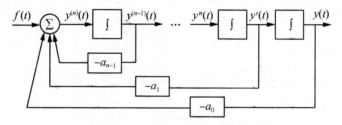

图 4-21 n 阶微分方程的时域框图

若 n 阶微分方程的形式为

$$y^{(n)}(t)+a_{n-1}y^{(n-1)}(t)+\cdots+a_2y''(t)+a_1y'(t)+a_0y(t)$$
$$=b_mf^{(m)}(t)+b_{m-1}f^{(m-1)}(t)+\cdots+b_1f'(t)+b_0f(t) \tag{4-39}$$

对应式(4-39)的框图除了包括图 4-21 所示的 n 个反馈支路外，还应该有 m 个前向支路。为了画出它的框图，需要引入一个辅助函数 $q(t)$，用它来代替式(4-39)中的 $y(t)$，即

$$q^{(n)}(t)+a_{n-1}q^{(n-1)}(t)+\cdots+a_2q''(t)+a_1q'(t)+a_0q(t)=f(t) \tag{4-40}$$

将上式代入式(4-39)等号右端 $f(t)$ 中，得

$$y^{(n)}(t)+a_{n-1}y^{(n-1)}(t)+\cdots+a_2y''(t)+a_1y'(t)+a_0y(t)$$
$$=b_m[q^{(n)}(t)+a_{n-1}q^{(n-1)}(t)+\cdots+a_2q''(t)+a_1q'(t)+a_0q(t)]^{(m)}+$$
$$b_{m-1}[q^{(n)}(t)+a_{n-1}q^{(n-1)}(t)+\cdots+a_2q''(t)+a_1q'(t)+a_0q(t)]^{(m-1)}+\cdots+$$
$$b_1[q^{(n)}(t)+a_{n-1}q^{(n-1)}(t)+\cdots+a_2q''(t)+a_1q'(t)+a_0q(t)]'+$$
$$b_0[q^{(n)}(t)+a_{n-1}q^{(n-1)}(t)+\cdots+a_2q''(t)+a_1q'(t)+a_0q(t)]$$

比较方程两端，所有系数为 a_0 的项为

$$y(t)=b_mq^{(m)}(t)+b_{m-1}q^{(m-1)}(t)+\cdots+b_1q'(t)+b_0q(t) \tag{4-41}$$

事实上，所有系数为 a_0，a_1，$a_2 \cdots$ 的项整理后也与上式相同。根据上式就可以在图 4-22 的基础上画出所有的前向支路，当 $m=n$ 时，时域框图如图 4-22 所示。

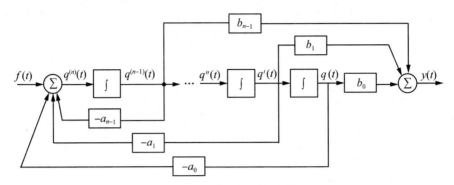

图 4-22 n 阶微分方程的时域框图

该微分方程对应的 s 域框图如图 4-23 所示。

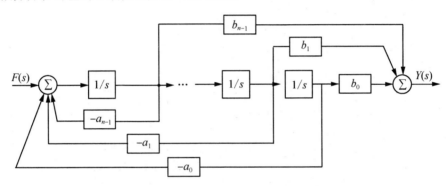

图 4-23 n 阶微分方程的 s 域框图

例 4-36 系统如图 4-24 所示，求：(1)系统函数 $H(s) = \dfrac{Y(s)}{F(s)}$；(2)冲激响应 $h(t)$ 与阶跃响应 $g(t)$；(3) $f(t) = \varepsilon(t-1) - \varepsilon(t-2)$ 时的零状态响应 $y_{zs}(t)$。

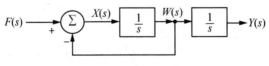

图 4-24 例 4-36 图

解：(1)由图 4-24 得 $W(s) = sY(s)$，$X(s) = sW(s) = s^2 Y(s)$，即

$$F(s) - W(s) = s^2 Y(s)$$
$$F(s) - sY(s) = s^2 Y(s)$$

故得 $H(s) = \dfrac{Y(s)}{F(s)} = \dfrac{1}{s(s+1)} = \dfrac{1}{s} - \dfrac{1}{s+1}$

(2)由于系统函数为

$$H(s)=\frac{Y(s)}{F(s)}=\frac{1}{s(s+1)}=\frac{1}{s}-\frac{1}{s+1}$$

对其取拉普拉斯逆变换可得单位冲激响应为

$$h(t)=(1-\mathrm{e}^{-t})\varepsilon(t)$$

由于 $h(t)=\dfrac{\mathrm{d}g(t)}{\mathrm{d}t}$，两边取拉普拉斯变换得

$$G(s)=\frac{1}{s}H(s)=\frac{1}{s}\left(\frac{1}{s}-\frac{1}{s+1}\right)=\frac{1}{s^2}-\frac{1}{s(s+1)}=\frac{1}{s^2}-\frac{1}{s}+\frac{1}{s+1}$$

故得

$$g(t)=t\varepsilon(t)-\varepsilon(t)+\mathrm{e}^{-t}\varepsilon(t)$$

(3)由于 $F(s)=\dfrac{1}{s}(\mathrm{e}^{-s}-\mathrm{e}^{-2s})$，则得

$$Y_{zs}(s)=H(s)F(s)=\frac{1}{s}(\mathrm{e}^{-s}-\mathrm{e}^{-2s})\frac{1}{s(s+1)}=\left(\frac{1}{s^2}-\frac{1}{s}+\frac{1}{s+1}\right)(\mathrm{e}^{-s}-\mathrm{e}^{-2s})$$

则其零状态响应为

$$y_{zs}(t)=(t-1)\varepsilon(t-1)-\varepsilon(t-1)+\mathrm{e}^{-(t-1)}\varepsilon(t-1)-(t-2)\varepsilon(t-2)+\varepsilon(t-2)-\mathrm{e}^{-(t-2)}\varepsilon(t-2)$$

例 4-37　系统如图 4-25 所示，求：(1)系统函数 $H(s)=\dfrac{Y(s)}{F(s)}$；(2)当激励 $f(t)=\mathrm{e}^{(-2t+1)}\varepsilon(t)$ 时的零状态响应 $y_{zs}(t)$。

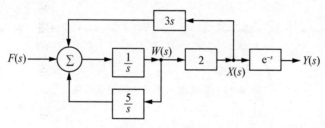

图 4-25　例 4-37 图

解：(1)由图 4-25 可得

$$\begin{cases}W(s)=\left[F(s)+\dfrac{5}{s}W(s)+3sX(s)\right]\dfrac{1}{s}\\ X(s)=2W(s)\\ Y(s)=\mathrm{e}^{-s}X(s)\end{cases}$$

联立解得

$$H(s)=\frac{Y(s)}{F(s)}=-\frac{2s}{5(s^2+1)}\mathrm{e}^{-s}$$

(2)由于 $F(s)=\dfrac{\mathrm{e}}{s+2}$，则

$$Y_{zs}(s)=H(s)F(s)=\frac{-2s\mathrm{e}^{-s}}{5(s^2+1)}\cdot\frac{\mathrm{e}}{s+2}=-\frac{2}{5}\mathrm{e}\left[\frac{2}{5}\frac{s}{s^2+1}+\frac{1}{5}\frac{1}{s^2+1}-\frac{2}{5}\frac{1}{s+2}\right]\mathrm{e}^{-s}$$

故零状态响应为

$$y_{zs}(t) = -\frac{2}{5}e\left[\frac{2}{5}\cos(t-1) + \frac{1}{5}\sin(t-1) - \frac{2}{5}e^{-2(t-1)}\right]\varepsilon(t-1)$$

⇒ 4.6　连续系统的信号流图和梅森公式

连续系统可以用信号流图来表示，且可以根据信号流图用梅森公式直接求出系统函数。

▶ 4.6.1　信号流图

线性连续系统的信号流图是由点和有向线段组成，用来表示系统的输入、输出关系，是 s 域系统框图的一种简化表示形式。信号流图中的基本单元要比框图中的基本单元简单。因此，除了用系统框图代替常系数微分方程描述的 LTI 系统外，也可以用信号流图来描述 LTI 系统，系统框图和信号流图描述的系统是等价的。

1. 基本单元表示方法

图 4-26 给出了用流图所表示的基本运算单元。除了加法器外，标在箭头边上的表达式都是乘积关系。值得注意的是，流图是 s 域框图的简化形式，而不是时域框图的简化形式，但习惯上也常将输入、输出及中间量用时域的形式标在图上。

图 4-26　系统基本单元的流图表示法

2. 信号流图的术语

一般而言，信号流图是一种赋权的有向图，是由一些点和有向线段组成的，如图 4-27 所示。它的一些术语定义如下：

（1）节点。信号流图中表示信号的点称为节点，可以表示信号或函数，如图 4-27 中的 x_1、x_2、x_3、x_4、x_5。

（2）支路。连接两个节点之间的有向线段称为支路，表示信号的传输方向和相互关系。写在支路旁边的函数称为支路的增益或传输函数。

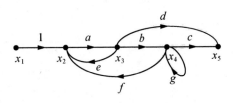

图 4-27　信号流图示意图

（3）源点与汇点。仅有输出支路的节点称为源点，一般用来表示输入节点，如图 4-27 中的节点 x_1。仅有输入支路的节点称为汇点，如图 4-27 中的节点 x_5。既有输入又有输出支路的节点称为混合节点，如图 4-27 中的节点 x_2、x_3、x_4。

（4）通路。从节点出发沿支路传输方向，连续经过支路和节点到达另一节点之间的路径称为通路。

（5）回路或闭通路（环路）。从一个节点出发又回到该节点的通路（与其余节点相遇不多于一次）称为回路或闭通路（环路），如图4-27中的 $x_2 \xrightarrow{a} x_3 \xrightarrow{b} x_4 \xrightarrow{f} x_2$。

（6）自环（或自回路）。只有一个节点和一条支路的回路称为自环（自回路），如图4-27中的 $x_4 \xrightarrow{g} x_4$。

（7）开通路。与任一节点相遇不多于一次的通路称为开通路，它的起始节点和终止节点不是同一节点，如图4-27中的 $x_1 \xrightarrow{1} x_2 \xrightarrow{a} x_3 \xrightarrow{d} x_5$。

（8）前向开通路。源点到汇点的开通路称为前向开通路，如图4-27中的 $x_1 \xrightarrow{1} x_2 \xrightarrow{a} x_3 \xrightarrow{b} x_4 \xrightarrow{c} x_5$。

3. 信号流图的性质

在运用信号流图时，应遵循如下基本性质，即：

（1）信号只能沿支路箭头方向传输，支路的输出是该支路输入与支路增益的乘积。

（2）当节点有多个输入时，该节点将所有输入支路的信号相加，并将和信号传输给所有与该节点相连的输出支路。由此可见节点具有加法器的功能。如图4-28中，$x_4 = ax_1 + bx_2 + cx_3$，且有 $x_5 = dx_4$，$x_6 = ex_4$。

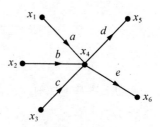

图4-28 信号流图中的节点

信号流图的节点表示变量，因而以上两条基本性质实质上表征了信号流图的线性性质。描述LTI系统的微分方程，经 s 变换后得到的是线性代数方程或方程组，而信号流图所描述的也是这些线性代数方程或方程组。

（3）混合节点可以分解为两个或多个节点。

（4）信号流图不是唯一的。

（5）信号流图转置（输入、输出交换，传输方向相反）后，传输函数保持不变。

4. 信号流图化简的基本原则

信号流图所描述的是线性代数方程或方程组，因而信号流图按代数规则进行化简。信号流图化简的基本原则是：

（1）串联支路的合并（节点的吸收）。如图4-29所示，两条增益分别为 a 和 b 的支路相串联，可以合并为一条增益为 ab 的支路，同时消去中间的节点。

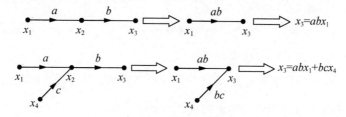

图4-29 串联支路的合并

（2）并联支路的合并。如图 4-30 所示，两条增益分别为 a 和 b 的支路相并联，可以合并为一条增益为 $a+b$ 的支路。

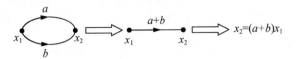

图 4-30　并联支路的合并

（3）自环的消除。如图 4-31 所示。

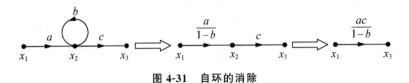

图 4-31　自环的消除

因为

$$\begin{cases} x_2 = ax_1 + bx_2 \\ x_3 = cx_2 \end{cases}$$

所以

$$x_3 = \frac{ac}{1-b}x_1$$

消除自环后，得到从源点到汇点的增益等于所有支路增益均除以（1－环路增益）。

利用上述基本规则，可将复杂的信号流图化简为只有一个源点和汇点的信号流图，从而求得系统函数。

▶ 4.6.2　梅森公式

用信号流图不仅可以直观简明地表示系统的输入、输出关系，而且可以利用梅森公式和信号流图方便地求出系统传输函数 $H(\cdot)$。

梅森公式为

$$H(\cdot) = \frac{\sum_{i=1}^{m} P_i \Delta_i}{\Delta} \tag{4-42}$$

式中，Δ 称为信号流图的特征行列式，表示为

$$\Delta = 1 - \sum_{j} L_j + \sum_{m,n} L_m L_n - \sum_{p,q,r} L_p L_q L_r + \cdots \tag{4-43}$$

Δ 称为信号流图的特征行列式，其中各项的含义是：

（1）$\sum_{j} L_j$ 表示信号流图中所有环路传输函数之和。L_j 是第 j 个环路的传输函数，L_j 等于构成第 j 个环路的各支路传输函数的乘积。

（2）$\sum_{m,n} L_m L_n$ 表示信号流图中所有两个不接触环路的环路传输函数乘积之和。若两个环路没有公共节点或支路，则称这两个环路不接触。

(3) $\displaystyle\sum_{p,q,r} L_p L_q L_r$ 表示所有三个不接触的环路传输函数乘积之和。

梅森公式分子各项的含义是：

(1) i 表示第 i 个从输入节点(源点)到输出节点(汇点)的前向开通路。

(2) p_i 表示从源点到汇点的第 i 条开路的传输函数，p_i 等于第 i 条前向开通路上所有支路传输函数的乘积。

(3) Δ_i 称为第 i 条前向开通路特征行列式的余因子，它是将原信号流图除去第 i 条前向开通路后，即除去前向开通路上所有节点和支路后剩余信号流图的特征行列式。

例 4-38　求图 4-32 所示信号流图的系统函数。

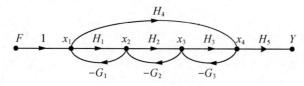

图 4-32　例 4-38 图

解: 为了求出特征行列式 Δ，先求出有关参数。

图 4-32 中共有 4 条回路，各回路增益为

$$x_1 \to x_2 \to x_1 \text{ 回路，} L_1 = -G_1 H_1$$
$$x_2 \to x_3 \to x_2 \text{ 回路，} L_2 = -G_2 H_2$$
$$x_3 \to x_4 \to x_3 \text{ 回路，} L_3 = -G_3 H_3$$
$$x_1 \to x_4 \to x_3 \to x_2 \to x_1 \text{ 回路，} L_4 = -G_1 G_2 G_3 H_4$$

只有两个互不接触的回路 $x_1 \to x_2 \to x_1$ 和 $x_3 \to x_4 \to x_3$，两回路增益乘积为

$$L_1 L_3 = G_1 G_3 H_1 H_3$$

没有三个和三个以上的互不接触回路，可得

$$\Delta = 1 - (L_1 + L_2 + L_3 + L_4) + L_1 L_3$$
$$= 1 + (G_1 H_1 + G_2 H_2 + G_3 H_3 + G_1 G_2 G_3 H_4) + G_1 G_3 H_1 H_3$$

图 4-32 中有两条前向开通路，对于前向开通路 $F \to x_1 \to x_2 \to x_3 \to x_4 \to Y$，其增益为

$$P_1 = H_1 H_2 H_3 H_5$$

由于各回路都与该通路相接触，故

$$\Delta_1 = 1$$

对于前向开通路 $F \to x_1 \to x_4 \to Y$，其增益为

$$P_2 = H_4 H_5$$

不与 P_2 接触的回路只有一个 $x_2 \to x_3 \to x_2$，故

$$\Delta_2 = 1 + G_2 H_2$$

最后，根据梅森公式可得

$$H = \frac{Y}{F} = \frac{H_1 H_2 H_3 H_5 + H_4 H_5 (1 + G_2 H_2)}{1 + (G_1 H_1 + G_2 H_2 + G_3 H_3 + G_1 G_2 G_3 H_4) + G_1 G_3 H_1 H_3}$$

4.7 拉普拉斯变换与傅里叶变换

本章一开始从傅里叶变换的基本原理引出了拉普拉斯变换，那么能否将已知某信号的拉普拉斯变换式中的"s"换成"$j\omega$"，而得到该信号的傅里叶变换呢？为解决此问题，我们来讨论拉普拉斯变换与傅里叶变换的关系。如图 4-33 所示为傅里叶变换、双边拉普拉斯变换和单边拉普拉斯变换三者之间的关系示意图。

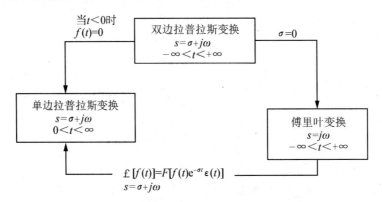

图 4-33 傅里叶变换、双边拉普拉斯变换、单边拉普拉斯变换三者之间的关系图

双边拉普拉斯变换的积分限是$(-\infty,+\infty)$，$f(t)$所乘因子为复指数 e^{-st}，$s=\sigma+j\omega$，它涉及全 s 平面。若不改变积分限，将复指数的 σ 取零值，则 $s=j\omega$，此时局限于 s 平面的虚轴，则得到傅里叶变换，双边拉普拉斯变换变为广义傅里叶变换。如果将双边拉普拉斯变换的积分限变为$(0,+\infty)$，那么就得到单边拉普拉斯变换。在取傅里叶变换时，如果 $t<0$ 时，$f(t)=0$，并将 $f(t)$ 乘收敛因子 $e^{-\sigma t}$ 也就成为单边拉普拉斯变换。

单边拉普拉斯变换和傅里叶变换的定义式分别为

$$F(s)=\int_0^\infty f(t)e^{-st}\,dt,\ \operatorname{Re}[s]>\sigma_0 \tag{4-44}$$

$$F(j\omega)=\int_{-\infty}^\infty f(t)e^{-j\omega t}\,dt$$

单边拉普拉斯变换中的信号 $f(t)$ 为因果信号，即 $t<0$ 时，$f(t)=0$。下边根据收敛域的不同，分三种情况讨论因果信号的傅里叶变换与拉普拉斯变换的关系。

(1)$\sigma_0>0$（收敛坐标落于 s 平面的右半开平面）。

如果 $f(t)$ 的象函数 $F(s)$ 的收敛坐标 $\sigma_0>0$，那么其收敛坐标在右半开平面，收敛域不包含虚轴，因而在 $s=j\omega$ 处，式(4-44)不收敛。在这种情况下，函数 $f(t)$ 的傅里叶变换不存在。例如，函数 $f(t)=e^{at}\varepsilon(t)(a>0)$，其收敛域为 $\operatorname{Re}[s]>a$。

(2)$\sigma_0<0$（收敛坐标落于 s 平面的左半开平面）。

如果 $f(t)$ 的象函数 $F(s)$ 的收敛坐标 $\sigma_0<0$，那么其收敛坐标在左半开平面，收敛域包含虚轴，此时式(4-44)在 $s=j\omega$ 处收敛，令 $s=j\omega$，就得到相应的傅里叶变换。所以，若收敛坐标 $\sigma_0<0$，则因果信号 $f(t)$ 的傅里叶变换为

$$F(j\omega)=F(s)\big|_{s=j\omega}$$

例如，$f(t)=\mathrm{e}^{-at}\varepsilon(t)(a>0)$，其拉普拉斯变换为

$$F(s)=\frac{1}{s+a}, \quad \mathrm{Re}[s]>-a$$

其傅里叶变换为

$$F(j\omega)=F(s)\big|_{s=j\omega}=\frac{1}{s+a}\bigg|_{s=j\omega}=\frac{1}{j\omega+a}$$

(3)$\sigma_0=0$(收敛坐标落于 s 平面的虚轴上)。

在这种情况下，函数具有拉普拉斯变换，而其傅里叶变换也可以存在，但不能简单地将拉普拉斯变换中的 s 替换为 $j\omega$ 来求傅里叶变换。在它的傅里叶变换中将包含奇异函数项。例如，对于单位阶跃函数，有

$$\mathscr{L}[\varepsilon(t)]=\frac{1}{s}$$

$$\mathscr{F}[\varepsilon(t)]=\frac{1}{j\omega}+\pi\delta(\omega)$$

如果函数 $f(t)$ 的象函数 $F(s)$ 的收敛坐标 $\sigma_0=0$，那么它必然在虚轴上有极点，即 $F(s)$ 的分母多项式 $D(s)=0$ 必有虚根。设 $D(s)=0$ 有 N 个虚根(单根)$j\omega_1, j\omega_2, \cdots, j\omega_N$，将 $F(s)$ 展开成部分分式，并把它分为两部分，其中极点在左半开平面的部分为 $F_a(s)$。这样，象函数 $F(s)$ 可以写为

$$F(s)=F_a(s)+\sum_{i=1}^{N}\frac{K_i}{s-j\omega_i} \tag{4-45}$$

令 $\mathscr{L}^{-1}[F_a(s)]=f_a(t)$，式(4-45)得逆变换为

$$f(t)=f_a(t)+\sum_{i=1}^{N}K_i\mathrm{e}^{j\omega_i t}\cdot\varepsilon(t)$$

对上式求傅里叶变换，可得

$$\mathscr{F}[f(t)]=F_a(j\omega)+\mathscr{F}\Big[\sum_{i=1}^{N}K_i\mathrm{e}^{j\omega_i t}\cdot\varepsilon(t)\Big]$$

$$=F_a(j\omega)+\sum_{i=1}^{N}K_i\Big\{\delta(\omega-\omega_i)*\Big[\pi\delta(\omega)+\frac{1}{j\omega}\Big]\Big\}$$

$$=F_a(j\omega)+\sum_{i=1}^{N}\frac{K_i}{j(\omega-\omega_i)}+\sum_{i=1}^{N}K_i\pi\delta(\omega-\omega_i)$$

上式中，由于 $F_a(s)$ 的极点均在左半开平面，因而它在虚轴上收敛，故有 $F_a(j\omega)=F_a(s)\big|_{s=j\omega}$。上式与式(4-45)比较可知，上式前两项之和正好是 $F(s)\big|_{s=j\omega}$，于是得

$$F(j\omega)=F(s)\big|_{s=j\omega}+\sum_{i=1}^{N}K_i\pi\delta(\omega-\omega_i)$$

如果 $F(s)$ 在 $j\omega$ 轴上有多重极点，可用上面类似方法处理。例如，$F(s)$ 在 $s=j\omega_1$ 处有 r 重极点，而其余极点均在左半开平面，$F(s)$ 的部分分式展开为

$$F(s)=F_a(s)+\frac{K_{11}}{(s-j\omega_1)^r}+\frac{K_{12}}{(s-j\omega_1)^{r-1}}+\cdots+\frac{K_{1r}}{(s-j\omega_1)}$$

式中，$F_a(s)$ 为极点全部在左半开平面，则与 $F(s)$ 相应的傅里叶变换为

$$F(j\omega) = F(s)\big|_{s=j\omega} + \frac{\pi K_{11}(j)^{(r-1)}}{(r-1)!}\delta^{(r-1)}(\omega - \omega_1) +$$

$$\frac{\pi K_{12}(j)^{(r-2)}}{(r-2)!}\delta^{(r-2)}(\omega - \omega_1) + \cdots + \pi K_{1r}\delta(\omega - \omega_1) \quad (4\text{-}46)$$

例 4-39 求 $f(t) = \sin(\omega_0 t)\varepsilon(t)$ 的傅里叶变换。

解： $\sin(\omega_0 t)\varepsilon(t)$ 的象函数为

$$F(s) = \frac{\omega_0}{s^2 + \omega_0^2} = \frac{\frac{1}{2}j}{s + j\omega_0} - \frac{\frac{1}{2}j}{s - j\omega_0}$$

根据式（4-45）可求得

$$F(j\omega) = F(s)\big|_{s=j\omega} + \sum_{i=1}^{N} K_i \pi \delta(\omega - \omega_i)$$

$$= \frac{\omega_0}{(j\omega)^2 + \omega_0^2} + j\frac{\pi}{2}\left[\delta(\omega + \omega_0) - \delta(\omega - \omega_0)\right]$$

$$= \frac{\omega_0}{\omega_0^2 - \omega^2} + j\frac{\pi}{2}\left[\delta(\omega + \omega_0) - \delta(\omega - \omega_0)\right]$$

例 4-40 根据 $f(t) = t\varepsilon(t)$ 的象函数求其傅里叶变换。

解： $f(t) = t\varepsilon(t)$ 的象函数为

$$F(s) = \frac{1}{s^2} = \frac{K_{11}}{s^2} + \frac{K_{12}}{s}$$

可得 $K_{11}=1$，$K_{12}=0$。由式（4-46）可得其傅里叶变换为

$$F(j\omega) = F(s)\big|_{s=j\omega} + \frac{\pi K_{11}(j)^{(r-1)}}{(r-1)!}\delta^{(r-1)}(\omega - \omega_1) + \frac{\pi K_{12}(j)^{(r-2)}}{(r-2)!}\delta^{(r-2)}(\omega - \omega_1)$$

$$= \frac{1}{s^2}\bigg|_{s=j\omega} + \frac{\pi K_{11}(j)^{(2-1)}}{(2-1)!}\delta^{(2-1)}(\omega) = -\frac{1}{\omega^2} + j\pi\delta^{(1)}(\omega)$$

4.8 系统函数与系统特性

系统函数 $H(s)$ 是描述连续时间 LTI 系统特性的重要物理量。当然，通过分析 $H(s)$ 在 s 平面零极点的分布，可以了解系统的时域特性、频域特性以及系统的稳定性等。

4.8.1 系统函数的零点和极点

连续的线性时不变系统的系统函数 $H(s)$ 通常是复变量 s 的有理分式，可以表示为

$$H(s) = \frac{B(s)}{A(s)} = \frac{N(s)}{D(s)} \quad (4\text{-}47)$$

对于连续系统

$$H(s) = \frac{B(s)}{A(s)} = \frac{b_m s^m + b_{m-1}s^{m-1} + \cdots + b_1 s + b_0}{a_n s^n + a_{n-1}s^{n-1} + \cdots + a_1 s + a_0} \quad (4\text{-}48)$$

式中，$a_i(i=0，1，2，\cdots，n)$，$b_j(j=0，1，2，\cdots，m)$为实常数。$A(s)$和$B(s)$是s的有理多项式，其中$B(s)=0$的根$z_j(j=0，1，2，\cdots，m)$称为$H(s)$的零点，$A(s)=0$的根$p_i(i=0，1，2，\cdots，n)$称为$H(s)$的极点，$H(s)$的极点也称为系统的自然频率或固有频率。因此，式(4-48)又可以表示为

$$H(s)=\frac{B(s)}{A(s)}=\frac{b_m\prod\limits_{j=1}^{m}(s-z_j)}{a_n\prod\limits_{i=1}^{n}(s-p_i)}=H_0\frac{\prod\limits_{j=1}^{m}(s-z_j)}{\prod\limits_{i=1}^{n}(s-p_i)} \tag{4-49}$$

式中，$H_0=\dfrac{b_m}{a_n}$为实常数，$H(s)$的零点z_j和极点p_i可能是实数、虚数或复数。若极点(零点)为实数，则位于复平面的实轴上；若极点(零点)为虚数，则位于虚轴上，并且关于坐标原点对称；若极点(零点)为复数(位于实轴和虚轴以外)，则关于实轴对称。将$H(s)$的零点和极点画在s平面(复频域平面)上所构成的图形，称为$H(s)$的零、极点图。其中用符号"○"表示零点，用符号"×"表示极点，同时在图中将H_0的值也标出。若$H_0=1$，则可以不标出。

例 4-41 已知$H(s)$的零、极点分布如图 4-34 所示，并知$H(\infty)=4$。求$H(s)$的表达式。

解： $H(s)=H_0\dfrac{(s+2)\left(s+j\dfrac{1}{2}\right)\left(s-j\dfrac{1}{2}\right)}{s(s+1-j)(s+1+j)}$

$\qquad\qquad =H_0\times\dfrac{1}{4}\times\dfrac{4s^3+8s^2+s+2}{s^3+2s^2+2s}$

故 $\lim\limits_{s\to\infty}H(s)=H_0\times\dfrac{1}{4}\lim\limits_{s\to\infty}\dfrac{4s^3+8s^2+s+2}{s^3+2s^2+2s}=H_0$

由于$\lim\limits_{s\to\infty}H(s)=4$，则得 $H_0=4$。

将 $H_0=4$ 代入得

$$H(s)=\frac{4s^3+8s^2+s+2}{s^3+2s^2+2s}$$

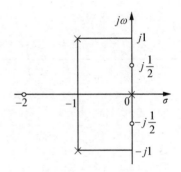

图 4-34 例 4-41 图

4.8.2 系统函数与时域响应

如前所述，系统函数$H(s)$的原函数是系统单位冲激响应$h(t)$。事实上，由于$H(s)$的分母$A(s)=0$是系统的特征方程，特征根就是$H(s)$的极点。因此，$H(s)$的极点也决定系统自由响应(固有响应)的形式。即$h(t)$的形式由$H(s)$的极点的性质(实数、虚数、复数、阶数)以及极点在复平面上的具体位置决定，而$h(t)$的幅度和相位由$H(s)$的零点影响。下面主要讨论$H(s)$的极点在复平面的分布对$h(t)$形式的影响。

连续系统的系统函数$H(s)$的极点，按其在复平面的分布位置可分为左半开平面、虚轴和右半开平面三种情况。这三种情况极点分布与$h(t)$变化趋势分别如表 4-5 至表 4-7 所示。

1. 极点在左半开平面

表 4-5　$H(s)$ 的极点分布情况与 $h(t)$ 变化趋势——极点在左半开平面

序号	$H(s)$ 的极点分布情况	$h(t)$ 变化趋势
1	$H(s)$ 在负实轴上有一阶极点 $p=-\alpha(\alpha>0)$ $H(s)$ 的分母 $A(s)$ 必然含有因子 $(s+\alpha)$	对应的函数包含 $Ae^{-\alpha t}\varepsilon(t)$ 项，A 为实数
2	$H(s)$ 在负实轴上有 r 重极点 $p=-\alpha(\alpha>0)$ $H(s)$ 的分母 $A(s)$ 必然含有因子 $(s+\alpha)^r$	对应的函数包含 $A_i t^i e^{-\alpha t}\varepsilon(t)$， $(i=0,1,2,\cdots,r-1)$，A_i 为实数
3	$H(s)$ 在左半开平面有一阶共轭极点 $p_{1,2}=-\alpha\pm j\beta(\alpha>0)$，$H(s)$ 的分母 $A(s)$ 中就有因子 $[(s+\alpha)^2+\beta^2]$	对应的函数包含 $Ae^{-\alpha t}\cos(\beta t+\theta)\varepsilon(t)$ 项，A 为实数
4	$H(s)$ 在左半开平面有 r 重共轭极点 $p_{1,2}=-\alpha\pm j\beta(\alpha>0)$，$H(s)$ 的分母 $A(s)$ 中就有因子 $[(s+\alpha)^2+\beta^2]^r$	对应的函数包含 $A_i t^i e^{-\alpha t}\cos(\beta t+\theta_i)\varepsilon(t)$ $(i=0,1,2,\cdots,r-1)$，A_i、θ_i 为实数

2. 极点在虚轴上

表 4-6　$H(s)$ 的极点分布情况与 $h(t)$ 变化趋势——极点在虚轴上

序号	$H(s)$ 的极点分布情况	$h(t)$ 函数变化趋势
1	$H(s)$ 在坐标原点有一阶极点 $p=0$ $H(s)$ 的分母 $A(s)$ 中就有因子 s	对应的函数包含 $A\varepsilon(t)$，A 为实数
2	$H(s)$ 在坐标原点有 r 重极点 $p=0$ $H(s)$ 的分母 $A(s)$ 中就有因子 s^r	对应的函数包含 $A_i t^i\varepsilon(t)$， $(i=0,1,2,\cdots,r-1)$，A_i 为实数
3	$H(s)$ 在虚轴上有一阶共轭极点 $p_{1,2}=\pm j\beta$ $H(s)$ 的分母 $A(s)$ 中就有因子 $(s^2+\beta^2)$	对应的函数包含 $A\cos(\beta t+\theta)\varepsilon(t)$，$A$、$\theta$ 为实数
4	$H(s)$ 在虚轴上有 r 重共轭极点 $p_{1,2}=\pm j\beta$， 则 $A(s)$ 中就有因子 $(s^2+\beta^2)^r$	对应的函数包含 $A_i t^i\cos(\beta t+\theta_i)\varepsilon(t)$， $(i=0,1,2,\cdots,r-1)$，A_i、θ_i 为实数

3. 极点在右半开平面

表 4-7　$H(s)$ 的极点分布情况与 $h(t)$ 变化趋势——极点在右半开平面

序号	$H(s)$ 的极点分布情况	$h(t)$ 函数变化趋势
1	$H(s)$ 在正实轴上有一阶极点 $p=\alpha(\alpha>0)$ $H(s)$ 的分母 $A(s)$ 中就有因子 $(s-\alpha)$	对应的函数包含 $Ae^{\alpha t}\varepsilon(t)$，$A$ 为实数
2	$H(s)$ 在右半开平面有一阶共轭极点 $p_{1,2}=\alpha\pm j\beta(\alpha>0)$， $H(s)$ 的分母 $A(s)$ 中就有因子 $[(s-\alpha)^2+\beta^2]$	对应的函数包含 $Ae^{\alpha t}\cos(\beta t+\theta)\varepsilon(t)$， A、θ 为实常数项

　　从上表中可见，右半开平面一阶极点对应的 $h(t)$ 中函数的形式与左半开平面一阶极

点对应的 $h(t)$ 中函数的形式相似，只是左半开平面极点对应的 $h(t)$ 随时间按指数规律衰减，而右半开平面极点对应的 $H(s)$ 随时间按指数规律增长。左半开平面和右半开平面重极点对应的时域函数也有同样的特点。$H(s)$ 的一阶极点在复平面上的分布与时域函数的对应关系如图 4-35 所示。图中"×"号表示极点。

由以上讨论得到如下结论：

（1）$H(s)$ 在左半开平面的极点，无论是一阶极点或 r 重极点，它们对应的时域函数 $h(t)$ 都是按指数规律衰减的，即当 $t \rightarrow \infty$ 时，$h(t)$ 的值趋于零。

（2）$H(s)$ 在虚轴上的一阶极点对应的时域函数 $h(t)$ 是幅度不随时间变化的阶跃函数或正弦函数。$H(s)$ 在虚轴上的二阶极点或二阶以上极点对应的时域函数 $h(t)$ 随时间的增长而增大，当 $t \rightarrow \infty$ 时，$h(t)$ 的值趋于无穷大。

（3）$H(s)$ 在右半开平面的极点，无论是一阶极点或 r 重极点，它们对应的时域函数 $h(t)$ 都随时间的增长而增大，当 $t \rightarrow \infty$ 时，$h(t)$ 的值趋于无穷大。

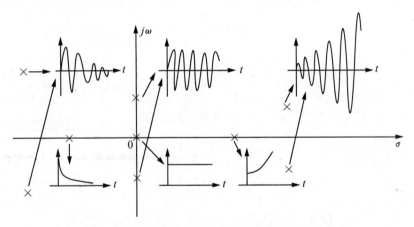

图 4-35　$H(s)$ 的极点分布与时域函数对应关系图

4.8.3　系统函数与频域特性

由线性连续系统的频域分析可知，可以用系统冲激响应 $h(t)$ 的傅里叶变换 $H(j\omega)$ 表示系统的频率特性，即系统的频率响应。下面讨论 $H(j\omega)$ 与系统函数 $H(s)$ 的关系。根据傅里叶变换的定义和单边拉普拉斯变换的定义，若 $h(t)$ 为因果信号，则有

$$H(j\omega) = \int_{-\infty}^{\infty} h(t)\mathrm{e}^{-j\omega t}\,\mathrm{d}t = \int_{0_-}^{\infty} h(t)\mathrm{e}^{-j\omega t}\,\mathrm{d}t$$

$$H(s) = \int_{0_-}^{\infty} h(t)\mathrm{e}^{-st}\,\mathrm{d}t$$

上面两式的积分是相似的，但不能简单地认为用 $j\omega$ 代替 $s(s = \sigma + j\omega)$。由单边拉普拉斯变换的定义可知，$H(s)$ 的收敛域为 $\sigma > \sigma_0$。因此，只有当 $\sigma_0 < 0$ 时，即 $H(s)$ 的极点全部在左半开平面时，$H(s)$ 的收敛域包含 $j\omega$ 轴，在这种情况下，$H(s)$ 对应的系统为稳定系统。

根据以上讨论，可以得到以下结论：若因果系统的系统函数 $H(s)$ 的极点全部在左半

开平面，则

$$H(j\omega) = H(s)|_{s=j\omega}$$

线性连续系统的频率特性（频率响应）可以表示为

$$H(j\omega) = H(s)|_{s=j\omega} = \frac{b_m \prod_{j=1}^{m}(j\omega - z_j)}{\prod_{i=1}^{n}(j\omega - p_i)} \tag{4-50}$$

系统的频率特性完全取决于 $H(s)$ 的零、极点在复平面的分布位置。式(4-50)中，设 $b_m > 0$，并且令

$$j\omega - z_j = B_j e^{j\psi_j}$$

$$j\omega - p_i = A_i e^{j\theta_i}$$

则式(4-50)可以表示为

$$H(j\omega) = \frac{b_m \prod_{j=1}^{m} B_j e^{j\psi_j}}{\prod_{i=1}^{n} A_i e^{j\theta_i}} = |H(j\omega)| e^{j\varphi(\omega)} \tag{4-51}$$

此外，由于 $j\omega$、零点 z_j、极点 p_i 都是复数，可以用复平面上的矢量（有向线段）表示。因此，$A_i e^{j\theta_i}$ 可以表示为矢量 $j\omega$ 与矢量 p_i 的差矢量，$B_j e^{j\psi_j}$ 可以表示为矢量 $j\omega$ 与矢量 z_j 的差矢量。

$$|H(j\omega)| = \frac{b_m B_1 B_2 \cdots B_m}{A_1 A_2 \cdots A_n}$$

$$\varphi(\omega) = (\psi_1 + \psi_2 + \cdots + \psi_m) - (\theta_1 + \theta_2 + \cdots + \theta_n)$$

$|H(j\omega)|$ 称为幅频特性（幅频响应），$\varphi(\omega)$ 称为相频特性（相频响应）。

当 ω 从 0（或 $-\infty$）开始沿虚轴到 ∞ 变化时，各差矢量的模 A_i、B_j 和幅角 θ_i、ψ_j 也随之变化，根据差矢量随 ω 变化的情况，就可得到系统的幅频特性曲线和相频特性曲线。差矢量 $B_j e^{j\psi_j}$、$A_i e^{j\theta_i}$ 如图 4-36 所示。

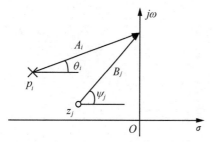

图 4-36　零极点的矢量表示及差矢量表示

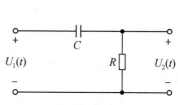

图 4-37　例 4-42 图

例 4-42　求如图 4-37 所示高通滤波器的幅频、相频特性。

解：

$$H(s) = \frac{U_2(s)}{U_1(s)} = \frac{R}{R + 1/sC} = \frac{s}{s + 1/RC}$$

零点 $z_1 = 0$，极点 $p_1 = -1/RC$，零、极点在复平面的分布如图 4-38 所示。由于极点在左半开平面，故 $H(s)$ 在虚轴上收敛，该系统的频率响应为

$$H(j\omega) = H(s)\big|_{s=j\omega} = \frac{j\omega}{j\omega + 1/RC} = \frac{B_1 e^{j\psi_1}}{A_1 e^{j\theta_1}} = |H(j\omega)| e^{j\varphi(\omega)}$$

式中

$$|H(j\omega)| = \frac{B_1}{A_1}, \quad \varphi(\omega) = \psi_1 - \theta_1$$

现在分析当 ω 从 0 沿虚轴向 ∞ 增大时，$H(j\omega)$ 如何随之变化。

(1) 当 $\omega = 0$ 时，$B_1 = 0$，$|H(j\omega)| = \dfrac{B_1}{A_1} = 0$，$\psi_1 = 90°$，$\theta_1 = 0°$，$\varphi(\omega) = \psi_1 - \theta_1 = 90°$。

(2) 当 $\omega = 1/RC$ 时，$B_1 = 1/RC$，$A_1 = \sqrt{2}/RC$，$|H(j\omega)| = \dfrac{B_1}{A_1} = \dfrac{1}{\sqrt{2}}$，$\psi_1 = 90°$，$\theta_1 = 45°$，$\varphi(\omega) = \psi_1 - \theta_1 = 45°$。

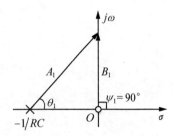

图 4-38 高通滤波器的零点与极点矢量

将 $\omega = 1/RC$ 称为高通滤波器的截止频率点。

(3) 当 ω 趋于 ∞ 时，A_1、B_1 趋于 ∞；$\psi_1 = 90°$，θ_1 趋于 $90°$，$\varphi(\omega) = \psi_1 - \theta_1 = 0°$。按照上述分析绘出幅频特性与相频特性曲线如图 4-39 所示。

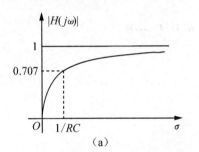
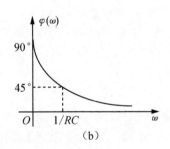

(a)   (b)

图 4-39 RC 高通滤波器的幅频和相频特性曲线

例 4-43 已知二阶线性连续系统的系统函数为

$$H(s) = \frac{s - a}{s^2 + 2as + \omega_0^2}$$

式中 $a > 0$，$\omega_0 > a$。粗略画出系统的幅频和相频特性曲线。

解： $H(s)$ 有一个零点 $z_1 = a$，有两个极点 $p_{1,2} = -a \pm j\sqrt{\omega_0^2 - a^2} = -a \pm j\beta$，其中，$\beta = \sqrt{\omega_0^2 - a^2}$。$H(s)$ 可表示为

$$H(s) = \frac{s - z_1}{(s - p_1)(s - p_2)}$$

由于 $a > 0$，$H(s)$ 的极点都在左半开平面，故 $H(s)$ 在虚轴上收敛，该系统的频率响应为

$$H(j\omega)=H(s)\big|_{s=j\omega}=\frac{j\omega-z_1}{(j\omega-p_1)(j\omega-p_2)} \tag{4-52}$$

令 $j\omega-z_1=B_1\mathrm{e}^{j\psi_1}$，$j\omega-p_1=A_1\mathrm{e}^{j\theta_1}$，$j\omega-p_2=A_2\mathrm{e}^{j\theta_2}$，如图 4-40 所示。式(4-52)可表示为

$$H(j\omega)=\frac{B_1\mathrm{e}^{j\psi_1}}{A_1\mathrm{e}^{j\theta_1}A_2\mathrm{e}^{j\theta_2}}=|H(j\omega)|\mathrm{e}^{j\varphi(\omega)} \tag{4-53}$$

系统的零点与极点矢量图如图 4-40 所示，其幅频特性和相频特性分别为

$$|H(j\omega)|=\frac{B_1}{A_1A_2}$$

$$\varphi(\omega)=\psi_1-(\theta_1+\theta_2)$$

由图 4-40 可以看出：

(1)当 $\omega=0$ 时，$B_1=\alpha$，$A_1=A_2=\sqrt{\alpha^2+\beta^2}=\omega_0$，所以 $|H(j\omega)|=\alpha/\omega_0^2$；$\varphi(\omega)=\pi$。

(2)当 ω 从零开始增大时，A_1 随之减小，A_2 和 B_1 随之增大，因而 $|H(j\omega)|$ 增大；θ_1 为负值，随 ω 增大($|\theta_1|$ 减小)，θ_2 增大，ψ_1 减小，故 $\varphi(\omega)$ 减小。

(3)从 $\omega=\beta$ 开始，随 ω 增大，A_1、A_2 和 B_1 均增大，当 $\omega>\beta$ 且在 β 附近某处，$|H(j\omega)|$ 有一峰值，该处 $\varphi(\omega)=0$。此后，随 ω 继续增大，A_1、A_2 和 B_1 继续增大，θ_1、θ_2 继续增大，ψ_1 继续减小，因而 $|H(j\omega)|$、$\varphi(\omega)$ 继续减小。

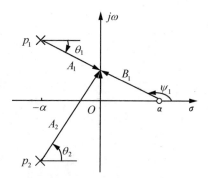

图 4-40 系统的零点与极点矢量图

(4)当 ω 趋于 ∞ 时，A_1、A_2 和 B_1 均趋于无穷大，θ_1、θ_2、ψ_1 均趋于 $\pi/2$，因而 $|H(j\omega)|$ 趋于零，$\varphi(\omega)$ 趋于 $-\pi/2$。

系统的幅频和相频特性曲线如图 4-41 所示。

由以上讨论可知，如果系统函数的某一极点(例 4-43 中 $p_1=-\alpha+j\beta$)十分靠近虚轴，那么当角频率 ω 在该极点虚部附近处(即 $\omega\approx\beta$)，幅频响应有一峰值，相频响应急剧减小；如果系统函数有一零点(如 $z_1=-a+jb$)十分靠近虚轴，那么在 $\omega\approx b$ 处(例 4-43 中 $\omega\approx0$)幅频响应有一谷值，且相频响应急剧增大。

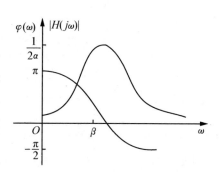

图 4-41 系统的幅频和相频特性曲线

对于 $H(s)$ 的零、极点数目比较少的一阶和二阶系统，在复平面上，将零、极点表示成矢量后，研究该矢量随频率变换的规律，从而分析系统的频率特性是可行的。对于 $H(s)$ 的零极点数目较多的高阶系统，用上述方法分析系统频率特性将是十分困难的，系统的频率特性通常用波特图表示，这里不再讨论。

下面介绍两种常见的函数：全通函数和最小相移函数。

(1)全通函数。如果系统的幅频响应$|H(j\omega)|$对所有的ω均为常数，那么称该系统为全通系统，其相应的系统函数称为全通函数。下面以二阶系统为例说明。

二阶系统的系统函数在左半开平面有一对共轭极点$p_1=-\alpha+j\beta$，$p_2=-\alpha-j\beta$，在右半开平面有一对共轭零点$z_1=\alpha+j\beta=-p_2$，$z_2=\alpha-j\beta=-p_1$，那么系统函数的零点和极点对于$j\omega$轴是镜像对称的，如图 4-42(a)所示。

令$s_1=-p_1$，$s_2=-p_2$，其系统函数可写为

$$H(s)=\frac{(s-z_1)(s-z_2)}{(s-p_1)(s-p_2)}=\frac{(s-s_1)(s-s_2)}{(s+s_1)(s+s_2)}=\frac{(s-s_1)(s-s_1^*)}{(s+s_1)(s+s_1^*)} \tag{4-54}$$

其频率特性为

$$H(s)=\frac{(j\omega-s_1)(j\omega-s_2)}{(j\omega+s_1)(j\omega+s_2)}=\frac{B_1B_2}{A_1A_2}e^{j(\psi_1+\psi_2-\theta_1-\theta_2)}$$

对于所有的ω，$A_1=B_1$，$A_2=B_2$，所以幅频特性为

$$|H(j\omega)|=1 \tag{4-55}$$

其相频特性为

$$\begin{aligned}\varphi(\omega)&=\psi_1+\psi_2-\theta_1-\theta_2\\&=2\pi-2\left[\arctan\left(\frac{\omega+\beta}{\alpha}\right)+\arctan\left(\frac{\omega-\beta}{\alpha}\right)\right]\\&=2\pi-2\arctan\left(\frac{2\alpha\omega}{\alpha^2+\beta^2-\omega^2}\right)\end{aligned} \tag{4-56}$$

由图 4-42(b)可见，当$\omega=0$时，$\theta_1+\theta_2=0$，$\psi_1+\psi_2=2\pi$，故$\varphi(\omega)=2\pi$。当$\omega\to\infty$时，$\psi_1=\psi_2=\theta_1=\theta_2=\pi/2$，故$\varphi(\omega)\to0$。画出幅频和相频特性曲线如图 4-42(b)所示。

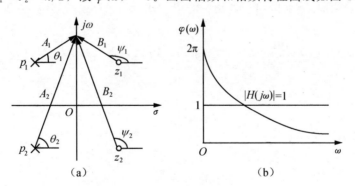

图 4-42 二阶全通函数的频率响应

上述幅频特性为常数的系统，对所有频率的正弦信号都一律平等地传输，因而被称为全通系统，该系统的系统函数称为全通函数。由以上讨论可知，凡极点位于左半开平面，零点位于右半开平面，且所有的零点与极点对于$j\omega$轴为一一镜像对称的系统函数即为全通函数。

(2)最小相移函数：如果有一系统函数$H_a(s)$，它有两个极点$-s_1$和$-s_1^*$，两个零

点$-s_2$和$-s_2^*$，它们都在左半开平面，其零、极点分布如图 4-43(a) 所示。系统函数 $H_a(s)$ 可以写为

$$H_a(s) = \frac{(s+s_2)(s+s_2^*)}{(s+s_1)(s+s_1^*)} \tag{4-57}$$

另一系统函数 $H_b(s)$，其零、极点分布如图 4-43(b) 所示，它的极点与 $H_a(s)$ 相同，为 $-s_1$ 和 $-s_1^*$，它的零点在右半开平面，且为 s_2 和 s_2^*。系统函数 $H_b(s)$ 可以写为

$$H_b(s) = \frac{(s-s_2)(s-s_2^*)}{(s+s_1)(s+s_1^*)} \tag{4-58}$$

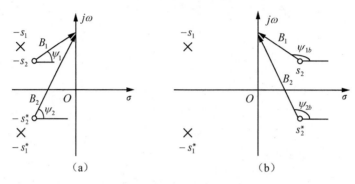

图 4-43 最小相位系统

由于 $H_a(s)$ 与 $H_b(s)$ 的极点相同，故它们在 s 平面上对应的矢量也相同，而由于它们的零点镜像对称于 $j\omega$ 轴，故它们对应的矢量的模也相同，因此 $H_a(j\omega)$ 与 $H_b(j\omega)$ 的幅频响应完全相同。

由图 4-43(a) 和图 4-43(b) 可以看出，对于相同的 ω，$H_b(j\omega)$ 零点矢量的相角为

$$\psi_{1b} = \pi - \psi_1 \qquad \psi_{2b} = \pi - \psi_2$$

式中，ψ_1、ψ_2 为 $H_a(j\omega)$ 的零点矢量的相角。因此，$H_a(j\omega)$ 与 $H_b(j\omega)$ 的相频特性分别为

$$\varphi_a(\omega) = (\psi_1 + \psi_2) - (\theta_1 + \theta_2) \tag{4-59}$$

$$\varphi_b(\omega) = (\pi - \psi_1 + \pi - \psi_2) - (\theta_1 + \theta_2) = 2\pi - (\psi_1 + \psi_2) - (\theta_1 + \theta_2) \tag{4-60}$$

由图 4-43(b) 可见，当 $\omega \to \infty$ 时，$\psi_1 + \psi_2$ 从 0 增加到 π，因此，$\psi_1 + \psi_2 \leqslant \pi$，所以对于任意角频率

$$\varphi_b(\omega) - \varphi_a(\omega) = 2\pi - 2(\psi_1 + \psi_2) \geqslant 0$$

也就是说，对于任意角频率 $0 \leqslant \omega \leqslant \infty$ 时，有

$$\varphi_b(\omega) \geqslant \varphi_a(\omega) \tag{4-61}$$

式(4-61)表明，对于具有相同幅频特性的系统函数而言，零点位于左半开平面的系统函数，其相频特性 $\varphi(\omega)$ 最小，故称为最小相移函数。

考虑到由纯电抗元件组成的电路，其网络函数的零点可能在虚轴上，故也可定义如下：右半开平面没有零点的系统函数称为最小相移函数，相应的网络称为最小相移网络。

如果系统函数在右半开平面有零点，那么称为非最小相移动函数。例如

$$H_b(s) = \frac{(s-s_2)(s-s_2^*)}{(s+s_1)(s+s_1^*)}$$

若用 $(s+s_2)(s+s_2^*)$ 同时乘上式的分母和分子，得

$$
\begin{aligned}
H_b(s) &= \frac{(s-s_2)(s-s_2^*)(s+s_2)(s+s_2^*)}{(s+s_1)(s+s_1^*)(s+s_2)(s+s_2^*)} \\
&= \frac{(s+s_2)(s+s_2^*)}{(s+s_1)(s+s_1^*)} \cdot \frac{(s-s_2)(s-s_2^*)}{(s+s_2)(s+s_2^*)} \\
&= H_a(s)H_c(s)
\end{aligned}
\tag{4-62}
$$

式中，$H_a(s)$ 是最小相移函数，$H_c(s)$ 是全通函数，即

$$H_c(s) = \frac{(s-s_2)(s-s_2^*)}{(s+s_2)(s+s_2^*)}$$

由此可知，任意非最小相移函数都可以表示为最小相移函数与全通函数的乘积。

▶ 4.8.4 系统的稳定性及判定准则

在实际工作中，我们总希望设计的系统能够稳定可靠地工作，那么什么样的系统是一个稳定系统？系统的稳定性如何判定？下面分别就这方面的问题进行探讨。

1. 系统的稳定性

系统是否稳定与激励信号无关，因此，系统的稳定性是系统自身的性质之一。系统的冲激响应 $h(\cdot)$ 或系统函数 $H(\cdot)$ 集中表征了系统的本性，也反映了系统的稳定性。从稳定性考虑，因果系统可分为稳定系统、不稳定系统和临界稳定系统三种类型。判断系统是否稳定，可以从时域或变换域两方面进行。

一个系统，对有限正实数 M_f 和 M_y，若输入 $|f(\cdot)| \leqslant M_f$，并且零状态响应 $|Y_f(\cdot)| \leqslant M_y$，则系统是稳定系统，可称为有界输入有界输出（BIBO）稳定系统。若对任一有界输入产生的零状态响应也是有界的，则称该系统是有界输入有界输出意义下的稳定系统。

线性时不变因果连续系统稳定的主要条件是系统的冲激响应 $h(t)$ 绝对可积。设 M 为有限正实数，系统稳定的充分必要条件表示为

$$\int_0^\infty |h(t)| \, \mathrm{d}t \leqslant M \tag{4-63}$$

利用式（4-63）判断系统稳定性需要进行积分运算，这给系统的稳定性判断带来了一定的困难。因为系统函数 $H(s)$ 的收敛域是使 $h(t)\mathrm{e}^{-\sigma t}$ 绝对可积的 σ 的取值范围，当 $\sigma = 0$ 时，$h(t)\mathrm{e}^{-\sigma t}$ 绝对可积等效于式（4-63），因此也可以从 $H(s)$ 的收敛域或 $H(s)$ 的极点分布来判断系统的稳定性。对于因果的连续时间 LTI 系统，$H(s)$ 的收敛域在最大极点的右侧，若系统稳定，收敛域应该包括 $j\omega$ 轴，则意味着 $H(s)$ 的最大极点必在 s 平面的左半开平面。因此，因果连续时间 LTI 系统稳定的主要条件是系统函数 $H(s)$ 的全部极点位于 s 平面的左半开平面。

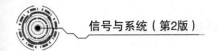

2. 连续系统稳定性准则

对于连续系统，如果 $H(s)$ 全部极点落在 s 左半开平面（不包括虚轴），可以满足 $\lim\limits_{t\to\infty}h(t)=0$，则系统是稳定的。如果 $H(s)$ 的极点落在 s 右半开平面或在虚轴上具有二阶以上极点，在足够长时间以后，$h(t)$ 仍继续增大，那么系统是不稳定的。如果 $H(s)$ 在虚轴上有单阶极点分布，而其余的极点位于 s 平面的左半开平面，在足够长时间以后，$h(t)$ 趋于一个非零的数值或做等幅振荡，那么系统是临界稳定的。从有界输入有界输出稳定性来看，这种情况可属不稳定范围。

例 4-44 如图 4-44 所示因果反馈系统，子系统的系统函数为

$$G(s)=\frac{1}{(s+1)(s+2)}$$

求当常数 K 满足什么条件时，系统是稳定的？

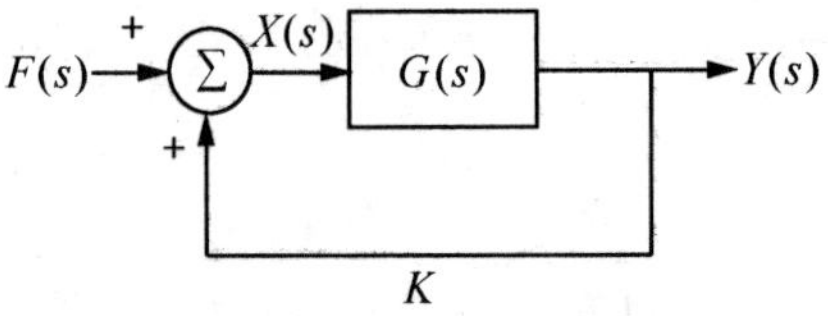

解： 由图 4-44 可以看出

图 4-44 例 4-44 图

$$X(s)=F(s)+KY(s)$$

$$Y(s)=G(s)X(s)=G(s)F(s)+KG(s)Y(s)$$

该系统的系统函数为

$$H(s)=\frac{Y(s)}{F(s)}=\frac{G(s)}{1-KG(s)}=\frac{1}{s^2+3s+2-K}$$

$H(s)$ 的极点为

$$p_{1,2}=-\frac{3}{2}\pm\sqrt{\left(\frac{3}{2}\right)^2-2+K}$$

为使极点均在左半开平面，必须满足

$$\left(\frac{3}{2}\right)^2-2+K<\left(\frac{3}{2}\right)^2$$

可解得 $K<2$，即当 $K<2$ 时系统是稳定的。

用系统函数 $H(s)$ 的极点在复平面分布的位置来判断系统稳定性的方法，对于低阶系统是方便的。对于高阶系统，求 $H(s)$ 的极点就比较困难。其实，在判断系统的稳定性时，并不要求知道 $H(s)$ 极点的具体数值，而是只需要知道 $H(s)$ 极点的分布区域就可以了。罗斯和霍尔维兹提出了一种用 s 域判断系统稳定性的准则，这个准则避开了求 $H(s)$ 的极点，而是根据 $H(s)$ 的分布多项式的系数判断系统的稳定性，应用起来比较方便。

下面就介绍利用罗斯-霍尔维兹准则判断系统稳定性的方法。设 n 阶线性连续系统的系统函数为

$$H(s)=\frac{B(s)}{A(s)}=\frac{b_m s^m+b_{m-1}s^{m-1}+\cdots+b_1 s+b_0}{a_n s^n+a_{n-1}s^{n-1}+\cdots+a_1 s+a_0} \tag{4-64}$$

式中，$m\leqslant n$，$a_i(i=0,1,2,\cdots,n)$，$b_j(j=0,1,2,\cdots,m)$ 为实常数。$H(s)$ 的分母多项式为

$$A(s)=a_n s^n+a_{n-1}s^{n-1}+\cdots+a_1 s+a_0$$

$H(s)$ 的极点就是 $A(s)=0$ 的根。若 $A(s)=0$ 的根全部在左半开平面，则 $A(s)$ 称为霍尔维兹多项式。

$A(s)$ 为霍尔维兹多项式的必要条件是：$A(s)$ 的各项系数 a_i 都不等于零，并且 a_i 全为正实数或全为负实数。若 a_i 全为负实数，则可把负号归于 $H(s)$ 的分子 $B(s)$，因而该条件又可表示为 $a_i > 0$。显然，若 $A(s)$ 为霍尔维兹多项式，则系统是稳定的因果系统。

罗斯和霍尔维兹提出了判断多项式为霍尔维兹多项式的准则，称为罗斯-霍尔维兹准则(R-H 准则)。罗斯-霍尔维兹准则包括两部分，一部分是罗斯阵列，一部分是罗斯判据(罗斯准则)。

罗斯阵列是由 $A(s)$ 的系数构成的表，该表的具体组成如下(表 4-8)：

表 4-8

行	第一列	第二列	第三列	…
1	a_n	a_{n-2}	a_{n-4}	…
2	a_{n-1}	a_{n-3}	a_{n-5}	…
3	c_{n-1}	c_{n-3}	c_{n-5}	…
4	d_{n-1}	d_{n-3}	d_{n-5}	…
…	…	…	…	…
$n+1$	…	…	…	…

阵列中第 1 行和第 2 行元素的意义不言而喻，若 n 为偶数，则第二行最后一列元素用零补上。罗斯阵列共有 $n+1$ 行，第 3 行及以后各行的元素按照以下各式计算：

$$c_{n-1}=-\frac{1}{a_{n-1}}\begin{vmatrix} a_n & a_{n-2} \\ a_{n-1} & a_{n-3} \end{vmatrix}, \quad c_{n-3}=-\frac{1}{a_{n-1}}\begin{vmatrix} a_n & a_{n-4} \\ a_{n-1} & a_{n-5} \end{vmatrix}, \quad \cdots$$

$$d_{n-1}=-\frac{1}{c_{n-1}}\begin{vmatrix} a_{n-1} & a_{n-3} \\ c_{n-1} & c_{n-3} \end{vmatrix}, \quad d_{n-3}=-\frac{1}{c_{n-1}}\begin{vmatrix} a_{n-1} & a_{n-5} \\ c_{n-1} & c_{n-5} \end{vmatrix}, \quad \cdots$$

$$\cdots$$

依此类推，直到计算第 $n+1$ 行元素为止。第 $n+1$ 行的第一列元素一般不为零，其余元素均为零。

罗斯判据指出：若所排出的数字阵列中第一列中 $n+1$ 个数字全部是正数，则 $H(s)$ 的极点全部在左半开平面，系统是稳定的因果系统；若第一列 $n+1$ 个数字的符号不完全相同，则表明 $A(s)=0$ 在右半开平面有根，元素值的符号改变的次数(从正值到负值或从负值到正值的次数)等于在右半开平面根的数目，因而系统是不稳定的。

在排列罗斯阵列时，需要注意以下两种特殊情况：

(1)阵列的第一列中出现数字为零的元素。此时可用一个无穷小量 ε(认为 ε 是正或负均可)来代替该零元素，并不影响所得结论的正确性。

(2)阵列中某一行元素全部为零。当 $A(s)=0$ 的根中出现有共轭虚根 $\pm j\omega_0$ 时，就会

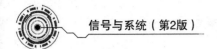

出现此种情况。此时可利用前一行的数字构成一个辅助的 s 多项式 $P(s)$，然后将 $P(s)$ 对 s 求导一次，再用该导数的系数组成新的一行，来代替全为零元素的行即可；而辅助多项式 $P(s)=0$ 的根就是 $H(s)$ 极点的一部分。

例 4-45 已知三个线性连续系统的系统函数分别为

$$H_1(s) = \frac{s+2}{s^4+4s^3+3s^2+1}$$

$$H_2(s) = \frac{2s+1}{s^5+2s^4-3s^3-2s^2+s+2}$$

$$H_3(s) = \frac{s+1}{s^3+2s^2+3s+2}$$

判断三个系统是否为稳定系统。

解： $H_1(s)$ 的分母多项式的系数 $a_1=0$，$H_2(s)$ 分母多项式的符号不完全相同，所以 $H_1(s)$ 和 $H_2(s)$ 对应的系统为不稳定系统。$H_3(s)$ 的分母多项式无缺项且系数全为正值，因此，进一步用 R-H 准则判断。$H_3(s)$ 的分母为

$$A_3(s) = s^3+2s^2+3s+2$$

$A_3(s)$ 的系数组成的罗斯阵列的行数为 4 行，罗斯阵列为（表 4-9）。

表 4-9

行	第一列	第二列
1	1	3
2	2	2
3	c_2	c_0
4	d_2	d_0

$$c_2 = -\frac{\begin{vmatrix} 1 & 3 \\ 2 & 2 \end{vmatrix}}{2} = 2, \quad c_0 = -\frac{\begin{vmatrix} 1 & 0 \\ 2 & 0 \end{vmatrix}}{2} = 0$$

$$d_2 = -\frac{\begin{vmatrix} 2 & 2 \\ 2 & 0 \end{vmatrix}}{2} = 2, \quad d_0 = -\frac{\begin{vmatrix} 2 & 0 \\ 2 & 0 \end{vmatrix}}{2} = 0$$

因为 $A_3(s)$ 系数的罗斯阵列第一列元素全大于零，所以根据 R-H 准则，$H_3(s)$ 对应的系统为稳定系统。

例 4-46 已知某系统的系统函数为

$$H(s) = \frac{1}{s^3+3s^2+3s+1+K}$$

为使系统稳定，常数 K 应满足什么条件？

解： 将 $H(s)$ 的特征多项式 $A(s)$ 的系数排成罗斯阵列为（表 4-10）。

表 4-10

行	第一列	第二列
1	1	3
2	3	$1+K$
3	$\dfrac{8-K}{3}$	
4	$1+K$	

根据 R-H 准则，为使系统稳定，应同时满足 $\dfrac{8-K}{3}>0$，且 $1+K>0$。根据以上条件得，当 $-1<K<8$ 时系统是稳定的。

例 4-47 已知某系统的系统函数为 $D(s)=s^5+2s^4+2s^3+4s^2+s+1$，判断此系统的稳定性。

解： 列罗斯阵列，由于 s^3 行首列元素为零而其他元素不为零，可以用无穷小量 ε 代替零（ε 可以视为正数也可以视为负数），继续列罗斯阵列如表 4-11 所示。由于罗斯阵列首列元素变号两次，所以 $D(s)=0$ 在右半开平面有两个根，系统是不稳定系统。

表 4-11

s^5	1	2	1
s^4	2	4	1
s^3	ε	1/2	
s^2	$-1/\varepsilon$	1	
s^1	1/2		
s^0	1		

例 4-48 已知某系统的系统函数为 $D(s)=s^3+4s^2+2s+8$，判断此系统的稳定性。

解： 列罗斯阵列，由于 s^1 行元素全为零，可从上行即 s^2 行找辅助多项式 $P(s)$，$P(s)=4s^2+8$，求导得 $P'(s)=8s$。把 $P'(s)=8s$ 作为 s^1 行元素继续列罗斯阵列如表 4-12 所示。

表 4-12

s^3	1	2
s^2	4	8
s^1	8	0
s^0	8	0

由于罗斯阵列首列元素同号，所以 $D(s)=0$ 没有根在右半开平面，由 $P(s)=4s^2+8=0$ 可得 $s_{1,2}=\pm j\sqrt{2}$，$D(s)=0$ 有一对共轭复根在 $j\omega$ 轴上，所以系统是临界稳定系统。

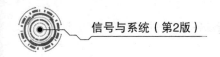

*4.9　MALTAB 实现连续时间信号与系统复频域分析

4.9.1　连续时间信号的拉普拉斯变换与逆变换

MATLAB 的符号数学工具箱提供了计算拉普拉斯变换和逆变换的函数 Laplace 和 iLaplace，其调用格式为

$$F = laplace(f)$$
$$F = ilaplace(F)$$

上述两式右端的 f 和 F 分别为时域表示式和 s 域表示式的符号表示，可以应用函数 sym 实现，其调用格式为

$$S = sym(A)$$

式中，A 为待变换表示式的字符串，S 为符号数字或变量。

用符号函数求拉普拉斯变换和逆变换的方法很简单，但有较大的局限性，而且无助于增进对概念的理解。推荐在 MATLAB 协助下用部分分式展开的方法求解拉普拉斯逆变换。MATLAB 提供了部分分式展开的函数 residue，分为有实数极点且无重根、有共轭复数极点和有多重极点三种使用情况。

4.9.2　$H(s)$ 的零极点与系统特性的 MATLAB 计算

系统函数 $H(s)$ 通常是一个有理分式，其分子和分母均为多项式。计算 $H(s)$ 的零极点可以应用 MATLAB 中的 roots 函数，求出分子和分母多项式的根即可。例如，多项式 $N(s) = s^4 + 2s^2 + 4s + 5$ 的根，可由下面语句求出：

```
N=[1,0,2,4,5];
 R=roots(N)
```

运行结果为：

```
R=
0.8701 +1.7048i
0.8701 −1.7048i
−0.8701 +0.7796i
−0.8701 −0.7796
```

注意，由于 $N(s)$ 中 3 次幂的系数为零，在 $N(s)$ 的表达式可不写 3 次幂的项。但在计算机表示时一定要将零写出。如果写成 N=[1，2，4，5]，那么计算机将认为所表示的多项式为 $s^3 + 2s^2 + 4s + 5$，结果将大相径庭。

绘制系统的零极点分布图可利用 roots 函数分别求出系统的零点和极点，然后用 plot 函数画图。绘制系统零、极点的更简便方法是直接应用 pamap 函数画图。若 $H(s)$ 分子多项式和分母多项式向量分别为 b 和 a，则用下面的语句绘出系统的零、极点分布图。

```
sys=tf(b,a);
pzmap(sys);
```

如果已知系统函数 $H(s)$，求系统的单位冲激响应 $h(t)$ 和系统的频率响应 $H(j\omega)$ 可以应用前面介绍过的 impulse 函数和 freq 函数。

▶ 4.9.3 实验四

【实验目的】

利用 MATLAB 求函数的拉普拉斯变换和拉普拉斯逆变换。

【实验内容】

(1)求 $f(t) = e^{-t}\sin(at)\varepsilon(t)$ 的拉普拉斯变换。

(2)求 $F(s) = \dfrac{s^2}{s^2+1}$ 的拉普拉斯逆变换。

(3)利用 MATLAB 中的函数 residue 求 $F(s) = \dfrac{s^3+5s^2+9s+7}{(s+1)(s+2)}$ 的拉普拉斯逆变换。

(4)用 MATLAB 绘制矩形脉冲 $f(t) = \varepsilon(t) - \varepsilon(t-2)$ 的拉普拉斯变换的幅度曲面图，并与该信号的傅里叶变换的幅度谱曲线比较。

(5)已知系统函数为 $H(s) = \dfrac{1}{s^3+2s^2+2s+1}$，试画出其零、极点分布图，求系统的单位冲激响应 $h(t)$ 和系统的幅度响应 $|H(j\omega)|$，并判断系统是否稳定。

【实验指导与参考代码】

(1)MATLAB 命令如下：

```
f=sym('exp(-t) * sin(a * t)');
F=laplace(f)
```

或

```
syms t
F=laplace(exp(-t) * sin(a * t))
```

以上两个程序的运行结果均为 F=a/((s+1)^2+a^2)。

(2)MATLAB 命令如下：

```
F=sym('s^2/(s^2+1)');
ft=laplace(F)
```

或

```
syms s
ft=laplace(s^2/(s^2+1))
```

以上两个程序的运行结果均为 Ft=Dirac(t)−sin(t)。

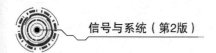

（3）MATLAB 命令及运行结果。

```
b=[1,5,9,7];                    % F(s)分子多项式的系数
a1=[1,1];                       % F(s)分母多项式的第一个分式的系数
a2=[1,2];                       % F(s)分母多项式的第二个分式的系数
a=conv(a1,a2);                  % 计算 F(s)分母多项式的系数
[r,p,k]=residue(b,a)            %部分分式展开,得到系数 r、极点 p 和自由项 k
r=                              %两个部分分式系数
   -1
    2
p=                              %两个极点(特征根)
   -2
   -1
k=                              %整式项系数
    2
```

将系数与极点配对得到 $F(s)$ 的部分分式展开形式

$$F(s)=s+2-\frac{1}{s+2}+\frac{2}{s+1}$$

从而直接写出拉普拉斯逆变换式

$$f(t)=\delta'(t)+2\delta(t)-(e^{-2t}-2e^{-t})\varepsilon(t)$$

（4）实验分析与 MATLAB 程序参考。

为了观察和分析信号的拉普拉斯变换 $F(s)$ 随复变量的变化关系，可以将 $F(s)$ 写成模和辐角的形式，即 $|F(s)|e^{j\varphi(s)}$。从三维几何空间的角度可见，模和辐角是复变量 s 的复变函数对应着 s 平面的两个曲面。$|F(s)|$ 随复变量 s 变化的曲面图称为幅度曲面图，$\varphi(s)$ 随复变量 s 变化的曲面图称为相位曲面图。

根据拉普拉斯变换和傅里叶变换的定义和性质，上述信号的拉普拉斯变换和傅里叶变换为

$$F(s)=\frac{1-e^{-2s}}{s}, \quad F(j\omega)=2S_a(\omega)e^{-j\omega}$$

其程序如下，绘制的频谱和波形如图 4-45 所示。

绘制矩形时间信号傅里叶变换曲线

```
w=-10:0.03:10;Fw=(2*sin(w).*exp(i*w))./w;   % 确定频率范围,计算傅里叶变换
subplot(121);plot(w,abs(Fw));xlabel('频率 \omega'); % 绘制信号幅度频谱曲线
title('傅里叶变换(幅度频谱曲线)');
```

绘制单边矩形脉冲信号拉普拉斯变换幅度曲面图

```
x=-0:0.07:5;y=-10:0.07:10;      % 定义绘制曲面图的横坐标和纵坐标范围
[x,y]=meshgrid(x,y);            % 产生等间隔取样点
```

```
z=x+i*y;                          % 确定绘图区域
z=abs((1−exp(−2*z))./z);          % 求拉普拉斯变换的幅度
subplot(122);mesh(x,y,z);         % 绘制曲面图
surf(x,y,z);                      % 绘制三维阴影曲面
axis([−0,5,−10,10,0,2]);title('拉普拉斯变换幅度曲面图');
```

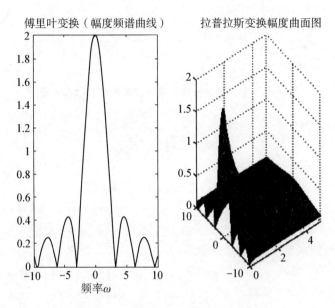

图 4-45　仿真图

（5）MATLAB 参考程序：

```
num=[1];
den=[1,2,2,1];
sys=tf(num,den);
figure(1);pzmap(sys);
t=0:.02:10;
w=0:.02:5;
h=impulse(num,den,t);
figure(2);plot(t,h);
xlabel('time(s)');
title('Impulse Respone');
H=freqs(num,den,w);
figure(3);plot(w,abs(H));
xlabel('Frequency\omega');
title('Magnitude Respone');
```

运行结果如图 4-46 所示。

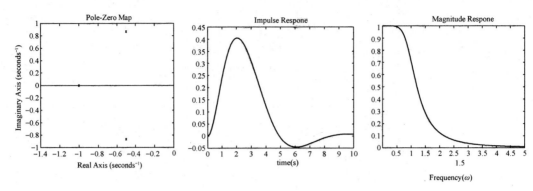

图 4-46 零、极点分布，单位冲激响应和幅频响应

习　题

4-1　计算下列函数的双边拉普拉斯变换，并求其收敛域。

(1) $f(t) = e^{-t}\varepsilon(t)$；

(2) $f(t) = e^{-2t}\varepsilon(-t)$；

(3) $f(t) = \varepsilon(t+2) - \varepsilon(t-2)$；

(4) $f(t) = e^{-2|t|}$。

4-2　求下列时间函数 $f(t)$ 的象函数 $F(s)$。

(1) $f(t) = (1 - e^{-at})\varepsilon(t)$；

(2) $f(t) = t\cos(\omega t)\varepsilon(t)$；

(3) $f(t) = 3\delta(t) + (t+2)\varepsilon(t)$；

(4) $f(t) = (e^{-at} + at - 1)\varepsilon(t)$；

(5) $f(t) = te^{-t}\varepsilon(t-2)$；

(6) $f(t) = e^{-2t}\sin\left(2t - \dfrac{\pi}{4}\right)\varepsilon(t)$；

(7) $f(t) = \delta'(t) + \delta(2t-3) + te^{-(t-2)}\varepsilon(t-1)$；

(8) $f(t) = e^{-10t}\cos(3t-1)\varepsilon(3t-1)$；

(9) $f(t) = \sin(\pi t)[\varepsilon(t) - \varepsilon(t-1)]$；

(10) $f(t) = \cos(3t-2)\varepsilon(3t-2)$；

(11) $f(t) = t^2 e^{-2t}\varepsilon(t)$；

(12) $f(t) = \dfrac{d^2}{dt^2}[\sin(\pi t)\varepsilon(t)]$；

(13) $f(t) = \dfrac{d^2}{dt^2}[\sin(\pi t)]\varepsilon(t)$；

(14) $f(t) = \displaystyle\int_0^t \left[\int_0^\tau \sin(\pi x)\,dx\right]d\tau$。

4-3　求下列象函数 $F(s)$ 的原函数 $f(t)$。

(1) $F(s) = \dfrac{(s+1)(s+3)}{s(s+2)(s+4)}$；

(2) $F(s) = \dfrac{2s^2+16}{(s^2+5s+6)(s+12)}$；

(3) $F(s) = \dfrac{2s^2+9s+9}{s^2+3s+2}$；

(4) $F(s) = \dfrac{s^3}{(s^2+3s+2)s}$；

(5) $F(s) = \dfrac{2+e^{-(s-1)}}{(s-1)^2+4}$；

(6) $F(s) = \dfrac{1}{(1-e^{-s})s}$；

(7) $F(s) = \dfrac{s}{s+1} + \dfrac{se^{-s}+e^{-2s}}{(s+1)^2}$；

(8) $F(s) = \dfrac{\pi(1+e^{-s})}{s^2+\pi^2}$；

(9) $F(s) = \dfrac{1-e^{-Ts}}{s+1}$；

(10) $F(s) = \left(\dfrac{1-e^{-s}}{s}\right)^2$。

4-4　已知因果函数 $f(t)$ 的象函数 $F(s) = \dfrac{s+1}{s^2+4s+5}$，利用拉普拉斯变换的性质，求下列各信号的单边拉普拉斯变换。

(1) $\displaystyle\int_{0^-}^{t-1} f(\tau)\mathrm{d}\tau$；　　　　　　　　　　(2) $f(2t)\sin(2t)$；

(3) $f(3t-4)\varepsilon(3t-4)$。

4-5　已知因果函数 $f(t)$ 的象函数 $F(s) = \dfrac{1}{s^2-s+1}$，利用拉普拉斯变换的性质，求下列各信号的单边拉普拉斯变换。

(1) $\mathrm{e}^{-t}f\left(\dfrac{t}{2}\right)$；　　　　　　　　　　(2) $t\mathrm{e}^{-2t}f(3t)$；

(3) $tf(2t-1)$。

4-6　求下列各象函数 $F(s)$ 的原函数 $f(t)$ 的初值 $f(0_+)$ 与终值 $f(\infty)$。

(1) $F(s) = \dfrac{s^2+2s+1}{s^3-s^2-s+1}$；　　　　　(2) $F(s) = \dfrac{s^3}{s^2+s+1}$；

(3) $F(s) = \dfrac{2s+1}{s^3+3s^2+2s}$；　　　　　(4) $F(s) = \dfrac{1-\mathrm{e}^{-2s}}{(s^2+4)s}$。

4-7　已知 LTI 系统的阶跃响应 $g(t) = (1-\mathrm{e}^{-2t})\varepsilon(t)$，欲使系统的零状态响应为 $y_{zs}(t) = (1-\mathrm{e}^{-2t}+t\mathrm{e}^{-2t})\varepsilon(t)$，求系统的输入信号 $f(t)$。

4-8　已知系统的微分方程为 $y''(t)+3y'(t)+2y(t) = f'(t)+4f(t)$，求在下列条件下的零输入响应和零状态响应。

(1) $f(t) = \varepsilon(t)$，$y(0_-) = 0$，$y'(0_-) = 1$；

(2) $f(t) = \mathrm{e}^{-2t}\varepsilon(t)$，$y(0_-) = 1$，$y'(0_-) = 1$；

(3) $f(t) = \varepsilon(t)$，$y(0_+) = 1$，$y'(0_+) = 3$；

(4) $f(t) = \mathrm{e}^{-2t}\varepsilon(t)$，$y(0_+) = 1$，$y'(0_+) = 2$。

4-9　已知系统的微分方程为 $y''(t)+5y'(t)+6y(t) = f''(t)+3f'(t)+2f(t)$，激励 $f(t) = (1+\mathrm{e}^{-t})\varepsilon(t)$，系统的全响应为 $y(t) = \left(4\mathrm{e}^{-2t}-\dfrac{4}{3}\mathrm{e}^{-3t}+\dfrac{1}{3}\right)\varepsilon(t)$。求系统的零状态响应 $y_{zs}(t)$、零输入响应 $y_{zi}(t)$ 及 $y_{zi}(0_+)$、$y'_{zi}(0_+)$。

4-10　已知线性时不变系统的微分方程为 $y''(t)+3y'(t)+2y(t) = f'(t)+3f(t)$，当输入 $f(t) = \mathrm{e}^{-t}\varepsilon(t)$ 时，系统的全响应为 $y(t) = [(2t+3)\mathrm{e}^{-t}-2\mathrm{e}^{-2t}]\varepsilon(t)$。求系统的零输入响应和零状态响应。

4-11　某线性时不变系统的输入、输出关系为 $y(t) = \displaystyle\int_{-\infty}^{t} 2f(\tau)\mathrm{e}^{-(t-\tau)}\mathrm{d}\tau$。试求：

(1) 冲激响应 $h(t)$；

(2) 当 $f(t) = \varepsilon(t-1)$ 时，系统的零状态响应。

4-12 已知线性时不变系统的阶跃响应 $g(t)=t\mathrm{e}^{-2t}\varepsilon(t)$。

(1)求描述系统的微分方程；

(2)求 $f(t)=\sin(2t)\varepsilon(t)$ 时的零状态响应和稳态响应。

4-13 电路图如图 4-47 所示，已知 $u_{C1}(0_-)=3$ V，$u_{C2}(0_-)=0$ V，$t=0$ 时刻闭合开关 S。求 $t>0$ 时的全响应 $i(t)$。

4-14 电路如图 4-48 所示，

(1)求响应 $u(t)$ 的单位冲激响应 $h(t)$；

(2)欲使零输入响应 $u_{zi}(t)=h(t)$，求 $i(0_-)$ 和 $u_C(0_-)$ 的值；

(3)欲使电路对单位阶跃激励 $\varepsilon(t)$ 的全响应仍然为 $\varepsilon(t)$，求 $i(0_-)$ 和 $u_C(0_-)$ 的值。

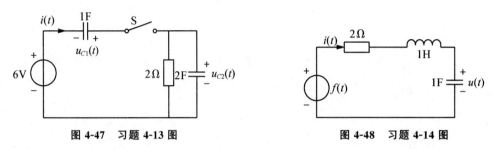

图 4-47   习题 4-13 图   图 4-48   习题 4-14 图

4-15 电路如图 4-49(a)所示，激励 $f(t)$ 的波形如图 4-49(b)所示。求响应 $u(t)$，并画出波形。

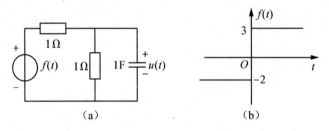

图 4-49   习题 4-15 图

4-16 电路如图 4-50 所示，已知激励 $f(t)=2\varepsilon(-t)+2\mathrm{e}^{-t}\varepsilon(t)$ V，$t=0$ 时刻开关 S 闭合，求 $t\geqslant0$ 时的响应 $u(t)$。

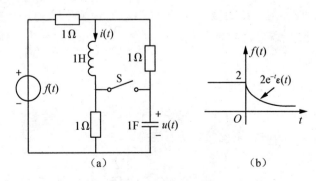

图 4-50   习题 4-16 图

4-17 电路如图 4-51 所示，$f(t)=\varepsilon(t)$，求零状态响应 $u_2(t)$。

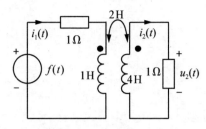

图 4-51 习题 4-17 图

4-18 已知 LTI 系统的微分方程为 $y''(t)+5y'(t)+6y(t)=2f'(t)+8f(t)$，$f(t)=e^{-t}\varepsilon(t)$，$y(0_-)=3$，$y'(0_-)=2$。求解零输入响应 $y_{zi}(t)$、零状态响应 $y_{zs}(t)$ 和全响应。

4-19 已知系统函数 $H(s)=\dfrac{s^2+5}{s^2+2s+5}$，初始状态为 $y(0_-)=0$，$y'(0_-)=-2$。

(1)求系统单位冲激响应 $h(t)$；

(2)求激励 $f(t)=\delta(t)$ 时的系统全响应 $y(t)$；

(3)求激励 $f(t)=\varepsilon(t)$ 时的系统全响应 $y(t)$。

4-20 已知系统的零状态响应 $y(t)=(2-2e^{-2t}-2te^{-2t})\varepsilon(t)$，单位阶跃响应 $g(t)=(1-e^{-2t})\varepsilon(t)$。求系统的激励 $f(t)$。

4-21 已知连续系统在 $f_1(t)=\sin(2t)\varepsilon(t)$ 激励下的零状态响应为 $y_1(t)=\dfrac{2}{5}\left[e^{-t}-\cos(2t)+\dfrac{1}{2}\sin(2t)\right]\varepsilon(t)$，求系统在 $f_2(t)=e^{-t}\varepsilon(t)$ 激励下的零状态响应 $y_2(t)$。

4-22 已知连续系统的系统函数 $H(s)=\dfrac{2s+3}{s(s+3)(s+2)^2}$，试分别用直接形式、级联形式、并联形式模拟该系统，画出方框图。

4-23 已知 $f(t)=(1-e^{-t})\varepsilon(t)$ 的单边拉普拉斯变换为 $F(s)=\dfrac{1}{s(s+1)}\mathrm{Re}[s]>0$，求 $f(t)$ 的傅里叶变换。

4-24 连续系统(a)和(b)，其系统函数 $H(s)$ 的零、极点分布如图 4-52 所示，且已知当 $s\to\infty$ 时，$H(\infty)=1$。求系统函数 $H(s)$ 的表示式并绘出幅频与相频曲线。

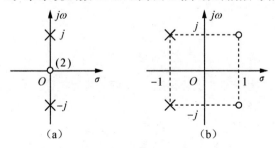

图 4-52 习题 4-24 图

4-25 如图 4-53（a）所示电路的系统函数 $H(s) = \dfrac{U(s)}{I(s)}$，其零、极点分布如图 4-53（b）所示，且 $H(0)=1$。求 R、L、C 的值。

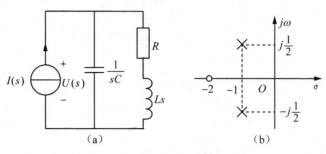

图 4-53　习题 4-25 图

4-26 求如图 4-54 所示系统的系统函数 $H(s) = \dfrac{Y(s)}{F(s)}$。

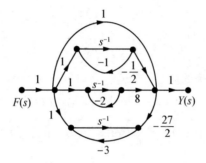

图 4-54　习题 4-26 图

4-27 求如图 4-55 所示连续系统的系统函数 $H(s)$。

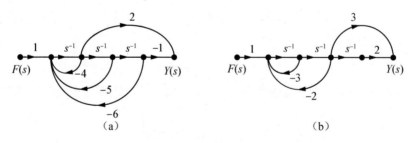

图 4-55　习题 4-27 图

4-28 已知下列各连续系统的系统函数，试判断其稳定性。

(1) $H_1(s) = \dfrac{s+2}{s^4 + 2s^3 + 3s^2 + 5}$；

(2) $H_2(s) = \dfrac{2s+1}{s^5 + 3s^4 - 2s^3 - 3s^2 + 2s + 1}$；

$(3)H_3(s)=\dfrac{s+1}{s^3+2s^2+3s+2}$。

4-29　如图 4-56 所示连续系统的系数如下，判断该系统是否稳定。

$(1)a_0=2，a_1=3；$

$(2)a_0=-2，a_1=-3；$

$(3)a_0=2，a_1=-3。$

4-30　如图 4-57 所示为反馈系统，已知 $G(s)=\dfrac{s}{s^2+4s+4}$，K 为常数。为使系统稳定，试确定 K 值的范围。

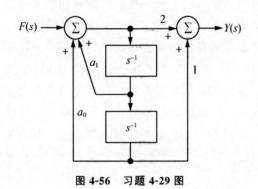

图 4-56　习题 4-29 图

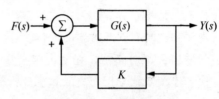

图 4-57　习题 4-30 图

第5章 离散信号与系统的时域分析

本章重点：离散信号的差分和累加和，线性时不变离散系统的差分方程分析和卷积和。

连续系统用于传输和处理连续时间信号，还有一类用于传输和处理离散时间信号的系统称为离散时间系统，简称离散系统。前面从时域、频域和 s 域介绍了连续时间信号和线性时不变连续时间系统的分析方法。从本章开始将讨论离散时间信号和系统的分析方法。

离散系统分析与连续系统分析有许多类似之处，两者之间具有一定的并行关系。连续系统可用微分方程描述，离散系统可用差分方程描述。差分方程与微分方程的求解方法在很大程度上是相互对应的。在连续系统分析中，卷积积分具有重要意义；在离散系统分析中，卷积和也具有同等重要的地位。连续系统有时域、频域和 s 域分析法，离散系统有时域、频域和 Z 域分析法。在系统响应分解方面，它们都可以区分为零输入响应和零状态响应。由于连续系统分析与离散系统分析具有相似性，因此，学习时应注意它们之间存在的差异。

5.1 离散时间信号

只在某些离散瞬时给出函数值的时间函数，称为离散时间信号，简称离散信号或序列（sequence）。也就是说，离散时间信号是时间（自变量）上不连续的序列，且给出函数值的离散时刻（瞬时）是任意的，即任意相邻两时刻之间的间隔大小是任意的，而在未给出函数值的其他时刻，函数值是没有定义的（注意：不能理解为零）。这是离散信号与连续信号的不同点之一。

在离散信号中，若给出函数值的离散时刻是等间隔的，且假设间隔为 T，则离散时间信号可以用离散时间序列如 $f(t_k)$、$x(t_k)$ 等符号表示，其中 $t_k = kT (k=0, \pm 1, \pm 2, \cdots)$ 为信号有值的瞬时，于是离散时间信号又可以表示为 $f(kT)$ 或 $x(kT)$ 等。实际上又常用 $f(k)$ 或 $f[k]$ 代替 $f(kT)$，从而在数学上表示更加简洁，此时 k（只能取整数）仅表示各函数值在序列中出现的先后序号，并把对应序号

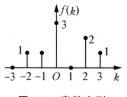

图 5-1 离散序列

为 k 的函数值 $f(k)$ 称为信号在第 k 个样点的"样本"或"样值"（sample）。离散信号可以用函数解析式表示，可以用图形表示，也可以用列表表示。图 5-1 为离散序列图形表示示例，该序列的列表表示为 $f(k) = \{1, 1, 3, 0, 2, 1\}$，序列中 ↑ 表示 $k=0$ 对应的位置。

离散时间信号获取的方式常有两种。一种是连续时间信号离散化，即根据抽样定理对连续时间信号进行均匀时间间隔取样，使连续时间信号在不失去有用信息的条件下转变为

离散时间信号，这是目前信号数字化处理中最常用的方法之一。另一种是直接获取离散信号，如计算机系统中记忆器件上储存的记录，地面对人造地球卫星或其他飞行体的轨道观测记录以及一切统计数据等，这都是一些各不相同的离散时间信号。

5.1.1　典型离散时间信号

典型离散信号在离散时间系统中的地位与典型连续信号在连续时间系统分析中的地位一样重要。下面介绍几种典型离散信号。

1. 离散时间正弦信号

离散时间正弦信号又称正弦序列，其定义为

$$f(k)=A\cos(k\Omega_0+\Phi) \tag{5-1}$$

式中，Ω_0 是正弦序列的数字频率，单位是弧度(rad)，它反映序列变化的速率，或者说表示相邻两序列值之间变化的弧度数。注意连续时间正弦信号中的 ωt 和离散时间正弦信号中的 $k\Omega_0$ 的单位都是 rad。

如果 $f(k)=A\cos(k\Omega_0+\Phi)$ 具有周期性，那么有 $\cos(k\Omega_0)=\cos(k+N)\Omega_0$，$N$ 为正整数。于是有 $N\Omega_0=2\pi m$，m 为整数，即 $\dfrac{\Omega_0}{2\pi}=\dfrac{m}{N}$。可见，只有当 $\dfrac{\Omega_0}{2\pi}=\dfrac{m}{N}$ 为有理数时，$f(k)=A\cos(k\Omega_0+\Phi)$ 才是周期信号。

对周期性连续时间信号等间隔抽样，得到的序列可能是周期的，也可能不是周期的，当基波周期与抽样间隔满足 T/T_s 是有理数时，对周期性连续时间信号等间隔抽样，得到的序列才具有周期性。离散时间正弦信号可以看作从连续时间正弦信号等间隔抽样的样本，对同一个连续时间信号抽样用不同的抽样间隔得到不同的序列。但是离散化后的正弦序列并不一定是一个周期信号。

2. 单位序列

单位序列的定义为

$$\delta(k)=\begin{cases}1, & k=0 \\ 0, & k\neq0\end{cases} \tag{5-2}$$

它只在 $k=0$ 处取值为 1，而在其余各点均为 0，如图 5-2 所示。单位序列也称为单位样值(或取样)序列、单位脉冲序列、单位函数、单位冲激序列。它在离散时间系统中的作用，类似于冲激函数 $\delta(t)$ 在连续时间系统中的作用。因此在不引起误解的情况下，也可称其为单位冲激序列。但是应该注意两者的区别：连续时间信号 $\delta(t)$ 是冲激强度为 1，在 $t=0$ 点脉宽趋近于 0，幅度趋于无限大的信号；而离散时间信号 $\delta(k)$ 在 $k=0$ 点的值明确地等于 1，仅时间宽度趋于 0，而幅度不是趋于无穷。

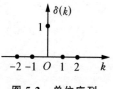

图 5-2　单位序列

若将 $\delta(k)$ 平移 i 位，可将其称为移位单位序列，如图 5-3 所示。

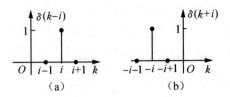

图 5-3　移位单位序列

移位单位序列可以表示为

$$\delta(k-i)=\begin{cases}1, & k=i \\ 0, & k\neq i\end{cases}$$

或

$$\delta(k+i)=\begin{cases}1, & k=-i \\ 0, & k\neq -i\end{cases}$$

式中，i 为正整数。

由于 $\delta(k-i)$ 只在 $k=i$ 时值为 1，而取其他 k 值时为 0，故有

$$f(k)\delta(k-i)=f(i)\delta(k-i) \tag{5-3}$$

式(5-3)也可称为 $\delta(k)$ 的取样性质。

3. 单位阶跃序列

(1)单位阶跃序列定义为

$$\varepsilon(k)=\begin{cases}0, & k<0 \\ 1, & k\geqslant 0\end{cases} \tag{5-4}$$

它在 $k<0$ 的点取值为 0，在 $k\geqslant 0$ 各点的值为 1，如图 5-4 所示。它类似于连续时间信号中的单位阶跃信号 $\varepsilon(t)$。但应注意，$\varepsilon(t)$ 在 $t=0$ 点发生跳变，该时刻的值未做定义；而单位阶跃序列 $\varepsilon(k)$ 在 $k=0$ 点明确定义为 1。

若将 $\varepsilon(k)$ 平移 i 位，如图 5-5 所示。

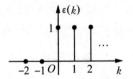

图 5-4　单位阶跃序列

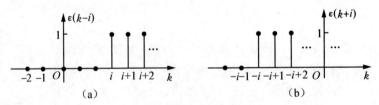

图 5-5　移位单位阶跃序列

其表达式为

$$\varepsilon(k-i)=\begin{cases}0, & k<i \\ 1, & k\geqslant i\end{cases} \tag{5-5}$$

或

$$\varepsilon(k+i)=\begin{cases}0, & k<-i\\1, & k\geqslant-i\end{cases} \tag{5-6}$$

式中，i 为正整数。

若有序列

$$f(k)=\begin{cases}0, & k<2\\2^k, & k\geqslant2\end{cases}$$

那么利用移位的阶跃序列，可将 $f(k)$ 表示为

$$f(k)=2^k\varepsilon(k-2)$$

(2)单位阶跃序列与单位序列的关系。

不难看出，单位阶跃序列 $\varepsilon(k)$ 与单位序列 $\delta(k)$ 之间的关系是

$$\delta(k)=\nabla\varepsilon(k)=\varepsilon(k)-\varepsilon(k-1) \tag{5-7}$$

$\varepsilon(k)$ 也可写为

$$\varepsilon(k)=\sum_{j=0}^{\infty}\delta(k-j) \tag{5-8}$$

4. 单位矩形序列(单位门序列)

单位矩形序列定义为

$$G_N(k)=\begin{cases}1, & 0\leqslant k<N-1\\0, & k<0, \ k\geqslant N\end{cases} \tag{5-9}$$

其图形如图 5-6 所示。

单位矩形序列可写为

$$G_N(k)=\varepsilon(k)-\varepsilon(k-N) \tag{5-10}$$

$$G_N(k-m)=\varepsilon(k-m)-\varepsilon(k-N-m)$$

5. 斜变序列

斜变序列定义为

$$r(k)=k\varepsilon(k) \tag{5-11}$$

其图形如图 5-7 所示。

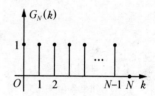

图 5-6　单位矩形序列

6. 复指数离散序列

复指数离散序列定义为

$$f(k)=Az^k=Ae^{(a+j\Omega)k} \tag{5-12}$$

式中，A 是幅度，Ω 是数字频率。A 可以是实数或复数，当其为复数时称为复振幅，表示为

$$A=|A|e^{j\varphi}$$

这时，复指数离散序列定义式变成

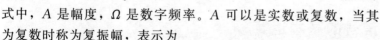

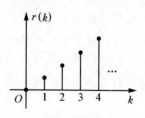

图 5-7　斜变序列

$$f(k)=|A|e^{ak}e^{j(\Omega k+\varphi)} \tag{5-13}$$

由式(5-13)可以看出，α 影响序列幅度衰减的快慢，因此称为衰减因子。复振幅的幅角 φ 是初相。利用欧拉公式，可以将式(5-12)写成下列形式

$$f(k)=A\,e^{ak}\cos k\Omega+jA\,e^{ak}\sin k\Omega \tag{5-14}$$

即复指数离散序列可以用余弦和正弦序列表示。反过来，正弦和余弦序列也可以用复指数离散序列来表示为

$$\begin{cases} A\cos k\Omega=\dfrac{A}{2}(e^{jk\Omega}+e^{-jk\Omega}) \\[2mm] A\sin k\Omega=\dfrac{A}{2j}(e^{jk\Omega}-e^{-jk\Omega}) \end{cases} \tag{5-15}$$

式(5-13)中令 $a=e^{\alpha}$，它反映了信号振幅随 k 变化的状况，而 Ω 是振荡角频率。若 $a>1$，信号随 k 指数增长，则它们是振幅增长的正（余）弦序列；若 $a<1$，信号随 k 成指数衰减，则变为振幅衰减的正（余）弦序列；若 $a=1$，则是等幅的正（余）弦序列。一般离散时间的复指数信号可以用实指数序列和正弦序列来表示，如图 5-8 所示为单边实指数序列。

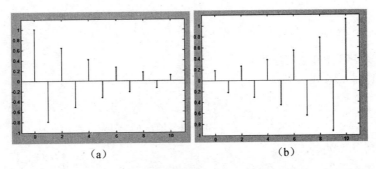

（a）　　　　　　　　　　　（b）

图 5-8　幅度增长与衰减的单边实指数序列

注意：模拟频率为 ω_0 的连续正弦信号，对时间变量 t 一定是周期信号，随着 ω_0 的升高，其振荡频率也升高。数字频率 Ω_0 的离散序列，对变量 k 不一定是周期信号，只有当 $\dfrac{\Omega_0}{\pi}$ 是有理数时才为周期序列。Ω_0 由 0 增至 π 时，振荡加快。但当 Ω_0 由 π 增至 2π 时，振荡减慢。特别是 $\Omega_0=2\pi$ 时与 $\Omega_0=0$ 时的直流信号没有区别。这意味着离散时间信号的频率特性具有周期性，数字频率的周期为 2π。

连续信号处理中采用复指数信号可以令运算简捷，在离散时间信号处理中也可以采用复指数离散序列，通过乘法运算实现序列的时移。假设 $f(k)=e^{jk\Omega}$，则有

$$f(k-m)=e^{j\Omega(k-m)}=e^{j\Omega k}\,e^{-j\Omega m}=e^{-j\Omega m}f(k) \tag{5-16}$$

▶ 5.1.2　离散时间信号的基本运算

离散时间信号常有以下几种运算。

1. 信号的相加与相乘

离散序列相加（相乘）是指它们的相同序号的样点的值分别相加（相乘）得到一个新的序列。离散序列加法（乘法）运算可分别表示为

$$f(k)=f_1(k)+f_2(k) \tag{5-17}$$

$$p(k) = f_1(k) f_2(k) \tag{5-18}$$

例 5-1　信号 $f_1(k)$ 和 $f_2(k)$ 的表达式分别为

$$f_1(k) = \begin{cases} 2, & k = -1 \\ 3, & k = 0 \\ 6, & k = 1 \\ 0, & \text{其他} \end{cases} \qquad f_2(k) = \begin{cases} 3, & k = 0 \\ 2, & k = 1 \\ 4, & k = 2 \\ 0, & \text{其他} \end{cases}$$

求 $f_1(k) f_2(k)$ 和 $f_1(k) + f_2(k)$ 的表达式。

解：$f_1(k) f_2(k)$ 的表达式为

$$f_1(k) f_2(k) = \begin{cases} 9, & k = 0 \\ 12, & k = 1 \\ 0, & \text{其他} \end{cases}$$

$f_1(k) + f_2(k)$ 的表达式为

$$f_1(k) + f_2(k) = \begin{cases} 2, & k = -1 \\ 6, & k = 0 \\ 8, & k = 1 \\ 4, & k = 2 \\ 0, & \text{其他} \end{cases}$$

2. 信号的反褶

将信号 $f(k)$ 的自变量置换成 $-k$，其函数值不变，就得到另一个信号 $f(-k)$。这种变换称为信号的反转或信号的反褶，如图 5-9 所示。

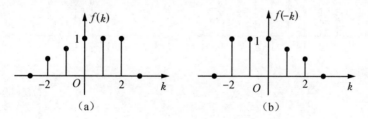

图 5-9　信号的反褶

3. 信号的平移

对于离散信号，信号 $f(k)$ 表达式的自变量 k 换为 $k - k_0$，若 $k_0 > 0$，则 $f(k - k_0)$ 是原序列向右平移 k_0 单位；若 $k_0 < 0$，则 $f(k - k_0)$ 是原序列向左平移 $|k_0|$ 单位，如图 5-10 所示。

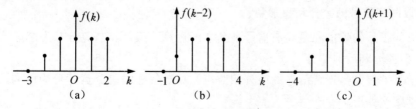

图 5-10　离散信号的平移

4. 信号的尺度变换

离散信号的尺度变换是将 $f(k)$ 扩大或缩小，得到 $f(ak)$ 信号。当 $\dfrac{k}{a}$ 为整数时，样值保留；不为整数时，样值舍去。它是指将原离散序列样本个数减少或增加的运算，分别称为抽取和内插。

抽取：序列 $f(k)$ 的 M 倍抽取定义为 $f(Mk)$，其中 M 为正整数，表示在序列 $f(k)$ 中每隔 $M-1$ 点抽取一点，即取出 M 的整数倍时间点上的取样值，舍弃其他时间点上的样值，得到一个新序列。它与原序列的关系是

$$f_d(k) = f(Mk) \tag{5-19}$$

内插：序列 $f(k)$ 的 L 倍内插定义为 $f\left(\dfrac{k}{L}\right)$，其中 L 为正整数，表示在序列 $f(k)$ 中每两个相邻取样值点之间插入 $L-1$ 个零值点。内插后得到的序列称为内插序列，它与原序列的关系是

$$f_{\text{int}}(k) = f\left(\frac{k}{L}\right) \tag{5-20}$$

如图 5-11(a) 所示的序列，当 $a = \dfrac{1}{2}$ 时，得 $f\left(\dfrac{k}{2}\right)$，如图 5-11(c) 所示。但当 $a = 2$ 和 $a = \dfrac{2}{3}$ 时，其序列如图 5-11(b) 和图 5-11(d) 所示。

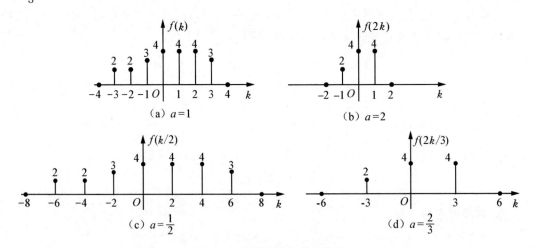

图 5-11 离散信号的尺度变换

5. 离散时间信号的差分和累加和

离散时间信号的累加和是离散信号最基本的运算，累加和与差分互为逆运算。

(1) 前向差分和后向差分。

离散信号的差分与连续信号的微分相对应。离散信号的差分运算分为前向差分和后向差分，分别定义如下：

一阶前向差分为

$$\Delta f(k) = f(k+1) - f(k) \tag{5-21}$$

一阶后向差分为

$$\nabla f(k) = f(k) - f(k-1) \tag{5-22}$$

m 阶前向差分为

$$\Delta^m f(k) = \Delta^{m-1} f(k+1) - \Delta^{m-1} f(k) \tag{5-23}$$

m 阶后向差分为

$$\nabla^m f(k) = \nabla^{m-1} f(k) - \nabla^{m-1} f(k-1) \tag{5-24}$$

实际工程中常用的是后向差分。

(2)累加和。

离散信号的累加和与连续信号的积分相对应。对信号 $f(k)$,其累加和信号 $y(k)$ 的定义为

$$y(k) = \sum_{k=-\infty}^{n} f(k) \tag{5-25}$$

由式(5-25)可见,$y(k)$ 在某一时刻的值为 $f(k)$ 在该时刻以前(含该时刻)所有值的和。容易验证,累加和与差分互为逆运算。

5.2 线性时不变离散系统差分方程分析

对于 LTI 离散时间系统,输入信号 $f(k)$ 与输出信号 $y(k)$ 的映射关系可以用一个线性常系数差分方程及一组初始条件来描述,即

$$\sum_{i=0}^{n} a_i y(k-i) = \sum_{j=0}^{m} b_j f(k-j)$$

式中,a_i 和 b_j 均为常数。

通过系统的差分方程来分析系统,实质就是求解方程。根据方程的解,即系统的输出(响应)来了解系统的特性。

5.2.1 差分方程的经典解法

1. 差分方程

与连续时间信号的微分运算相对应,离散时间信号有差分运算。设有序列 $f(k)$,则称…,$f(k+2)$,$f(k+1)$,$f(k-1)$,$f(k-2)$,…为 $f(k)$ 的移位序列。序列的差分运算是指相邻两样值相减,可分为前向差分和后向差分。一阶前向差分为

$$\Delta f(k) \xlongequal{\text{def}} f(k+1) - f(k) \tag{5-26}$$

一阶后向差分为

$$\nabla f(k) \xlongequal{\text{def}} f(k) - f(k-1) \tag{5-27}$$

式中,Δ 和 ∇ 称为差分算子。本书主要采用后向差分,并简称差分。

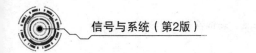

由差分的定义，若有序列 $f_1(k)$、$f_2(k)$ 和常数 a_1、a_2，则

$$\nabla[a_1 f_1(k)+a_2 f_2(k)]=[a_1 f_1(k)+a_2 f_2(k)]-[a_1 f_1(k-1)+a_2 f_2(k-1)]$$
$$=a_1[f_1(k)-f_1(k-1)]+a_2[f_2(k)-f_2(k-1)]$$
$$=a_1\nabla f_1(k)+a_2\nabla f_2(k)$$

这表明差分运算具有线性性质。

二阶差分可定义为

$$\nabla^2 f(k)\xlongequal{\text{def}}\nabla[\nabla f(k)]=\nabla[f(k)-f(k-1)]=\nabla f(k)-\nabla f(k-1)$$
$$=f(k)-2f(k-1)+f(k-2) \tag{5-28}$$

类似地，可定义三阶、四阶……n 阶差分。一般地，n 阶差分

$$\nabla^n f(k)\xlongequal{\text{def}}\nabla[\nabla^{n-1}f(k)]=\sum_{j=0}^{n}(-1)^j\binom{n}{j}f(k-j) \tag{5-29}$$

式中，$\binom{n}{j}=\dfrac{n!}{(n-j)!j!}$，$j=0,1,2,\cdots,n$ 为二项式系数。

差分方程是包含关于变量 k 的未知序列 $y(k)$ 及其各阶差分的方程式，它的一般形式可写为

$$F[k,y(k),\nabla y(k),\cdots,\nabla^n y(k)]=0$$

式中，差分的最高阶为 n 阶，称为 n 阶差分方程。由式(5-29)可知，各阶差分均可写为 $y(k)$ 及其各移位序列的线性组合，故上式常写为

$$G[k,y(k),y(k-1),\cdots,y(k-n)]=0 \tag{5-30}$$

通常所说的差分方程是指式(5-30)形式的方程。

若式(5-30)中 $y(k)$ 及其各移位序列的系数是变量 k 的函数，则称其为变系数差分方程；若 $y(k)$ 及其各移位序列的系数均为常数，则称其为常系数差分方程。描述 LTI 离散系统的是常系数线性差分方程。

例 5-2 假定每对兔子每月可以生育一对兔子，新生的小兔子要隔一个月才具有生育能力，若第一个月只有一对新生小兔子，求第 k 个月兔子对的数目是多少？

解： 令 $y(k)$ 表示在第 k 个月兔子对的数目。已知 $y(0)=0$，$y(1)=1$，可以推得：$y(2)=1$，$y(3)=2$，$y(4)=3$，$y(5)=5$，$\cdots$

容易想到，在第 k 个月时，应有 $y(k-2)$ 对兔子具有生育能力，因而这批兔子要从 $y(k-2)$ 对变成 $2y(k-2)$ 对；此外，还有 $y(k-1)-y(k-2)$ 对兔子没有生育能力，仍按原数目保留下来，于是可以写出

$$y(k)=2y(k-2)+[y(k-1)-y(k-2)]$$

经整理化简得到

$$y(k)-y(k-1)-y(k-2)=0$$

这是一个二阶差分方程。此方程还可写为

$$y(k)=y(k-1)+y(k-2)$$

很明显，此序列中，第 k 个样值等于前两个样值之和，这就是著名的斐波那契数

列(Fibonacci sequence)。当给定不同的初始值时，可以得到不同数列。

差分方程是具有递推关系的代数方程，若已知初始条件和激励，则利用迭代法可求得差分方程的数值解。

例 5-3　描述某离散系统的差分方程为 $y(k)+3y(k-1)+2y(k-2)=6f(k)$，其中，$f(k)=\varepsilon(k)$。已知 $y(-1)=1$，$y(-2)=0$，求 $y(k)$。

解： 将差分方程中除 $y(k)$ 以外的各项都移到等号右端，得

$$y(k)=-3y(k-1)-2y(k-2)+6f(k)$$

对于 $k=0$，将已知初始值 $y(-1)=1$，$y(-2)=0$ 代入上式，得

$$y(0)=-3y(-1)-2y(-2)+6f(0)=3$$

类似地，依次迭代可得

$$y(1)=-3y(0)-2y(-1)+6f(1)=-5$$
$$y(2)=-3y(1)-2y(0)+6f(2)=15$$
$$\cdots$$

由上例可见，用迭代法求解差分方程思路清晰，便于用计算机求解。

2. 差分方程的经典解

一般而言，实现离散信号变换与运算的是离散 LTI 系统，描述 LTI 离散时间系统的数学模型是常系数线性差分方程。设单输入、单输出的 n 阶 LTI 离散系统的激励为 $f(k)$，其全响应为 $y(k)$，那么，描述该系统激励 $f(k)$ 与响应 $y(k)$ 之间的关系可表示为

$$y(k)+a_{n-1}y(k-1)+\cdots+a_0y(k-n)=b_mf(k)+b_{m-1}f(k-1)+\cdots+b_0f(k-m)$$

$$(5\text{-}31)$$

式中，$a_i(i=0,1,\cdots,n-1)$、$b_j(j=0,1,\cdots,m)$ 都是常数。

上式可缩写为

$$\sum_{i=0}^{n}a_{n-i}y(k-i)=\sum_{j=0}^{m}b_{m-j}f(k-j) \qquad (5\text{-}32)$$

式中，$a_n=1$。

与微分方程的经典解相类似，上述差分方程的解由齐次解和特解两部分组成。齐次解用 $y_h(k)$ 表示，特解用 $y_p(k)$ 表示，即

$$y(k)=y_h(k)+y_p(k) \qquad (5\text{-}33)$$

（1）齐次解。

当式(5-31)中的 $f(k)$ 及其各移位项均为 0 时，齐次方程

$$y(k)+a_{n-1}y(k-1)+\cdots+a_0y(k-n)=0 \qquad (5\text{-}34)$$

的解称为齐次解。

首先分析最简单的情况。若一阶差分方程的齐次方程为

$$y(k)+ay(k-1)=0$$

它可改写为

$$\frac{y(k)}{y(k-1)}=-a$$

这里，$y(k)$ 与 $y(k-1)$ 之比等于 $-a$，表明序列 $y(k)$ 是一个公比为 $-a$ 的等比级数，因此 $y(k)$ 应有为

$$y(k)=C(-a)^k$$

式中，C 是待定系数，由初始条件确定。

一般情况下，对于 n 阶齐次差分方程，它的齐次解由形式为 $C\lambda^k$ 的序列组合而成，将 $C\lambda^k$ 代入式(5-34)，得

$$C\lambda^k+a_{n-1}C\lambda^{k-1}+\cdots+a_1C\lambda^{k-n-1}+a_0C\lambda^{k-n}=0$$

由于 $C\neq 0$，消去 C；且 $\lambda\neq 0$，以 λ^{k-n} 除以上式，得

$$\lambda^n+a_{n-1}\lambda^{n-1}+\cdots+a_1\lambda+a_0=0 \tag{5-35}$$

式(5-35)称为差分方程式(5-31)和式(5-32)的特征方程，它有 n 个根 $\lambda_i(i=1,2,\cdots,n)$，称为差分方程的特征根。特征方程及其特征根与输入无关，完全取决于式(5-35)等号左边反映系统结构和参数的特征多项式。显然，形式为 $C_i\lambda_i^k$ 的序列都满足式(5-34)，因而它们是式(5-31)方程的齐次解。

在特征根没有重根的情况下，差分方程的齐次解为

$$y_h(k)=C_1\lambda_1^k+C_2\lambda_2^k+\cdots+C_n\lambda_n^k \tag{5-36}$$

这里 $C_1,C_2,\cdots,C_n$ 是由初始条件决定的系数。

例 5-4　对斐波那契数列建立的差分方程为 $y(k)-y(k-1)-y(k-2)=0$，已知 $y(0)=0$，$y(1)=1$，求解方程。

解：差分方程的特征方程为

$$\lambda^2-\lambda-1=0$$

特征根为 $\lambda_1=\dfrac{1+\sqrt{5}}{2}$，$\lambda_2=\dfrac{1-\sqrt{5}}{2}$。于是齐次解为

$$y_h(k)=C_1\left(\frac{1+\sqrt{5}}{2}\right)^k+C_2\left(\frac{1-\sqrt{5}}{2}\right)^k$$

将 $y(0)=0$，$y(1)=1$ 分别代入上式，得到一组联立方程

$$\begin{cases}0=C_1+C_2\\[2mm]1=C_1\left(\dfrac{1+\sqrt{5}}{2}\right)+C_2\left(\dfrac{1-\sqrt{5}}{2}\right)\end{cases}$$

由此求得系数 C_1、C_2 分别为

$$C_1=\frac{1}{\sqrt{5}},\quad C_2=-\frac{1}{\sqrt{5}}$$

得齐次解为

$$y_h(k)=\frac{1}{\sqrt{5}}\left[\left(\frac{1+\sqrt{5}}{2}\right)^k-\left(\frac{1-\sqrt{5}}{2}\right)^k\right]$$

在有重根的情况下，齐次解的形式将略有不同。假定 λ_1 是特征方程的 r 阶重根，那么，在齐次解中，相应于 λ_1^k 的部分将有 r 项

$$C_{r-1}k^{r-1}\lambda_1^k + C_{r-2}k^{r-2}\lambda_1^k + \cdots + C_1k\lambda_1^k + C_0\lambda_1^k \qquad (5\text{-}37)$$

例 5-5　求差分方程 $y(k)+4y(k-1)+4y(k-2)=f(k)$ 的齐次解。

解：差分方程的特征方程为

$$\lambda^2 + 4\lambda + 4 = 0$$

即

$$(\lambda+2)^2 = 0$$

可解得特征根 $\lambda_1 = \lambda_2 = -2$，是二阶重根，其齐次解为

$$y_h(k) = (C_1 k + C_0)(-2)^k$$

当特征根为共轭复数时，齐次解的形式可以是等幅、增幅或衰减等形式的正弦（余弦）序列。

例 5-6　求差分方程 $y(k)+y(k-2)=f(k)$ 的齐次解。

解：差分方程的特征方程为

$$\lambda^2 + 1 = 0$$

特征根为共轭复根 $\lambda_1 = j = \mathrm{e}^{j\frac{\pi}{2}}$，$\lambda_2 = -j = \mathrm{e}^{-j\frac{\pi}{2}}$。

其齐次解为

$$y_h(k) = C_1 \mathrm{e}^{jk\frac{\pi}{2}} + C_2 \mathrm{e}^{-jk\frac{\pi}{2}} = C\cos\left(\frac{k\pi}{2}\right) + D\sin\left(\frac{k\pi}{2}\right)$$

根据特征根取值的不同，差分方程齐次解的形式如表 5-1 所示，其中 C_j、D_j、A_j、θ_j 等为待定常数。

表 5-1　不同特征根所对应的齐次解

特征根 λ	齐次解 $y_h(k)$
单实根	$C\lambda^k$
r 重实根	$(C_{r-1}k^{r-1} + C_{r-2}k^{r-2} + \cdots + C_1 k + C_0)\lambda^k$
一对共轭复根 $\lambda_{1,2} = a \pm jb = \rho \mathrm{e}^{\pm j\beta}$	$\rho^k[C\cos(\beta k) + D\sin(\beta k)]$ 或 $A\rho^k\cos(\beta k - \theta)$，其中 $A\mathrm{e}^{j\theta} = C + jD$
r 重共轭复根	$\rho^k[A_{r-1}\cos(\beta k - \theta_{r-1}) + A_{r-2}\cos(\beta k - \theta_{r-2}) + \cdots + A_0\cos(\beta k - \theta_0)]$

（2）特解。

特解的函数形式与激励的函数形式有关，表 5-2 列出了几种典型的激励 $f(k)$ 所对应的特解 $y_p(k)$。选定特解后代入原差分方程，求出其待定系数 P_j（或 A、θ）等，就得出方程的特解。

表 5-2　不同激励所对应的特解

激励 $f(k)$	特解 $y_p(k)$
k^m	$P_0 + P_1 k + \cdots + P_{m-1}k^{m-1} + P_m k^m$（所有特征根均不等于1） $(P_0 + P_1 k + \cdots + P_{m-1}k^{m-1} + P_m k^m)k^r$（当有 r 重等于1的特征根时）

续表

激励 $f(k)$	特解 $y_p(k)$
a^k	Pa^k（a 不等于特征根） $(P_0+P_1k)a^k$（a 等于特征根） $(P_0+P_1k+\cdots+P_{r-1}k^{r-1}+P_rk^r)a^k$（$a$ 等于 r 重特征根）
$\cos(\beta k)$ 或 $\sin(\beta k)$	$P\cos(\beta k)+Q\sin(\beta k)$ 或 $A\cos(\beta k-\theta)$，$Ae^{j\theta}=P+jQ$
$a^k\cos(\beta k)$ 或 $a^k\sin(\beta k)$	$[P\cos(\beta k)+Q\sin(\beta k)]a^k$

（3）全解。

式(5-32)的线性差分方程的全解是齐次解与特解之和。如果方程的特征根均为单根，那么差分方程的全解为

$$y(k)=y_h(k)+y_p(k)=\sum_{i=1}^{n}C_i\lambda_i^k+y_p(k) \tag{5-38}$$

如果特征根 λ_1 为 r 重根，而其余 $n-r$ 个特征根为单根时，那么差分方程的全解为

$$y(k)=\sum_{i=1}^{r}C_{r-i}k^{r-i}\lambda_1^k+\sum_{i=r+1}^{n}C_i\lambda_i^k+y_p(k) \tag{5-39}$$

式中，各系数 C_{r-i}、C_i 由初始条件确定。

如果激励信号是在 $k=0$ 时接入的，那么差分方程的解适合于 $k\geqslant0$。对于 n 阶差分方程，用给定的 n 个初始条件 $y(0)$，$y(1)$，$\cdots$，$y(n-1)$ 就可确定全部待定系数 C_i。如果差分方程的特解都是单根，则方程的全解为式(5-38)，将给定的初始条件 $y(0)$，$y(1)$，$\cdots$，$y(n-1)$ 分别代入式(5-38)，可得

$$\left.\begin{aligned}
y(0)&=C_1+C_2+\cdots+C_n+y_p(0)\\
y(1)&=\lambda_1C_1+\lambda_2C_2+\cdots+\lambda_nC_n+y_p(1)\\
&\cdots\\
y(n-1)&=\lambda_1^{n-1}C_1+\lambda_2^{n-1}C_2+\cdots+\lambda_n^{n-1}C_n+y_p(n-1)
\end{aligned}\right\} \tag{5-40}$$

由以上方程可求得全部待定系数 $C_i(i=1,2,\cdots,n)$。

例 5-7 若描述某系统的差分方程为 $y(k)+4y(k-1)+4y(k-2)=2f(k)+8f(k-2)$，已知初始条件 $y(0)=-6$，$y(1)=28$，激励 $f(k)=2^k$，$k\geqslant0$。求方程的全解。

解：首先求齐次解。差分方程的特征方程为

$$\lambda^2+4\lambda+4=0$$

可解得特征根 $\lambda_1=\lambda_2=-2$，为二重根，由表 5-1 可知，其齐次解为

$$y_h(k)=C_1k(-2)^k+C_0(-2)^k$$

其次求特解。由表 5-2，根据 $f(k)$ 的形式可知特解

$$y_p(k)=P\cdot2^k，\quad k\geqslant0$$

将 $y_p(k)$、$y_p(k-1)$ 和 $y_p(k-2)$ 代入方程得

$$P\cdot2^k+4P\cdot2^{k-1}+4P\cdot2^{k-2}=2\cdot2^k+8\cdot2^{k-2}$$

上式中消去 2^k，可解得 $P=1$，于是得特解

$$y_p(k)=2^k, \ k\geqslant 0$$

最后求差分方程的全解

$$y(k)=y_h(k)+y_p(k)=C_1 k(-2)^k+C_0(-2)^k+2^k, \ k\geqslant 0$$

将已知的初始条件代入上式，有

$$y(0)=C_0+1=-6$$

$$y(1)=-2C_1-2C_0+2=28$$

由上式可求得 $C_1=-6$、$C_0=-7$，得方程的全解为

$$y(k)=-6k(-2)^k-7(-2)^k+2^k, \ k\geqslant 0$$

差分方程的齐次解的函数形式因为与激励无关，也称为系统的自由响应；特解的函数形式因为与激励的形式相同，也称为强迫响应。本例中由于 $|\lambda|>1$，故其自由响应随 k 的增大而增大。

例 5-8 若描述某离散系统的差分方程为 $6y(k)-5y(k-1)+y(k-2)=f(k)$，已知初始条件 $y(0)=0$、$y(1)=1$；激励为有始的周期序列 $f(k)=12\cos(\pi k)\varepsilon(k)$，求其全解。

解：首先求齐次解。差分方程的特征方程为

$$6\lambda^2-5\lambda+1=0$$

可解得特征根 $\lambda_1=\dfrac{1}{2}$，$\lambda_2=\dfrac{1}{3}$。方程的齐次解为

$$y_h(k)=C_1\left(\frac{1}{2}\right)^k+C_2\left(\frac{1}{3}\right)^k$$

其次求特解。由表 5-2 可知，特解为

$$y_p(k)=P\cos(\pi k)+Q\sin(\pi k)$$

其移位序列

$$\begin{aligned}
y_p(k-1)&=P\cos[\pi(k-1)]+Q\sin[\pi(k-1)]\\
&=-P\cos(\pi k)-Q\sin(\pi k)\\
y_p(k-2)&=P\cos[\pi(k-2)]+Q\sin[\pi(k-2)]\\
&=P\cos(\pi k)+Q\sin(\pi k)
\end{aligned}$$

将 $y_p(k)$，$y_p(k-1)$ 和 $y_p(k-2)$ 代入方程并整理得

$$12P\cos(\pi k)+12Q\sin(\pi k)=f(k)=12\cos(\pi k)$$

由于上式对 $k\geqslant 0$ 均成立，因而等号两端的正、余弦序列的系数应相等，于是有

$$P=1, \ Q=0$$

于是特解为

$$y_p(k)=\cos(\pi k), \ k\geqslant 0$$

方程的全解为

$$y(k)=y_h(k)+y_p(k)=C_1\left(\frac{1}{2}\right)^k+C_2\left(\frac{1}{3}\right)^k+\cos(\pi k), \ k\geqslant 0$$

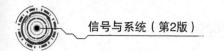

将已知的初始条件代入上式，有

$$y(0) = C_1 + C_2 + 1 = 0$$

$$y(1) = 0.5C_1 + \frac{1}{3}C_2 - 1 = 1$$

由上式可解得 $C_1 = 14$，$C_2 = -15$。最后得全解

$$y(k) = 14\left(\frac{1}{2}\right)^k - 15\left(\frac{1}{3}\right)^k + \cos(\pi k)$$

$$= \underbrace{14\left(\frac{1}{2}\right)^k - 15\left(\frac{1}{3}\right)^k}_{\substack{\text{自由响应}\\\text{瞬态响应}}} + \underbrace{\cos(\pi k)}_{\substack{\text{强迫响应}\\\text{稳态响应}}}, \quad k \geq 0$$

由上式可见，由于本例中特征根 $|\lambda_{1,2}| < 1$，因而其自由响应是衰减的。一般而言，如果差分方程所有的特征根均满足 $|\lambda_j| < 1$（$j = 1, 2, \cdots, n$），那么其自由响应将随着 k 的增大而逐渐衰减趋近于0。这样的系统称为稳定系统，这时的自由响应也称为瞬态响应。稳定系统在阶跃序列或有始周期序列的作用下，其强迫响应也称为稳态响应。

3. 差分方程的经典解初始值

从前面的分析可以看出，对于 n 阶 LTI 离散系统，根据其在 $k = 0$（或 $k = k_0$）时刻的状态数据、系统的数学模型以及 $k = 0$（或 $k = k_0$）接入的激励信号，就能够完全确定 $k = 0$（或 $k = k_0$）以后时刻系统的响应。系统的这组数据由 n 个独立条件 $y(0)$，$y(1)$，$\cdots$，$y(n-1)$ 给定，这 n 个条件就是系统在激励接入时刻的值。

一般设定激励是在 $k = 0$ 时接入系统的，为区分激励接入前后系统的状态，我们定义在 $k < 0$（激励尚未接入）时系统的状态 $y(-1)$，$y(-2)$，$\cdots$，$y(-n)$ 为系统的起始状态，称为起始值；激励接入系统后的状态 $y(0)$，$y(1)$，$\cdots$，$y(n-1)$ 为系统的初始状态，称为初始值。

▶ 5.2.2 差分方程的零输入响应和零状态响应

在连续时间系统中，系统响应可分解为零输入响应和零状态响应，这样使产生响应的因果关系更加清晰。类似地，离散时间系统的全响应也可分解为零输入响应和零状态响应。当系统的激励为零，仅由系统的初始状态引起的响应，称为零输入响应，用 $y_{zi}(k)$ 表示。当系统的初始状态为零，仅由激励 $f(k)$ 所产生的响应，称为零状态响应，用 $y_{zs}(k)$ 表示。系统的全响应为

$$y(k) = y_{zi}(k) + y_{zs}(k) \tag{5-41}$$

则系统的起始条件满足

$$\left.\begin{array}{l} y(-1) = y_{zi}(-1) + y_{zs}(-1) \\ y(-2) = y_{zi}(-2) + y_{zs}(-2) \\ \cdots \\ y(-n) = y_{zi}(-n) + y_{zs}(-n) \end{array}\right\} \tag{5-42}$$

由于零状态响应的起始值 $y_{zs}(-1)=y_{zs}(-2)=\cdots=y_{zs}(-n)=0$，式(5-42)可表示为

$$\left.\begin{aligned}y_{zi}(-1)&=y(-1)\\y_{zi}(-2)&=y(-2)\\\cdots\\y_{zi}(-n)&=y(-n)\end{aligned}\right\}$$

系统的初始条件满足

$$\left.\begin{aligned}y(0)&=y_{zi}(0)+y_{zs}(0)\\y(1)&=y_{zi}(1)+y_{zs}(1)\\\cdots\\y(n-1)&=y_{zi}(n-1)+y_{zs}(n-1)\end{aligned}\right\}$$

1. 零输入响应

在零输入条件下，式(5-32)等号右端为零，化为齐次方程，即

$$\sum_{i=0}^{n}a_{n-i}y_{zi}(k-i)=0 \tag{5-43}$$

由式(5-43)和初始值 $y_{zi}(0)$，$y_{zi}(1)$，$\cdots$，$y_{zi}(n-1)$ 可求得零输入响应 $y_{zi}(k)$。

例 5-9 若描述某离散系统的差分方程为 $y(k)+3y(k-1)+2y(k-2)=f(k)$，已知 $f(k)=0$，$k<0$；起始条件 $y(-1)=1$，$y(-2)=0$。求该系统的零输入响应。

解： 零输入响应满足

$$y_{zi}(k)+3y_{zi}(k-1)+2y_{zi}(k-2)=0 \tag{5-44}$$

其起始状态为

$$y_{zi}(-1)=y(-1)=1$$
$$y_{zi}(-2)=y(-2)=0$$

首先求出初始值 $y_{zi}(0)$，$y_{zi}(1)$，上式可写为

$$y_{zi}(k)=-3y_{zi}(k-1)-2y_{zi}(k-2)$$

令 $k=0$，1，并将 $y_{zi}(-1)$，$y_{zi}(-2)$ 代入上式，得

$$y_{zi}(0)=-3y_{zi}(-1)-2y_{zi}(-2)=-3$$
$$y_{zi}(1)=-3y_{zi}(0)-2y_{zi}(-1)=7$$

差分方程的特征方程为

$$\lambda^2+3\lambda+2=0$$

其特征根为 $\lambda_1=-1$，$\lambda_2=-2$，故解为

$$y_{zi}(k)=C_{zi1}(-1)^k+C_{zi2}(-2)^k \tag{5-45}$$

将初始值代入得

$$y_{zi}(0)=C_{zi1}+C_{zi2}=-3$$
$$y_{zi}(1)=-C_{zi1}-2C_{zi2}=7$$

可解得 $C_{zi1}=1$，$C_{zi2}=-4$，于是得系统的零输入响应为

$$y_{zi}(k)=(-1)^k-4(-2)^k, \quad k\geqslant 0$$

实际上，求系统的零输入响应时，由于没有外加激励，式(5-45)满足齐次方程式(5-44)，而初始值 $y_{zi}(0)$，$y_{zi}(1)$ 也是由该方程递推断出的，因而直接用 $y_{zi}(-1)$，$y_{zi}(-2)$ 确定待定常数 C_{zi1}，C_{zi2}，将更加简便。即在式(5-45)中令 $k=-1$，-2，有

$$y_{zi}(-1)=-C_{zi1}-0.5C_{zi2}=1$$

$$y_{zi}(-2)=C_{zi1}+0.25C_{zi2}=0$$

可解得 $C_{zi1}=1$，$C_{zi2}=-4$，与前述结果相同。

2. 零状态响应

在零状态情况下，其初始状态为零，即零状态响应满足

$$\left.\begin{aligned}\sum_{i=0}^{n}a_{n-i}y_{zs}(k-i)=\sum_{j=0}^{m}b_{m-j}f(k-j)\\ y_{zs}(-1)=y_{zs}(-2)=\cdots=y_{zs}(-n)=0\end{aligned}\right\} \tag{5-46}$$

若其特征根均为单根，则其零状态响应为

$$y_{zs}(k)=\sum_{i=1}^{n}C_{zsi}\lambda_i^k+y_p(k) \tag{5-47}$$

式中，C_{zsi} 为待定常数，$y_p(k)$ 为特解。需要指出，零状态响应的起始状态 $y_{zs}(-1)$，$y_{zs}(-2)$，$\cdots$，$y_{zs}(-n)$ 为零，但其初始值 $y_{zs}(0)$，$y_{zs}(1)$，$\cdots$，$y_{zs}(n-1)$ 不一定等于零。

例 5-10 离散系统 $y(k)+3y(k-1)+2y(k-2)=f(k)$，若输入 $f(k)=3^k$，$k\geqslant 0$。求该系统的零状态响应。

解： 零状态响应满足

$$\left.\begin{aligned}y_{zs}(k)+3y_{zs}(k-1)+2y_{zs}(k-2)=f(k)\\ y_{zs}(-1)=y_{zs}(-2)=0\end{aligned}\right\} \tag{5-48}$$

式(5-48)为非齐次差分方程，其特征根 $\lambda_1=-1$，$\lambda_2=-2$，不难得其特解为

$$y_p(k)=\frac{9}{20}\cdot 3^k$$

其零状态响应为

$$y_{zs}(k)=C_{zs1}(-1)^k+C_{zs2}(-2)^k+\frac{9}{20}\cdot 3^k$$

式中的待定系数 C_{zs1} 和 C_{zs2} 要用初始条件 $y_{zs}(0)$ 和 $y_{zs}(1)$ 来确定。由式(5-48)可得

$$y_{zs}(0)=-3y_{zs}(-1)-2y_{zs}(-2)+f(0)=1$$

$$y_{zs}(1)=-3y_{zs}(0)-2y_{zs}(-1)+f(1)=0$$

将初始条件代入上式得

$$\left\{\begin{aligned}&y_{zs}(0)=C_{zs1}+C_{zs2}+\frac{9}{20}=1\\ &y_{zs}(1)=-C_{zs1}-2C_{zs2}+\frac{27}{20}=0\end{aligned}\right.$$

可解得 $C_{zs1} = -\dfrac{1}{4}$，$C_{zs2} = \dfrac{4}{5}$，于是得零状态响应为

$$y_{zs}(k) = -\frac{1}{4}(-1)^k + \frac{4}{5}(-2)^k + \frac{9}{20}(3)^k，\quad k \geqslant 0$$

一个初始状态不为零的 LTI 离散系统，若特征根均为单根，则全响应为

$$y(k) = \underbrace{\sum_{i=1}^{n} C_{zii}\lambda_i^k}_{\text{零输入响应}} + \underbrace{\sum_{i=1}^{n} C_{zsi}\lambda_i^k + y_p(k)}_{\text{零状态响应}}$$

$$= \underbrace{\sum_{i=1}^{n} C_i\lambda_i^k}_{\text{自由响应}} + \underbrace{y_p(k)}_{\text{强迫响应}} \tag{5-49}$$

式中

$$\sum_{i=1}^{n} C_i\lambda_i^k = \sum_{i=1}^{n} C_{zii}\lambda_i^k + \sum_{i=1}^{n} C_{zsi}\lambda_i^k \tag{5-50}$$

可见，系统的全响应有两种分解方式，可以分解为自由响应和强迫响应，也可以分解为零输入响应和零状态响应。这两种分解方式有明显的区别。虽然自由响应与零输入响应都是齐次解的形式，但它们的系数并不相同，C_{zii} 仅由系统的初始状态所决定，而 C_i 是由初始状态和激励共同决定的。

例 5-11 已知系统的差分方程为 $y(k) + 3y(k-1) - 4y(k-2) = f(k)$，其中 $f(k) = 2^k$，$k \geqslant 0$。起始状态 $y(-1) = 0$，$y(-2) = \dfrac{1}{2}$。求系统的零输入响应、零状态响应和全响应。

解：（1）求零输入响应。

零输入响应满足

$$\left.\begin{array}{l} y_{zi}(k) + 3y_{zi}(k-1) - 4y_{zi}(k-2) = 0 \\ y_{zi}(-1) = y(-1) = 0，\quad y_{zi}(-2) = y(-2) = 0.5 \end{array}\right\} \tag{5-51}$$

首先计算初始值 $y_{zi}(0)$ 和 $y_{zi}(1)$。由式（5-51）得

$$y_{zi}(k) = -3y_{zi}(k-1) + 4y_{zi}(k-2)$$

令 $k = 0, 1$，并将 $y_{zi}(-1)$，$y_{zi}(-2)$ 代入，得

$$y_{zi}(0) = -3y_{zi}(-1) + 4y_{zi}(-2) = 2$$

$$y_{zi}(1) = -3y_{zi}(0) + 4y_{zi}(-1) = -6$$

由式（5-51）得特征方程为

$$\lambda^2 + 3\lambda - 4 = 0$$

其特征根 $\lambda_1 = 1$，$\lambda_2 = -4$。其零输入响应为

$$y_{zi}(k) = C_{zi1}(1)^k + C_{zi2}(-4)^k$$

将起始值代入上式得 $C_{zi1} = \dfrac{2}{5}$，$C_{zi2} = \dfrac{8}{5}$。该系统的零输入响应为

$$y_{zi}(k) = \frac{2}{5}(1)^k + \frac{8}{5}(-4)^k, \; k \geqslant 0$$

（2）求零状态响应。

零状态响应满足

$$y_{zs}(k) + 3y_{zs}(k-1) - 4y_{zs}(k-2) = 2^k \varepsilon(k) \tag{5-52}$$

先求初始值 $y_{zs}(0)$ 和 $y_{zs}(1)$。由式(5-52)得

$$y_{zs}(k) = -3y_{zs}(k-1) + 4y_{zs}(k-2) + 2^k \varepsilon(k)$$

令 $k=0, 1$，并将 $y_{zs}(-1)=0$，$y_{zs}(-2)=0$ 代入，得

$$y_{zs}(0) = -3y_{zs}(-1) + 4y_{zs}(-2) + 2^0 = 1$$

$$y_{zs}(1) = -3y_{zs}(0) + 4y_{zs}(-1) + 2 = -1$$

特解为 $y_p(k) = P \cdot 2^k$，代入式(5-52)得

$$y_p(k) = \frac{2}{3} \cdot 2^k$$

于是该方程的零状态响应为

$$y_{zs}(k) = C_{zs1}(1)^k + C_{zs2}(-4)^k + \frac{2}{3}(2)^k$$

将初始值 $y_{zs}(0)=1$，$y_{zs}(1)=-1$ 代入上式得 $C_{zs1} = -\frac{1}{5}$，$C_{zs2} = \frac{8}{15}$。于是得零状态响应为

$$y_{zs}(k) = -\frac{1}{5}(1)^k + \frac{8}{15}(-4)^k + \frac{2}{3}(2)^k, \; k \geqslant 0$$

（3）全响应。

全响应是零输入响应与零状态响应之和，所以全响应为

$$y(k) = \underbrace{\frac{2}{5}(1)^k + \frac{8}{5}(-4)^k}_{\text{零输入响应}} \underbrace{- \frac{1}{5}(1)^k + \frac{8}{15}(-4)^k + \frac{2}{3}(2)^k}_{\text{零状态响应}}$$

$$= \underbrace{\frac{1}{5}(1)^k + \frac{32}{15}(-4)^k}_{\text{自由响应}} + \underbrace{\frac{2}{3}(2)^k}_{\text{强迫响应}}$$

以上都是用后向差分方程为例进行讨论的，如果描述系统的是前向差分方程，其求解方法相同，需要注意的是，要根据已知条件正确地确定初始值 $y_{zi}(j)$ 和 $y_{zs}(j)$ $(j=0, 1, \cdots, n-1)$。也可将前向差分方程转换为后向差分方程求解。

5.3 线性时不变离散系统的单位序列响应和单位阶跃响应

激励为单位序列和单位阶跃信号时离散系统的零状态响应称为单位序列响应和单位阶跃响应，单位序列响应和单位阶跃响应是离散系统最重要的两种响应。

▶ 5.3.1　线性时不变离散系统的单位序列响应

单位序列响应的定义：当 LTI 离散系统的激励为单位序列 $\delta(k)$ 时，系统的零状态响应称为单位序列响应（或单位样值响应、单位取样响应），用 $h(k)$ 表示，它与连续系统中的冲激响应 $h(t)$ 相类似。

由于单位序列 $\delta(k)$ 仅在 $k=0$ 处等于 1，而在 $k>0$ 时为零，因而利用这一特点可以方便地以迭代法依次求出 $h(0)$，$h(1)$，…，$h(n)$。

例 5-12　已知离散时间系统的差分方程为 $y(k)-2y(k-1)=f(k)$，求其单位序列响应。

解：对于因果系统，由于 $f(-1)=\delta(-1)=0$，故 $y(-1)=h(-1)=0$，以此作为起始条件代入差分方程可得

$$h(0)=2h(-1)+\delta(0)=0+1=1$$
$$h(1)=2h(0)+\delta(1)=2+0=2$$
$$h(2)=2h(1)+\delta(2)=4+0=4$$
$$\cdots$$
$$h(k)=2h(k-1)+\delta(k)=2^k+0=2^k$$

系统的单位序列响应为

$$h(k)=2^k\varepsilon(k)$$

用这种迭代法求系统的单位序列响应不能直接得到其闭式解答。为了能够得到闭式解答，我们发现 $\delta(k)$ 在 $k>0$ 时，系统的单位序列响应与该系统的零输入响应的函数形式相同。这样就把求单位序列响应的问题转化为求差分方程齐次解的问题，而 $k=0$ 处的值 $h(0)$ 可按零状态的条件由差分方程确定。

例 5-13　已知离散时间系统的差分方程为 $y(k)+4y(k-1)+4y(k-2)=f(k)$，求其单位序列响应。

解：当激励 $f(k)=\delta(k)$ 时，响应 $y(k)=h(k)$，系统差分方程为

$$h(k)+4h(k-1)+4h(k-2)=\delta(k) \tag{5-53}$$

由于 $k>0$ 时，$\delta(k)=0$，因而 $h(k)$ 与系统零输入响应的函数形式相同，即可转化为求式(5-53)的齐次解问题。系统的特征方程为

$$\lambda^2+4\lambda+4=0$$

解得特征根为 $\lambda_1=\lambda_2=-2$，于是可知齐次解的函数形式为

$$h(k)=(C_1k+C_0)(-2)^k$$

因为 $k<0$ 的起始时刻之前系统是静止的，故起始条件 $h(-2)=h(-1)=0$。将起始条件代入式(5-53)可推知 $h(0)=1$，$h(1)=-4$，代入上式，可得

$$\begin{cases} h(0)=C_0=1 \\ h(1)=-2(C_1+C_0)=-4 \end{cases}$$

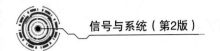

解得 $C_0=1$，$C_1=1$。所以系统的单位序列响应为

$$h(k)=(k+1)(-2)^k，k \geqslant 0$$

例 5-14 已知离散时间系统的差分方程为 $y(k)-5y(k-1)+6y(k-2)=f(k)-2f(k-1)$，求其单位序列响应。

解：假设差分方程右端只有 $f(k)$ 项作用，不考虑 $2f(k-1)$ 项作用，此时的单位序列响应设为 $h_1(k)$，得到

$$h_1(k)-5h_1(k-1)+6h_1(k-2)=f(k)=\delta(k)$$

由上式可知系统的特征方程为

$$\lambda^2-5\lambda+6=0$$

其特征根为 $\lambda_1=2$，$\lambda_2=3$，于是可得

$$h_1(k)=C_1(2)^k+C_2(3)^k$$

根据起始条件 $h_1(-2)=h_1(-1)=0$。可推知 $h(0)=1$，$h(1)=5$，代入上式可得

$$\begin{cases} h_1(0)=C_1+C_2=1 \\ h_1(1)=2C_1+3C_2=5 \end{cases}$$

解得 $C_1=-2$，$C_2=3$。所以

$$h_1(k)=-2(2)^k+3(3)^k=-(2)^{k+1}+(3)^{k+1}，k \geqslant 0$$

下面将系统只在 $2f(k-1)$ 项作用下引起的单位序列响应设为 $h_2(k)$。由线性时不变特性可知

$$h_2(k)=2h_1(k-1)=2[-(2)^k+(3)^k]，k \geqslant 1$$

将以上结果叠加，可写出系统的单位序列响应

$$\begin{aligned} h(k)&=h_1(k)-h_2(k) \\ &=[(3)^{k+1}-(2)^{k+1}]\varepsilon(k)-2[-(2)^k+(3)^k]\varepsilon(k-1) \end{aligned}$$

例 5-15 已知离散系统的差分方程为 $y(k)-y(k-1)-2y(k-2)=f(k)$，求其单位序列响应 $h(k)$。

解：(1)根据单位序列响应 $h(k)$ 的定义，它应满足方程

$$h(k)-h(k-1)-2h(k-2)=\delta(k) \tag{5-54}$$

对于 $k>0$ 时，可知 $h(k)$ 满足齐次方程

$$h(k)-h(k-1)-2h(k-2)=0$$

其特征方程为

$$\lambda^2-\lambda-2=0$$

其特征根 $\lambda_1=-1$，$\lambda_2=2$。方程的齐次解为

$$h(k)=C_1(-1)^k+C_2(2)^k，k>0 \tag{5-55}$$

(2)确定初始值。由于起始状态 $h(-1)=h(-2)=0$。将式(5-54)移项有

$$h(k)=h(k-1)+2h(k-2)+\delta(k)$$

令 $k=0,1$，并考虑 $\delta(0)=1$，$\delta(1)=0$，可求得单位序列响应 $h(k)$ 的初始值

$$\left.\begin{array}{l} h(0)=h(-1)+2h(-2)+\delta(0)=1 \\ h(1)=h(0)+2h(-1)+\delta(1)=1 \end{array}\right\}$$

(3)求 $h(k)$。将初始值代入式(5-55)，有

$$\begin{cases} h(0)=C_1+C_2=1 \\ h(1)=-C_1+2C_2=1 \end{cases}$$

由上式可解得 $C_1=\dfrac{1}{3}$，$C_2=\dfrac{2}{3}$。于是得系统的单位序列响应为

$$h(k)=\frac{1}{3}(-1)^k+\frac{2}{3}(2)^k,\ k\geqslant 0$$

▶ 5.3.2　线性时不变离散系统的单位阶跃响应

单位阶跃响应的定义：当 LTI 离散系统的激励为单位阶跃序列 $\varepsilon(k)$ 时，系统的零状态响应称为单位阶跃响应或阶跃响应，用 $g(k)$ 表示。若已知系统的差分方程，则利用经典法可以求得系统的单位阶跃响应 $g(k)$。此外，由于 $\varepsilon(k)$ 可以表示为

$$\varepsilon(k)=\sum_{i=0}^{\infty}\delta(k-i)$$

若已知系统的单位序列响应 $h(k)$，根据 LTI 系统的线性性质和移位不变性，则系统的阶跃响应为

$$g(k)=\sum_{i=-\infty}^{k}h(i)=\sum_{j=0}^{\infty}h(k-j) \tag{5-56}$$

类似地，由于

$$\delta(k)=\nabla\varepsilon(k)=\varepsilon(k)-\varepsilon(k-1)$$

若已知系统的阶跃响应 $g(k)$，则系统的单位序列响应为

$$h(k)=\nabla g(k)=g(k)-g(k-1) \tag{5-57}$$

例 5-16　已知离散系统的差分方程为 $y(k)-y(k-1)-2y(k-2)=f(k)$，求其单位阶跃序列响应 $g(k)$。

解：方法一　经典法

系统的差分方程为

$$y(k)-y(k-1)-2y(k-2)=f(k)$$

根据阶跃响应的定义，$g(k)$ 满足方程

$$g(k)-g(k-1)-2g(k-2)=\varepsilon(k) \tag{5-58}$$

起始状态为 $g(-1)=g(-2)=0$。上式可写为

$$g(k)=g(k-1)+2g(k-2)+\varepsilon(k)$$

将 $k=0$、$k=1$ 和 $\varepsilon(0)=\varepsilon(1)=1$ 代入上式，得初始值为

$$g(0)=g(-1)+2g(-2)+\varepsilon(0)=1$$

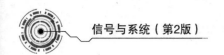

$$g(1)=g(0)+2g(-1)+\varepsilon(1)=2$$

式(5-58)的特征根 $\lambda_1=-1$，$\lambda_2=2$，容易求得它的特解 $g_p(k)=-\dfrac{1}{2}$，于是得

$$g(k)=C_1(-1)^k+C_2(2)^k-\frac{1}{2}, \quad k\geqslant 0$$

将初始值代入上式，可求得 $C_1=\dfrac{1}{6}$，$C_2=\dfrac{4}{3}$，最后得该系统的阶跃响应为

$$g(k)=\left[\frac{1}{6}(-1)^k+\frac{4}{3}(2)^k-\frac{1}{2}\right]\varepsilon(k) \tag{5-59}$$

方法二 利用单位序列响应

例 5-15 中已求得系统的单位序列响应为

$$h(k)=\left[\frac{1}{3}(-1)^k+\frac{2}{3}(2)^k\right]\varepsilon(k)$$

由式(5-56)，系统的阶跃响应为

$$g(k)=\sum_{i=-\infty}^{k}h(i)=\left[\frac{1}{3}\sum_{i=0}^{k}(-1)^i+\frac{2}{3}\sum_{i=0}^{k}(2)^i\right]\varepsilon(k) \tag{5-60}$$

由几何级数求和公式得

$$\sum_{i=0}^{k}(-1)^i=\frac{1-(-1)^{k+i}}{1-(-1)}=\frac{1}{2}\left[1+(-1)^k\right]$$

$$\sum_{i=0}^{k}(2)^i=\frac{1-2^{k+1}}{1-2}=2^{k+1}-1$$

将它们代入式(5-60)，得

$$g(k)=\left\{\frac{1}{3}\times\frac{1}{2}\left[1+(-1)^k\right]+\frac{2}{3}(2\times 2^k-1)\right\}\varepsilon(k)=\left[\frac{1}{6}(-1)^k+\frac{4}{3}(2)^k-\frac{1}{2}\right]\varepsilon(k)$$

与式(5-59)结果相同。

最后将常用的几何数列求和公式列于表 5-3 中，以便查阅。

表 5-3 几种数列的求和公式

序号	公式	说明
1	$\displaystyle\sum_{j=0}^{k}a^j=\begin{cases}\dfrac{1-a^{k+1}}{1-a}, & a\neq 1\\[2mm] k+1, & a=1\end{cases}$	$k\geqslant 0$
2	$\displaystyle\sum_{j=k_1}^{k_2}a^j=\begin{cases}\dfrac{a^{k_1}-a^{k_2+1}}{1-a}, & a\neq 1\\[2mm] k_2-k_1+1, & a=1\end{cases}$	k_1，k_2 可为正或负整数，但 $k_2\geqslant k_1$
3	$\displaystyle\sum_{j=0}^{\infty}a^j=\frac{1}{1-a}, \quad |a|<1$	

续表

序号	公式	说明
4	$\sum\limits_{j=k_1}^{\infty} a^j = \dfrac{a^{k_1}}{1-a},\ |a|<1$	k_1 可为正或负整数
5	$\sum\limits_{j=0}^{k} j = \dfrac{k(k+1)}{2}$	$k \geqslant 0$
6	$\sum\limits_{j=k_1}^{k_2} j = \dfrac{(k_2+k_1)(k_2-k_1+1)}{2}$	k_1，k_2 可为正或负整数，但 $k_2 \geqslant k_1$
7	$\sum\limits_{j=0}^{k} j^2 = \dfrac{k(k+1)(2k+1)}{6}$	$k \geqslant 0$

⇒ 5.4　线性时不变离散时间系统的卷积和

在 LTI 连续时间系统中，可以利用卷积的方法求系统的零状态响应，首先，把激励信号分解为冲激函数的叠加，求出各冲激函数单独作用于系统时的冲激响应，其次，将这些响应相加就得到系统对于该激励信号的零状态响应，这个相加的过程表现为求卷积积分。在 LTI 离散系统中，可用大体相同的方法进行分析。由于离散信号本身是一个序列，因此，激励信号分解为单位序列的工作容易完成。如果系统的单位序列响应已知，那么也不难求得每个单位序列单独作用于系统的响应。把这些响应相加就得到系统对于该激励信号的零状态响应，这个相加过程表现为求卷积和。

▷ 5.4.1　卷积和的定义、图解与计算

1. 卷积和的定义

任意离散时间序列 $f(k)(k=\cdots,-2,-1,0,1,2,\cdots)$ 可以表示为

$$f(k)=\cdots+f(-2)\delta(k+2)+f(-1)\delta(k+1)+f(0)\delta(k)+$$
$$f(1)\delta(k-1)+\cdots+f(i)\delta(k-i)+\cdots$$
$$=\sum_{i=-\infty}^{\infty} f(i)\delta(k-i) \tag{5-61}$$

如果 LTI 系统的单位序列响应为 $h(k)$，那么由线性系统的齐次性和时不变系统的移位性可知，系统对 $f(i)\delta(k-i)$ 的响应为 $f(i)h(k-i)$。根据系统的零状态线性性质，式(5-61)的序列 $f(k)$ 作用于系统所引起的零状态响应 $y_{zs}(k)$ 应为

$$y_{zs}=\cdots+f(-2)h(k+2)+f(-1)h(k+1)+f(0)h(k)+$$
$$f(1)h(k-1)+\cdots+f(i)h(k-i)+\cdots$$
$$=\sum_{i=-\infty}^{\infty} f(i)h(k-i) \tag{5-62}$$

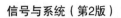

式(5-62)称为序列 $f(k)$ 与 $h(k)$ 的卷积和。它表明LTI系统对于任意激励的零状态响应是激励 $f(k)$ 与系统单位序列响应 $h(k)$ 的卷积和。卷积和常用符号" $*$ "表示。

一般而言，若有两个序列 $f_1(k)$ 和 $f_2(k)$，则其卷积和为

$$f(k) = f_1(k) * f_2(k) = \sum_{i=-\infty}^{\infty} f_1(i)f_2(k-i) \qquad (5-63)$$

(1)如果序列 $f_1(k)$ 是因果序列，即有 $k<0$，$f_1(k)=0$，那么式(5-63)中求和下限可改写为零，则

$$f_1(k) * f_2(k) = \sum_{i=0}^{\infty} f_1(i)f_2(k-i) \qquad (5-64)$$

(2)如果 $f_1(k)$ 不受限制，而 $f_2(k)$ 为因果序列，那么式(5-63)中当 $k-i<0$，即 $i>k$ 时，$f_2(k-i)=0$，因而求和的上限可改写为 k，则

$$f_1(k) * f_2(k) = \sum_{i=-\infty}^{k} f_1(i)f_2(k-i) \qquad (5-65)$$

(3)如果 $f_1(k)$、$f_2(k)$ 均为因果序列，那么 $f_1(k)=f_2(k)=0$，$k<0$，即

$$f_1(k) * f_2(k) = \sum_{i=0}^{k} f_1(i)f_2(k-i) \qquad (5-66)$$

例 5-17 有 $f_1(k) = \left(\dfrac{1}{3}\right)^k \varepsilon(k)$，$f_2(k)=1$，$f_3(k)=\varepsilon(k)$，$-\infty<k<\infty$，求

(1) $f_1(k) * f_2(k)$；(2) $f_1(k) * f_3(k)$。

解：(1)由卷积和的定义式(5-63)，考虑到 $f_2(k-i)=1$，得

$$f_1(k) * f_2(k) = \sum_{i=-\infty}^{\infty} \left(\frac{1}{3}\right)^i \varepsilon(i) \times 1$$

上式中 $i<0$ 时 $\varepsilon(i)=0$，故从 $-\infty$ 到 -1 的和等于零，因而求和下限可改为 $i=0$，在 $i>0$ 时 $\varepsilon(i)=1$，于是有

$$f_1(k) * f_2(k) = \sum_{i=0}^{\infty} \left(\frac{1}{3}\right)^i = \frac{1}{1-\frac{1}{3}} = \frac{3}{2}$$

上式中对 k 没有限制，故可写为

$$f_1(k) * f_2(k) = \left(\frac{1}{3}\right)^k \varepsilon(k) * 1 = \frac{3}{2}, \quad -\infty<k<\infty$$

(2)由卷积和的定义得

$$f_1(k) * f_2(k) = \sum_{i=-\infty}^{\infty} \left(\frac{1}{3}\right)^k \varepsilon(i)\varepsilon(k-i)$$

上式中，当 $i<0$ 时 $\varepsilon(i)=0$，故求和下限可改写为0；当 $k-i<0$，即 $i>k$ 时 $\varepsilon(k-i)=0$，因而从 $k+1$ 到 ∞ 的和为零，故求和上限可改写为 k；而 $0 \leqslant i \leqslant k$ 时 $\varepsilon(i)=\varepsilon(k-i)=1$，于是上式可写为

$$f_1(k) * f_3(k) = \sum_{i=0}^{k} \left(\frac{1}{3}\right)^i = \frac{1-\left(\frac{1}{3}\right)^{k+1}}{1-\frac{1}{3}} = \frac{3}{2}\left[1-\left(\frac{1}{3}\right)^{k+1}\right]$$

显然，上式中 $k \geqslant 0$，故应写为

$$f_1(k) * f_3(k) = \left(\frac{1}{3}\right)^k \varepsilon(k) * \varepsilon(k) = \frac{3}{2}\left[1 - \left(\frac{1}{3}\right)^{k+1}\right]\varepsilon(k)$$

在用式(5-66)计算卷积和时，正确地选定参变量 k 的适用区域以及确定相应的求和上限和下限是十分关键的步骤，这可借助于做图的方法解决。图解法也是求简单序列卷积和的有效方法。

2. 卷积和的图解

根据 $f(k) = f_1(k) * f_2(k) = \sum\limits_{i=-\infty}^{\infty} f_1(i)f_2(k-i)$，用图解法计算序列 $f_1(k)$ 与 $f_2(k)$ 的卷积和的步骤为：

(1)将序列 $f_1(k)$、$f_2(k)$ 的自变量用 i 代替，然后将序列 $f_2(i)$ 以纵坐标为轴线反转，成为 $f_2(-i)$。

(2)序列 $f_2(-i)$ 沿 i 轴正方向平移 k 个单位，成为 $f_2(k-i)$。

(3)求乘积 $f_1(i)f_2(k-i)$。

(4)按式(5-63)或式(5-66)(当两个序列均为因果序列时)，求各乘积之和。

例 5-18 已知 $f_1(k) = \left(\frac{1}{3}\right)^k[\varepsilon(k) - \varepsilon(k-4)]$，$f_2(k) = \varepsilon(k) - \varepsilon(k-4)$，用图解法求 $f(k) = f_1(k) * f_2(k)$。

解： 将序列 $f_1(k)$，$f_2(k)$ 的自变量换为 i，序列 $f_1(i)$ 和 $f_2(i)$ 的图形如图 5-12(a)、图 5-12(b)所示。将 $f_2(i)$ 反转后，得 $f_2(-i)$，如图 5-12(c)所示。

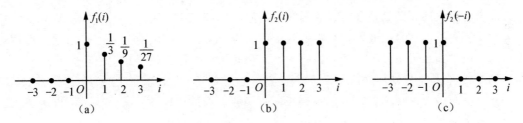

图 5-12 例 5-18 图

由于 $f_1(k)$，$f_2(k)$ 都是因果信号，可逐次令 $k = \cdots，-1，0，1，2，\cdots$计算乘积，并按式(5-66)求各乘积之和。其计算过程如图 5-13 所示。

当 $k < 0$ 时

$$f(k) = f_1(k) * f_2(k) = 0$$

当 $k = 0$ 时

$$f(0) = \sum_{i=0}^{0} f_1(i)f_2(0-i) = f_1(0)f_2(0) = 1$$

当 $k = 1$ 时

$$f(1) = \sum_{i=0}^{1} f_1(i)f_2(1-i) = f_1(0)f_2(1) + f_1(1)f_2(0) = \frac{4}{3}$$

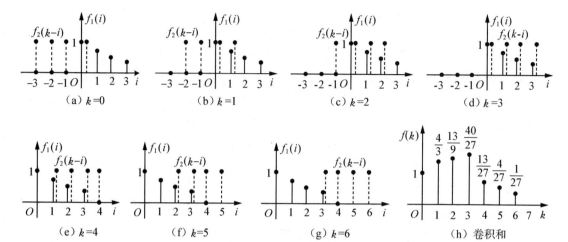

图 5-13　例 5-18 卷积和的计算过程

如此，依次可得

$$f(2) = f_1(0)f_2(2) + f_1(1)f_2(1) + f_1(2)f_2(0) = \frac{13}{9}$$

$$f(3) = f_1(0)f_2(3) + f_1(1)f_2(2) + f_1(2)f_2(1) + f_1(3)f_2(0) = \frac{40}{27}$$

……

3. 卷积的计算

(1)方法一　卷积和的竖式演算法。

对于有限长序列的卷积和可以利用简单实用的"右对齐不进位乘法"竖式演算求得。这种方法不需要画出信号的波形，只需把两个序列排成两行，右端对齐，按普通乘法运算规则进行，但中间结果不进位，最后将同一列的中间结果相加，就得到卷积和序列。

例 5-19　已知 $f_1(k) = \{\underset{\uparrow}{1}, 3, 5, 7\}$，$f_2(k) = \{\underset{\uparrow}{1}, 2, 1\}$，求 $f(k) = f_1(k) * f_2(k)$。

解：将两序列样值以各自 k 的最高值按右端对齐，进行排列，然后把逐个样值对应相乘但不要进位，最后把同一列上的乘积值按对应位求和即可得 $f(k)$，具体如下：

$$
\begin{array}{r}
1\quad 3\quad 5\quad 7 \\
\times \quad\quad 1\quad 2\quad 1 \\
\hline
1\quad 3\quad 5\quad 7 \\
2\quad 6\quad 10\quad 14 \\
1\quad 3\quad 5\quad 7 \\
\hline
1\quad 5\quad 12\quad 20\quad 19\quad 7
\end{array}
$$

$$f(k) = \{\underset{\uparrow}{1}, 5, 12, 20, 19, 7\}$$

(2)方法二　卷积和的列表法。

当两序列是有限长因果序列时，利用列表法可使卷积和计算更加简便。由上可知，两因果序列 $f(k)$ 与 $h(k)$ 的卷积和为

$$y(k) = \sum_{i=0}^{k} f(i)h(k-i) = f(k) * h(k)$$

如果将各 $f(k)(k=0,1,2,\cdots)$ 的值排成一行，将各 $h(k)(k=0,1,2,\cdots)$ 的值排成一列，如图 5-14 所示，在表中的各行与各列的交叉点处，记入相应的乘积。我们发现，沿斜线（如虚线所示）上各项 $f(i)h(j)$ 的序号之和也是常数，沿斜线上各数值之和就是卷积和。例如，延 $f(0)h(3)$ 到 $f(3)h(0)$ 的斜线上各乘积之和为

$$y(3) = f(0)h(3) + f(1)h(2) + f(2)h(1) + f(3)h(0)$$

$f(k)$ $h(k)$	$f(0)$	$f(1)$	$f(2)$	$f(3)$	$f(4)$	$\cdots$
$h(0)$	$f(0)h(0)$	$f(1)h(0)$	$f(2)h(0)$	$f(3)h(0)$	$f(4)h(0)$	$\cdots$
$h(1)$	$f(0)h(1)$	$f(1)h(1)$	$f(2)h(1)$	$f(3)h(1)$	$f(4)h(1)$	$\cdots$
$h(2)$	$f(0)h(2)$	$f(1)h(2)$	$f(2)h(2)$	$f(3)h(2)$	$f(4)h(2)$	$\cdots$
$h(3)$	$f(0)h(3)$	$f(1)h(3)$	$f(2)h(3)$	$f(3)h(3)$	$f(4)h(3)$	$\cdots$
$h(4)$	$f(0)h(4)$	$f(1)h(4)$	$f(2)h(4)$	$f(3)h(4)$	$f(4)h(4)$	$\cdots$
$h(5)$	$f(0)h(5)$	$f(1)h(5)$	$f(2)h(5)$	$f(3)h(5)$	$f(4)h(5)$	$\cdots$
$\vdots$	$\cdots$	$\cdots$	$\cdots$	$\cdots$	$\cdots$	

图 5-14　卷积和的列表图

例 5-20　已知 $f(k) = \{0.4, 0.3, 0.2, 0.1\}$，$h(k) = \{0.3, 0.2, 0.2, 0.2, 0.1\}$，求 $y(k) = f(k) * h(k)$。

解：根据卷积和的列表法，可列表如图 5-15 所示。

k $f(k)$	0 0.4	1 0.3	2 0.2	3 0.1	4 0
k $h(k)$					
0　0.3	0.12	0.09	0.06	0.03	0
1　0.2	0.08	0.06	0.04	0.02	0
2　0.2	0.08	0.06	0.04	0.02	0
3　0.2	0.08	0.06	0.04	0.02	0
4　0.1	0.04	0.03	0.02	0.01	0

图 5-15　卷积和的列表图

可求得

$$y(k) = \{0.12, 0.17, 0.20, 0.21, 0.16, 0.09, 0.04, 0.01\}$$
$$\scriptstyle k=0$$

（3）方法三 卷积和的序列相乘法。

当两序列是有限长因果序列时，利用序列相乘法可使卷积和计算更加简便。由上可知，两因果序列 $f(k)$ 与 $h(k)$ 的卷积和为

$$y(k) = \sum_{i=0}^{k} f(i)h(k-i) = f(k) * h(k)$$

如果将 $f(k)$，$k=0$，1，2，3，…的值排成一行，将 $h(k)$，$k=0$，1，2，3，…的值排成一行，k 的取值相同的样值排列在同一列，两个序列数不一样多时，用 0 补齐，按多位数相乘的办法即可得到两序列的卷积和 $y(k)$。

例 5-21 已知 $f(k)=\{0.4, 0.3, 0.2, 0.1\}$，$h(k)=\{0.3, 0.2, 0.2, 0.2, 0.1\}$，求 $y(k)=f(k) * h(k)$。

解： 按照卷积和的序列相乘法，可得图 5-16。

			$k=0$				
$f(k)$	0		0.4	0.3	0.2	0.1	0
× $h(k)$	0		0.3	0.2	0.2	0.2	0.1
			0.04	0.03	0.02	0.01	0
		0.08	0.06	0.04	0.02	0	
	0.08	0.06	0.04	0.02	0		
0.08	0.06	0.04	0.02	0			
0.12	0.09	0.06	0.03	0			
0.12	0.17	0.20	0.21	0.16	0.09	0.04	0.01	0

$k=0$ .... $k=8$

图 5-16 序列相乘法图

由图 5-16 可以得到序列的卷积和 $y(k)$ 为

$$y(k)=\{0.12, 0.17, 0.20, 0.21, 0.16, 0.09, 0.04, 0.01\}$$

（$k=0$）

最后将几种常用的因果序列的卷积和列于表 5-4 中，以备查阅。

表 5-4 常用因果序列的卷积和

序号	$f_1(k)$	$f_2(k)$	$f_1(k) * f_2(k)$
1	$f(k)$	$\delta(k)$	$f(k)$
2	$f(k)$	$\varepsilon(k)$	$\sum_{i=-\infty}^{k} f(i)$
3	$\varepsilon(k)$	$\varepsilon(k)$	$(k+1)\varepsilon(k)$
4	$k\varepsilon(k)$	$\varepsilon(k)$	$\frac{1}{2}(k+1)k\varepsilon(k)$

序号	$f_1(k)$	$f_2(k)$	$f_1(k) * f_2(k)$
5	$a^k \varepsilon(k)$	$\varepsilon(k)$	$\dfrac{1-a^{k+1}}{1-a}\varepsilon(k)$，$a \neq 0$
6	$a_1^k \varepsilon(k)$	$a_2^k \varepsilon(k)$	$\dfrac{a_1^{k+1}-a_2^{k+1}}{a_1-a_2}\varepsilon(k)$，$a_1 \neq a_2$
7	$a^k \varepsilon(k)$	$a^k \varepsilon(k)$	$(k+1)a^k \varepsilon(k)$
8	$k \varepsilon(k)$	$a^k \varepsilon(k)$	$\dfrac{k}{1-a}\varepsilon(k)+\dfrac{a(a^k-1)}{(1-a)^2}\varepsilon(k)$
9	$k \varepsilon(k)$	$k \varepsilon(k)$	$\dfrac{1}{6}(k+1)k(k-1)\varepsilon(k)$
10	$a_1^k \cos(\beta k+\theta)\varepsilon(k)$	$a_2^k \varepsilon(k)$	$\dfrac{a_1^{k+1}\cos[\beta(k+1)+\theta-\varphi]-a_2^{k+1}\cos(\theta-\varphi)}{\sqrt{a_1^2+a_2^2-2a_1a_2\cos\beta}}\varepsilon(k)$ $\varphi=\arctan\left[\dfrac{a_1\sin\beta}{a_1\cos\beta-a_2}\right]$

▶ 5.4.2 卷积和的性质

卷积和的性质有代数运算（交换律、结合律、分配律）、卷积和的位移总量不变性、函数与单位序列的卷积和等。利用卷积和的性质求某些函数的卷积比较方便。

1. 卷积和的代数运算

离散信号卷积和的运算也服从某些代数运算规则。离散信号的卷积和运算服从交换律、结合律和分配律，即

交换律 $\qquad f_1(k) * f_2(k) = f_2(k) * f_1(k)$ $\hfill$ (5-67)

分配律 $\qquad f_1(k) * [f_2(k)+f_3(k)] = f_1(k) * f_2(k) + f_1(k) * f_3(k)$ $\hfill$ (5-68)

结合律 $\qquad f_1(k) * [f_2(k) * f_3(k)] = [f_1(k) * f_2(k)] * f_3(k)$ $\hfill$ (5-69)

2. 卷积和的位移总量不变性

若有 $f_1(k) * f_2(k) = f(k)$，则

$$f_1(k) * f_2(k-k_1) = f_1(k-k_1) * f_2(k) = f(k-k_1) \tag{5-70}$$

$$f_1(k-k_1) * f_2(k-k_2) = f_1(k-k_2) * f_2(k-k_1) = f(k-k_1-k_2) \tag{5-71}$$

即被卷积信号 $f_1(k)$、$f_2(k)$ 的位移量可以调整，只要总量不变，则卷积和 $f(k)$ 就不变。

卷积和的代数运算规则在系统分析中的物理含义与连续时间系统类似。需要强调的是，两个子系统并联组成的复合系统，其单位序列响应等于两个系统的单位序列响应之和；两个子系统级联组成的复合系统，其单位序列响应等于两个系统的单位序列响应的卷积和，如图 5-17 所示。

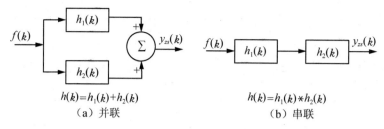

$h(k)=h_1(k)+h_2(k)$
（a）并联

$h(k)=h_1(k)*h_2(k)$
（b）串联

图 5-17   复合系统的单位序列响应

3. 函数与单位序列的卷积和

如果两序列之一是单位序列，由于 $\delta(k)$ 仅当 $k=0$ 时等于 1，$k\neq0$ 时全为零，因而有

$$f(k)*\delta(k)=\delta(k)*f(k)=\sum_{i=-\infty}^{\infty}\delta(i)f(k-i)=f(k) \tag{5-72}$$

即序列 $f(k)$ 与单位序列 $\delta(k)$ 的卷积和就是序列 $f(k)$ 本身。

将式(5-72)推广，$f(k)$ 与移位序列 $\delta(k-k_1)$ 的卷积和为

$$f(k)*\delta(k-k_1)=\sum_{i=-\infty}^{\infty}f(i)\delta(k-i-k_1)$$

由于仅当 $k-i-k_1=0$，即 $i=k-k_1$ 时 $\delta(k-i-k_1)=1$，而其余为零，故得

$$f(k)*\delta(k-k_1)=f(k-k_1)\delta(k-i-k_1)\Big|_{i=k-k_1}=f(k-k_1)$$

考虑到交换律，有

$$f(k)*\delta(k-k_1)=\delta(k-k_1)*f(k)=f(k-k_1)$$

此外还有

$$f(k-k_1)*\delta(k-k_2)=f(k-k_2)*\delta(k-k_1)=f(k-k_1-k_2)$$

例 5-22   如图 5-18 所示复合系统由三个子系统组成，已知子系统的单位序列响应分别为 $h_1(k)=\varepsilon(k)$，$h_2(k)=(-1)^k\varepsilon(k)$，$h_3(k)=\delta(k-1)$，求复合系统的单位序列响应 $h(k)$。

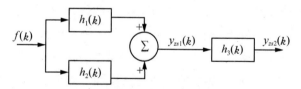

图 5-18   例 5-22 图

解：根据单位序列响应的定义，复合系统的单位序列响应 $h(k)$ 是激励 $f(k)=\delta(k)$ 时系统的零状态响应，即 $y_{zs}(k)=h(k)$。

令 $f(k)=\delta(k)$，则并联子系统的零状态响应 $y_{zs1}(k)$ 为

$$y_{zs1}(k)=f(k)*[h_1(k)+h_2(k)]=\delta(k)*[h_1(k)+h_2(k)]=h_1(k)+h_2(k)$$

子系统三的输入为 $y_{zs1}(k)$，子系统三的零状态响应即复合系统的零状态响应为

$$y_{zs}(k)=y_{zs1}(k)*h_3(k)=[h_1(k)+h_2(k)]*h_3(k)$$

即复合系统的单位序列响应为

$$h(k)=[h_1(k)+h_2(k)]*h_3(k)=[\varepsilon(k)+(-1)^k\varepsilon(k)]*\delta(k-1)=[1+(-1)^{k-1}]\varepsilon(k-1)$$

▶ 5.4.3 利用卷积和求零状态响应

对于线性时不变离散时间系统，若激励为单位序列 $\delta(k)$，单位序列响应为 $h(k)$，则激励与系统零状态响应之间有如下关系：

激励 ┄┄┄┄┄┄┄→ 零状态响应

$f(0)\delta(k)$ ┄┄┄┄┄┄┄→ $f(0)h(k)$

$f(1)\delta(k-1)$ ┄┄┄┄┄┄┄→ $f(1)h(k-1)$

⋮ ┄┄┄┄┄┄┄ ⋮

$f(i)\delta(k-i)$ ┄┄┄┄┄┄┄→ $f(i)h(k-i)$

$\sum_{i=-\infty}^{\infty}f(i)\delta(k-i)$ ┄┄┄┄┄┄┄→ $\sum_{i=-\infty}^{\infty}f(i)h(k-i)$

由前面的讨论可知任意序列 $f(k)$ 均可表示为

$$f(k)=\sum_{i=-\infty}^{\infty}f(i)\delta(k-i)$$

故可知，当激励为 $f(k)$ 时，系统的零状态响应为

$$y_{zs}(k)=\sum_{i=-\infty}^{\infty}f(i)h(k-i)=f(k)*h(k) \tag{5-73}$$

即离散时间系统的零状态响应等于系统激励与系统单位序列响应的卷积和。因此，在求解离散时间系统的零状态响应时，应先求得系统的单位序列响应 $h(k)$，然后求出单位序列响应 $h(k)$ 与激励序列 $f(k)$ 的卷积和，即为系统的零状态响应。

例 5-23 某离散时间系统的差分方程为 $y(k)+3y(k-1)+2y(k-2)=f(k)$，若起始状态 $y(-1)=0$、$y(-2)=1$，激励 $f(k)=2^k\varepsilon(k)$，求系统的全响应。

解： (1)求零输入响应。

根据零输入响应的定义，它满足方程

$$y_{zi}(k)+3y_{zi}(k-1)+2y_{zi}(k-2)=0$$

其特征根为 $\lambda_1=-1$，$\lambda_2=-2$。则零输入响应

$$y_{zi}(k)=C_{zi1}(-1)^k+C_{zi2}(-2)^k$$

由起始状态 $y_{zi}(-1)=y(-1)=0$、$y_{zi}(-2)=y(-2)=1$，可得初始条件

$$y_{zi}(0)=-3y_{zi}(-1)-2y_{zi}(-2)=-2$$
$$y_{zi}(1)=-3y_{zi}(0)-2y_{zi}(-1)=6$$

将初始条件代入，得

$$y_{zi}(0)=C_{zi1}+C_{zi2}=-2$$
$$y_{zi}(1)=-C_{zi1}-2C_{zi2}=6$$

解得 $C_{zi1}=2$，$C_{zi2}=-4$，故零输入响应为

$$y_{zi}(k)=2(-1)^k-4(-2)^k$$

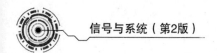

（2）求单位序列响应和零状态响应。

根据单位序列响应的定义，系统的单位序列响应满足方程

$$h(k)+3h(k-1)+2h(k-2)=\delta(k)$$

其单位序列响应为

$$h(k)=C_1(-1)^k+C_2(-2)^k$$

由起始状态 $h(-1)=h(-2)=0$，得初始条件 $h(0)=1$，$h(1)=-3$

将初始条件代入上式得 $C_1=-1$，$C_2=2$，于是

$$h(k)=[-(-1)^k+2(-2)^k]\varepsilon(k)$$

系统的零状态响应为

$$y_{zs}(k)=f(k)*h(k)=2^k\varepsilon(k)*[-(-1)^k+2(-2)^k]\varepsilon(k)$$

$$=\left[\frac{1}{3}(2)^k-\frac{1}{3}(-1)^k+(-2)^k\right]\varepsilon(k)$$

最后得系统的全响应

$$y(k)=y_{zi}(k)+y_{zs}(k)=\left[\frac{1}{3}(2)^k+\frac{5}{3}(-1)^k-3(-2)^k\right]\varepsilon(k)$$

⇛ *5.5　MATLAB 实现离散信号与系统的时域分析

▶ 5.5.1　离散系统时域响应求解

离散信号的时域表现形式是离散序列，可用 stem 函数绘制。离散信号的频域表现形式是周期性连续频谱，MATLAB 没有函数直接计算离散时间的傅里叶变换（DTFT）。

▶ 5.5.2　实验五

【实验目的】

使用 MATLAB 实现离散信号的产生、处理与离散系统的分析。

【实验内容】

（1）绘制指数序列 $f(k)=a^k\varepsilon(k)$ 时域波形，其中 a 分别为 0.6，-0.6，1.2，-1.2，观察分析不同的 a 对时域序列的影响。

（2）已知 $y(k)=\frac{1}{3}[f(k)+f(k-1)+f(k-2)]$，求：若 $f(k)=\varepsilon(k)$，用卷积和求解

$y(k)$；若 $f(k)=A\cos\left(\frac{2\pi k}{N}\right)\varepsilon(k)$，试着确定 A 和 N，使稳态响应为零，并用 MATLAB 验证。

【实验指导与参考代码】

（1）MATLAB 命令如下：

```
k=0:15;x1=0.6.^k;x2=(-0.6).^k;x3=1.2.^k;x4=(-1.2).^k;
```

```
subplot(221);stem(k,x1,'filled');xlabel('a=0.6');
subplot(222);stem(k,x2,'filled');xlabel('a=-0.6');
subplot(223);stem(k,x3,'filled');xlabel('a=1.2');
subplot(224);stem(k,x4,'filled');xlabel('a=-1.2');
```

(2)实验分析与 MATLAB 程序参考。

由定义知，当 $f(k)=\delta(k)$ 时，有

$$y(k)=h(k)=\frac{1}{3}[\delta(k)+\delta(k-1)+\delta(k-2)]$$

当 $f(k)=\varepsilon(k)$ 时，有

$$y(k)=h(k)*f(k)=\frac{1}{3}[\delta(k)+\delta(k-1)+\delta(k-2)]*\varepsilon(k)$$

$$=\frac{1}{3}[\varepsilon(k)+\varepsilon(k-1)+\varepsilon(k-2)]$$

当 $f(k)=A\cos\left(\dfrac{2\pi k}{N}\right)\varepsilon(k)$ 时，有

$$y(k)=h(k)*f(k)=\frac{A}{3}\left[\cos\left(\frac{2\pi k}{N}\right)\varepsilon(k)+\cos\left[\frac{2\pi(k-1)}{N}\right]\varepsilon(k-1)+\cos\left[\frac{2\pi(k-2)}{N}\right]\varepsilon(k-2)\right]$$

显然当 $N=3$ 且 A 为任意实数时，使得 $y(k)$ 稳态响应为零。

MATLAB 命令如下：

```
clear all;close all;clc;
x1=[0 0 ones(1,20)];
k=-2:19;k1=0:19;
x2=[0 0 cos(2*pi*k1/3)];
h=(1/3)*ones(1,3);
y=conv(x1,h);y1=y(1:length(k));
y=conv(x2,h);y2=y(1:length(k));
figure;
stem(k,x1,'r');grid;xlabel('k');ylabel('x1[k]');
x1_max=max(x1);x1_min=min(x1);
ylim([x1_min-0.1  x1_max+0.1]);
figure;
stem(k,y1,'r');grid;xlabel('k');ylabel('y1[k]');
y1_max=max(y1);y1_min=min(y1);
ylim([y1_min-0.1  y1_max+0.1]);
figure;
stem(k,x2,'r');grid;xlabel('k');ylabel('x2[k]');
x2_max=max(x2);x2_min=min(x2);
ylim([x2_min-0.1  x2_max+0.1]);
figure;
```

```
stem(k,y2,'r');grid;xlabel('k');ylabel('y2[k]');
y2_max=max(y2);y2_min=min(y2);
ylim([y2_min-0.1  y2_max+0.1]);
```

习 题

5-1 求下列齐次差分方程的解。

$(1) y(k)-2y(k-1)=0, \quad y(0)=\dfrac{1}{2}$;

$(2) y(k)-2y(k-1)=0, \quad y(0)=2$;

$(3) y(k)-\dfrac{1}{2}y(k-1)=0, \quad y(0)=1$。

5-2 求下列齐次差分方程的解。

$(1) y(k)+3y(k-1)+2y(k-2)=0, \quad y(-1)=2, \quad y(-2)=1$;

$(2) y(k)+2y(k-1)+y(k-2)=0, \quad y(0)=1, \quad y(-1)=1$;

$(3) y(k)-7y(k-1)+16y(k-2)-12y(k-3)=0, \quad y(1)=-1, \quad y(2)=-3,$
$y(3)=-5$。

5-3 求下列差分方程的零输入响应。

$(1) y(k)+3y(k-1)+2y(k-2)=f(k), \quad y(-1)=0, \quad y(-2)=1$;

$(2) y(k)+y(k-2)=f(k-2), \quad y(-1)=-2, \quad y(-2)=-1$。

5-4 用经典法求下列差分方程所描述因果离散系统的全响应。

$(1) y(k)+2y(k-1)=f(k), \quad f(k)=(k-2)\varepsilon(k), \quad y(0)=1$;

$(2) y(k)+2y(k-1)+y(k-2)=f(k), \quad f(k)=3^k\varepsilon(k), \quad y(0)=y(1)=0$。

5-5 求下列差分方程所描述的 LTI 离散系统的零输入响应、零状态响应和全响应。

$(1) y(k)-2y(k-1)=f(k), \quad f(k)=2\varepsilon(k), \quad y(-1)=-1$;

$(2) y(k)+2y(k-1)=f(k), \quad f(k)=2^k\varepsilon(k), \quad y(-1)=1$;

$(3) y(k)+3y(k-1)+2y(k-2)=f(k), \quad f(k)=\varepsilon(k), \quad y(-1)=-1, \quad y(-2)=0$;

$(4) y(k)+2y(k-1)+y(k-2)=f(k), \quad f(k)=3\left(\dfrac{1}{2}\right)^k\varepsilon(k), \quad y(-1)=3, \quad y(-2)=-5$。

5-6 下列差分方程所描述的系统，若激励 $f(k)=2\cos\left(\dfrac{k\pi}{3}\right)$，$k\geqslant 0$。求各系统的稳态响应。

$(1) y(k)+\dfrac{1}{2}y(k-1)=f(k)$;

$(2) y(k)+\dfrac{1}{2}y(k-1)=f(k)+2f(k-1)$。

5-7 一个乒乓球从 H 米高度自由下落至地面，每次弹跳起的最高值是前一次最高值的 $\dfrac{2}{3}$。若以 $y(k)$ 表示第 k 次跳起的最高值，试描述此过程的差分方程式。又若给定 $H=2$ m，解此差分方程。

5-8　如果在第 k 个月初向银行存款 $f(k)$ 元，每月利息为 a，每月利息不取出，试用差分方程写出第 k 月初的本利和 $y(k)$。设 $f(k)=10$ 元，$a=0.003$ 元，$y(0)=20$ 元，求 $y(k)$。若 $k=12$，$y(12)$ 为多少？

5-9　求下列差分方程所描述的离散系统的单位序列响应。

(1) $y(k)-y(k-2)=f(k)$；

(2) $y(k)+2y(k-1)=f(k-1)$；

(3) $y(k)+y(k-1)+\dfrac{1}{4}y(k-2)=f(k)$；

(4) $y(k)+y(k-2)=f(k-2)$。

5-10　图 5-19 为各序列的图形，求下列卷积和。

(1) $f_1(k) * f_2(k)$；　　　　　　　　　　(2) $f_2(k) * f_3(k)$；

(3) $f_3(k) * f_4(k)$；　　　　　　　　　　(4) $[f_2(k)-f_1(k)] * f_3(k)$。

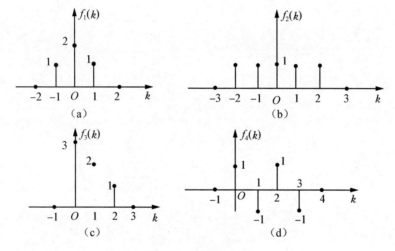

图 5-19　习题 5-10 图

5-11　求下列序列的卷积和。

(1) $0.25^k\varepsilon(k) * \varepsilon(k)$；　　　　　　　　(2) $k\varepsilon(k) * \delta(k-2)$；

(3) $\varepsilon(k) * \varepsilon(k)$；　　　　　　　　　　(4) $3^k\varepsilon(k) * 5^k\varepsilon(k)$。

5-12　已知系统的激励 $f(k)$ 和单位序列响应 $h(k)$ 如下，求系统的零状态响应 $y_{zs}(k)$。

(1) $f(k)=\varepsilon(k)$，$h(k)=\delta(k)-\delta(k-3)$；

(2) $f(k)=h(k)=\varepsilon(k)-\varepsilon(k-4)$；

(3) $f(k)=h(k)=\varepsilon(k)$；

(4) $f(k)=(0.5)^k\varepsilon(k)$，$h(k)=\varepsilon(k)-\varepsilon(k-5)$。

5-13　若 LTI 离散系统的阶跃响应 $g(k)=(0.5)^k\varepsilon(k)$，求其单位序列响应。

5-14　一个离散系统当激励 $f(k)=\varepsilon(k)$ 时的零状态响应为 $[2k+(0.5)^k]\varepsilon(k)$，求当

激励为 $f(k) = 2^k \varepsilon(k)$ 时的零状态响应。

5-15 如描述离散系统的差分方程为 $y(k) - \dfrac{5}{6} y(k-1) + \dfrac{1}{6} y(k-2) = f(k) - f(k-2)$，求系统的单位响应 $h(k)$。

5-16 图 5-20 的离散系统由两个子系统级联组成，已知激励 $f(k) = \delta(k) - a\delta(k-1)$，$h_1(k) = 2\cos\left(\dfrac{k\pi}{4}\right)$，$h_2(k) = a^k \varepsilon(k)$。求该系统的零状态响应 $y_{zs}(k)$。（提示：利用卷积和的结合律和交换律，可以简化运算）

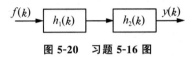

图 5-20　习题 5-16 图

5-17 如已知某 LTI 系统的输入为 $f(k) = \begin{cases} 1, & k=0 \\ 4, & k=1, 2 \text{时} \\ 0, & \text{其余} \end{cases}$，其零状态响应为

$y_{zs}(k) = \begin{cases} 0, & k<0 \\ 9, & k \geqslant 0 \end{cases}$，求系统的单位序列响应。

5-18 如图 5-21 所示复合系统由三个子系统组成，它们的单位序列响应分别为 $h_1(k) = \delta(k)$，$h_2(k) = \delta(k-N)$，N 为常数，$h_3(k) = \varepsilon(k)$，求复合系统的单位序列响应。

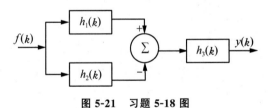

图 5-21　习题 5-18 图

5-19 如图 5-22 所示复合系统由三个子系统组成，它们的单位序列响应分别为 $h_1(k) = \varepsilon(k)$，$h_2(k) = \varepsilon(k-5)$，求复合系统的单位序列响应。

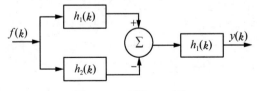

图 5-22　习题 5-19 图

5-20 图 5-23 为电阻梯形网络，图中 R，u_s 为常数。设各节点电压为 $u(k)$，其中 $k = 0$，1，2，$\cdots$，N 为各节点序号。显然其边界条件为 $u(0) = u_s$，$u(N) = 0$。列出 $u(k)$ 的差分方程，求节点电压 $u(k)$。

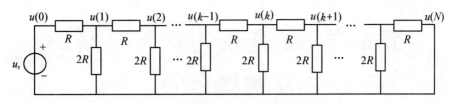

图 5-23　习题 5-20 图

5-21　已知某离散系统的单位序列响应为 $h(k)=\left[2\left(\dfrac{1}{2}\right)^{k}-\left(\dfrac{1}{4}\right)^{k}\right]\varepsilon(k)$，其零状态响应为 $y_{zs}(k)=k\left(\dfrac{1}{2}\right)^{k-1}\varepsilon(k)+\left(\dfrac{1}{4}\right)^{k}\varepsilon(k)$，求该系统的激励 $f(k)$。

第6章 z变换与离散系统的复频域分析

本章重点：z变换及其收敛域，z变换的性质，z反变换，系统函数及z域分析，离散系统稳定性及其判定。

在连续时间信号系统中，使用傅里叶变换进行频域分析，而拉普拉斯变换可作为傅里叶变换的推广，对信号进行复频域分析。同时，可以通过拉普拉斯变换把微分方程转换为代数方程，从而简化求解过程。在离散时间信号系统中，z变换具有与拉普拉斯变换类似的地位与作用，它把差分方程变换为z域的代数方程，使其求解过程得以简化。

6.1 z变换及其收敛域

不同的离散信号可能z变换是相同的，但其收敛域却是不同的，也就是说离散信号和z变换不是一一对应关系，求出一个信号的z变换必须指出其收敛域。

6.1.1 z变换的定义

z变换有单边z变换和双边z变换之分。已知离散时间信号或序列$f(k)$，其双边z变换定义为

$$F(z) = Z[f(k)] = \sum_{k=-\infty}^{\infty} f(k)z^{-k} \tag{6-1}$$

式中，z是一个复变量，它所在的复平面称为z平面。

序列$f(k)$的单边z变换定义为

$$F(z) = \sum_{k=0}^{\infty} f(k)z^{-k} \tag{6-2}$$

如果序列$f(k)$是因果序列，那么其双边z变换与单边z变换的结果是一样的。

由式(6-1)和式(6-2)可见，$F(z)$是复变量z^{-1}的幂级数（数学上称为罗朗级数），该级数的系数就是序列$f(k)$的值。本书中如不另外说明，均采用双边z变换对信号进行分析和变换。

6.1.2 z变换的收敛域

由z变换的定义可知，仅当级数收敛时z变换才有意义，也就是说式(6-1)z变换存在的条件是要求级数绝对可和，即

$$\sum_{k=-\infty}^{\infty} |f(k)z^{-k}| < \infty \tag{6-3}$$

对任意给定的有界序列 $f(k)$，使 z 变换定义式级数收敛的所有 z 值的集合称为 z 变换的收敛域（region of convergence，ROC）。z 变换的收敛域就是由满足式(6-3)的全部 z 值所组成。一般收敛域由 z 平面内以原点为中心的圆环所组成，即

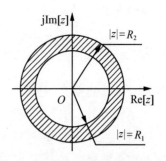

$$R_1 < |z| < R_2$$

其中，R_1 和 R_2 称为收敛半径，R_1 可以小到零，R_2 可以大到∞，收敛域示意图如图 6-1 所示。

图 6-1　双边 z 变换的环形收敛域

序列的特性决定其 z 变换的收敛域，也就是说 $F(z)$ 的收敛域是由序列 $f(k)$ 的形式决定的，为说明其关系，下面将分别讨论四种不同类型的序列的 z 变换收敛域问题。

1. 有限长序列

有限长序列是指只有在有限的区间内具有非零的有限值，即

$$f(k) = \begin{cases} f(k), & k_1 \leqslant k \leqslant k_2 \\ 0, & 其他 \end{cases}$$

其 z 变换可以表示为

$$F(z) = \sum_{k=k_1}^{k_2} f(k) z^{-k}$$

有限长序列 z 变换的收敛域是有限 z 平面，即 $0 < |z| < +\infty$，有可能包含 $z=0$ 点或 $z=+\infty$ 点。由于上式是一个有限项级数之和，只要级数的每一项有界，$F(z)$ 一定存在且有界。如果 $k_1 < 0$，级数中就会出现 z 的正幂项，则收敛域不包括 $z=+\infty$ 点。如果 $k_2 > 0$，级数中就会出现 z 的负幂项，则收敛域不包括 $z=0$ 点。根据 k_1 和 k_2 的取值情况有限长序列的收敛域可表示如下：

(1) 当 $k_1 \geqslant 0$，$k_2 > 0$ 时，收敛域为 $0 < |z| \leqslant +\infty$；

(2) 当 $k_1 < 0$，$k_2 > 0$ 时，收敛域为 $0 < |z| < +\infty$；

(3) 当 $k_1 < 0$，$k_2 \leqslant 0$ 时，收敛域为 $0 \leqslant |z| < +\infty$。

2. 右边序列

右边序列是有始无终的序列，又称为有始序列或单边序列，是指在 $k \geqslant k_1$ 时有非零值的序列，而在 $k < k_1$ 时，序列值全为零，即

$$f(k) = \begin{cases} f(k), & k \geqslant k_1 \\ 0, & k < k_1 \end{cases}$$

其 z 变换可以表示为

$$F(z) = \sum_{k=k_1}^{\infty} f(k) z^{-k}$$

这是一个无穷级数的和，$F(z)$ 的收敛性不仅要求级数的各项都存在且有限，而且要求无穷级数收敛。这里可以采用级数理论中的根值判定法判断级数何时收敛。根据根值判

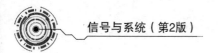

定法，若满足

$$\lim_{k\to\infty}\sqrt[k]{|f(k)z^{-k}|}<1$$

即

$$|z|>\lim_{k\to\infty}\sqrt[k]{|f(k)|}=R_1 \qquad (6\text{-}4)$$

则级数收敛。其中 R_1 是级数的收敛半径。所以右边序列的收敛域是在 z 平面内以原点为中心，半径为 R_1 的圆外部分，如图 6-2(a)所示。如果 $k_1<0$，则收敛域不包括 $z=+\infty$，即 $R_1<|z|<+\infty$；如果 $k_1\geq0$，则收敛域包括 $z=+\infty$，即 $|z|>R_1$。当 $k_1=0$ 时，右边序列就是因果序列，其收敛域为 $R_1<|z|\leq+\infty$，因此，因果序列是一种特殊的右边序列。

3. 左边序列

左边序列是指在 $k\leq k_2$ 时，有非零值的序列，而在 $k>k_2$ 时，序列值全为零。即

$$f(k)=\begin{cases} f(k), & k\leq k_2 \\ 0, & k>k_2 \end{cases}$$

其 z 变换可以表示为

$$F(z)=\sum_{k=-\infty}^{k_2}f(k)z^{-k}$$

与右边序列的推导过程相同，可以得到左边序列的收敛域是在 z 平面内以原点为中心，半径为 R_2 的圆内部分，如图 6-2(b)所示。如果 $k_2>0$，则收敛域不包括 $z=0$，即 $0<|z|<R_2$；如果 $k_2\leq0$，则收敛域包括 $z=0$，即 $|z|<R_2$。

4. 双边序列

双边序列是无始无终的序列，即 k 从 $-\infty$ 延伸到 $+\infty$ 的序列。一个双边序列可以看成一个右边序列和一个左边序列之和，其 z 变换可以表示为

$$F(z)=\sum_{k=-\infty}^{\infty}f(k)z^{-k}=\sum_{k=-\infty}^{-1}f(k)z^{-k}+\sum_{k=0}^{\infty}f(k)z^{-k}=F_1(z)+F_2(z)$$

$$F_1(z)=\sum_{k=-\infty}^{-1}f(k)z^{-k}, \quad |z|<R_2$$

$$F_2(z)=\sum_{k=0}^{\infty}f(k)z^{-k}, \quad |z|>R_1$$

若 $R_2>R_1$，则存在公共收敛域，即 $F(z)$ 的收敛域是

$$R_1<|z|<R_2 \qquad (6\text{-}5)$$

显然，双边序列 z 变换的收敛域是一个环状区域，如图 6-2(c)所示。如果 $R_1>R_2$，则 $F_1(z)$ 和 $F_2(z)$ 的收敛域没有交集，此时 $F(z)$ 不收敛。

例 6-1 求序列 $f(k)=\varepsilon(k)$ 的 z 变换。

解： $\varepsilon(k)$ 是因果序列(即特殊的右边序列)，利用 z 变换定义式得

$$F(z)=\sum_{k=-\infty}^{\infty}f(k)z^{-k}=\sum_{k=-\infty}^{\infty}\varepsilon(k)z^{-k}=\sum_{k=0}^{\infty}z^{-k}$$

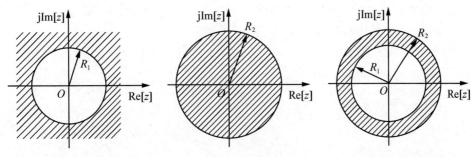

（a）右边序列z变换的收敛域　（b）左边序列z变换的收敛域　（c）双边序列z变换的收敛域

图 6-2　z 变换的收敛域

如果 $F(z)$ 存在，也就是说此级数收敛，要求 $|z^{-1}|<1$，即收敛域为 $|z|>1$，因此

$$F(z)=\frac{1}{1-z^{-1}}=\frac{z}{z-1}, \quad |z|>1$$

可见，其收敛域为 $|z|>1$，是 z 平面内以原点为中心，半径为 1 的圆（即单位圆）外的区域。

例 6-2　求序列 $f(k)=a^k\varepsilon(-k-1)$ 的 z 变换，其中 a 为实数。

解： 该序列为左边序列，当 $k\geqslant0$ 时，$f(k)=0$。由 z 变换定义得

$$F(z)=\sum_{k=-\infty}^{\infty}a^k\varepsilon(-k-1)z^{-k}=\sum_{k=-\infty}^{-1}a^kz^{-k}=\sum_{k=1}^{\infty}a^{-k}z^k=\sum_{k=1}^{\infty}(a^{-1}z)^k$$

如果 $F(z)$ 存在，要求 $|a^{-1}z|<1$，即收敛域为 $|z|<|a|$，因此

$$F(z)=\sum_{k=0}^{\infty}(a^{-1}z)^k-1=\frac{1}{1-a^{-1}z}-1=-\frac{z}{z-a}, \quad |z|<|a|$$

可见，其收敛域为 $|z|<|a|$，是 z 平面内以原点为中心，以半径为 $|a|$ 的圆内区域。

根据本例求得的结果可知，$F(z)$ 有一个零点为 $z=0$ 和一个极点为 $z=a$。由于 $F(z)$ 在收敛域内是解析函数，因此收敛域内不包含极点，通常收敛域以极点为边界。

6.2　z 变换的性质

下面介绍 z 变换的基本性质及定理。

6.2.1　线性

z 变换的线性特性表现在它的叠加性与比例性，假设

$$Z[f_1(k)]=F_1(z) \quad (R_{11}<|z|<R_{12})$$
$$Z[f_2(k)]=F_2(z) \quad (R_{21}<|z|<R_{22})$$

则

$$Z[a_1f_1(k)+a_2f_2(k)]=a_1F_1(z)+a_2F_2(z) \tag{6-6}$$
$$\max(R_{11}, R_{21})<|z|<\min(R_{12}, R_{22})$$

其中，a_1，a_2 为任意常数。组合后序列的 z 变换的收敛域为两个序列收敛域的重叠部分，但是在线性组合中某些零点与极点相抵消，收敛域可能会扩大。

例 6-3 求序列 $f_1(k) = \cos(\Omega_0 k)\varepsilon(k)$ 和序列 $f_2(k) = \sin(\Omega_0 k)\varepsilon(k)$ 的 z 变换。

解： 序列 $f_1(k)$ 和序列 $f_2(k)$ 均是因果序列，因果序列的双边 z 变换和单边 z 变换相同。根据欧拉公式有

$$\cos(\Omega_0 k) = \frac{1}{2}(e^{j\Omega_0 k} + e^{-j\Omega_0 k}), \quad \sin(\Omega_0 k) = \frac{1}{2j}(e^{j\Omega_0 k} - e^{-j\Omega_0 k})$$

由 z 变换线性性质得

$$F_1(z) = Z[f_1(k)] = Z\left[\frac{1}{2}(e^{j\Omega_0 k} + e^{-j\Omega_0 k})\right] = \frac{1}{2}Z[e^{j\Omega_0 k}] + \frac{1}{2}Z[e^{-j\Omega_0 k}]$$

$$= \frac{1}{2}\frac{z}{z - e^{j\Omega_0}} + \frac{1}{2}\frac{z}{z - e^{-j\Omega_0}} = \frac{z^2 - z\cos\Omega_0}{z^2 - 2z\cos\Omega_0 + 1}, \quad |z| > 1$$

同理可得

$$F_2(z) = Z[f_2(k)] = \frac{z\sin\Omega_0}{z^2 - 2z\cos\Omega_0 + 1}, \quad |z| > 1$$

例 6-4 已知序列 $f_1(k) = a^k\varepsilon(k)$ 和序列 $f_2(k) = a^k\varepsilon(k-m)$，求序列 $f(k) = f_1(k) - f_2(k)$ 的 z 变换。

解： 先分别求出序列 $f_1(k)$ 和序列 $f_2(k)$ 的 z 变换

$$F_1(z) = Z[f_1(k)] = \frac{1}{1 - az^{-1}}, \quad |z| > |a|$$

$$F_2(z) = Z[f_2(k)] = \sum_{k=-\infty}^{\infty} f_2(k)z^{-k} = \sum_{k=m}^{\infty} a^k z^{-k}$$

$$= \sum_{k=0}^{\infty} a^k z^{-k} - \sum_{k=0}^{m-1} a^k z^{-k} = \frac{a^m z^{-m}}{1 - az^{-1}}, \quad |z| > |a|$$

利用 z 变换线性性质得

$$F(z) = Z[f(k)] = Z[f_1(k) - f_2(k)] = F_1(z) - F_2(z) = \frac{1 - a^m z^{-m}}{1 - az^{-1}} = \frac{z^m - a^m}{z^{m-1}(z-a)}, \quad |z| > 0.$$

可见，线性叠加后序列的 z 变换收敛域可能会扩大，本例中 $F_1(z)$ 和 $F_2(z)$ 的收敛域均是 $|z| > |a|$，线性叠加后，由于极点 $z = a$ 消去，因此 $F(z)$ 的收敛域不是 $|z| > |a|$，而是扩展为 $|z| > 0$。

▶ 6.2.2 移位性

移位性表示序列移位后的 z 变换与原序列 z 变换的关系。在实际中可能遇到序列的左移（超前）或右移（延迟）两种不同情况，所取的变换形式又可能有双边 z 变换与单边 z 变换，它们的移位性质基本相同，但又各具有不同的特点。下面分情况进行讨论。

1. 双边 z 变换

若序列 $f(k)$ 的双边 z 变换为 $F(z) = Z[f(k)]$，$R_1 < |z| < R_2$，则序列移位后的双边

z 变换为

$$Z[f(k-m)]=z^{-m}F(z),\ R_1<|z|<R_2 \tag{6-7}$$

$$Z[f(k+m)]=z^{m}F(z),\ R_1<|z|<R_2 \tag{6-8}$$

其中，m 为任意正整数。

证明：根据双边 z 变换的定义得

$$Z[f(k-m)]=\sum_{k=-\infty}^{\infty}f(k-m)z^{-k},$$

令 $n=k-m$，代入上式

$$Z[f(k-m)]=\sum_{n=-\infty}^{\infty}f(n)z^{-(n+m)}=z^{-m}\sum_{n=-\infty}^{\infty}f(n)z^{-n}=z^{-m}F(z),\ R_1<|z|<R_2$$

同理可证明

$$Z[f(k+m)]=z^{m}F(z),\ R_1<|z|<R_2。$$

显然，如果是双边 z 变换，$F(z)$ 的收敛域为一环状区域，这种情况下序列移位后，其 z 变换的收敛域不发生改变。

2. 单边 z 变换

若 $f(k)$ 为双边序列，其单边 z 变换为 $F(z)=Z[f(k)\varepsilon(k)]$，则序列右移后的单边 z 变换为

$$Z[f(k-m)\varepsilon(k)]=z^{-m}\left[F(z)+\sum_{k=-m}^{-1}f(k)z^{-k}\right] \tag{6-9}$$

序列左移后的单边 z 变换为

$$Z[f(k+m)\varepsilon(k)]=z^{m}\left[F(z)-\sum_{k=0}^{m-1}f(k)z^{-k}\right] \tag{6-10}$$

其中，m 为任意正整数。

证明：按单边 z 变换定义式得

$$Z[f(k+m)\varepsilon(k)]=\sum_{k=0}^{\infty}f(k+m)z^{-k}=\sum_{k=0}^{\infty}f(k+m)z^{-(k+m)}\cdot z^{m}$$

令 $n=k+m$，再将 n 替换成 k，则上式可写为

$$Z[f(k+m)\varepsilon(k)]=z^{m}\sum_{k=m}^{\infty}f(k)z^{-k}$$

$$=z^{m}\left[\sum_{k=0}^{\infty}f(k)z^{-k}-\sum_{k=0}^{m-1}f(k)z^{-k}\right]$$

$$=z^{m}\left[F(z)-\sum_{k=0}^{m-1}f(k)z^{-k}\right]。$$

式(6-10)得证。

右移序列的单边 z 变换证明如下：

$$Z[f(k-m)\varepsilon(k)]=\sum_{k=0}^{\infty}f(k-m)z^{-k}=z^{-m}\sum_{k=0}^{\infty}f(k-m)z^{-(k-m)}$$

令 $n=k-m$，再将 n 替换成 k，则上式可写为

$$Z[f(k-m)\varepsilon(k)] = z^{-m}\sum_{k=m}^{\infty} f(k)z^{-k}$$

$$= z^{-m}\left[\sum_{k=0}^{\infty} f(k)z^{-k} + \sum_{k=-m}^{-1} f(k)z^{-k}\right]$$

$$= z^{-m}\left[F(z) + \sum_{k=-m}^{-1} f(k)z^{-k}\right].$$

式中，m 为正整数。对于 $m=1$，2 的情况，式(6-9)和式(6-10)可以写作

$$Z[f(k+1)\varepsilon(k)] = zF(z) - zf(0),$$

$$Z[f(k+2)\varepsilon(k)] = z^2F(z) - z^2f(0) - zf(1),$$

$$Z[f(k-1)\varepsilon(k)] = z^{-1}F(z) + f(-1),$$

$$Z[f(k-2)\varepsilon(k)] = z^{-2}F(z) + z^{-1}f(-1) + f(-2).$$

如果 $f(k)$ 是因果序列，则式(6-9)右边的 $\sum_{k=-m}^{-1} f(k)z^{-k}$ 项都等于零。于是右移序列的单边 z 变换变为

$$Z[f(k-m)\varepsilon(k)] = z^{-m}F(z),$$

而左移序列的单边 z 变换仍为式(6-10)。

例 6-5　已知序列 $f(k)=a^k$（a 为实数），其单边 z 变换为 $F(z)=\dfrac{z}{z-a}$，$|z|>|a|$。求 $f_1(k)=a^{k-2}$ 和 $f_2(k)=a^{k+2}$ 的单边 z 变换。

解：　由于 $f_1(k)=f(k-2)$，其单边 z 变换为

$$F_1(z) = Z[f(k-2)] = z^{-2}F(z) + f(-2) + z^{-1}f(-1)$$

$$= z^{-2}\frac{z}{z-a} + z^{-1}a^{-1} + a^{-2} = \frac{a^{-2}z}{z-a}, \quad |z|>|a|.$$

同理可得 $f_2(k)=f(k+2)$，其单边 z 变换为

$$F_2(z) = Z[f(k+2)] = z^2F(z) - z^2f(0) - zf(1)$$

$$= z^2\frac{z}{z-a} - z^2 - za = \frac{a^2z}{z-a}, \quad |z|>|a|.$$

例 6-6　已知 $f(k)=\varepsilon(k-2)+\varepsilon(k)+\varepsilon(k+1)$，求 $f(k)$ 的 z 变换。

解：　由于

$$Z[\varepsilon(k)] = \frac{z}{z-1}, \quad |z|>1,$$

根据 z 变换的移位性质得

$$Z[\varepsilon(k-2)] = z^{-2}\frac{z}{z-1} = \frac{1}{z(z-1)}, \quad |z|>1,$$

$$Z[\varepsilon(k+1)] = z\frac{z}{z-1} = \frac{z^2}{z-1}, \quad |z|>1.$$

再根据 z 变换的线性性质得

$$F(z) = \frac{1}{z(z-1)} + \frac{z}{z-1} + \frac{z^2}{z-1} = \frac{z^3+z^2+1}{z^2-z}, \quad |z|>1.$$

▶ 6.2.3 z 域尺度变换

若 $F(z)=Z[f(k)]$，$R_1<|z|<R_2$，则

$$Z[a^k f(k)]=F\left(\frac{z}{a}\right), \quad R_1|a|<|z|<R_2|a| \tag{6-11}$$

其中，a 为非零常数。

证明：

$$Z[a^k f(k)]=\sum_{k=-\infty}^{\infty} a^k f(k)z^{-k}=\sum_{k=-\infty}^{\infty} f(k)\left(\frac{z}{a}\right)^{-k}=F\left(\frac{z}{a}\right)$$

因为 $R_1<\left|\frac{z}{a}\right|<R_2$，故 $F\left(\frac{z}{a}\right)$ 的收敛域为 $R_1|a|<|z|<R_2|a|$。

同样可以得到下列结论

$$Z[a^{-k} f(k)]=F(az), \quad \frac{R_1}{|a|}<|z|<\frac{R_2}{|a|} \tag{6-12}$$

$$Z[(-1)^k f(k)]=F(-z), \quad R_1<|z|<R_2 \tag{6-13}$$

例 6-7 求序列 $f(k)=\mathrm{e}^{ak}\sin(\beta k)\varepsilon(k)$ 的 z 变换。

解： 由于

$$Z[\sin(\beta k)\varepsilon(k)]=\frac{z\sin\beta}{z^2-2z\cos\beta+1}, \quad |z|>1$$

根据 z 域尺度变换性质得

$$F(z)=Z[\mathrm{e}^{ak}\sin(\beta k)\varepsilon(k)]=\frac{\left(\frac{z}{\mathrm{e}^a}\right)\sin\beta}{\left(\frac{z}{\mathrm{e}^a}\right)^2-2\left(\frac{z}{\mathrm{e}^a}\right)\cos\beta+1}=\frac{\mathrm{e}^a z\sin\beta}{z^2-2\mathrm{e}^a z\cos\beta+\mathrm{e}^{2a}}$$

其收敛域为 $\left|\frac{z}{\mathrm{e}^a}\right|>1$，即 $|z|>\mathrm{e}^a$。

▶ 6.2.4 z 域微分特性

若 $F(z)=Z[f(k)]$，$\quad R_1<|z|<R_2$，则

$$Z[kf(k)]=-z\frac{\mathrm{d}}{\mathrm{d}z}F(z), \quad R_1<|z|<R_2 \tag{6-14}$$

证明： 将 z 变换定义式两边对 z 求导得

$$\frac{\mathrm{d}F(z)}{\mathrm{d}z}=\frac{\mathrm{d}}{\mathrm{d}z}\left[\sum_{k=-\infty}^{\infty} f(k)z^{-k}\right]$$

将上式交换求导与求和的次序，可写成

$$\frac{\mathrm{d}F(z)}{\mathrm{d}z}=\sum_{k=-\infty}^{\infty} f(k)\frac{\mathrm{d}}{\mathrm{d}z}(z^{-k})$$

$$=\sum_{k=-\infty}^{\infty} f(k)(-k)z^{-k-1}=-z^{-1}\sum_{k=-\infty}^{\infty} kf(k)z^{-k}=-z^{-1}Z[kf(k)]。$$

因此

$$Z[kf(k)] = -z\frac{\mathrm{d}}{\mathrm{d}z}F(z), \quad R_1 < |z| < R_2$$

依次类推得

$$Z[k^m f(k)] = \left[-z\frac{\mathrm{d}}{\mathrm{d}z}\right]^m F(z) \tag{6-15}$$

式中，$\left[-z\dfrac{\mathrm{d}}{\mathrm{d}z}\right]^m$ 表示 $-z\dfrac{\mathrm{d}}{\mathrm{d}z}\left\{-z\dfrac{\mathrm{d}}{\mathrm{d}z}\left[-z\dfrac{\mathrm{d}}{\mathrm{d}z}\cdots\left(-z\dfrac{\mathrm{d}}{\mathrm{d}z}F(z)\right)\right]\right\}$，即对 $F(z)$ 进行 m 次形式为 $\left[-z\dfrac{\mathrm{d}}{\mathrm{d}z}\right]$ 的求导运算。

例 6-8 已知 $Z[\varepsilon(k)] = \dfrac{z}{z-1}(|z|>1)$，求序列 $k\varepsilon(k)$ 的 z 变换。

解：由式(6-14)可得

$$Z[k\varepsilon(k)] = -z\frac{\mathrm{d}}{\mathrm{d}z}Z[\varepsilon(k)] = -z\frac{\mathrm{d}}{\mathrm{d}z}\left(\frac{z}{z-1}\right) = \frac{z}{(z-1)^2}, \quad |z|>1$$

▶ 6.2.5 z 域积分特性

若 $F(z) = Z[f(k)]$，$R_1 < |z| < R_2$，设有整数 m，且 $k+m>0$，则

$$Z\left[\frac{1}{k+m}f(k)\right] = -z^m\int_0^z \frac{F(v)}{v^{m+1}}\mathrm{d}v, \quad R_1 < |z| < R_2 \tag{6-16}$$

若 $m=0$，且 $k>0$ 则

$$Z\left[\frac{1}{k}f(k)\right] = -\int_0^z F(v)v^{-1}\mathrm{d}v, \quad R_1 < |z| < R_2 \tag{6-17}$$

证明：根据 z 变换的定义

$$F(z) = \sum_{k=-\infty}^{\infty} f(k)z^{-k}$$

上式级数在收敛域内绝对且一致收敛，故可逐项积分。将上式两端除以 z^{m+1} 并从 0 到 z 积分(为避免积分变量与上限混淆，积分变量用 v 代替)，可得

$$\int_0^z \frac{F(v)}{v^{m+1}}\mathrm{d}v = \sum_{k=-\infty}^{\infty} f(k)\int_0^z v^{-(k+m+1)}\mathrm{d}v = \sum_{k=-\infty}^{\infty} f(k)\left[\frac{v^{-(k+m)}}{-(k+m)}\right]_0^z$$

由于 $k+m>0$，则

$$\int_0^z \frac{F(v)}{v^{m+1}}\mathrm{d}v = -\sum_{k=-\infty}^{\infty}\frac{f(k)}{(k+m)}z^{-k}z^{-m} = -z^{-m}\cdot Z\left[\frac{f(k)}{(k+m)}\right]$$

整理得

$$Z\left[\frac{f(k)}{(k+m)}\right] = -z^m\int_0^z \frac{F(v)}{v^{m+1}}\mathrm{d}v$$

若令 $m=0$，则

$$Z\left[\frac{1}{k}f(k)\right] = -\int_0^z F(v)v^{-1}\mathrm{d}v$$

例 6-9　利用 z 域积分性质求解序列 $\dfrac{\varepsilon(k-1)}{k}$ 的 z 变换。

解：

$$Z\left[\frac{\varepsilon(k-1)}{k}\right] = -\int_0^z v^{-1} Z[\varepsilon(k-1)]\,\mathrm{d}v = -\int_0^z v^{-1}\frac{1}{v-1}\mathrm{d}v$$

$$= -\int_0^z\left(\frac{1}{v-1}-\frac{1}{v}\right)\mathrm{d}v = \ln\left(\frac{z}{z-1}\right),\quad |z|>1。$$

6.2.6　部分和

若 $F(z)=Z[f(k)]$，$R_1<|z|<R_2$，则

$$Z\left[\sum_{m=-\infty}^{k}f(m)\right] = \frac{z}{z-1}F(z),\ \max[R_1,\,1]<|z|<R_2 \tag{6-18}$$

证明： 由于

$$\sum_{m=-\infty}^{k}f(m) = f(k)*\varepsilon(k) = \sum_{m=-\infty}^{k}f(m)\varepsilon(k-m)$$

将上式取 z 变换得

$$Z\left[\sum_{m=-\infty}^{k}f(m)\right] = Z[f(k)*\varepsilon(k)] = Z[f(k)]Z[\varepsilon(k)] = \frac{z}{z-1}F(z)$$

例 6-10　求序列 $\displaystyle\sum_{m=0}^{k}a^m$ 的 z 变换。

解： 由于

$$\sum_{m=0}^{k}a^m = \sum_{m=-\infty}^{k}a^m\varepsilon(m)$$

$$Z[a^m\varepsilon(m)] = \frac{z}{z-a},\quad |z|>|a|$$

根据 z 变换部分和性质得

$$Z\left[\sum_{m=0}^{k}a^m\right] = Z\left[\sum_{m=-\infty}^{k}a^m\varepsilon(m)\right] = \frac{z}{z-1}\cdot\frac{z}{z-a},\quad |z|>\max(|a|,\,1)$$

6.2.7　时域反转

若 $F(z)=Z[f(k)]$，$R_1<|z|<R_2$，则

$$Z[f(-k)] = F\left(\frac{1}{z}\right),\quad \frac{1}{R_2}<|z|<\frac{1}{R_1} \tag{6-19}$$

证明： 根据 z 变换的定义

$$Z[f(-k)] = \sum_{k=-\infty}^{\infty}f(-k)z^{-k}$$

令 $m=-k$，则上式改写为

$$Z[f(-k)] = \sum_{m=-\infty}^{\infty}f(m)z^{m} = \sum_{m=-\infty}^{\infty}f(m)(z^{-1})^{-m} = F(z^{-1}) = F\left(\frac{1}{z}\right)$$

其收敛域为 $R_1 < \left| \dfrac{1}{z} \right| < R_2$，即 $\dfrac{1}{R_2} < |z| < \dfrac{1}{R_1}$。

例 6-11 求序列 $a^{-k}\varepsilon(-k-1)$ 的 z 变换。

解： 由于

$$Z[a^k\varepsilon(k)] = \frac{z}{z-a}, \quad |z| > |a|$$

利用 z 变换移位性质得

$$Z[a^{k-1}\varepsilon(k-1)] = z^{-1} \cdot \frac{z}{z-a} = \frac{1}{z-a}, \quad |z| > |a|$$

利用 z 变换时域反转性质得

$$Z[a^{-k-1}\varepsilon(-k-1)] = \frac{1}{z^{-1}-a} = \frac{z}{1-az}, \quad |z| < \frac{1}{|a|}$$

等式两端同乘 a 得

$$Z[a^{-k}\varepsilon(-k-1)] = \frac{za}{1-az} = -\frac{z}{z-a^{-1}}, \quad |z| < \frac{1}{|a|}$$

➤ 6.2.8 初值定理

若 $f(k)$ 是因果序列，已知 $F(z) = Z[f(k)]$，$R_1 < |z| < R_2$，则

$$f(0) = \lim_{z \to \infty} F(z) \tag{6-20}$$

证明： 因为 $f(k)$ 是因果序列，所以

$$F(z) = \sum_{k=0}^{\infty} f(k)z^{-k} = f(0) + f(1)z^{-1} + f(2)z^{-2} + \cdots$$

当 $z \to \infty$ 时，上式中除 $f(0)$ 外，其他各项都趋近于零，即

$$\lim_{z \to \infty} F(z) = \lim_{z \to \infty} \sum_{k=0}^{\infty} f(k)z^{-k} = f(0)$$

例 6-12 已知 $F(z) = Z[f(k)]$，$|z| > |R|$，求 $k = m$ 时 $f(k)$ 的序列值 $f(m)$。

解： 由已知条件可知 $f(k)$ 为因果序列

$$F(z) = \sum_{k=0}^{\infty} f(k)z^{-k} = f(0) + f(1)z^{-1} + f(2)z^{-2} + \cdots$$

对 $F(z) - f(0)$ 的公式两边同乘 z 得

$$z[F(z) - f(0)] = f(1) + f(2)z^{-1} + f(3)z^{-2} + \cdots + f(k)z^{-(k-1)} + \cdots$$

上式两边求 $z \to \infty$ 时的极限

$$f(1) = \lim_{z \to \infty} \{z[F(z) - f(0)]\}$$

依此类推

$$f(m) = \lim_{z \to \infty} \left\{ z^m \left[F(z) - \sum_{k=0}^{m-1} f(k)z^{-k} \right] \right\} \tag{6-21}$$

因此，式(6-21)也被称为广义初值定理。

6.2.9　终值定理

若 $f(k)$ 是因果序列，已知 $F(z)=Z[f(k)]$，而且除在 $z=1$ 处可以有一阶极点外，$F(z)$ 的全部极点都在单位圆内，则

$$\lim_{k\to\infty}f(k)=\lim_{z\to1}[(z-1)F(z)] \tag{6-22}$$

证明： 因为

$$Z[f(k+1)-f(k)]=\sum_{k=-\infty}^{\infty}[f(k+1)-f(k)]z^{-k}$$

利用 $f(k)$ 为因果序列可得

$$Z[f(k+1)-f(k)]=\sum_{k=-1}^{\infty}[f(k+1)-f(k)]z^{-k}$$
$$=\sum_{k=0}^{\infty}f(k+1)z^{-k}+zf(0)-\sum_{k=0}^{\infty}f(k)z^{-k}$$
$$=zF(z)-zf(0)-F(z)$$
$$=(z-1)F(z)-zf(0)$$

分析一下 $(z-1)F(z)$ 的收敛域。由于 $F(z)$ 在单位圆上只有在 $z=1$ 处可能有一阶极点，函数 $(z-1)F(z)$ 将抵消这个 $z=1$ 处的可能极点，因此 $(z-1)F(z)$ 的收敛域将包括单位圆，即在 $1\leqslant|z|\leqslant\infty$ 上都收敛，可以取 $z=1$ 极限得

$$\lim_{z\to1}(z-1)F(z)=f(0)+\lim_{z\to1}Z[f(k+1)-f(k)]$$
$$=f(0)+\lim_{z\to1}\sum_{k=0}^{\infty}[f(k+1)-f(k)]z^{-k}$$
$$=f(0)+[f(1)-f(0)]+[f(2)-f(1)]+[f(3)-f(2)]+\cdots$$
$$=f(0)-f(0)+f(\infty)$$

所以

$$\lim_{z\to1}[(z-1)F(z)]=\lim_{k\to\infty}f(k)=f(\infty)$$

从推导过程中可以看出，只有 $k\to\infty$ 时 $f(k)$ 收敛或 $f(\infty)$ 存在才可应用终值定理。

如果已知序列 $f(k)$ 的 z 变换，可以利用初值定理和终值定理很方便地求出序列的初值 $f(0)$ 和终值 $f(\infty)$。

例 6-13 某因果序列 $f(k)$ 的 z 变换为 $F(z)=\dfrac{z}{z-a}$，$|z|>|a|$，且 a 为实数。利用初值定理和终值定理求 $f(0)$ 和 $f(\infty)$，并由 $f(k)$ 的表达式验证以上结果。

解： 由初值定理可得

$$f(0)=\lim_{z\to\infty}F(z)=\lim_{z\to\infty}\frac{z}{z-a}=1$$

由终值定理可得

$$f(\infty)=\lim_{z\to1}[(z-1)F(z)]=\lim_{z\to1}\left[(z-1)\cdot\frac{z}{z-a}\right]=\begin{cases}0,&|a|<1\\1,&a=1\\0,&a=-1\\0,&|a|>1\end{cases}$$

由已知 z 变换可求得序列为 $f(k)=a^k\varepsilon(k)$。当 $k=0$ 时，$f(0)=\varepsilon(0)=1$；当 $k\to\infty$ 时

$$f(\infty)=\lim_{k\to\infty}f(k)=a^k\varepsilon(k)=\begin{cases} 0, & |a|<1 \\ 1, & a=1 \\ (-1)^k, & a=-1 \\ \infty, & |a|>1 \end{cases}$$

容易看出，当 $|a|\leqslant1$ 时，利用初值定理和终值定理计算的结果是正确的。但是，当 $a=-1$ 时，原序列 $f(k)=(-1)^k\varepsilon(k)$，这时 $\lim\limits_{k\to\infty}(-1)^k\varepsilon(k)$ 不收敛，因此不能应用终值定理。当 $|a|>1$ 且 $k\to\infty$ 时，序列 $f(k)$ 不收敛，终值定理也不成立。

▶ 6.2.10 时域卷积定理

已知序列 $f_1(k)$ 和 $f_2(k)$，其 z 变换分别为

$$F_1(z)=Z[f_1(k)], \quad R_{11}<|z|<R_{12}$$
$$F_2(z)=Z[f_2(k)], \quad R_{21}<|z|<R_{22}$$

则

$$Z[f_1(k)*f_2(k)]=F_1(z)F_2(z) \tag{6-23}$$

一般情况下，其收敛域为 $F_1(z)$ 与 $F_2(z)$ 收敛域的重叠部分，即

$$\max(R_{11},R_{21})<|z|<\min(R_{12},R_{22})$$

若位于某一 z 变换收敛域边缘上的极点被另一 z 变换的零点抵消，则收敛域将会扩大。

证明： 因为

$$\begin{aligned} Z[f_1(k)*f_2(k)] &= \sum_{k=-\infty}^{\infty}\left[\sum_{m=-\infty}^{\infty}f_1(m)f_2(k-m)\right]z^{-k} \\ &= \sum_{m=-\infty}^{\infty}f_1(m)\sum_{k=-\infty}^{\infty}f_2(k-m)z^{-(k-m)}z^{-m} \\ &= \sum_{m=-\infty}^{\infty}f_1(m)z^{-m}F_2(z) \\ &= F_1(z)F_2(z) \end{aligned}$$

例 6-14 已知 LTI 系统的单位脉冲响应为 $h(k)=a^k\varepsilon(k)$，系统的输入信号为 $f(k)=b^k\varepsilon(k)$，求系统的零状态响应 $y(k)=h(k)*f(k)$。

解： 因为

$$H(z)=Z[a^k\varepsilon(k)]=\frac{z}{z-a}, \quad |z|>|a|$$

$$F(z)=Z[b^k\varepsilon(k)]=\frac{z}{z-b}, \quad |z|>|b|$$

根据 z 变换时域卷积定理得

$$Y(z)=H(z)F(z)=\frac{z^2}{(z-a)(z-b)}=\frac{1}{a-b}\left(\frac{az}{z-a}-\frac{bz}{z-b}\right), \quad |z|>\max(|a|,|b|)$$

$Y(z)$的收敛域为 $H(z)$ 与 $F(z)$ 的重叠区域。其逆变换为

$$y(k)=h(k)*f(k)=Z^{-1}\left[Y(z)\right]=\frac{1}{a-b}(a^{k+1}-b^{k+1})\varepsilon(k)$$

▶ 6.2.11　z 域卷积定理

已知 $f(k)=f_1(k)f_2(k)$，且

$$F_1(z)=Z\left[f_1(k)\right],\quad R_{11}<|z|<R_{12}$$
$$F_2(z)=Z\left[f_2(k)\right],\quad R_{21}<|z|<R_{22}$$

则

$$Z\left[f_1(k)f_2(k)\right]=F(z)=\frac{1}{2\pi j}\oint_c F_1(v)F_2\left(\frac{z}{v}\right)v^{-1}\mathrm{d}v \tag{6-24}$$

$$\max\left(R_{11},\frac{|z|}{R_{22}}\right)<|v|<\min\left(R_{12},\frac{|z|}{R_{21}}\right)$$

$$R_{11}R_{21}<|z|<R_{12}R_{22}$$

式中，c 是 v 平面收敛域内一条逆时针旋转的单封闭围线。另外，v 平面的收敛域为 $F_1(v)$ 与 $F_2\left(\dfrac{z}{v}\right)$ 的公共收敛域。

证明：

$$Z\left[f_1(k)f_2(k)\right]=\sum_{k=-\infty}^{\infty}\left[f_1(k)f_2(k)\right]z^{-k}=\sum_{k=-\infty}^{\infty}f_2(k)\left[\frac{1}{2\pi j}\oint_c F_1(v)v^{k-1}\mathrm{d}v\right]z^{-k}$$

$$=\frac{1}{2\pi j}\oint_c F_1(v)\sum_{k=-\infty}^{\infty}f_2(k)v^{k-1}z^{-k}\mathrm{d}v$$

$$=\frac{1}{2\pi j}\oint_c F_1(v)\sum_{k=-\infty}^{\infty}f_2(k)\left(\frac{z}{v}\right)^{-k}\frac{\mathrm{d}v}{v}$$

$$=\frac{1}{2\pi j}\oint_c F_1(v)F_2\left(\frac{z}{v}\right)v^{-1}\mathrm{d}v$$

$F_1(v)$ 的收敛域与 $F_1(z)$ 相同，$F_2\left(\dfrac{z}{v}\right)$ 的收敛域与 $F_2(z)$ 相同，即

$$R_{11}<|v|<R_{12}$$
$$R_{21}<\left|\frac{z}{v}\right|<R_{22}$$

所以

$$R_{11}R_{21}<|z|<R_{12}R_{22}$$

由于

$$\frac{1}{R_{22}}<\left|\frac{v}{z}\right|<\frac{1}{R_{21}}$$

由此得到

$$\max\left(R_{11},\frac{|z|}{R_{22}}\right)<|v|<\min\left(R_{12},\frac{|z|}{R_{21}}\right)$$

为方便查阅，最后将 z 变换的一些主要性质汇总于表 6-1 中。

表 6-1 z 变换的主要性质

序号	序列	z 变换	收敛域
	$f(k)$	$F(z)$	$R_1 < |z| < R_2$
	$f_1(k)$	$F_1(z)$	$R_{11} < |z| < R_{12}$
	$f_2(k)$	$F_2(z)$	$R_{21} < |z| < R_{22}$
1	$a_1 f_1(k) + a_2 f_2(k)$	$a_1 F_1(z) + a_2 F_2(z)$	$\max(R_{11}, R_{12}) < |z| < \min(R_{21}, R_{22})$
2	双边 z 变换 $\quad f(k-m)$ $\quad f(k+m)$	$z^{-m} F(z)$ $z^m F(z)$	$R_1 < |z| < R_2$ $R_1 < |z| < R_2$
	单边 z 变换 $\quad f(k-m)$ $\quad f(k+m)$	$z^{-m} \left[F(z) + \sum_{k=-m}^{-1} f(k) z^{-k} \right]$ $z^m \left[F(z) - \sum_{k=0}^{m-1} f(k) z^{-k} \right]$	$|z| > R_1$ $|z| > R_1$
3	$a^k f(k)$	$F\left(\dfrac{z}{a} \right)$	$R_1 |a| < |z| < R_2 |a|$
4	$k f(k)$	$-z \dfrac{\mathrm{d}}{\mathrm{d}z} F(z)$	$R_1 < |z| < R_2$
5	$\dfrac{1}{k+m} f(k)$ $\dfrac{1}{k} f(k)$	$-z^m \displaystyle\int_0^z \dfrac{F(v)}{v^{m+1}} \mathrm{d}v$ $-\displaystyle\int_0^z F(v) v^{-1} \mathrm{d}v$	$R_1 < |z| < R_2$ $R_1 < |z| < R_2$
6	$\displaystyle\sum_{m=-\infty}^{k} f(m)$	$\dfrac{z}{z-1} F(z)$	$\max[R_1, 1] < |z| < R_2$
7	$f(-k)$	$F\left(\dfrac{1}{z} \right)$	$\dfrac{1}{R_2} < |z| < \dfrac{1}{R_1}$
8	$f_1(k) * f_2(k)$	$F_1(z) F_2(z)$	$\max(R_{11}, R_{21}) < |z| < \min(R_{12}, R_{22})$
9	$f_1(k) \cdot f_2(k)$	$\dfrac{1}{2\pi j} \displaystyle\oint_c F_1(v) F_2\left(\dfrac{z}{v} \right) v^{-1} \mathrm{d}v$	$R_{11} R_{21} < |z| < R_{12} R_{22}$
10	$f(0) = \displaystyle\lim_{z \to \infty} F(z)$		$f(k)$是因果序列，$|z| > R_1$
11	$\displaystyle\lim_{k \to \infty} f(k) = \lim_{z \to 1} [(z-1)F(z)]$		$f(k)$是因果序列，且当 $|z| \geqslant 1$ 时 $(z-1)F(z)$收敛

6.3 z 反变换

在离散时间系统的分析中，根据 $F(z)$ 及其收敛域，求出序列 $f(k)$ 就称为 z 反变换或 z 逆变换，并且可以用 $Z^{-1}[F(z)]$ 表示。

若序列 $f(k)$ 的 z 变换为

$$F(z) = \sum_{k=-\infty}^{\infty} f(k)z^{-k}, \quad R_1 < |z| < R_2$$

则 $F(z)$ 反变换公式为

$$f(k) = Z^{-1}[F(z)] = \frac{1}{2\pi j}\oint_c F(z)z^{k-1}\,\mathrm{d}z \quad (6\text{-}25)$$

c 是包围 $F(z)z^{k-1}$ 所有极点的逆时针闭合积分路线，通常选择 z 平面收敛域内以原点为中心的圆，如图 6-3 所示。

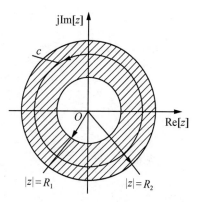

图 6-3 z 反变换积分围线的选择

求 z 反变换的方法有三种：幂级数展开法（又称长除法）、部分分式展开法和留数法，下面分别进行介绍。

6.3.1 幂级数展开法

因为 $f(k)$ 的 z 变换定义为 z^{-k} 的幂级数，即 $F(z) = \sum_{k=-\infty}^{\infty} f(k)z^{-k} = \dfrac{B(z)}{A(z)}$，所以，只要在给定的收敛域内把 $F(z)$ 展成幂级数，级数的系数就是原序列 $f(k)$。

一般情况下，$F(z)$ 是有理函数，分子多项式为 $B(z)$，分母多项式为 $A(z)$。如果 $F(z)$ 的收敛域是 $|z| > R_1$，则 $f(k)$ 必然是因果序列，此时 $B(z)$ 和 $A(z)$ 均按 z 的降幂（或 z^{-1} 的升幂）次序进行排列。如果 $F(z)$ 的收敛域是 $|z| < R_2$，则 $f(k)$ 必然是左边序列，此时 $B(z)$ 和 $A(z)$ 均按 z 的升幂（或 z^{-1} 的降幂）次序进行排列。然后利用长除法，将 $F(z)$ 展开成幂级数，从而求得 $f(k)$。

例 6-15 已知 $F(z) = \dfrac{z}{(z-1)^2}$，其收敛域为 $|z| > 1$，求 z 反变换 $f(k)$。

解： 由于 $F(z)$ 的收敛域是 $|z| > 1$，因此 $f(k)$ 是因果序列。此时 $F(z)$ 按 z 的降幂排列成下列形式

$$F(z) = \frac{z}{z^2 - 2z + 1}$$

进行长除

$$
\begin{array}{r}
z^{-1} + 2z^{-2} + 3z^{-3} + \cdots \\
z^2 - 2z + 1 \overline{)\,z} \\
\underline{z - 2 + z^{-1}} \\
2 - z^{-1}
\end{array}
$$

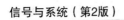

$$\frac{2-4z^{-1}+2z^{-2}}{3z^{-1}-2z^{-2}}$$

$$\frac{3z^{-1}-6z^{-2}+3z^{-3}}{4z^{-2}-3z^{-3}}$$

$$\cdots$$

所以，展开成幂级数，可表示为

$$F(z)=z^{-1}+2z^{-2}+3z^{-3}+\cdots=\sum_{k=0}^{\infty}kz^{-k}$$

所以得到

$$f(k)=k\epsilon(k)$$

例 6-16 已知 $F(z)=\dfrac{1+2z^{-1}}{1-2z^{-1}+z^{-2}}$，求收敛域分别为 $|z|>1$ 和 $|z|<1$ 两种情况下的 z 反变换 $f(k)$。

解： 因为对于 $F(z)$ 的收敛域 $|z|>1$ 时，与其相对应的序列 $f(k)$ 是因果序列，此时 $F(z)$ 可写成

$$F(z)=\frac{1+2z^{-1}}{1-2z^{-1}+z^{-2}}$$

进行长除

$$
\begin{array}{r}
1+4z^{-1}+7z^{-2}+\cdots \\
1-2z^{-1}+z^{-2}\overline{\smash{\big)}1+2z^{-1}\phantom{+z^{-2}}} \\
\underline{1-2z^{-1}+z^{-2}} \\
4z^{-1}-z^{-2} \\
\underline{4z^{-1}-8z^{-2}+4z^{-3}} \\
7z^{-2}-4z^{-3}
\end{array}
$$

$$\cdots$$

展开成幂级数，可表示为

$$F(z)=1+4z^{-1}+7z^{-2}+\cdots=\sum_{k=0}^{\infty}(3k+1)z^{-k}$$

所以得到

$$f(k)=(3k+1)\epsilon(k)$$

若 $F(z)$ 的收敛域为 $|z|<1$，则与其相对应的序列 $f(k)$ 是左边序列。此时 $F(z)$ 可写成

$$F(z)=\frac{2z^{-1}+1}{z^{-2}-2z^{-1}+1}$$

进行长除

$$
\begin{array}{r}
2z+5z^2+8z^3+\cdots \\
z^{-2}-2z^{-1}+1\overline{\smash{\big)}2z^{-1}+1} \\
\underline{2z^{-1}-4+2z} \\
5-2z
\end{array}
$$

$$\frac{5-10z+5z^2}{8z-5z^2}$$
$$\cdots$$

展开成幂级数，可表示为

$$F(z)=2z+5z^2+8z^3+\cdots=\sum_{k=1}^{\infty}(3k-1)z^k=-\sum_{k=-\infty}^{-1}(3k+1)z^{-k}$$

所以得到

$$f(k)=-(3k+1)\varepsilon(-k-1)$$

一般情况下，在要求把信号表示为一个序列的样值[如表示成 $f(0)$，$f(1)$，$f(2)$，$\cdots$]特别是只需求取 $f(k)$ 的前几项时，用长除法求解特别合适。但是要从一系列的 $f(k)$ 值中得到 $f(k)$ 的闭合表达式往往是比较困难的。

▶ 6.3.2　部分分式展开法

序列的 z 变换通常是 z 的有理函数，可表示为有理分式形式。因此，可以先将 $F(z)$ 展开成一些简单而常见的部分分式之和的形式，然后分别求出各部分分式的 z 反变换，再把各个 z 反变换相加即可得到序列 $f(k)$。

一般情况下，$F(z)$ 表达式为

$$F(z)=\frac{B(z)}{A(z)}=\frac{b_mz^m+b_{m-1}z^{m-1}+\cdots+b_1z+b_0}{z^n+a_{n-1}z^{n-1}+\cdots+a_1z+a_0} \tag{6-26}$$

若 $m \geqslant n$，$F(z)$ 为有理假分式，则可用多项式除法将 $F(z)$ 表示为

$$F(z)=c_0+c_1z+\cdots+c_{m-n}z^{m-n}+\frac{D(z)}{A(z)}=N(z)+\frac{D(z)}{A(z)}$$

其中，

$$N(z)=c_0+c_1z+\cdots+c_{m-n}z^{m-n}$$

式中，$c_i(i=0，1，2，\cdots，m-n)$ 为实数，$N(z)$ 的 z 反变换为 $\sum_i c_i\delta(k+i)$。$\frac{D(z)}{A(z)}$ 为真分式，可展开成部分分式之和的形式，然后求 z 反变换。

z 变换的基本形式为 $\frac{z}{z-z_i}$，在利用 z 变换的部分分式展开法时，通常先将 $\frac{F(z)}{z}$ 展开，然后每个分式乘 z，这样对于一阶极点，$F(z)$ 便可展开成 $\frac{z}{z-z_i}$ 形式。

若 $\frac{F(z)}{z}$ 为有理真分式，则可表示为

$$\frac{F(z)}{z}=\frac{B(z)}{zA(z)}=\frac{B(z)}{z(z^n+a_{n-1}z^{n-1}+\cdots+a_1z+a_0)}$$

式中，$B(z)$ 的最高次幂 $m<n+1$。

$F(z)$ 的分母多项式 $A(z)$ 有 n 个根 z_1，z_2，$\cdots$，z_n，它们称为 $F(z)$ 的极点。按 $F(z)$ 极点的类型，$\frac{F(z)}{z}$ 的展开式分以下几种情况讨论。

1. $F(z)$ 只含有一阶极点

如果 $F(z)$ 只含有一阶极点，则 $\dfrac{F(z)}{z}$ 可展开为

$$\frac{F(z)}{z}=\sum_{i=0}^{n}\frac{K_i}{z-z_i}\qquad(6\text{-}27)$$

式中，z_i 是 $\dfrac{F(z)}{z}$ 的极点，K_i 是 $\dfrac{F(z)}{z}$ 在极点 z_i 处的留数，可表示为

$$K_i=\mathrm{Re}\,s\left[\frac{F(z)}{z}\right]_{z=z_i}=\left[(z-z_i)\frac{F(z)}{z}\right]_{z=z_i}\qquad(6\text{-}28)$$

由 $\dfrac{F(z)}{z}$ 的表达式可把 $F(z)$ 写为

$$F(z)=\sum_{i=0}^{n}\frac{K_i z}{z-z_i}=K_0+\sum_{i=1}^{n}\frac{K_i z}{z-z_i}\qquad(6\text{-}29)$$

式中，$K_0=\left[F(z)\right]_{z=z_0=0}$，即 K_0 是 $\dfrac{F(z)}{z}$ 的极点在 $z_0=0$ 时的留数，它在数值上等于 $F(0)$。

根据 $F(z)$ 的收敛域，可以判断各部分分式对应的序列是因果序列还是非因果序列，利用常用的 z 变换对，即可求得序列 $f(k)$。表 6-2 给出一些常见序列的 z 变换。

表 6-2　常见序列 z 变换

序号	序列	z 变换	收敛域
1	$\delta(k)$	1	整个 z 平面
2	$\varepsilon(k)$	$\dfrac{z}{z-1}$	$|z|>1$
3	$-\varepsilon(-k-1)$	$\dfrac{z}{z-1}$	$|z|<1$
4	$k\varepsilon(k)$	$\dfrac{z}{(z-1)^2}$	$|z|>1$
5	$a^k\varepsilon(k)$	$\dfrac{z}{z-a}$	$|z|>|a|$
6	$-a^k\varepsilon(-k-1)$	$\dfrac{z}{z-a}$	$|z|<|a|$
7	$ka^k\varepsilon(k)$	$\dfrac{az}{(z-a)^2}$	$|z|>|a|$
8	$(k+1)a^k\varepsilon(k)$	$\dfrac{z^2}{(z-a)^2}$	$|z|>|a|$
9	$-(k+1)a^k\varepsilon(-k-1)$	$\dfrac{z^2}{(z-a)^2}$	$|z|<|a|$

序号	序列	z 变换	收敛域
10	$\dfrac{(k+1)(k+2)\cdots(k+m)}{m!}a^k\varepsilon(k)$	$\dfrac{z^{m+1}}{(z-a)^{m+1}}$	$\vert z\vert>\vert a\vert$
11	$-\dfrac{(k+1)(k+2)\cdots(k+m)}{m!}a^k\varepsilon(-k-1)$	$\dfrac{z^{m+1}}{(z-a)^{m+1}}$	$\vert z\vert<\vert a\vert$
12	$\dfrac{k(k-1)(k-2)\cdots(k-m+1)}{m!}\varepsilon(k)$	$\dfrac{z}{(z-1)^{m+1}}$	$\vert z\vert>1$
13	$\sin(\beta k)\varepsilon(k)$	$\dfrac{z\sin\beta}{z^2-2z\cos\beta+1}$	$\vert z\vert>1$
14	$\cos(\beta k)\varepsilon(k)$	$\dfrac{z^2-z\cos\beta}{z^2-2z\cos\beta+1}$	$\vert z\vert>1$
15	$\mathrm{e}^{j\beta k}\varepsilon(k)$	$\dfrac{z}{z-\mathrm{e}^{j\beta}}$	$\vert z\vert>1$

例 6-17　用部分分式展开法求解 $F(z)=\dfrac{z^2}{z^2-1.5z+0.5}(\vert z\vert>1)$ 的 z 反变换 $f(k)$。

解：
$$F(z)=\frac{z^2}{z^2-1.5z+0.5}=\frac{z^2}{(z-1)(z-0.5)}$$

只包含一阶极点 $z_1=0.5$，$z_2=1$。可以得到以下展开式
$$\frac{F(z)}{z}=\frac{K_1}{z-0.5}+\frac{K_2}{z-1}$$

式中
$$K_1=\left[\frac{F(z)}{z}(z-0.5)\right]_{z=0.5}=-1$$
$$K_2=\left[\frac{F(z)}{z}(z-1)\right]_{z=1}=2$$

则 $F(z)$ 展开成部分分式为
$$F(z)=\frac{2z}{z-1}-\frac{z}{z-0.5}$$

因为 $F(z)$ 的收敛域为 $\vert z\vert>1$，所以 $f(k)$ 是因果序列，得到
$$f(k)=(2-0.5^k)\varepsilon(k)$$

例 6-18　已知 $F(z)=\dfrac{z^3-z^2}{(z+1)(z-2)(z-3)}$，$1<\vert z\vert<2$，求 z 反变换，得到与其对应的原序列 $f(k)$。

解： $F(z)$ 只包含一阶极点 $z_1=-1$，$z_2=2$，$z_3=3$。得到以下展开式
$$\frac{F(z)}{z}=\frac{K_1}{z+1}+\frac{K_2}{z-2}+\frac{K_3}{z-3}$$

式中

$$K_1 = \left[\frac{F(z)}{z}(z+1)\right]_{z=-1} = \frac{1}{6}$$

$$K_2 = \left[\frac{F(z)}{z}(z-2)\right]_{z=2} = -\frac{2}{3}$$

$$K_3 = \left[\frac{F(z)}{z}(z-3)\right]_{z=3} = \frac{3}{2}$$

则 $F(z)$ 展开成部分分式为

$$F(z) = \frac{1}{6}\frac{z}{z+1} - \frac{2}{3}\frac{z}{z-2} + \frac{3}{2}\frac{z}{z-3}$$

根据 $F(z)$ 的收敛域 $1 < |z| < 2$，上式第一项为因果序列，第二项和第三项为非因果序列，所以 $f(k)$ 是双边序列，得

$$f(k) = \frac{1}{6}(-1)^k \varepsilon(k) + \frac{2}{3}(2)^k \varepsilon(-k-1) - \frac{3}{2}(3)^k \varepsilon(-k-1)$$

2. $F(z)$ 含有一对共轭单极点

如果 $F(z)$ 中含有一对共轭单极点 $z_{1,2} = a \pm jb$，则可将 $\frac{F(z)}{z}$ 展开为

$$\frac{F(z)}{z} = \frac{F_a(z)}{z} + \frac{F_b(z)}{z} = \frac{K_1}{z-z_1} + \frac{K_2}{z-z_2} + \frac{F_b(z)}{z} \tag{6-30}$$

式中，$\frac{F_b(z)}{z}$ 是 $\frac{F(z)}{z}$ 内除共轭极点所形成分式外的其余部分，并且

$$\frac{F_a(z)}{z} = \frac{K_1}{z-a-jb} + \frac{K_2}{z-a+jb} \tag{6-31}$$

可以证明，若 $F(z)$ 是实系数多项式，则 $K_2 = K_1^*$。

将 $F(z)$ 的极点 z_1，z_2 写成指数形式，即令

$$z_{1,2} = a \pm jb = \alpha \mathrm{e}^{\pm j\beta}$$

式中

$$\alpha = \sqrt{a^2 + b^2}$$

$$\beta = \arctan\left(\frac{b}{a}\right)$$

令 $K_1 = |K_1|\mathrm{e}^{j\theta}$，则 $K_2 = |K_1|\mathrm{e}^{-j\theta}$，式(6-31)可改写为

$$\frac{F_a(z)}{z} = \frac{|K_1|\mathrm{e}^{j\theta}}{z-\alpha\mathrm{e}^{j\beta}} + \frac{|K_1|\mathrm{e}^{-j\theta}}{z-\alpha\mathrm{e}^{-j\beta}}$$

上式两端同乘 z，得

$$F_a(z) = \frac{|K_1|\mathrm{e}^{j\theta}z}{z-\alpha\mathrm{e}^{j\beta}} + \frac{|K_1|\mathrm{e}^{-j\theta}z}{z-\alpha\mathrm{e}^{-j\beta}}$$

取上式的 z 反变换得

$$f_a(k) = 2|K_1|\alpha^k \cos(\beta k + \theta)\varepsilon(k), \qquad |z| > \alpha$$

$$f_a(k) = -2|K_1|\alpha^k\cos(\beta k + \theta)\varepsilon(-k-1), \qquad |z| < \alpha$$

例 6-19 已知 $F(z) = \dfrac{z^3 + 6}{(z+1)(z^2+4)}$，$|z| > 2$，求与其对应的原序列 $f(k)$。

解： $F(z)$ 的极点为 $z_1 = -1$，$z_{2,3} = \pm j2 = 2\mathrm{e}^{\pm j\frac{\pi}{2}}$，于是 $\dfrac{F(z)}{z}$ 可展开为部分分式

$$\frac{F(z)}{z} = \frac{z^3 + 6}{z(z+1)(z^2+4)} = \frac{K_0}{z} + \frac{K_1}{z+1} + \frac{K_2}{z-j2} + \frac{K_2^*}{z+j2}$$

式中，

$$K_0 = \frac{F(z)}{z}z\bigg|_{z=0} = 1.5$$

$$K_1 = \frac{F(z)}{z}(z+1)\bigg|_{z=-1} = -1$$

$$K_2 = \frac{F(z)}{z}(z-j2)\bigg|_{z=j2} = \frac{1+j2}{4} = \frac{\sqrt{5}}{4}\mathrm{e}^{j63.4°}$$

得

$$F(z) = 1.5 - \frac{z}{z+1} + \frac{\frac{\sqrt{5}}{4}\mathrm{e}^{j63.4°}z}{z-2\mathrm{e}^{j\frac{\pi}{2}}} + \frac{\frac{\sqrt{5}}{4}\mathrm{e}^{-j63.4°}z}{z-2\mathrm{e}^{-j\frac{\pi}{2}}}$$

取上式的 z 反变换得

$$f(k) = \left[1.5\delta(k) - (-1)^k + \frac{\sqrt{5}}{2}\cdot 2^k\cos\left(\frac{k\pi}{2} + 63.4°\right)\right]\varepsilon(k)$$

$$= \left[1.5\delta(k) - (-1)^k + \sqrt{5}\cdot 2^{k-1}\cos\left(\frac{k\pi}{2} + 63.4°\right)\right]\varepsilon(k)$$

3. $F(z)$ 含有高阶极点

设 $F(z)$ 中除含有 p 个一阶极点外，在 $z = z_i$ 处还含有 s 阶极点，分解后可得

$$\frac{F(z)}{z} = \sum_{m=0}^{p}\frac{K_{1m}}{z-z_m} + \sum_{j=1}^{s}\frac{K_{2j}}{(z-z_i)^j} = \frac{F_1(z)}{z} + \frac{F_2(z)}{z} \tag{6-32}$$

式(6-32)中第一项的求法与 $F(z)$ 中只含有一阶极点的情况相同，而第二项的系数为

$$K_{2j} = \frac{1}{(s-j)!}\left\{\frac{\mathrm{d}^{s-j}}{\mathrm{d}z^{s-j}}\left[(z-z_i)^s\frac{F(z)}{z}\right]\right\}_{z=z_i} \tag{6-33}$$

例 6-20 已知 $F(z) = \dfrac{2z^2 - 2z}{(z-3)(z-5)^2}$，$|z| > 5$，用部分分式法求出 z 反变换 $f(k)$。

解： $F(z)$ 的极点为 $z_1 = 3$ 是单极点，$z_{2,3} = 5$ 是二阶极点，于是 $\dfrac{F(z)}{z}$ 可展开为部分分式为

$$\frac{F(z)}{z} = \frac{2z-2}{(z-3)(z-5)^2} = \frac{K_1}{z-3} + \frac{K_{21}}{z-5} + \frac{K_{22}}{(z-5)^2}$$

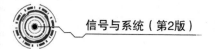

式中

$$K_1 = \frac{F(z)}{z}(z-3)\Big|_{z=3} = 1$$

$$K_{21} = \left\{\frac{\mathrm{d}}{\mathrm{d}z}\left[\frac{F(z)}{z}(z-5)^2\right]\right\}_{z=5} = -1$$

$$K_{22} = \frac{F(z)}{z}(z-5)^2\Big|_{z=5} = 4$$

所以

$$F(z) = \frac{z}{z-3} - \frac{z}{z-5} + \frac{4z}{(z-5)^2}$$

经过 z 反变换得

$$f(k) = 3^k \varepsilon(k) - 5^k \varepsilon(k) + 4k \cdot 5^{k-1} \varepsilon(k)$$
$$= [3^k - (1-0.8k)5^k]\varepsilon(k)$$

例 6-21 已知 $F(z) = \dfrac{z(z+1)}{(z-3)(z-1)^2}$，$|z| > 3$，用部分分式法求出 z 反变换 $f(k)$。

解： $F(z)$ 的极点为 $z_1 = 3$ 是单极点，$z_{2,3} = 1$ 是二阶极点，于是 $\dfrac{F(z)}{z}$ 可展开为部分分式为

$$\frac{F(z)}{z} = \frac{K_1}{z-3} + \frac{K_{21}}{z-1} + \frac{K_{22}}{(z-1)^2}$$

式中

$$K_1 = \frac{F(z)}{z}(z-3)\Big|_{z=3} = 1$$

$$K_{21} = \left\{\frac{\mathrm{d}}{\mathrm{d}z}\left[\frac{F(z)}{z}(z-1)^2\right]\right\}_{z=1} = -1$$

$$K_{22} = \frac{F(z)}{z}(z-1)^2\Big|_{z=1} = -1$$

所以

$$F(z) = \frac{z}{z-3} - \frac{z}{z-1} - \frac{z}{(z-1)^2}$$

经过 z 反变换得

$$f(k) = 3^k \varepsilon(k) - \varepsilon(k) - k\varepsilon(k)$$

6.3.3 留数法

留数法是求解 z 反变换时常用的一个方法。序列的 z 变换及 z 反变换为

$$F(z) = \sum_{k=-\infty}^{\infty} f(k)z^{-k}, \ R_1 < |z| < R_2$$

$$f(k) = \frac{1}{2\pi j}\oint_c F(z)z^{k-1}\mathrm{d}z$$

在上面给出的 z 反变换式中，围线 c 是在 $F(z)$ 的收敛域内，并包围坐标原点。根据复变函数的留数定理可以得到

$$f(k) = \frac{1}{2\pi j} \oint_c F(z) z^{k-1} \mathrm{d}z$$
$$= \sum_m \operatorname{Re} s \left[F(z) z^{k-1} \right]_{z=z_m} \quad\quad (6\text{-}34)$$
$$= F(z) z^{k-1} \text{ 在围线 } c \text{ 内所有极点的留数和}$$

式中，$\operatorname{Re} s \left[F(z) z^{k-1} \right]_{z=z_m}$ 表示 $F(z) z^{k-1}$ 在极点 z_m 处的留数值。

显然，为了用留数定理求解 $f(k)$，必须知道极点留数的求法。由复变函数理论可知，

（1）若 $F(z) z^{k-1}$ 在 $z=z_m$ 处有一阶极点，其留数为

$$\operatorname{Re} s \left[F(z) z^{k-1} \right]_{z=z_m} = \left[(z-z_m) F(z) z^{k-1} \right]_{z=z_m}$$

（2）若 $F(z) z^{k-1}$ 在 $z=z_m$ 处有 s 阶极点，则留数的求法是

$$\operatorname{Re} s \left[F(z) z^{k-1} \right]_{z=z_m} = \frac{1}{(s-1)!} \left\{ \frac{\mathrm{d}^{s-1}}{\mathrm{d}z^{s-1}} \left[(z-z_m)^s F(z) z^{k-1} \right] \right\}_{z=z_m} \quad (6\text{-}35)$$

在利用上式求留数时，要注意围线 c 包围极点的情况，特别要注意 k 值不同时 $z=0$ 处的极点可能具有不同阶次。

例 6-22 已知 $F(z) = \dfrac{1}{1-az^{-1}}$，$|z| > |a|$，用留数法求 z 反变换 $f(k)$。

解：

$$f(k) = \frac{1}{2\pi j} \oint_c F(z) z^{k-1} \mathrm{d}z = \frac{1}{2\pi j} \oint_c \frac{z^{k-1}}{1-az^{-1}} \mathrm{d}z = \frac{1}{2\pi j} \oint_c \frac{z^k}{z-a} \mathrm{d}z$$

已知，$F(z)$ 的极点为 $z=a$。上式围线 c 是以原点为圆心，半径 $r > |a|$ 的圆。

当 $k \geq 0$ 时，围线 c 内仅包含一个 $z=a$ 处的极点。所以

$$f(k) = \operatorname{Re} s \left[\frac{z^k}{z-a} \right]_{z=a} = \left[(z-a) \frac{z^k}{z-a} \right]_{z=a} = a^k, \quad k \geq 0$$

或者可表示为

$$f(k) = a^k \varepsilon(k)$$

当 $k < 0$ 时，围线 c 内除了 $z=a$ 处的极点外，在 $z=0$ 处还包含一个 k 阶极点。所以此时

$$f(k) = \operatorname{Re} s \left[\frac{z^k}{z-a} \right]_{z=a} + \operatorname{Re} s \left[\frac{z^k}{z-a} \right]_{z=0} \quad\quad (6\text{-}36)$$

对于式（6-36）中第一项，显然

$$\operatorname{Re} s \left[\frac{z^k}{z-a} \right]_{z=a} = a^k$$

对于式（6-36）中第二项，即对于 $z=0$ 处有 k 阶极点的留数可以用式（6-35）求解。由于 $k < 0$，这里用以下方法求解。

（1）设 $k = -1$，可求得 $z=0$ 处一阶极点的留数是 $-a^{-1}$

$$\operatorname{Re} s \left[\frac{z^k}{z-a} \right]_{z=0} = \operatorname{Re} s \left[\frac{1}{z(z-a)} \right]_{z=0} = -a^{-1} = -a^k$$

所以

$$f(k)=f(-1)=a^{-1}-a^{-1}=0$$

（2）设 $k=-2$，可以求得

$$\operatorname{Re}s\left[\frac{z^k}{z-a}\right]_{z=0}=\left[\operatorname{Re}s\frac{1}{z^2(z-a)}\right]_{z=0}=\left[\frac{\mathrm{d}}{\mathrm{d}z}\frac{1}{z-a}\right]_{z=0}=-a^{-2}=-a^k$$

所以

$$f(k)=f(-2)=a^{-2}-a^{-2}=0$$

依此类推

$$f(k)=0,\ k<0$$

综合以上分析可得

$$f(k)=a^k\varepsilon(k)$$

根据已知收敛域 $|z|>|a|$，即收敛域是半径 $r=|a|$ 的圆外区域，而且包含 $z=\infty$ 处，则与其对应的序列 $f(k)$ 一定是因果序列。上面解题过程中也得到 $f(k)=0(k<0)$ 恰好说明这一点。所以在求 z 反变换时，若能通过收敛域判断出该序列为因果序列，就不必计算 $k<0$ 的情况了，或者说不必考虑 $k<0$ 时出现的极点。因此本例进一步说明了 z 变换中收敛域的重要性。

由以上的例子可以看出，当 k 为负数时，在 $z=0$ 处会出现高阶极点，留数的计算比较复杂。特别是在 $F(z)z^{k-1}$ 的表达式比较复杂时，就更加烦琐。这种情况下就可以考虑采用下面的方法来解决。

根据复变函数理论，如果把围线的半径取 ∞，并用 c_∞ 表示，则 c_∞ 包含了整个 z 平面。当 $P(z)$ 分母多项式比分子多项式的阶数至少高二阶时，就可以保证 $P(z)$ 在围线 c_∞ 上以不慢于二阶无穷小的速率趋于零。于是，围线积分 $\oint_{c_\infty}P(z)\mathrm{d}z$ 将以不慢于一阶无穷小的速率趋于零。这样就可以得到下面的关系式

$$\begin{aligned}\oint_{c_\infty}P(z)\mathrm{d}z&=\sum_{z\text{平面},\,m}\operatorname{Re}s\left[P(z)\right]_{z=z_m}\\&=P(z)\text{在}z\text{平面上全部极点的留数和}\qquad(6\text{-}37)\\&=0\end{aligned}$$

式中，z_m 是 $P(z)$ 在 z 平面上的极点，$\operatorname{Re}s$ 表示极点的留数。根据式（6-36），如果在 $P(z)$ 的解析域里任取一条闭合围线 c，就可引申出下面的关系表达式

$$\sum_{c_{\text{内}},\,i}\operatorname{Re}s\left[P(z)\right]_{z=z_i}=-\sum_{c_{\text{外}},\,o}\operatorname{Re}s\left[P(z)\right]_{z=z_o}\qquad(6\text{-}38)$$

式中，$z_i(z_o)$ 是 $P(z)$ 在围线 c 内（c 外）的极点。由于 $P(z)=F(z)z^{k-1}$，因此用留数定理求解 z 反变换时就有了以下两种方法

$$\begin{aligned}f(k)&=\frac{1}{2\pi j}\oint_c F(z)z^{k-1}\mathrm{d}z\\&=F(z)z^{k-1}\text{在围线}c\text{内极点的留数和}\qquad(6\text{-}39)\\&=-\left[F(z)z^{k-1}\text{在围线}c\text{外极点的留数和}\right]\qquad(6\text{-}40)\end{aligned}$$

使用式(6-40)的条件是 $P(z)$($P(z)=F(z)z^{k-1}$)分母多项式的阶数要比分子多项式的阶数至少高二阶。在求取 z 反变换时,这两种留数形式都可采用,得到的结果也相同,但计算的复杂程度会有较大的差别。特别是当 $P(z)$ 在围线 c 内有高阶极点或在 c 外极点的数目较少时,式(6-40)的优越性就更为明显。

例 6-23 已知 $F(z)=\dfrac{z(2z-a-b)}{(z-a)(z-b)}$,$|a|<|z|<|b|$,用留数法求序列 $f(k)$。

解: 由于

$$F(z)z^{k-1}=\frac{2z-a-b}{(z-a)(z-b)}z^k$$

所以

$$f(k)=\frac{1}{2\pi j}\oint_c F(z)z^{k-1}\,\mathrm{d}z=\frac{1}{2\pi j}\oint_c \frac{2z-a-b}{(z-a)(z-b)}z^k\,\mathrm{d}z \tag{6-41}$$

由于本例题的收敛域是环状区域,故所求序列是双边序列。因此:

(1)当 $k\geqslant0$ 时,$F(z)z^{k-1}$ 在围线 c 内仅有一个单极点 $z=a$,用留数法可求得

$$f(k)=\mathrm{Re}\,s\left[\frac{2z-a-b}{(z-a)(z-b)}z^k\right]_{z=a}=a^k\varepsilon(k)$$

(2)当 $k<0$ 时,$F(z)z^{k-1}$ 在围线 c 内除了极点 $z=a$ 外,还有一个 k 阶极点 $z=0$,希望能用式(6-40)求解。

在式(6-41)中,由于分母与分子 z 多项式的阶数之差为 $2-(k+1)=1-k\geqslant2$,所以能使用式(6-40)求解。由于在围线 c 外只有单极点 $z=b$,因此

$$f(k)=-\mathrm{Re}\,s\left[\frac{2z-a-b}{(z-a)(z-b)}z^k\right]_{z=b}=-b^k\varepsilon(-k-1)$$

综合以上分析可得

$$f(k)=\begin{cases}a^k, & k\geqslant0 \\ -b^k, & k<0\end{cases}$$

6.4 离散时间 LTI 系统响应的 z 域分析

与连续时间系统相对应,z 变换是分析线性离散时间系统的一种有力的数学工具。z 变换将描述系统的时域差分方程变换为 z 域的代数方程,便于运算和求解,同时单边 z 变换将系统的初始状态包含于象函数方程中,既可分别求零输入响应、零状态响应,也可一起求得系统的全响应。

1. 利用 z 变换解差分方程

设 LTI 系统的激励为 $f(k)$,响应为 $y(k)$,描述 N 阶系统的差分方程的一般形式可表示为

$$\sum_{i=0}^{N}a_iy(k-i)=\sum_{j=0}^{M}b_jf(k-j) \tag{6-42}$$

式中,$a_i(i=0,1,2,\cdots,N)$ 和 $b_j(j=0,1,2,\cdots,M)$ 均为实数,若 $f(k)$ 是在 $k=0$ 时

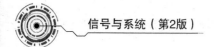

接入的，系统的初始状态为 $y(-1)$，$y(-2)$，$\cdots$，$y(-N)$。

令 $Z[y(k)]=Y(z)$，$Z[f(k)]=F(z)$。根据单边 z 变换的移位特性，$y(k)$ 右移 i 个单位的 z 变换为

$$Z[y(k-i)]=z^{-i}Y(z)+\sum_{k=0}^{i-1}y(k-i)z^{-k} \tag{6-43}$$

如果 $f(k)$ 是在 $k=0$ 时接入的（或 $f(k)$ 为因果序列），那么在 $k<0$ 时 $f(k)=0$，即 $f(-1)=f(-2)=\cdots=f(-m)=0$，因而 $f(k-j)$ 的 z 变换为

$$Z[f(k-j)]=z^{-j}F(z) \tag{6-44}$$

将式(6-42)两边同时取 z 变换，并把式(6-43)、式(6-44)代入得

$$\sum_{i=0}^{N}a_i\left[z^{-i}Y(z)+\sum_{k=0}^{i-1}y(k-i)z^{-k}\right]=\sum_{j=0}^{M}b_j\left[z^{-j}F(z)\right]$$

$$\left(\sum_{i=0}^{N}a_iz^{-i}\right)Y(z)+\sum_{i=0}^{N}a_i\left[\sum_{k=0}^{i-1}y(k-i)z^{-k}\right]=\left(\sum_{j=0}^{M}b_jz^{-j}\right)F(z)$$

由上式可得

$$Y(z)=\frac{-\sum_{i=0}^{N}a_i\left[\sum_{k=0}^{i-1}y(k-i)z^{-k}\right]}{\sum_{i=0}^{N}a_iz^{-i}}+\frac{\sum_{j=0}^{M}b_jz^{-j}}{\sum_{i=0}^{N}a_iz^{-i}}F(z)=Y_{zi}(z)+Y_{zs}(z) \tag{6-45}$$

式(6-45)中，第一项仅与系统的初始状态有关而与输入无关，因而是零输入响应 $y_{zi}(k)$ 的象函数 $Y_{zi}(z)$；第二项仅与输入有关而与初始状态无关，因而是零状态响应 $y_{zs}(k)$ 的象函数 $Y_{zs}(z)$。

将式(6-45)进行 z 反变换，得到系统的全响应为

$$y(k)=y_{zi}(k)+y_{zs}(k)$$

式中

$$y_{zi}(k)=Z^{-1}[Y_{zi}(z)]$$
$$y_{zs}(k)=Z^{-1}[Y_{zs}(z)]$$

例 6-24 描述某 LTI 系统的差分方程为 $y(k)+3y(k-1)+2y(k-2)=f(k)+3f(k-1)$，已知 $y(-1)=-1$，$y(-2)=-2$，激励 $f(k)=\varepsilon(k)$。求系统的零输入响应、零状态响应和全响应。

解： 令 $F(z)=Z[f(k)]$，$Y(z)=Z[y(k)]$，对已知差分方程取单边 z 变换得

$$Y(z)+3[z^{-1}Y(z)+y(-1)]+2[z^{-2}Y(z)+Y(-1)z^{-1}+y(-2)]=F(z)+3z^{-1}F(z)$$

可推导出

$$Y(z)=\frac{-3y(-1)-2z^{-1}y(-1)-2y(-2)}{1+3z^{-1}+2z^{-2}}+\frac{1+3z^{-1}}{1+3z^{-1}+2z^{-2}}F(z)$$

$$=\frac{-3z^2y(-1)-2zy(-1)-2z^2y(-2)}{z^2+3z+2}+\frac{z^2+3z}{z^2+3z+2}F(z) \tag{6-46}$$

式中，第一项是零输入响应 $y_{zi}(k)$ 的象函数 $Y_{zi}(z)$；第二项是零状态响应 $y_{zs}(k)$ 的象函数 $Y_{zs}(z)$。由已知条件可得

$$F(z) = Z[\varepsilon(k)] = \frac{z}{z-1}$$

并将初始状态条件代入式(6-46)，得

$$Y(z) = \frac{7z^2 + 2z}{z^2 + 3z + 2} + \frac{z^2 + 3z}{z^2 + 3z + 2} \cdot \frac{z}{z-1}$$
$$= Y_{zi}(z) + Y_{zs}(z)$$

式中

$$Y_{zi}(z) = \frac{7z^2 + 2z}{z^2 + 3z + 2}$$

$$Y_{zs}(z) = \frac{z^2 + 3z}{z^2 + 3z + 2} \cdot \frac{z}{z-1}$$

分别进行 z 反变换，得零输入响应和零状态响应为

$$y_{zi}(k) = [-5(-1)^k + 12(-2)^k]\varepsilon(k)$$

$$y_{zs}(k) = \left[\frac{2}{3} + (-1)^k - \frac{2}{3}(-2)^k\right]\varepsilon(k)$$

故系统的全响应为

$$y(k) = y_{zi}(k) + y_{zs}(k) = \left[\frac{2}{3} - 4(-1)^k + \frac{34}{3}(-2)^k\right]\varepsilon(k)$$

如果本题只求全响应，将初始条件和 $F(z)$ 代入式(6-46)，直接求其 z 反变换就可得到全响应。

在时域离散系统分析中，有时已知初始值 $y(0)$，$y(1)$，…，由于在 $k \geqslant 0$ 时激励已经接入，而 $y_{zs}(k)$ 及其各移位项可能不等于零，因而不易分辨零输入响应和零状态响应的初始值，也不便于用单边 z 变换的右移位特性求解零输入响应。下面举例说明由初始值 $y(0)$，$y(1)$，…，$y(n-1)$，求初始值 $y(-1)$，$y(-2)$，…，$y(-n)$ 的方法。

例 6-25 描述某LTI系统的差分方程为 $y(k) - y(k-1) - 2y(k-2) = f(k) + 2f(k-2)$，已知初始值 $y(0) = 2$，$y(1) = 7$，激励 $f(k) = \varepsilon(k)$。求 $y(-1)$ 和 $y(-2)$。

解：初始状态 $y(-1)$ 和 $y(-2)$ 可根据差分方程递推求得。为此将差分方程改写为

$$y(k-2) = \frac{1}{2}[y(k) - y(k-1) - f(k) - 2f(k-2)]$$

令 $k=1$，并将 $y(0) = 2$，$y(1) = 7$ 和 $f(1) = 1$，$f(-1) = 0$ 代入上式，得

$$y(-1) = \frac{1}{2}[y(1) - y(0) - f(1) - 2f(-1)] = 2$$

令 $k=0$，并代入已知条件，其中 $f(-2) = 0$，得

$$y(-2) = \frac{1}{2}[y(0) - y(-1) - f(0) - 2f(-2)] = -\frac{1}{2}$$

如果需要求出系统的零状态响应，本例类型的问题也可这样求解：按零状态响应的定义，它与初始状态无关，即有 $y_{zs}(-1) = y_{zs}(-2) = 0$。因此可先应用 z 变换求出系统的零状态响应 $y_{zs}(k)$，并求得 $y_{zs}(0)$ 和 $y_{zs}(1)$，再利用全响应

$$y(k) = y_{zi}(k) + y_{zs}(k)$$

将 $k=0$ 和 $k=1$ 分别代入后可求得

$$y_{zi}(0) = y(0) - y_{zs}(0)$$

$$y_{zi}(1) = y(1) - y_{zs}(1)$$

按给定的差分方程和求得的 $y_{zi}(0)$，$y_{zi}(1)$，采用时域求解方法解得零输入响应 $y_{zi}(k)$。或者利用 $y(-1) = y_{zi}(-1)$，$y(-2) = y_{zi}(-2)$ 的关系来确定零输入响应中的两个待定系数 C_{zi1}，C_{zi2}，求得 $y_{zi}(k)$。

例 6-26 描述某 LTI 系统的差分方程为 $y(k) + 4y(k-1) + 3y(k-2) = 4f(k) + 2f(k-1)$，已知 $f(k) = (-2)^k \varepsilon(k)$，$y(0) = 9$，$y(1) = -33$。求零输入响应 $y_{zi}(k)$，零状态响应 $y_{zs}(k)$ 及全响应 $y(k)$。

解： 对已知差分方程取零状态响应 z 变换

$$Y_{zs}(z) + 4z^{-1}Y_{zs}(z) + 3z^{-2}Y_{zs}(z) = 4F(z) + 2z^{-1}F(z)$$

则

$$Y_{zs}(z) = \frac{4 + 2z^{-1}}{1 + 4z^{-1} + 3z^{-2}} F(z) = \frac{4z^2 + 2z}{z^2 + 4z + 3} F(z)$$

将 $F(z) = Z[f(k)] = \dfrac{z}{z+2}$ 代入上式得

$$Y_{zs}(z) = \frac{4z^2 + 2z}{(z+1)(z+3)} \cdot \frac{z}{z+2}$$

而

$$\frac{Y_{zs}(z)}{z} = \frac{4z^2 + 2z}{(z+1)(z+3)(z+2)} = \frac{1}{z+1} - \frac{12}{z+2} + \frac{15}{z+3}$$

则

$$Y_{zs}(z) = \frac{z}{z+1} - \frac{12z}{z+2} + \frac{15z}{z+3}$$

所以

$$y_{zs}(k) = [(-1)^k - 12(-2)^k + 15(-3)^k]\varepsilon(k)$$

令 $k=0$ 和 $k=1$ 分别代入上式，得

$$y_{zs}(0) = 4, \quad y_{zs}(1) = -22$$

故得

$$\left. \begin{aligned} y_{zi}(0) &= y(0) - y_{zs}(0) = 9 - 4 = 5 \\ y_{zi}(1) &= y(1) - y_{zs}(1) = -33 - (-22) = -11 \end{aligned} \right\} \tag{6-47}$$

考虑差分方程的特征根 $\lambda_1 = -1$，$\lambda_2 = -3$，则零输入响应为

$$y_{zi}(k) = C_{zi1}(-1)^k + C_{zi2}(-3)^k$$

将式(6-47)的值代入上式，解得

$$C_{zi1} = 2, \quad C_{zi2} = 3$$

因此

$$y_{zi}(k) = [2(-1)^k + 3(-3)^k]\varepsilon(k)$$

则全响应为

$$y(k) = y_{zi}(k) + y_{zs}(k)$$
$$= [2(-1)^k + 3(-3)^k]\varepsilon(k) + [(-1)^k - 12(-2)^k + 15(-3)^k]\varepsilon(k)$$
$$= [3(-1)^k - 12(-2)^k + 18(-3)^k]\varepsilon(k)$$

本例题还可由已知条件 $f(k)$，$y(0)$，$y(1)$，递推出 $y(-1)$，$y(-2)$，再按例 6-25 的解题过程求解。在时域法求解 $y_{zi}(k)$ 时，亦可应用以下条件确定 C_{zi1}，C_{zi2}。

$$y(-1) = y_{zi}(-1)，\quad y(-2) = y_{zi}(-2)$$

2. 离散系统的系统函数

一个线性时不变离散系统在时域中可以用线性常系数差分方程来描述，如式(6-42)所表示。

$$\sum_{i=0}^{N} a_i y(k-i) = \sum_{j=0}^{M} b_j f(k-j)$$

若激励 $f(k)$ 是因果序列，且系统处于零状态，即在加入激励以前，系统的任何部位都没有赋予初值。此时，对上式进行 z 变换可得

$$Y_{zs}(z) \cdot \sum_{i=0}^{N} a_i z^{-i} = F(z) \cdot \sum_{j=0}^{M} b_j z^{-j}$$

由此得到

$$H(z) = \frac{Y_{zs}(z)}{F(z)} = \frac{\displaystyle\sum_{j=0}^{M} b_j z^{-j}}{\displaystyle\sum_{i=0}^{N} a_i z^{-i}} \qquad (6\text{-}48)$$

即

$$Y_{zs}(z) = H(z)F(z)$$

式中，$H(z)$ 称为离散系统的系统函数，表示系统的零状态响应与激励的 z 变换之比。

将式(6-48)的分子与分母多项式因式分解后可以写为

$$H(z) = G \frac{\displaystyle\prod_{j=1}^{M}(1 - z_j z^{-1})}{\displaystyle\prod_{i=1}^{N}(1 - p_i z^{-1})} \qquad (6\text{-}49)$$

式中，z_j 是 $H(z)$ 的零点，p_i 是 $H(z)$ 的极点，它们由差分方程的系数 a_i 和 b_j 决定。

系统的零状态响应也可以用激励与系统的单位序列响应的卷积表示为

$$y(k) = f(k) * h(k) = h(k) * f(k)$$

由时域卷积定理可得

$$Y_{zs}(z) = F(z)H(z)$$

则

$$y_{zs}(k) = Z^{-1}[F(z)H(z)]$$

其中

$$H(z)=Z[h(k)]=\sum_{k=0}^{\infty}h(k)z^{-k} \tag{6-50}$$

显然系统函数 $H(z)$ 与单位序列响应 $h(k)$ 是一对 z 变换。我们既可以利用卷积求得系统的零状态响应，也可以借助系统函数与激励的 z 变换式乘积的 z 反变换求此响应。

例 6-27　求下列差分方程所描述的离散系统的系统函数和单位序列响应。

$$y(k)-ay(k-1)=bf(k)$$

解：将已知差分方程等号两边同时进行 z 变换，并利用移位特性，得到

$$Y(z)-az^{-1}Y(z)-ay(-1)=bF(z)$$

$$Y(z)(1-az^{-1})=bF(z)+ay(-1)$$

如果系统处于零状态，即 $y(-1)=0$，则由上式可得

$$H(z)=\frac{b}{1-az^{-1}}=\frac{bz}{z-a}$$

则

$$h(k)=ba^{k}\varepsilon(k)$$

例 6-28　描述某 LTI 系统的差分方程为 $y(k)-\dfrac{3}{4}y(k-1)+\dfrac{1}{8}y(k-2)=f(k)$，求系统的单位序列响应 $h(k)$。

解：设初始状态为零，对已知差分方程求 z 变换，得

$$Y_{zs}(z)-\frac{3}{4}z^{-1}Y_{zs}(z)+\frac{1}{8}z^{-2}Y_{zs}(z)=F(z)$$

由此得

$$H(z)=\frac{Y_{zs}(z)}{F(z)}=\frac{1}{1-\dfrac{3}{4}z^{-1}+\dfrac{1}{8}z^{-2}}=\frac{z^{2}}{z^{2}-\dfrac{3}{4}z+\dfrac{1}{8}}=\frac{z^{2}}{\left(z-\dfrac{1}{2}\right)\left(z-\dfrac{1}{4}\right)}$$

将上式展开为部分分式为

$$\frac{H(z)}{z}=\frac{z}{\left(z-\dfrac{1}{2}\right)\left(z-\dfrac{1}{4}\right)}=\frac{2}{z-\dfrac{1}{2}}-\frac{1}{z-\dfrac{1}{4}}$$

求 z 反变换，得单位序列响应为

$$h(k)=\left[2\left(\frac{1}{2}\right)^{k}-\left(\frac{1}{4}\right)^{k}\right]\varepsilon(k)$$

例 6-29　某 LTI 离散系统，已知当 $y(-1)=0$，$y(-2)=\dfrac{1}{2}$，$f(k)=\varepsilon(k)$ 时，其全响应为 $y(k)=[1-(-1)^{k}-(-2)^{k}]\varepsilon(k)$，求系统函数 $H(z)$ 和描述系统的差分方程。

解：对全响应 $y(k)$ 求 z 变换得

$$Y(z) = Z[y(k)] = \frac{z}{z-1} - \frac{z}{z+1} - \frac{z}{z+2}$$

$$= \frac{(-z^2 + 2z + 5)}{(z+1)(z+2)} \cdot \frac{z}{z-1}$$

由于 $F(z) = \dfrac{z}{z-1}$，故系统函数的分母多项式为

$$A(z) = (z+1)(z+2) = z^2 + 3z + 2$$

则零输入响应 $y_{zi}(k)$ 满足下列齐次方程

$$y_{zi}(k) + 3y_{zi}(k-1) + 2y_{zi}(k-2) = 0$$

对上式求 z 变换得

$$(1 + 3z^{-1} + 2z^{-2})Y_{zi}(z) + 3y(-1) + 2y(-1)z^{-1} + 2y(-2) = 0$$

则得到

$$Y_{zi}(z) = \frac{-3y(-1) - 2y(-2) - 2y(-1)z^{-1}}{1 + 3z^{-1} + 2z^{-2}} = \frac{-z^2}{z^2 + 3z + 2}$$

零状态响应的 z 变换为

$$Y_{zs}(z) = Y(z) - Y_{zi}(z) = \frac{z(z+5)}{(z-1)(z^2 + 3z + 2)}$$

故得系统函数为

$$H(z) = \frac{Y_{zs}(z)}{F(z)} = \frac{z+5}{z^2 + 3z + 2}$$

因此，系统的差分方程为

$$y(k) + 3y(k-1) + 2y(k-2) = f(k-1) + 5f(k-2)$$

3. 系统的 z 域模型

在时域离散系统分析的过程中，常遇到用 k 域框图描述的系统，这时可根据系统框图中各基本运算部件的运算关系列出描述该系统的差分方程，然后求出该方程的解（用时域法或 z 变换法）。如果根据系统的 k 域框图画出与其对应的 z 域框图，就可直接按 z 域框图列写有关象函数的代数方程，然后解出象函数，求 z 反变换得到系统的 k 域响应，这将简化整个运算过程。对各种基本运算单元（标量乘法器、加法器、延迟单元）的输入、输出取 z 变换，并利用线性、移位等性质，可得各基本运算单元的 z 域模型如表 6-3 所示。

表 6-3　基本运算单元的 z 域模型

名称	k 域模型	z 域模型
数乘器 （标量乘法器）	$f(k)$　a　$af(k)$ 或 $f(k)$　a　$af(k)$	$F(z)$　a　$aF(z)$ 或 $F(z)$　a　$aF(z)$

续表

名称	k 域模型	z 域模型
加法器	$f_1(k)$ $+$ $\sum$ $f_1(k)\pm f_2(k)$ $f_2(k)\pm$	$F_1(z)$ $+$ $\sum$ $F_1(z)\pm F_2(z)$ $F_2(z)\pm$
延迟单元	$f(k)$ $\boxed{D}$ $f(k-1)$	$f(-1)$ $F(z)$ $\boxed{z^{-1}}$ $+$ $\sum$ $z^{-1}F(z)+f(-1)$
延迟单元(零状态)	$f(k)$ $\boxed{D}$ $f(k-1)$	$F(z)$ $\boxed{z^{-1}}$ $z^{-1}F(z)$

由于含初始状态的框图比较复杂，而通常最关心的是系统的零状态响应的 z 域框图，这时系统的 k 域框图与其 z 域框图形式上相同，因而使用简便，当然也给求零输入响应带来不便。

例 6-30 某 LTI 系统的 k 域框图如图 6-4(a)所示。已知输入 $f(k)=\varepsilon(k)$。

(1)求系统的单位序列响应 $h(k)$ 和零状态响应 $y_{zs}(k)$；

(2)若 $y(-1)=0$，$y(-2)=\dfrac{1}{2}$，求零输入响应 $y_{zi}(k)$。

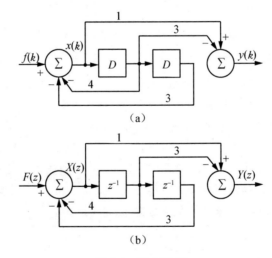

图 6-4 例 6-30 图

解：(1)按表 6-3 中基本运算单元的 z 域模型可画出该系统在零状态下的 z 域框图，如图 6-4(b)所示。

在图 6-4(b)中，设左端迟延单元(z^{-1})的输入端信号为 $X(z)$，相应的各迟延单元的输出信号为 $z^{-1}X(z)$，$z^{-2}X(z)$。由左端加法器输出端可列出 $X(z)$ 的方程为

$$X(z)=-4z^{-1}X(z)-3z^{-2}X(z)+F(z)$$

即
$$(1+4z^{-1}+3z^{-2})X(z)=F(z)$$

由右端加法器输出端可列出方程
$$Y_{zs}(z)=X(z)-3z^{-1}X(z)=(1-3z^{-1})X(z)$$

联合以上二式消去中间变量 $X(z)$，得
$$Y_{zs}(z)=\frac{1-3z^{-1}}{1+4z^{-1}+3z^{-2}}F(z)=H(z)F(z)$$

则系统函数为
$$H(z)=\frac{1-3z^{-1}}{1+4z^{-1}+3z^{-2}}=\frac{z^2-3z}{z^2+4z+3}=-\frac{2z}{z+1}+\frac{3z}{z+3}$$

对上式求 z 反变换，得系统的单位序列响应为
$$h(k)=[-2(-1)^k+3(-3)^k]\varepsilon(k)$$

当激励 $f(k)=\varepsilon(k)$ 时，零状态响应的象函数为$\left(\text{考虑到 }Z[\varepsilon(k)]=\frac{z}{z-1}\right)$。

$$Y_{zs}(z)=H(z)F(z)=\frac{z^2-3z}{(z+1)(z+3)}\cdot\frac{z}{z-1}$$

将上式展开为部分分式
$$Y_{zs}(z)=-\frac{z}{z+1}+\frac{9}{4}\frac{z}{z+3}-\frac{1}{4}\frac{z}{z-1}$$

对上式求 z 反变换，得零状态响应为
$$y_{zs}(k)=\left[-(-1)^k+\frac{9}{4}(-3)^k-\frac{1}{4}\right]\varepsilon(k)$$

(2)由于
$$H(z)=\frac{z^2-3z}{z^2+4z+3}$$

得零输入响应 $y_{zi}(k)$ 满足方程
$$y_{zi}(k)+4y_{zi}(k-1)+3y_{zi}(k-2)=0$$

对上式求 z 变换
$$Y_{zi}(z)=\frac{[-4y_{zi}(-1)-3y_{zi}(-2)]-3y_{zi}(-1)z^{-1}}{1+4z^{-1}+3z^{-2}}$$

因为对于零状态响应有 $y_{zs}(-1)=y_{zs}(-2)=0$，故
$$y_{zi}(-1)=y(-1)=0,\ y_{zi}(-2)=y(-2)=\frac{1}{2}$$

将它们代入上式得
$$Y_{zi}(z)=\frac{-\dfrac{3}{2}}{1+4z^{-1}+3z^{-2}}=\frac{-\dfrac{3}{2}z^2}{z^2+4z+3}=\frac{3}{4}\frac{z}{z+1}-\frac{9}{4}\frac{z}{z+3}$$

则

$$y_{zi}(k)=\left[\frac{3}{4}(-1)^k-\frac{9}{4}(-3)^k\right]\varepsilon(k)$$

例 6-31 某 LTI 离散系统的系统函数为 $H(z)=\dfrac{z^2-3z}{z^2-3z+2}$，已知当激励 $f(k)=$ $(-1)^k\varepsilon(k)$ 时，其全响应为 $y(k)=\left[2+\dfrac{4}{3}(2)^k+\dfrac{2}{3}(-1)^k\right]\varepsilon(k)$。

(1)求零输入响应 $y_{zi}(k)$；

(2)求初始状态 $y(-1)$，$y(-2)$。

解： (1)由于全响应 $y(k)=y_{zi}(k)+y_{zs}(k)$，先求出零状态响应 $y_{zs}(k)$。

根据已知激励 $f(k)$ 得 $F(z)=\dfrac{z}{z+1}$，则

$$Y_{zs}(z)=H(z)F(z)=\frac{z^2-3z}{(z-1)(z-2)}\cdot\frac{z}{z+1}$$

$$=\frac{z}{z-1}-\frac{2}{3}\frac{z}{z-2}+\frac{2}{3}\frac{z}{z+1}$$

对上式求 z 反变换，得零状态响应

$$y_{zs}(k)=\left[1-\frac{2}{3}(2)^k+\frac{2}{3}(-1)^k\right]\varepsilon(k)$$

则零输入响应为

$$y_{zi}(k)=y(k)-y_{zs}(k)$$

$$=\left[2+\frac{4}{3}(2)^k+\frac{2}{3}(-1)^k\right]\varepsilon(k)-\left[1-\frac{2}{3}(2)^k+\frac{2}{3}(-1)^k\right]\varepsilon(k)$$

$$=[1+2(2)^k]\varepsilon(k)$$

(2)由上式可求得零输入响应的初始值 $y_{zi}(0)=3$，$y_{zi}(1)=5$。

由给定的系统函数可知零输入响应满足的差分方程为

$$y_{zi}(k)-3y_{zi}(k-1)+2y_{zi}(k-2)=0$$

将它改写为

$$y_{zi}(k-2)=\frac{1}{2}\left[-y_{zi}(k)+3y_{zi}(k-1)\right]$$

分别令 $k=1$ 和 $k=0$，考虑到 $y_{zs}(-1)=y_{zs}(-2)=0$，可得

$$y(-1)=y_{zi}(-1)=\frac{1}{2}\left[-y_{zi}(1)+3y_{zi}(0)\right]=2$$

$$y(-2)=y_{zi}(-2)=\frac{1}{2}\left[-y_{zi}(0)+3y_{zi}(-1)\right]=\frac{3}{2}$$

4. s 域与 z 域的关系

我们在连续域讨论过连续时间信号 $f(t)$ 和它的拉普拉斯变换 $F(s)$；在离散域讨论过离散时间信号 $f(k)$ 和它的 z 变换 $F(z)$。如果通过连续时间信号 $f(t)$ 的采样得到序列 $f(k)$，那么相应的 $F(s)$ 和 $F(z)$ 之间具有一定的关系。

设有连续时间信号 $f(t)$，对其进行理想采样可得

$$\hat{f}(t) = f(t)\delta_T(t) = \sum_{k=-\infty}^{\infty} f(kT)\delta(t-kT) \tag{6-51}$$

理想采样信号 $\hat{f}(t)$ 的拉普拉斯变换为

$$\hat{F}(s) = \int_{-\infty}^{\infty} \hat{f}(t)\mathrm{e}^{-st}\,\mathrm{d}t = \int_{-\infty}^{\infty} \sum_{k=-\infty}^{\infty} f(kT)\delta(t-kT)\mathrm{e}^{-st}\,\mathrm{d}t \tag{6-52}$$

对调积分、求和的次序，并利用单位脉冲函数的筛选特性，可以得到理想采样信号的拉普拉斯变换为

$$\hat{F}(s) = \sum_{k=-\infty}^{\infty} f(kT)\mathrm{e}^{-skt}$$

采样序列 $f(k) = f(kT)$，其 z 变换为

$$F(z) = \sum_{k=-\infty}^{\infty} f(k)z^{-k}$$

所以，当 $z = \mathrm{e}^{sT}$ 时可以得到

$$\hat{F}(s) = F(z)\big|_{z=\mathrm{e}^{sT}} = F(\mathrm{e}^{sT}) \tag{6-53}$$

式(6-53)给出了 $\hat{F}(s)$ 与 $F(z)$ 的关系。该式说明：当 $z = \mathrm{e}^{sT}$ 时，理想采样信号的拉普拉斯变换就等于采样序列的 z 变换。

从数学角度上看，以上结论给出了 s 平面和 z 平面之间的映射关系。其中 s 与 z 都是复变量，而这个映射关系的表达式就是

$$z = \mathrm{e}^{sT} \tag{6-54}$$

亦可得到

$$s = \frac{1}{T}\ln z$$

式中，T 为采样周期，采样角频率 $\Omega_s = \dfrac{2\pi}{T}$。

为了说明 s 域和 z 域的映射关系，将 s 表示成直角坐标形式，而将 z 表示成极坐标形式，即

$$s = \sigma + j\Omega$$
$$z = r\mathrm{e}^{j\omega}$$

将上式代入式(6-54)得

$$r\mathrm{e}^{j\omega} = \mathrm{e}^{(\sigma+j\Omega)T}$$

因此

$$\begin{cases} r = \mathrm{e}^{\sigma T} \\ \omega = \Omega T = 2\pi\dfrac{\Omega}{\Omega_s} \end{cases} \tag{6-55}$$

由此可以推导出 s 平面与 z 平面之间的映射关系如下：

(1) s 平面的虚轴($\sigma=0$)映射到 z 平面单位圆上($|z| = r = 1$)。

(2)s 平面的左半平面($\sigma<0$)映射到 z 平面单位圆内部($|z|=r<1$)。

(3)s 平面的右半平面($\sigma>0$)映射到 z 平面单位圆外部($|z|=r>1$)。

(4)s 平面上实轴($\Omega=0$)映射到 z 平面正实轴($\omega=0$)。

(5)s 平面上的原点($\sigma=0$，$\Omega=0$)映射到 z 平面 $z=1$ 的点($r=1$，$\omega=0$)。

(6)s 平面上的任意一点 s_i 映射到 z 平面上的点为 $z=e^{s_iT}$。

(7)由于 $e^{j\omega}$ 是以 Ω_s 为周期的周期函数，当 Ω 由 $-\pi/T$ 增长到 π/T 时，z 平面上的辐角 ω 从 $-\pi$ 增长到 π。也就是说在 z 平面上，ω 每变化 2π 相应于 s 平面上 Ω 变化 $2\pi/T$。因此从 z 平面到 s 平面的映射属于多值映射。在 z 平面上的一点 $z=re^{j\omega}$，映射到 s 平面将是无穷多点，即

$$s=\frac{1}{T}\ln z=\frac{1}{T}\ln r+j\frac{\omega+2m\pi}{T}, \quad m=0, \pm1, \pm2, \cdots$$

因此，s 平面上 $-\dfrac{\pi}{T}\leqslant\Omega\leqslant\dfrac{\pi}{T}$ 的一条横带映射为整个 z 平面，如图 6-5 所示。

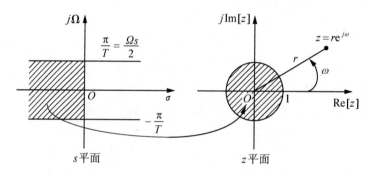

图 6-5　z 平面与 s 平面之间的映射关系

6.5　系统函数和系统特性

系统函数在系统分析中起着重要的作用，我们不仅可以根据系统函数来分析系统响应的特性，也可以按照给定的要求通过系统函数求得系统的结构和参数，完成系统综合的任务。时域离散系统的系统函数对系统特性的影响取决于系统函数的零、极点在 z 平面上的分布。

6.5.1　系统函数的零点和极点

线性时不变离散系统的差分方程和系统函数可以分别表示为

$$y(k)+\sum_{i=1}^{N}a_iy(k-i)=\sum_{j=0}^{M}b_jf(k-j)$$

$$H(z)=\frac{Y(z)}{F(z)}=\frac{\displaystyle\sum_{j=0}^{M}b_jz^{-j}}{1+\displaystyle\sum_{i=1}^{N}a_iz^{-i}} \tag{6-56}$$

式中，$H(z)$是z^{-1}的N阶常系数有理分式，其系数就是差分方程的系数。把$H(z)$的分子和分母多项式作因式分解可得

$$H(z) = G\frac{\prod\limits_{j=1}^{M}(1 - z_j z^{-1})}{\prod\limits_{i=1}^{N}(1 - p_i z^{-1})} \tag{6-57}$$

式中z_j是$H(z)$的零点，p_i是$H(z)$的极点。显然，除了系数G之外，可以用零、极点唯一地确定系统函数$H(z)$。

▶ 6.5.2 系统函数与时域响应

与拉普拉斯变换在连续系统中的作用类似，在离散系统中，z变换建立了时间函数$f(k)$与z域函数$F(z)$之间一定的转换关系。因此可以从z变换函数$F(z)$的形式反映出时间函数$f(k)$的内在性质。

因为系统函数$H(z)$与单位序列响应$h(k)$是一对z变换：

$$H(z) = Z[h(k)] \tag{6-58}$$
$$h(k) = Z^{-1}[H(z)] \tag{6-59}$$

所以，完全可以从$H(z)$的零极点的分布情况，确定单位序列响应$h(k)$的性质。

设系统函数$H(z)$为有理真分式，把它分解为部分分式可得

$$H(z) = G\frac{\prod\limits_{j=1}^{M}(1 - z_j z^{-1})}{\prod\limits_{i=1}^{N}(1 - p_i z^{-1})} = \sum_{i=0}^{N}\frac{A_i z}{z - p_i} = A_0 + \sum_{i=1}^{N}\frac{A_i z}{z - p_i}, \quad |z| > R \tag{6-60}$$

式中，p_i，$0 \leqslant i \leqslant N$是$H(z)$的一阶极点，$A_0 = H(0)$是$\dfrac{H(z)}{z}$在极点$p_0 = 0$的留数。在一般情况下，$p_i$是成对出现的共轭复数，也可以是实数。

在式(6-60)中，$H(z)$的每个极点将决定一项对应的时间序列，把该式作z反变换，可求得系统的单位序列响应为

$$h(k) = Z^{-1}[H(z)] = Z^{-1}\left[A_0 + \sum_{i=1}^{N}\frac{A_i z}{z - p_i}\right] = A_0\delta(k) + \sum_{i=1}^{N}A_i(p_i)^k\varepsilon(k) \tag{6-61}$$

因此，与连续时间的情况相似，$H(z)$的极点决定了$h(k)$的函数形式，而$h(k)$的幅度和相位则由$H(z)$零、极点的位置共同确定。

实际上，根据z、s两个平面的映射关系，即

$$z = re^{j\omega} = e^{sT}, \quad s = \sigma + j\Omega, \quad r = e^{\sigma T}, \quad \omega = \Omega T$$

可以将$H(s)$零、极点分布与$h(t)$的关系映射为$H(z)$零、极点分布与$h(k)$的关系。当$H(z)$有一阶极点或共轭极点时，可以得到如图6-6所示的结果。

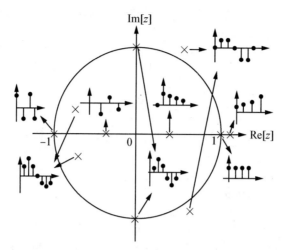

图 6-6 $H(z)$ 的极点位置与 $h(k)$ 形状的关系

离散系统的系统函数 $H(z)$ 的极点，按其在 z 平面的分布位置可以分为极点在单位圆内、极点在单位圆上和极点在单位圆外三种情况。

1. 极点在单位圆内

若 $H(z)$ 在单位圆内有一阶实极点，即 $p=a$，$|a|<1$，则 $H(z)$ 的分母中就会含有因子 $(z-a)$，则 $h(k)$ 中就含有形式为 $Aa^k \varepsilon(k)$ 的项；若 $H(z)$ 有二阶实极点 $p=a$，则 $H(z)$ 的分母中就含有因子 $(z-a)^2$，$h(k)$ 中就含有形式为 $Aa^{k-1}\varepsilon(k)$ 的项，其中 A 为实数。

若 $H(z)$ 在单位圆内有一阶共轭复极点，即 $p_{1,2}=ae^{\pm j\beta}$，$|a|<1$，则 $H(z)$ 的分母中就含有因子 $(z^2-2az\cos\beta+a^2)$，$h(k)$ 中就含有形式为 $Aa^k\cos(\beta k+\theta)\varepsilon(k)$ 的项；若 $H(z)$ 有二阶共轭复极点 $p_{1,2}=ae^{\pm j\beta}$，则 $H(z)$ 的分母中就含有因子 $(z^2-2az\cos\beta+a^2)^2$，$h(k)$ 中就含有形式为 $Aka^k\cos(\beta k+\theta)\varepsilon(k)$ 的项；若 $H(z)$ 在单位圆内有二阶以上极点，则这些极点对应的 $h(k)$ 中的项随 k 值的增大而减小，最终趋于零。因此，$H(z)$ 的极点在单位圆内时，对应的 $h(k)$ 中的响应都是随 k 值的增大而减小，最终趋于零，所以其时域波形是衰减的波形。

2. 极点在单位圆上

若 $H(z)$ 在单位圆上有一阶实极点，即 $p=\pm 1$，则 $H(z)$ 的分母中就含有因子 $(z\pm 1)$，$h(k)$ 中就含有形式为 $(\pm 1)^k A\varepsilon(k)$ 的项；若 $H(z)$ 有二阶实极点 $p=\pm 1$，则 $H(z)$ 的分母中就含有因子 $(z\pm 1)^2$，$h(k)$ 中就含有 $(\pm 1)^k Ak\varepsilon(k)$ 的项。

若 $H(z)$ 在单位圆上有共轭复极点 $p_{1,2}=e^{\pm j\beta}$，则 $H(z)$ 的分母中就含有因子 $(z^2-2z\cos\beta+1)$，$h(k)$ 中就含有形式为 $A\cos(\beta k+\theta)\varepsilon(k)$ 的项；若 $H(z)$ 有二阶共轭复极点 $p_{1,2}=e^{\pm j\beta}$，则 $H(z)$ 的分母中就含有因子 $(z^2-2z\cos\beta+1)^2$，$h(k)$ 中就含有形式为 $Ak\cos(\beta k+\theta)\varepsilon(k)$ 的项。

因此，$H(z)$ 在单位圆上的一阶极点对应 $h(k)$ 中的响应为阶跃序列或正弦序列。$H(z)$ 在单位圆上有二阶或二阶以上的极点对应 $h(k)$ 中的响应都是随 k 的增大而增大，最终趋于无穷大。

3. 极点在单位圆外

若 $H(z)$ 在单位圆外有一阶极点 $p=a(|a|>1)$ 或 $p_{1,2}=ae^{\pm j\beta}(|a|>1)$，对应的 $h(k)$ 分别为 $Aa^k\varepsilon(k)$ 或 $Aa^k\cos(\beta k+\theta)\varepsilon(k)$，由于 $|a|>1$，所以 $h(k)$ 都是随 k 值的增大而增大，最终趋于无穷大。

▶ 6.5.3　系统函数与频域响应

若系统函数 $H(z)$ 的极点全部在单位圆内，则 $H(z)$ 在单位圆（$|z|=1$）上收敛，$H(e^{j\omega})$ 称为离散系统的频率响应。若 N 阶离散系统的系统函数 $H(z)$ 的极点全部在单位圆内，则 N 阶离散系统的频率响应为

$$H(e^{j\omega})=H(z)\Big|_{z=e^{j\omega}}=G\frac{\prod\limits_{j=1}^{M}(e^{j\omega}-z_j)}{\prod\limits_{i=1}^{N}(e^{j\omega}-p_i)} \tag{6-62}$$

式中，$\omega=\Omega T_s$，Ω 为模拟角频率，T_s 为采样周期。

由式(6-62)可知，我们能够用零点和极点表征系统的频响。$(e^{j\omega}-z_j)$ 和 $(e^{j\omega}-p_i)$ 为复数，而任意复数都能用 z 平面上有方向的线段来表示，并称之为矢量。如果把 $z=e^{j\omega}$ 的位置用图 6-7 中单位圆上的 A 表示，其几何矢量就是 $\overrightarrow{OA}$。在该图中还用○和×分别表示零点 z_j 和极点 p_i 的位置，并用矢量 $\overrightarrow{OZ_j}$ 和 $\overrightarrow{OP_i}$ 表示复数 z_j，p_i。于是

$$e^{j\omega}-z_j=\overrightarrow{OA}-\overrightarrow{OZ_j}=\overrightarrow{Z_jA}=Z_j=|Z_j|e^{j\alpha_j}$$

称作零矢量或零向量，它是从零点 z_j 指向单位圆上 $e^{j\omega}$ 点的矢量。同样

$$e^{j\omega}-p_i=\overrightarrow{OA}-\overrightarrow{OP_i}=\overrightarrow{P_iA}=P_i=|P_i|e^{j\beta_i}$$

称作极矢量或极向量，它是从极点 p_i 指向单位圆上 $e^{j\omega}$ 点的矢量。因此

$$\frac{e^{j\omega}-z_j}{e^{j\omega}-p_i}=\frac{Z_j}{P_i}=\frac{零矢量}{极矢量}$$

零、极点位置对上式的影响是很明显的。当数字域角频率 ω 变动时，点 A 沿着单位圆移动，零、极矢量的幅度和幅角也随之发生变化。于是，当 A 点沿着单位圆逆时针方向旋转一周时，就可以估算出该系统的频响。由图 6-7 可知，当 ω 移动靠近极点 p_i 时，极矢量 P_i 渐短，频响会出现峰值。极点 p_i 越靠近单位圆，峰值越大，频响曲线在该峰值处也越尖锐，当极点位于单位圆上时，频响变为 ∞。如果极点跃出单位圆，系统将处于不稳定状态。

同样，当 ω 移近零点 z_j 时，频响将出现谷点。零点越靠近单位圆，谷点越接近零，而且频响曲线

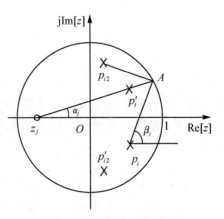

图 6-7　系统的零、极矢量图

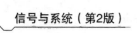

在该谷值处越尖锐。当零点位于单位圆上时，频响变为零。当然对零点来说，即使位于单位圆外，也不存在稳定性问题。

由上面分析可得

$$H(e^{j\omega}) = G \frac{\prod\limits_{j=1}^{M}(e^{j\omega}-z_j)}{\prod\limits_{i=1}^{N}(e^{j\omega}-p_i)} = G \frac{\prod\limits_{j=1}^{M}Z_j}{\prod\limits_{i=1}^{N}P_i} = G \frac{\prod\limits_{j=1}^{M}|Z_j|e^{j\alpha_j}}{\prod\limits_{i=1}^{N}|P_i|e^{j\beta_i}} = |H(e^{j\omega})|e^{j\varphi(\omega)} \quad (6\text{-}63)$$

式中

$$\left|\frac{H(e^{j\omega})}{G}\right| = \frac{\prod\limits_{j=1}^{M}|Z_j|}{\prod\limits_{i=1}^{N}|P_i|} = \frac{\text{零矢量模的连乘积}}{\text{极矢量模的连乘积}} \quad (6\text{-}64)$$

$$\varphi(\omega) = \sum_{j=1}^{M}\alpha_j - \sum_{i=1}^{N}\beta_i = \text{零矢量的幅角和} - \text{极矢量的幅角和} \quad (6\text{-}65)$$

利用式(6-63)和式(6-65)，就可以确定系统的幅频响应和相频响应。

通常 $M \neq N$，由式(6-57)可得

$$H(z) = G \frac{\prod\limits_{j=1}^{M}(1-z_j z^{-1})}{\prod\limits_{i=1}^{N}(1-p_i z^{-1})} = G \frac{\prod\limits_{j=1}^{M}(z-z_j)}{\prod\limits_{i=1}^{N}(z-p_i)} z^{N-M}$$

与其对应的系统频率响应为

$$H(e^{j\omega}) = G \frac{\prod\limits_{j=1}^{M}(e^{j\omega}-z_j)}{\prod\limits_{i=1}^{N}(e^{j\omega}-p_i)} e^{j\omega(N-M)}$$

因此

$$\frac{H(e^{j\omega})}{G} e^{j\omega(M-N)} = \frac{\prod\limits_{j=1}^{M}Z_j}{\prod\limits_{i=1}^{N}P_i}$$

在上式中出现了因子 $e^{j\omega(M-N)}$。根据 $(M-N)$ 大于零还是小于零，在坐标原点 $z=0$ 处 $H(e^{j\omega})$ 会多出 $(M-N)$ 阶零点或者极点。由于这些零、极点到单位圆的距离不变，所以幅频特性不受影响。但是，上述相频特性会产生附加的相移 $(N-M)\omega$，所以式(6-65)将变为

$$\varphi(\omega) = \sum_{j=1}^{M}\alpha_j - \sum_{i=1}^{N}\beta_i + (N-M)\omega$$

$$= \text{零矢量的幅角和} - \text{极矢量的幅角和} + (N-M)\omega \quad (6\text{-}66)$$

以上所介绍的内容也是离散系统频率响应的几何确定法，这种方法为我们认识零、极点分布对系统性能的影响提供了一个非常简捷的观察方法，这对系统的分析和设计是很重要的。

　　例 6-32　已知离散系统的系统函数为 $H(z) = \dfrac{6(z-1)}{4z+1}$，$|z| > \dfrac{1}{4}$，求系统的频率响应，并粗略画出系统的幅频响应和相频响应曲线。

　　解：由于 $H(z)$ 的收敛域为 $|z| > \dfrac{1}{4}$，所以 $H(z)$ 在单位圆上收敛。$H(z)$ 有一个极点为 $p_1 = -\dfrac{1}{4}$，有一个零点 $z_1 = 1$，则系统的频率响应为

$$H(\mathrm{e}^{j\omega}) = H(z)\big|_{z = \mathrm{e}^{j\omega}} = \frac{3}{2} \cdot \frac{\mathrm{e}^{j\omega} - 1}{\mathrm{e}^{j\omega} - \left(-\dfrac{1}{4}\right)}$$

　　令 $A_1 \mathrm{e}^{j\theta_1} = \mathrm{e}^{j\omega} - \left(-\dfrac{1}{4}\right)$，$B_1 \mathrm{e}^{j\psi_1} = \mathrm{e}^{j\omega} - 1$，则有

$$H(\mathrm{e}^{j\omega}) = \frac{3}{2} \cdot \frac{B_1 \mathrm{e}^{j\psi_1}}{A_1 \mathrm{e}^{j\theta_1}} = |H(\mathrm{e}^{j\omega})| \mathrm{e}^{j\varphi(\omega)}$$

式中

$$|H(\mathrm{e}^{j\omega})| = \frac{3B_1}{2A_1}, \quad \varphi(\omega) = \psi_1 - \theta_1$$

　　零矢量 $B_1 \mathrm{e}^{j\psi_1}$ 和极矢量 $A_1 \mathrm{e}^{j\theta_1}$ 如图 6-8(a)所示。当 $\omega = 0$ 时，$B_1 = 0$，$\psi_1 = \dfrac{\pi}{2}$，$A_1 = \dfrac{5}{4}$，$\theta_1 = 0$，所以 $|H(\mathrm{e}^{j\omega})| = 0$，$\varphi(\omega) = \dfrac{\pi}{2}$；当 ω 从零开始增加到 $\omega = \pi$ 时，B_1 增大，ψ_1 增大，A_1 减小，θ_1 增大，而且 θ_1 比 φ_1 增加较快，所以，$|H(\mathrm{e}^{j\omega})|$ 增大，$\varphi(\omega)$ 减小；当 ω 增大到 π 时，B_1 达到最大值：$B_1 = 2$，$\varphi_1 = \pi$，A_1 达到最小值 $A_1 = \dfrac{3}{4}$，$\theta_1 = \pi$，$|H(\mathrm{e}^{j\omega})|$ 达到最大值：$|H(\mathrm{e}^{j\omega})| = 4$，$\psi(\omega) = 0$；当 ω 从 π 继续增大到 2π 时，B_1 减小，ψ_1 的值为负值，且 $|\psi_1|$ 减小，A_1 增大，θ_1 的值为负值，且 $|\theta_1|$ 减小，所以，$|H(\mathrm{e}^{j\omega})|$ 减小，$\varphi(\omega)$ 为负值，且 $|\psi(\omega)|$ 增大；当 $\omega = 2\pi$ 时，$A_1 = \dfrac{5}{4}$，$\theta_1 = 0$，$B_1 = 0$，$\psi_1 = -\dfrac{\pi}{2}$，故 $|H(\mathrm{e}^{j\omega})| = 0$，$\varphi(\omega) = -\dfrac{\pi}{2}$。

　　根据以上分析可粗略画出幅频特性和相频特性曲线如图 6-8(b)所示。由于离散系统的频率响应是周期为 2π 的周期函数，只要画出一个周期的变化就可以了。

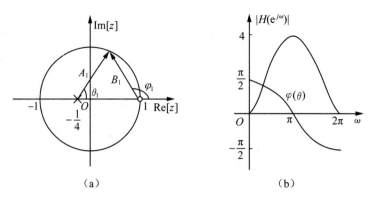

图 6-8　系统的幅频、相频特性曲线

▶ 6.5.4　系统的稳定性

当输入有界时输出也有界的系统是稳定系统。离散时间系统稳定的充分必要条件是系统的单位序列响应 $h(k)$ 绝对可和。即

$$\sum_{k=-\infty}^{\infty} |h(k)| < \infty \tag{6-67}$$

式(6-67)给出的是用 $h(k)$ 判断系统稳定的准则。既然 $h(k)$ 与 $H(z)$ 是一对 z 变换，当然也能从系统函数的角度进行系统稳定性的判断。

由 z 变换定义和系统函数定义可知

$$H(z) = \sum_{k=-\infty}^{\infty} h(k) z^{-k}$$

当 $z=1$（即在 z 平面单位圆上）

$$H(z) = \sum_{k=-\infty}^{\infty} h(k)$$

为使系统稳定应满足

$$\sum_{k=-\infty}^{\infty} h(k) < \infty$$

这表明，对于稳定系统 $H(z)$ 的收敛域应包含单位圆在内。

对于因果系统，$h(k)=h(k)\varepsilon(k)$ 为因果序列，它的 z 变换的收敛域包含 ∞ 点，通常收敛域表示为某圆外区域，即 $a<|z|\leqslant\infty$。

在实际问题中经常遇到的稳定因果系统应同时满足以上两方面的条件，即

$$\begin{cases} a<|z|\leqslant\infty \\ a<1 \end{cases} \tag{6-68}$$

这时，全部极点落在单位圆内。

既然 $H(z)$ 的极点全部落在 z 平面的单位圆内时，系统为因果、稳定的系统，而此时的 $h(k)$ 为单调衰减函数。也就是说，当 $k\to\infty$ 时，$h(k)$ 的值趋于零，即 $h(k)$ 绝对可和。

因此，根据 $h(k)$ 增长、衰减等情况也可以判断出系统是否稳定。

例 6-33 如图 6-9 所示的离散因果系统，求当 m 满足什么条件时，该系统是稳定的？

解：如图 6-9 所示，系统左端加法器的输出为
$X(z)$，则

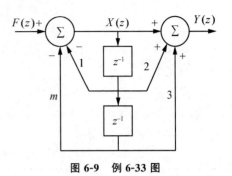

$$X(z)=(-z^{-1}-mz^{-2})X(z)+F(z)$$

可推导出系统输入 $F(z)$ 为

$$F(z)=(1+z^{-1}+mz^{-2})X(z)$$

系统右端加法器的输出为 $Y(z)$，则

$$Y(z)=(1+2z^{-1}+3z^{-2})X(z)$$

可得到系统函数为

图 6-9 例 6-33 图

$$H(z)=\frac{Y(z)}{F(z)}=\frac{1+2z^{-1}+3z^{-2}}{1+z^{-1}+mz^{-2}}=\frac{z^2+2z+3}{z^2+z+m}$$

可得到系统极点为

$$p_{1,2}=\frac{-1\pm\sqrt{1-4m}}{2}$$

(1)当 $1-4m\geqslant0$ 时，即 $m\leqslant\dfrac{1}{4}$，$p_{1,2}$ 为实极点，为使极点在单位圆内，必须同时满足下列不等式条件

$$\begin{cases}\dfrac{-1+\sqrt{1-4m}}{2}<1\\[3mm]\dfrac{-1-\sqrt{1-4m}}{2}>-1\end{cases}$$

可推导出，当 $m>0$ 时该系统是稳定的。

(2)当 $1-4m<0$ 时，即 $m>\dfrac{1}{4}$，此时 $p_{1,2}$ 为复极点，可以写为

$$p_{1,2}=\frac{-1\pm j\sqrt{4m-1}}{2}$$

为使极点分布在单位圆内，必须满足 $|p_{1,2}|<1$，即

$$\sqrt{\frac{(-1)^2+(\sqrt{4m-1})^2}{4}}<1$$

可解得 $m<1$。

综合上述分析，可以得出结果，当 $0<m<1$ 时该系统是稳定的。

和连续系统相同，用系统函数 $H(z)$ 的极点在 z 平面分布的位置判断系统稳定性的方法对于低阶系统是方便的。但是，对于高阶系统求系统函数的极点是比较困难的。朱里提出了用列表的方法来判断 $H(z)$ 的极点是否全部在单位圆内，这种方法称为朱里准则。下面就介绍利用朱里准则判断系统稳定性的方法。朱里准则是根据离散系统的系统函数 $H(z)$ 的

分母多项式 $A(z)$ 的系数，列成表来判断 $H(z)$ 的极点位置，该表又称为朱里排列。

设 n 阶线性离散系统的系统函数为

$$H(z)=\frac{B(z)}{A(z)}=\frac{b_m z^m+b_{m-1}z^{m-1}+\cdots+b_1 z+b_0}{a_n z^n+a_{n-1}z^{n-1}+\cdots+a_1 z+a_0}$$

式中，$m \leqslant n$，$a_i(i=0,1,2,\cdots,n)$ 和 $b_j(j=0,1,2,\cdots,m)$ 均为实常数。$H(z)$ 的分母多项式为

$$A(z)=a_n z^n+a_{n-1}z^{n-1}+\cdots+a_1 z+a_0$$

$H(z)$ 的极点就是取 $A(z)=0$ 的根。

朱里排列如表 6-4 所示。

表 6-4　朱里排列

行						
1	a_n	a_{n-1}	a_{n-2}	$\cdots$	a_2	a_1	a_0
2	a_0	a_1	a_2	$\cdots$	a_{n-2}	a_{n-1}	a_n
3	c_{n-1}	c_{n-2}	c_{n-3}	$\cdots$	c_1	c_0	
4	c_0	c_1	c_2	$\cdots$	c_{n-2}	c_{n-1}	
5	d_{n-2}	d_{n-3}	d_{n-4}	$\cdots$	d_0		
6	d_0	d_1	d_2	$\cdots$	d_{n-2}		
$\vdots$	$\vdots$	$\vdots$	$\vdots$	$\vdots$	$\vdots$	$\vdots$	
$2n-3$	r_2	r_1	r_0				

朱里排列共有 $2n-3$ 行。第 1 行为 $A(z)$ 的各项系数从 a_n 到 a_0 依次排列，第 2 行是第 1 行的倒序排列。若系数中某项为零，则用零替补。第 3 行及以后各行的元素按以下规律计算：

$$c_{n-1}=\begin{vmatrix} a_n & a_0 \\ a_0 & a_n \end{vmatrix},\quad c_{n-2}=\begin{vmatrix} a_n & a_1 \\ a_0 & a_{n-1} \end{vmatrix},\quad c_{n-3}=\begin{vmatrix} a_n & a_2 \\ a_0 & a_{n-2} \end{vmatrix},\quad \cdots$$

$$d_{n-2}=\begin{vmatrix} c_{n-1} & c_0 \\ c_0 & c_{n-1} \end{vmatrix},\quad d_{n-3}=\begin{vmatrix} c_{n-1} & c_1 \\ c_0 & c_{n-2} \end{vmatrix},\quad d_{n-4}=\begin{vmatrix} c_{n-1} & c_2 \\ c_0 & c_{n-3} \end{vmatrix},\quad \cdots$$

根据以上规律，依次计算表中各元素的值，直到计算出第 $2n-3$ 行元素为止。

朱里准则指出：系统函数 $H(z)$ 的全部极点位于单位圆内的充分必要条件为

$$\begin{cases} A(1)=A(z)\big|_{z=1}>0 \\ (-1)^n A(-1)>0 \\ a_n>|a_0| \\ c_{n-1}>|c_0| \\ d_{n-2}>|d_0| \\ \quad\vdots \\ r_2>|r_0| \end{cases}$$

例 6-34 已知离散系统的系统函数为 $H(z) = \dfrac{z^2 + 2z - 3}{12z^3 - 16z^2 + 7z - 1}$，判断该系统是否为稳定系统。

解： $H(z)$ 的分母多项式为 $A(z) = 12z^3 - 16z^2 + 7z - 1$，对 $A(z)$ 的系数进行朱里排列，可得（表 6-5）。

表 6-5

行				
1	12	-16	7	-1
2	-1	7	-16	12
3	c_2	c_1	c_0	

表中 c_2，c_1 和 c_0 可通过已给计算规律得到

$$c_2 = \begin{vmatrix} 12 & -1 \\ -1 & 12 \end{vmatrix} = 143, \quad c_1 = \begin{vmatrix} 12 & 7 \\ -1 & -16 \end{vmatrix} = -185, \quad c_0 = \begin{vmatrix} 12 & -16 \\ -1 & 7 \end{vmatrix} = 68$$

根据朱里准则，由于

$$A(1) = 2 > 0$$
$$(-1)^3 A(-1) = 36 > 0$$
$$a_3 > |a_0|$$
$$c_2 > |c_0|$$

因此，$H(z)$ 的极点全部在单位圆内，故该系统为稳定系统。

6.6 系统模拟

在已知系统数学模型的情况下，用一些基本单元（基本运算器）组成该系统称为系统的模拟。系统模拟是严格数学意义下的模拟，要求模拟系统的数学模型与已知系统的数学模型相同。根据系统函数 $H(z)$ 得到的系统信号流图通常有直接形式、级联形式（串联形式）和并联形式三种，下面分别叙述它们的结构形式。

6.6.1 直接形式

以二阶系统为例，设二阶线性离散系统的系统函数为

$$H(z) = \frac{b_2 z^2 + b_1 z + b_0}{z^2 + a_1 z + a_0}$$

将 $H(z)$ 的分子分母同乘 z^{-2}，系统函数可写为

$$H(z) = \frac{b_2 + b_1 z^{-1} + b_0 z^{-2}}{1 - (-a_1 z^{-1} + a_0 z^{-2})}$$

根据梅森公式，上式的分母可看作信号流图的特征行列式 Δ，括号内的两项可看作两个互不接触的回路的增益 $-a_1 z^{-1}$ 与 $-a_0 z^{-2}$ 之和。上式分子中的三项可看作从源点到汇

点的三条前向通路的增益 b_2，$b_1 z^{-1}$，$b_0 z^{-2}$ 之和，并且其特征行列式 $\Delta_1 = \Delta_2 = \Delta_3 = 1$，也就是说，信号流图中的两个回路都与各前向通路相接触。因此，由 $H(z)$ 描述的系统可用包含两个相互接触的回路和三条前向通路的信号流图来模拟。根据梅森公式，可以得到图 6-10(a)、图 6-10(b) 所示两种形式的信号流图，图 6-10(c) 是图 6-10(a) 所示信号流图对应的方框图表示，图 6-10(d) 是图 6-10(b) 所示信号流图对应的方框图表示。图 6-10(a) 所示信号流图称为直接形式 I，图 6-10(b) 所示信号流图称为直接形式 II。

以上分析可以推广到高阶系统的情形。设 N 阶线性离散系统的系统函数为

$$H(z) = \frac{B(z)}{A(z)} = \frac{b_M z^M + b_{M-1} z^{M-1} + \cdots + b_1 z + b_0}{z^N + a_{N-1} z^{N-1} + \cdots + a_1 z + a_0}$$

上式可以变换为

$$H(z) = \frac{b_M z^{M-N} + b_{M-1} z^{M-1-N} + \cdots + b_1 z^{1-N} + b_0 z^{-N}}{1 - (-a_{N-1} z^{-1} - a_{N-2} z^{-2} - \cdots - a_1 z^{-N+1} - a_0 z^{-N})}$$

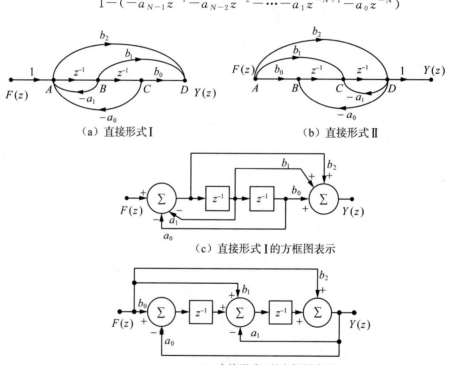

(a) 直接形式 I　　　　　　　　　　　(b) 直接形式 II

(c) 直接形式 I 的方框图表示

(d) 直接形式 II 的方框图表示

图 6-10　二阶系统直接形式信号流图表示

式中，$m \leqslant n$，分母多项式系数 $a_i (i = 0, 1, 2, \cdots, N-1)$ 和分子多项式系数 $b_j (j = 0, 1, 2, \cdots, M)$ 均为实常数。根据梅森公式可以得到高阶系统的直接形式 I 的信号流图和直接形式 II 的信号流图分别如图 6-11(a) 和图 6-11(b) 所示。每种信号流图有 N 个互相接触的环，上式分母括号中的 N 项分别为 N 个环的增益。每种信号流图从节点 $F(z)$ 到节点 $Y(z)$ 有 $M+1$ 条前向通路，上式分子中各项分别是各前向通路的传输函数。

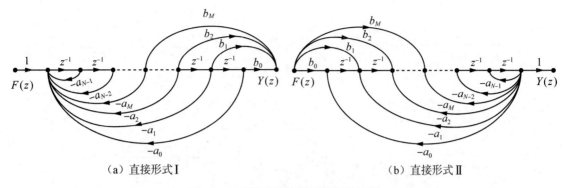

（a）直接形式Ⅰ   （b）直接形式Ⅱ

图 6-11　N 阶系统直接形式信号流图

例 6-35　已知二阶系统的系统函数为 $H(z)=\dfrac{2z^3-4z^2}{4z^3-2z+1}$，用直接形式模拟系统。

解：将系统函数 $H(z)$ 的分子分母同除以 $4z^3$，整理后得

$$H(z)=\frac{0.5-z^{-1}}{1-(0.5z^{-2}-0.25z^{-3})}$$

根据梅森公式，系统可由两个互相接触的回路和两条前向通路组成。回路增益分别为 $0.5z^{-2}$ 和 $-0.25z^{-3}$，前向通路的增益分别为 0.5 和 $-z^{-1}$。因此，该系统直接形式的信号流图和方框图分别如图 6-12(a) 和图 6-12(b) 所示。

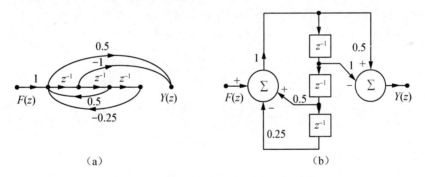

（a）   （b）

图 6-12　系统直接形式信号流图及框图

例 6-36　已知线性连续系统微分方程为 $y'''(t)+3y''(t)+5y'(t)+3y(t)=2f'(t)+4f(t)$，用直接形式模拟此系统。

解：由系统微分方程得到系统函数为

$$H(s)=\frac{2s+4}{s^3+3s^2+5s+3}=\frac{2s^{-2}+4s^{-3}}{1-(-3s^{-1}-5s^{-2}-3s^{-3})}$$

根据梅森公式，系统可由三个互相接触的回路和两条前向通路组成。回路增益分别为 $-3s^{-1}$，$-5s^{-2}$，$-3s^{-3}$，前向通路的增益分别为 $2s^{-2}$，$4s^{-3}$。因此，该系统信号流图如图 6-13 所示，图 6-13(a) 和图 6-13(c) 分别为直接形式Ⅰ和直接形式Ⅱ信号流图，图 6-13(b) 和图 6-13(d) 分别为与其对应的信号框图。

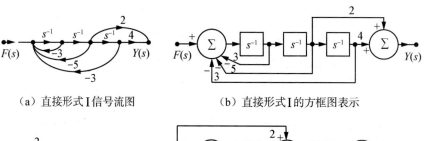

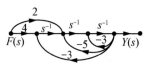

（a）直接形式Ⅰ信号流图

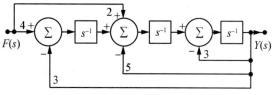

（b）直接形式Ⅰ的方框图表示

（c）直接形式Ⅱ信号流图 （d）直接形式Ⅱ的方框图表示

图 6-13 系统直接形式信号流图表示

6.6.2 级联形式

若线性系统由 N 个子系统级联组成，则系统函数 $H(z)$ 表示为

$$H(z) = H_1(z) \times H_2(z) \times \cdots \times H_N(z)$$

这种情况下，可先用直接形式信号流图模拟各子系统，然后把各子系统信号流图级联，就得到系统级联形式的信号流图。框图形式如图 6-14 所示，其中每一个子系统均可以用直接形式实现。

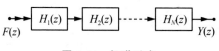

图 6-14 级联形式

6.6.3 并联形式

若系统由 N 个子系统并联组成，则系统函数 $H(z)$ 表示为

$$H(z) = H_1(z) + H_2(z) + \cdots + H_N(z)$$

这种情况下，先把每个子系统用直接形式信号流图模拟，然后把它们并联起来，就得到系统并联形式的信号流图，框图形式如图 6-15 所示。

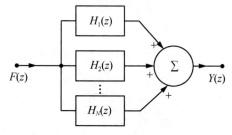

图 6-15 并联形式

例 6-37 描述某离散系统的差分方程为 $y(k) - \dfrac{1}{2}y(k-1) + \dfrac{1}{4}y(k-2) - \dfrac{1}{8}y(k-3) = 2f(k) - 2f(k-2)$，分别用级联和并联形式模拟该系统。

解： 该系统的系统函数为

$$H(z) = \frac{2z^3 - 2z}{z^3 - \dfrac{1}{2}z^2 + \dfrac{1}{4}z - \dfrac{1}{8}}$$

(1)用级联形式模拟该系统，需要将系统函数分解为

$$H(z) = \frac{2z^3 - 2z}{z^3 - \dfrac{1}{2}z^2 + \dfrac{1}{4}z - \dfrac{1}{8}} = \frac{2z}{z - \dfrac{1}{2}} \times \frac{z^2 - 1}{z^2 + \dfrac{1}{4}}$$

令

$$H_1(z) = \frac{2z}{z - \dfrac{1}{2}} = \frac{2}{1 - 0.5z^{-1}}, \quad H_2(z) = \frac{z^2 - 1}{z^2 + \dfrac{1}{4}} = \frac{1 - z^{-2}}{1 - (-0.25z^{-2})}$$

则 $H_1(z)$ 和 $H_2(z)$ 的信号流图如图 6-16(a)和图 6-16(b)所示，将二者级联后，如图 6-16(c)所示，相应的方框图如图 6-16(d)所示。

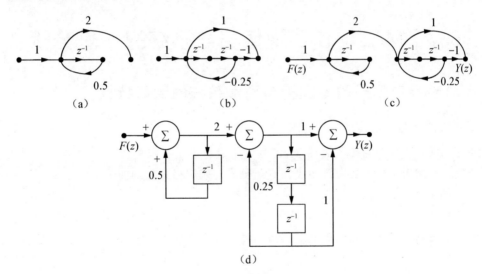

图 6-16 级联形式实现

(2)用并联形式模拟该系统，需要将系统函数分解为

$$H(z) = \frac{2z^3 - 2z}{z^3 - \dfrac{1}{2}z^2 + \dfrac{1}{4}z - \dfrac{1}{8}} = \frac{-3z}{z - \dfrac{1}{2}} + \frac{5z^2 + \dfrac{5}{2}z}{z^2 + \dfrac{1}{4}}$$

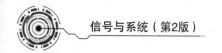

令

$$H_1(z)=\dfrac{-3z}{z-\dfrac{1}{2}}=\dfrac{-3}{1-0.5z^{-1}}, \quad H_2(z)=\dfrac{5z^2+\dfrac{5}{2}z}{z^2+\dfrac{1}{4}}=\dfrac{5+2.5z^{-1}}{1-(-0.25z^{-2})}$$

则将 $H_1(z)$ 和 $H_2(z)$ 的信号流图并联后，得到系统并联形式的信号流图如图 6-17(a)所示，相应的方框图如图 6-17(b)所示。

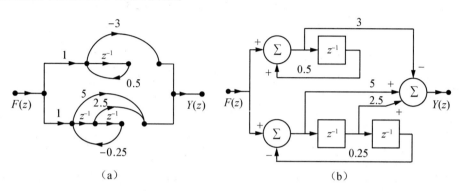

图 6-17　并联形式实现

⇒ *6.7　MALTAB 实现信号与系统的 z 域分析

▶ 6.7.1　离散信号的 z 变换与离散系统的频率特性

1. 离散信号的 z 变换与逆 z 变换

利用 MATLAB 中的函数 residuez，可以生成有理 z 变换的部分分式展开式，也可以将部分分式形式表示的 z 变换转换成其有理形式。调用格式分别如下：

(1)[r,p,k]=residuez(B,A)

这里 **B** 和 **A** 分别表示分子和分母多项式的系数向量，分子和分母多项式以 z 的降幂形式给出。这种调用格式返回值分别是留数向量 **r**，分子常数对应极点向量 **p** 和包含常数 η_l 的向量 **k**。

(2)[B,A]=residuez(r,p,k)

这种调用格式是用来实现上述逆运算的，参数含义与格式(1)相同。

2. 离散系统的频率特性

学习了前面的知识以后，我们知道可以通过零、极点的位置分布来分析离散系统的频率响应，这是一种非常方便且直观的方法，对于分析和设计离散系统也是十分有用的。在 MATLAB 中可以调用函数 zplane 绘制 $H(z)$ 的零、极点图，也可以调用函数 freqz 得到离散系统的频率响应。zplane 函数的调用格式如下：

（1）zplane(z,p)

这种格式可以绘制列向量 **z** 中的零点（以符号"○"表示）与列向量 **p** 中的极点（以符号"×"表示），同时绘制出单位圆，并在多阶零点和多阶极点处标识其阶数。

（2）zplane(B,A)

该格式将绘制出系统函数 $H(z)$ 的零、极点图。其中 **B** 和 **A** 分别为系统函数 $H(z)$ 的分子和分母多项式的系数向量，并且 $H(z)$ 的分子和分母多项式以 z 的降幂形式列出。

freqz 函数的调用格式如下：

（1）H＝freqz(B,A,w)

这种格式用于计算由向量 w 指定的数字频率点处系统 $H(z)$ 的频率响应 $H(e^{j\omega})$，返回结果保存在向量 **H** 中。**B** 和 **A** 表示 $H(z)$ 的分子和分母多项式的系数向量。

（2）[H,w]＝freqz(B,A,N)

这种格式将计算出 N 个频率点上的频率响应，并保存于向量 **H** 中，而 N 个频率值保存在向量 w 中。freqz 函数会自动取均匀分布在 $[0，\pi]$ 频率区间上的 N 个频率点。N 的默认值为 512。

（3）[H,w]＝freqz(B,A,N,'whole')

与格式（2）不同的是，这种格式会自动取均匀分布在 $[0，2\pi]$ 频率区间上的 N 个频率点。

另外，调用函数 freqz(B,A,N) 没有输出参数时，可直接绘出幅频响应和相频响应曲线。

▶ 6.7.2　实验六

【实验目的】

使用 MATLAB 实现离散信号与系统的 z 域分析，并能得到系统的频率特性。

【实验内容】

（1）已知 $F(z)=\dfrac{1}{(1+0.2z^{-1})(1-0.2z^{-1})(1+0.6z^{-1})(1-0.6z^{-1})}$，$|z|>0.6$，求 $F(z)$ 的 z 反变换。

（2）已知 $F(z)=\dfrac{16z^3}{16z^3+4z^2-4z-1}$，求 $F(z)$ 的部分分式展式。

（3）设系统由下面差分方程描述 $y(k)=y(k-1)+y(k-2)+f(k-1)$，求该系统的零极点图和频率响应。

（4）已知离散系统的系统函数为 $H(z)=\dfrac{z^2+5z-50}{2z^4-2.98z^3+0.17z^2+2.3418z-1.5147}$，求该系统的零极点图和频率响应。

【实验指导与参考代码】

（1）MATLAB 命令如下：

调用 residuez 函数求解。

```
B=1;
A=poly([-0.2  0.2  -0.6  0.6]);          %得到分母多项式系数向量
[r,p,k]=residuez(B,A)
```

程序运行结果：

```
r=[0.5625  0.5625  -0.0625  -0.0625]
p=[-0.6000  0.6000  0.2000  -0.2000]
k=[ ]
```

因此得到

$$F(z)=\frac{0.5625}{1+0.6z^{-1}}+\frac{0.5625}{1-0.6z^{-1}}-\frac{0.0625}{1+0.2z^{-1}}-\frac{0.0625}{1-0.2z^{-1}}$$

z 反变换得到相应的 $f(k)$ 为

$$f(k)=[0.5625(-0.6)^k+0.5625(0.6)^k-0.0625(-0.2)^k-0.0625(0.2)^k]\varepsilon(k)$$

(2)MATLAB 命令如下：

调用 residuez 函数求解。

```
B=[16];                    %分子多项式系数向量
A=[16  4  -4  -1];         %分母多项式系数向量
[r,p,k]=residuez(B,A)
```

程序运行结果：

```
r=[0.3333  1.0000  -0.3333]
p=[0.5000  -0.5000  -0.2500]
k=[ ]
```

得到部分分式展开式

$$F(z)=\frac{0.3333}{1-0.5z^{-1}}+\frac{1}{1+0.5z^{-1}}-\frac{0.3333}{1+0.25z^{-1}}$$

(3)z 变换得到系统函数 $H(z)$

$$Y(z)=z^{-1}Y(z)+z^{-2}Y(z)+z^{-1}F(z)$$

因此得

$$H(z)=\frac{z^{-1}}{1-z^{-1}-z^{-2}}=\frac{z}{z^2-z-1}$$

利用 MATLAB 得到系统零极点图及频率响应曲线，实现程序如下：

```
B=[1,0];A=[1,-1,-1];       %分子和分母多项式系数
zplane(B,A);               %绘制零极点图
[H,w]=freqz(B,A);          %求系统的频率响应
freqz(B,A);                %绘制幅频图和相频图
```

运行程序，绘制出该系统的零、极点图如图 6-18 所示，幅频图和相频图如图 6-19 所示。

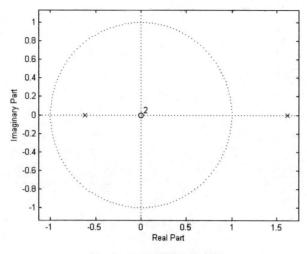

图 6-18 （3）的零、极点图

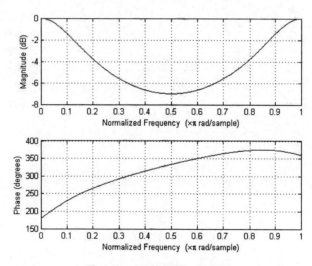

图 6-19 （3）的幅频、相频图

（4）MATLAB 命令如下：

```
B=[1,5,-50];A=[2,-2.98,0.17,2.3418,-1.5147];    %分子和分母多项式系数
zplane(B,A);                                     %绘制零、极点图
[H,w]=freqz(B,A);                                %求系统的频率响应
freqz(B,A);                                      %绘制幅频图和相频图
```

运行程序，绘制出该系统的零、极点图如图 6-20 所示，幅频图和相频图如图 6-21 所示。

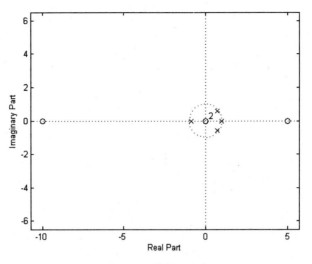

图 6-20　（4）的零、极点图

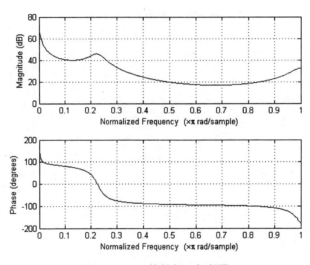

图 6-21　（4）的幅频、相频图

⚏ 习　题

6-1　求下列序列的 z 变换，并标明收敛域。

(1) $f(k) = \delta(k+1)$;

(2) $f(k) = \left(\dfrac{1}{2}\right)^k \varepsilon(k)$;

(3) $f(k) = \left(-\dfrac{1}{4}\right)^k \varepsilon(k)$;

(4) $f(k) = \left(\dfrac{1}{2}\right)^k \varepsilon(-k)$;

(5) $f(k) = -\left(\dfrac{1}{2}\right)^k \varepsilon(-k-1)$;

(6) $f(k) = \left(\dfrac{1}{3}\right)^{-k} \varepsilon(k)$;

(7) $f(k) = \mathrm{e}^{jk\omega_0}\varepsilon(k)$;   (8) $f(k) = \left(\dfrac{1}{2}\right)^k [\varepsilon(k) - \varepsilon(k-10)]$。

6-2 求下列 $F(z)$ 的 z 反变换 $f(k)$。

(1) $F(z) = 1$, $|z| \leqslant \infty$;   (2) $F(z) = -2z^{-2} + 2z + 1$, $0 < |z| < \infty$;

(3) $F(z) = \dfrac{az-1}{z-a}$, $|z| > |a|$;   (4) $F(z) = z^3$, $|z| < \infty$;

(5) $F(z) = \dfrac{1}{1-az^{-1}}$, $|z| > a$;   (6) $F(z) = \dfrac{1}{1-az^{-1}}$, $|z| < a$;

(7) $F(z) = \dfrac{1}{1+0.5z^{-1}}$, $|z| > 0.5$;   (8) $F(z) = \dfrac{z^{-5}}{z+2}$, $|z| > 2$。

6-3 利用 z 变换的性质求下列序列的 z 变换，并标明收敛域。

(1) $f(k) = (k-1)^2\varepsilon(k-1)$;   (2) $f(k) = (-1)^k k\varepsilon(k)$;

(3) $f(k) = \dfrac{a^k}{k+1}\varepsilon(k)$;   (4) $f(k) = k(k-1)\varepsilon(k-1)$;

(5) $f(k) = \displaystyle\sum_{m=0}^{k}(-1)^m$;   (6) $f(k) = \left(\dfrac{1}{2}\right)^k \cos\left(\dfrac{k\pi}{2}\right)\varepsilon(k)$。

6-4 已知因果序列的 z 变换 $F(z)$，求序列的初值 $f(0)$ 与终值 $f(\infty)$。

(1) $F(z) = \dfrac{1+z^{-1}+z^{-2}}{(1-z^{-1})(1-2z^{-1})}$;   (2) $F(z) = \dfrac{z^{-1}}{1-1.5z^{-1}+0.5z^{-2}}$;

(3) $F(z) = \dfrac{1}{(1-0.5z^{-1})(1+0.5z^{-1})}$;   (4) $F(z) = \dfrac{z}{2z^2-3z+1}$。

6-5 已知因果序列的 z 变换 $F(z)$，求 $f(0)$，$f(1)$ 和 $f(2)$。

(1) $F(z) = \dfrac{z^2}{(z-2)(z-1)}$;   (2) $F(z) = \dfrac{z^2+z+1}{(z-1)\left(z+\dfrac{1}{2}\right)}$。

6-6 设 $f(k)$ 为因果序列，$f(0)$ 为有限值，且 $f(0) \neq 0$。

(1) 根据初值定理证明：在 $z = \infty$ 处，$F(z)$ 不存在任何极点或零点；

(2) 根据(1)的结论证明：在有限 z 平面内，$F(z)$ 零点的个数等于其极点的个数(有限 z 平面不包括 $z = \infty$)。

6-7 求下列 $F(z)$ 的 z 反变换 $f(k)$。

(1) $F(z) = \dfrac{z}{(z-1)(z^2-1)}$, $|z| > 1$;

(2) $F(z) = \dfrac{10}{(1-0.5z^{-1})(1-0.25z^{-1})}$, $|z| > 0.5$;

(3) $F(z) = \dfrac{z^{-1}}{(1-6z^{-1})^2}$, $|z| > 6$;

(4) $F(z) = \dfrac{1+z^{-1}}{1-2z^{-1}\cos\omega+z^{-2}}$, $|z| > 1$;

(5) $F(z) = \dfrac{z^2}{z^2+3z+2}$, $|z| > 2$;

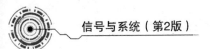

$(6)F(z)=\dfrac{1-az^{-1}}{z^{-1}-a}$，$|z|>\left|\dfrac{1}{a}\right|$。

6-8 已知 $F(z)=\dfrac{-3z^{-1}}{2-5z^{-1}+2z^{-2}}$，求出在下列三种收敛域下所对应的序列 $f(k)$。

$(1)|z|>2$；　　　$(2)|z|<0.5$；　　　$(3)0.5<|z|<2$。

6-9 已知序列的 z 变换为

$(1)F(z)=\dfrac{10z^2}{(z-1)(z+1)}$，$|z|>1$；　　　$(2)F(z)=\dfrac{z^3+2z^2+1}{z^3-1.5z^2+0.5z}$，$|z|>1$。

分别用部分分式法和留数法求 z 反变换。

6-10 利用卷积定理求 $y(k)=f(k)*h(k)$，已知

$(1)f(k)=a^k\varepsilon(k)$，$h(k)=b^k\varepsilon(-k)$；

$(2)f(k)=a^k\varepsilon(k)$，$h(k)=\delta(k-2)$；

$(3)f(k)=a^k\varepsilon(k)$，$h(k)=\varepsilon(k-1)$。

6-11 用 z 变换法求解下列差分方程。

$(1)y(k)-0.9y(k-1)=0$，$y(-1)=1$；

$(2)y(k)-y(k-1)-2y(k-2)=0$，$y(-1)=0$，$y(-2)=3$；

$(3)y(k)-0.9y(k-1)=0.05\varepsilon(k)$，$y(-1)=0$；

$(4)y(k+2)+y(k+1)+y(k)=\varepsilon(k)$，$y(0)=1$，$y(1)=2$。

6-12 某 LTI 离散系统的差分方程为 $y(k)+3y(k-1)+2y(k-2)=f(k)$，已知 $y(-1)=-2$，$y(-2)=3$，$f(k)=\varepsilon(k)$，求该系统的零输入响应 $y_{zi}(k)$、零状态响应 $y_{zs}(k)$ 及全响应 $y(k)$。

6-13 某 LTI 离散系统的差分方程为 $y(k)-y(k-1)-2y(k-2)=f(k)+2f(k-2)$，已知 $y(-1)=2$，$y(-2)=-\dfrac{1}{2}$，$f(k)=\varepsilon(k)$，求该系统的零输入响应 $y_{zi}(k)$、零状态响应 $y_{zs}(k)$ 及全响应 $y(k)$。

6-14 线性时不变系统在输入 $f_1(k)=\varepsilon(k)$，$y(-1)=1$ 时的全响应为 $y_1(k)=2\varepsilon(k)$；在输入 $f_2(k)=0.5k\varepsilon(k)$，$y(-1)=-1$ 时的全响应为 $y_2(k)=(k-1)\varepsilon(k)$。求输入为 $f_3(k)=(0.5)^k\varepsilon(k)$ 时的零状态响应。

6-15 求下列差分方程所描述的离散系统的系统函数 $H(z)$ 及单位序列响应 $h(k)$。

$(1)3y(k)-6y(k-1)=f(k)$；

$(2)y(k)-5y(k-1)+6y(k-2)=f(k)-3f(k-2)$；

$(3)y(k)=f(k)-5f(k-1)+8f(k-3)$；

$(4)y(k)-\dfrac{1}{2}y(k-1)=f(k)$。

6-16 已知某因果离散系统的差分方程为 $y(k)-\dfrac{1}{3}y(k-1)=f(k)$，试求

(1)该系统的系统函数 $H(z)$；

(2)该系统的单位序列响应 $h(k)$；

(3)该系统的阶跃响应 $g(k)$。

6-17 已知一阶因果离散系统的差分方程为 $y(k)+3y(k-1)=f(k)$，试求

(1)系统的单位序列响应 $h(k)$；

(2)若 $f(k)=(k+k^2)\varepsilon(k)$，求响应 $y(k)$。

6-18 求如图 6-22 所示离散系统在下列激励作用下的零状态响应。

(1) $f(k)=\delta(k)$；(2) $f(k)=\varepsilon(k)$；(3) $f(k)=k\varepsilon(k)$；(4) $f(k)=\sin\left(\dfrac{k\pi}{3}\right)\varepsilon(k)$。

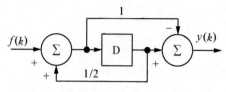

图 6-22 习题 6-18 图

6-19 写出如图 6-23 所示离散系统的差分方程，并求系统函数 $H(z)$ 及单位序列响应 $h(k)$。

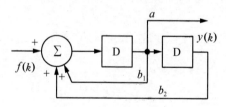

图 6-23 习题 6-19 图

6-20 如图 6-24 所示系统，求

(1)系统函数 $H(z)$；(2)单位序列响应 $h(k)$；(3)系统的差分方程。

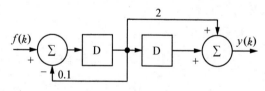

图 6-24 习题 6-20 图

6-21 当输入 $f(k)=\varepsilon(k)$ 时，某 LTI 离散系统的零状态响应为 $y_{zs}(k)=[2-(0.5)^k+(-1.5)^k]\varepsilon(k)$，求其系统函数和描述该系统的差分方程。

6-22 如图 6-25 所示的复合系统由三个子系统组成，若已知各子系统的单位序列响应或系统函数分别为 $h_1(k)=\varepsilon(k)$，$H_2(z)=\dfrac{z}{z+1}$，$H_3(z)=\dfrac{1}{z}$，求输入 $f(k)=\varepsilon(k)-\varepsilon(k-2)$ 时的零状态响应 $y_{zs}(k)$。

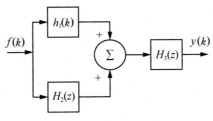

图 6-25　习题 6-22 图

6-23　对于输入 $f(k)$、输出 $y(k)$ 的线性时不变离散因果零状态系统，若 $f(k)=(0.5)^k\varepsilon(k)$，则 $y(k)=\delta(k)+a(0.25)^k\varepsilon(k)$；若对于所有的 k，当 $f(k)=(-2)^k$ 时，则有 $y(k)=0$。

(1)确定常数 a 的值；

(2)若对于所有的 k，$f(k)=1$，试确定 $y(k)$。

6-24　设某 LTI 系统的阶跃响应为 $g(k)$，已知当输入为因果序列 $f(k)$ 时，其零状态响应为 $y_{zs}(k)=\sum_{i=0}^{k}g(i)$，求输入 $f(k)$。

6-25　描述某 LTI 离散系统的差分方程为 $y(k)+\frac{1}{4}y(k-1)-\frac{1}{8}y(k-2)=f(k)-2f(k-1)$，输入连续信号的角频率为 Ω，采样周期为 T_s，已知 $\Omega T_s=\frac{\pi}{6}$，输入采样序列 $f(k)=2\sin(k\Omega T_s)$，求系统的稳态响应 $y_{ss}(k)$。

6-26　描述离散系统的差分方程为 $y(k)-\frac{1}{2}y(k-1)+\frac{1}{8}y(k-2)=\frac{1}{2}f(k)+f(k-1)$，求其系统函数 $H(z)$ 及其零、极点。

6-27　有两个离散系统 a 和 b，它们的系统函数 $H(z)$ 的零、极点分布分别如图 6-26(a)、图 6-26(b)所示，并且已知当 $z=0$ 时，$H(0)=-2$。

(1)求两个系统的系统函数 $H(z)$；

(2)写出其幅频响应 $|H(e^{j\omega})|$ 的表达式。

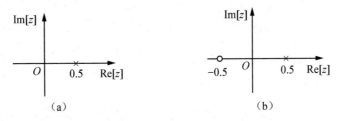

图 6-26　习题 6-27 图

6-28　如图 6-27 所示的离散系统，已知其系统函数的零点在 -1 和 2，极点在 -0.8 和 0.5。求其系数 a_0，a_1，b_1 和 b_2。

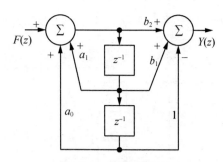

图 6-27　习题 6-28 图

6-29　如图 6-28 所示离散系统的信号流图。

(1)求单位序列响应 $h(k)$，并画出时域波形图；

(2)若激励为 $f(k)=\begin{cases}1,& k \text{ 为偶数}\\0,& k \text{ 为奇数}\end{cases}$，且 $k \geqslant 0$，求零状态响应 $y(k)$；

(3)写出系统的差分方程。

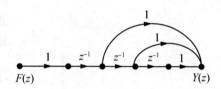

图 6-28　习题 6-29 图

6-30　如图 6-29 所示系统。

(1)求系统函数 $H(z)$，画出其零、极点图；

(2)求单位序列响应 $h(k)$，画出其时域波形图；

(3)若保持其频率特性不变，试画出一种节省延迟器的模拟框图。

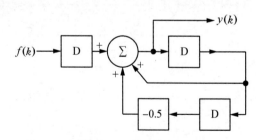

图 6-29　习题 6-30 图

6-31　因果系统的系统函数 $H(z)$ 如下所示，试说明这些系统是否稳定。

(1)$\dfrac{z+2}{8z^2-2z-3}$；

(2)$\dfrac{8(1-z^{-1}-z^{-2})}{2+5z^{-1}+2z^{-2}}$；

(3)$\dfrac{2z-4}{2z^2+z-1}$；

(4)$\dfrac{1+z^{-1}}{1-z^{-1}+z^{-2}}$。

6-32 如图 6-30 所示离散系统的系数为 $a_0 = \dfrac{1}{2}$，$a_1 = 1$，判断该系统是否稳定。

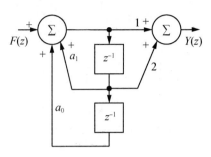

图 6-30　习题 6-32 图

6-33 某离散因果系统的系统函数为 $H(z) = \dfrac{z^2 - 1}{z^2 + 0.5z + (K+1)}$，为使系统稳定，试确定 K 值的范围。

6-34 图 6-31 为一离散系统的模拟图，写出系统的差分方程。

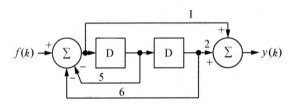

图 6-31　习题 6-34 图

6-35 如图 6-32 所示的离散系统。

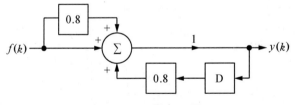

图 6-32　习题 6-35 图

(1) 写出系统的差分方程；

(2) 若 $f(k) = \left(1 + \cos\dfrac{\pi k}{3} + \cos \pi k\right)\varepsilon(k)$，求系统的稳态响应。

6-36 已知因果系统如图 6-33 所示。

(1) 求该系统的系统函数，给出收敛域并画出零、极点图；

(2) 求出系统稳定时的 p 值区间；

(3) 设 $p = 1$，求激励为 $f(k) = \left(\dfrac{2}{3}\right)^k \varepsilon(k)$ 时系统的零状态响应 $y(k)$。

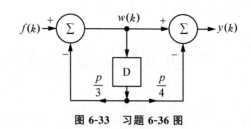

图 6-33　习题 6-36 图

6-37　求如图 6-34 所示系统的差分方程、系统函数 $H(z)$ 和单位序列响应 $h(k)$，并大致画出系统函数的零、极点图及系统的幅频响应。

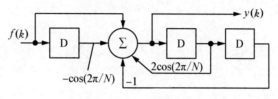

图 6-34　习题 6-37 图

6-38　画出如图 6-35 所示系统的信号流图，并求系统函数 $H(z)$。

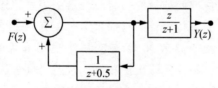

图 6-35　习题 6-38 图

6-39　描述某离散系统的差分方程为 $y(k) - \dfrac{3}{4}y(k-1) + \dfrac{1}{8}y(k-2) = f(k) + \dfrac{1}{3}f(k-1)$，试分别用直接形式、级联形式、并联形式模拟该系统，画出信号流图和方框图。

❈ 第7章 系统的状态变量分析法 ❈

本章重点：状态方程的建立，连续时间系统状态方程的时域求解和复频域求解，离散时间系统状态方程的时域求解和 z 域求解。

系统分析是研究信号（连续时间信号和离散时间信号）通过系统的响应分析。在建立系统模型方面，信号通过线性系统的分析方法又可分为输入输出法和状态变量法（也称状态空间法）两大类。

输入输出法也称为端口法，着眼于系统的响应（输出）$y(\cdot)$ 与激励（输入）$f(\cdot)$ 之间的关系，而不关心系统内部的情况。前几章所讨论的时域分析和变换域分析都属于输入输出法。输入输出法只将系统的输入变量和输出变量联系起来，它不便于研究与系统内部情况有关的各种问题，如系统的可观测性、可控制性等。随着现代控制理论的发展，人们不仅要考虑系统的输入和输出变量的变化情况，还要考虑系统内部的一些变量情况，以便设计和控制这些变量，达到最优控制的目的。状态变量法为完整地揭示系统的内部特性，解决那些与系统内部情况有关的分析设计问题提供了一条有效途径。

对于 n 阶动态系统（连续或离散），状态变量法是用 n 个状态变量 $x(\cdot)$ 的一阶微分（差分）方程组来描述系统。与输入输出法相比，状态变量法具有以下优点：

(1)比转移函数更全面地描述系统，转移函数仅分析了系统在零初始条件下的响应，而状态空间不仅描述了输入输出关系，而且可以分析系统在任何条件下的响应；

(2)一阶微分（或差分）方程组便于计算机进行数值计算；

(3)可用系统的方法处理多输入多输出系统；

(4)容易推广应用于时变系统或非线性系统。

本书只讨论 LTI 系统的状态变量分析。

▶ 7.1 状态变量与状态方程

我们根据图 7-1 所示的一个简单的串联谐振电路引入状态变量的概念。如果只考虑其激励 $e(t)$ 与电容两端电压 $u_C(t)$ 之间的关系，则系统可以用如下微分方程描述

$$\frac{\mathrm{d}^2}{\mathrm{d}t^2}u_C(t)+\frac{R}{L}\frac{\mathrm{d}}{\mathrm{d}t}u_C(t)+\frac{1}{LC}u_C(t)=\frac{1}{LC}e(t) \tag{7-1}$$

如果用输入输出法进行分析，可以用图 7-2 所示的系统模型来研究激励信号 $e(t)$ 所引起的响应 $r(t)$。

对于图 7-1 所示电路，如果不仅希望了解电容上的电压 $u_C(t)$，而且希望知道在 $e(t)$ 的作用下，电感中电流 $i_L(t)$ 的变化情况，那么需列写下列方程

$$Ri_L(t) + L\frac{\mathrm{d}}{\mathrm{d}t}i_L(t) + u_C(t) = e(t) \tag{7-2}$$

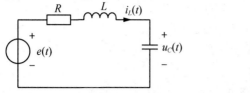

图 7-1 RLC 串联谐振电路

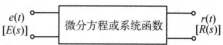

图 7-2 输入输出分析法方框图

及

$$u_C(t) = \frac{1}{C}\int i_L(t)\mathrm{d}t$$

或

$$\frac{\mathrm{d}}{\mathrm{d}t}u_C(t) = \frac{1}{C}i_L(t) \tag{7-3}$$

式(7-2)和式(7-3)可以写为

$$\begin{cases} \dfrac{\mathrm{d}}{\mathrm{d}t}i_L(t) = -\dfrac{R}{L}i_L(t) - \dfrac{1}{L}u_C(t) + \dfrac{1}{L}e(t) \\[3mm] \dfrac{\mathrm{d}}{\mathrm{d}t}u_C(t) = \dfrac{1}{C}i_L(t) \end{cases} \tag{7-4}$$

式(7-4)是以 $i_L(t)$ 和 $u_C(t)$ 作为变量的一阶微分联立方程组。由此对于图 7-1 所示的串联谐振电路，只要知道 $i_L(t)$ 及 $u_C(t)$ 的初始情况及激励 $e(t)$ 情况，即可完全确定电路的全部行为。这样描述系统的方法称为系统的状态变量法，其中 $i_L(t)$ 和 $u_C(t)$ 即为串联谐振电路的状态变量。式(7-4)即为状态方程。

在状态变量法中，也可将状态方程用矢量和矩阵的形式表示，式(7-4)改写为

$$\begin{bmatrix} \dfrac{\mathrm{d}}{\mathrm{d}t}i_L(t) \\[3mm] \dfrac{\mathrm{d}}{\mathrm{d}t}u_C(t) \end{bmatrix} = \begin{bmatrix} -\dfrac{R}{L} & -\dfrac{1}{L} \\[3mm] \dfrac{1}{C} & 0 \end{bmatrix} \begin{bmatrix} i_L(t) \\[2mm] u_C(t) \end{bmatrix} + \begin{bmatrix} \dfrac{1}{L} \\[3mm] 0 \end{bmatrix} \begin{bmatrix} e(t) \end{bmatrix} \tag{7-5}$$

对于图 7-1 所示电路，若指定电容电压为输出信号，用 $y(t)$ 表示，则输出方程的矩阵形式为

$$y(t) = \begin{bmatrix} 0 & 1 \end{bmatrix} \begin{bmatrix} i_L(t) \\[2mm] u_C(t) \end{bmatrix} \tag{7-6}$$

当系统的阶次较高，即状态变量数目较多或者系统具有多输入多输出信号时，描述系统的方程形式仍如式(7-5)和式(7-6)，只是矢量或矩阵的维数有所增加。

结合上面的例子，下面给出系统状态变量法中相关的几个名词的定义。

(1)状态。一个动态系统在 t_0 时刻的状态是指 t_0 时刻的信息量，表示系统的一组最少物理量，通过这些物理量和输入就能完全确定系统的行为。

(2)状态变量。能够表示系统状态的变量称为状态变量，例如，图 7-1 中的 $i_L(t)$ 和 $u_C(t)$。各变量通常是相互独立的。对于一个给定的系统，可以选取多个状态变量。

(3)状态矢量。以 K 个状态变量为元素构成的能完全描述一个系统行为的集合构成

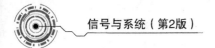

一个状态矢量，即状态变量可以看作矢量的各个分量。例如，图 7-1 中的状态变量 i_L (t) 和 $u_C(t)$ 可以看作二维状态矢量 $x(t) = \begin{bmatrix} x_1(t) \\ x_2(t) \end{bmatrix}$ 的两个分量 $x_1(t)$ 和 $x_2(t)$。

（4）状态方程。状态方程是描述状态变量变化规律的一组一阶微分方程组。各方程的左边是状态变量的一阶导数，右边是包含系统参数、状态变量和激励的一般函数表达式，不含变量的微分和积分运算。

（5）状态空间。状态空间指该系统的全部可能状态的集合。简单来说，状态空间可以视为一个以状态变量为坐标轴的空间，描述系统的状态矢量为此空间中的一个向量。

7.2 连续时间系统状态方程的建立

下面首先以连续时间系统为例来看状态方程的列写和求解。对一个 n 阶的连续时间系统，若系统的状态变量为 $x_1(t)$，$x_2(t)$，$\cdots$，$x_n(t)$，激励为 $e(t)$，则状态方程的一般形式为

$$\begin{cases} x_1'(t) = a_{11}x_1(t) + a_{12}x_2(t) + \cdots + a_{1n}x_n(t) + b_1e(t) \\ x_2'(t) = a_{21}x_1(t) + a_{22}x_2(t) + \cdots + a_{2n}x_n(t) + b_2e(t) \\ \qquad\qquad\qquad\cdots \\ x_n'(t) = a_{n1}x_1(t) + a_{n2}x_2(t) + \cdots + a_{nn}x_n(t) + b_ne(t) \end{cases} \tag{7-7}$$

式中各系数均由系统的元件参数确定，对于线性非时变系统，它们都是常数；对于线性时变系统，它们中有的可以是时间函数。式(7-7)是单输入的情况，如果有 m 个输入 $e_1(t)$、$e_2(t)$、$\cdots$、$e_m(t)$，那么可得状态方程的一般形式为

$$\begin{cases} x_1'(t) = a_{11}x_1(t) + a_{12}x_2(t) + \cdots + a_{1n}x_n(t) + b_{11}e_1(t) + b_{12}e_2(t) + \cdots + b_{1m}e_m(t) \\ x_2'(t) = a_{21}x_1(t) + a_{22}x_2(t) + \cdots + a_{2n}x_n(t) + b_{21}e_1(t) + b_{22}e_2(t) + \cdots + b_{2m}e_m(t) \\ \qquad\qquad\qquad\cdots \\ x_n'(t) = a_{n1}x_1(t) + a_{n2}x_2(t) + \cdots + a_{nn}x_n(t) + b_{n1}e_1(t) + b_{n2}e_2(t) + \cdots + b_{nm}e_m(t) \end{cases} \tag{7-8}$$

式(7-8)可以写成矩阵形式

$$\begin{bmatrix} x_1'(t) \\ x_2'(t) \\ \vdots \\ x_n'(t) \end{bmatrix} = \begin{bmatrix} a_{11} & a_{12} & \cdots & a_{1n} \\ a_{21} & a_{22} & \cdots & a_{2n} \\ \vdots & \vdots & \ddots & \vdots \\ a_{n1} & a_{n2} & \cdots & a_{nn} \end{bmatrix} \begin{bmatrix} x_1(t) \\ x_2(t) \\ \vdots \\ x_n(t) \end{bmatrix} + \begin{bmatrix} b_{11} & b_{12} & \cdots & b_{1m} \\ b_{21} & b_{22} & \cdots & b_{2m} \\ \vdots & \vdots & \ddots & \vdots \\ b_{n1} & b_{n2} & \cdots & b_{nm} \end{bmatrix} \begin{bmatrix} e_1(t) \\ e_2(t) \\ \vdots \\ e_m(t) \end{bmatrix} \tag{7-9}$$

分别定义状态矢量 $x(t)$ 和状态矢量的一阶导数 $x'(t)$ 为

$$x(t) = \begin{bmatrix} x_1(t) & x_2(t) & \cdots & x_n(t) \end{bmatrix}^{\mathrm{T}} \tag{7-10}$$

$$x'(t) = \begin{bmatrix} x_1'(t) & x_2'(t) & \cdots & x_n'(t) \end{bmatrix}^{\mathrm{T}} \tag{7-11}$$

$[\cdot]^{\mathrm{T}}$ 代表矩阵的转置，再定义输入矢量 $e(t)$ 为

$$e(t) = \begin{bmatrix} e_1(t) & e_2(t) & \cdots & e_m(t) \end{bmatrix}^{\mathrm{T}} \tag{7-12}$$

另外，把由系数 a_{ij} 组成的 n 行 n 列的矩阵记为 $\boldsymbol{A}$，把由系数 b_{ij} 组成的 n 行 m 列的矩

阵记为 $\boldsymbol{B}$，则

$$
\boldsymbol{A}=\begin{bmatrix} a_{11} & a_{12} & \cdots & a_{1n} \\ a_{21} & a_{22} & \cdots & a_{2n} \\ \vdots & \vdots & \ddots & \vdots \\ a_{n1} & a_{n2} & \cdots & a_{nn} \end{bmatrix}, \quad \boldsymbol{B}=\begin{bmatrix} b_{11} & b_{12} & \cdots & b_{1m} \\ b_{21} & b_{22} & \cdots & b_{2m} \\ \vdots & \vdots & \ddots & \vdots \\ b_{n1} & b_{n2} & \cdots & b_{nm} \end{bmatrix} \tag{7-13}
$$

把式(7-11)、式(7-12)和式(7-13)代入式(7-9)，可将状态方程简写为

$$
x'(t)=\boldsymbol{A}x(t)+\boldsymbol{B}e(t) \tag{7-14}
$$

输出方程是描述系统输出与状态变量之间关系的方程组。各方程左边是输出变量，右边是包括系统参数，状态变量和激励的一般函数表达式，不含变量的微分和积分运算。如果系统有 q 个输出 $y_1(t)$，$y_2(t)$，$\cdots$，$y_q(t)$，则输出方程的矩阵形式为

$$
\begin{bmatrix} y_1(t) \\ y_2(t) \\ \vdots \\ y_q(t) \end{bmatrix} = \begin{bmatrix} c_{11} & c_{12} & \cdots & c_{1n} \\ c_{21} & c_{22} & \cdots & c_{2n} \\ \vdots & \vdots & \ddots & \vdots \\ c_{q1} & c_{q2} & \cdots & c_{qn} \end{bmatrix} \begin{bmatrix} x_1(t) \\ x_2(t) \\ \vdots \\ x_n(t) \end{bmatrix} + \begin{bmatrix} d_{11} & d_{12} & \cdots & d_{1m} \\ d_{21} & d_{22} & \cdots & d_{2m} \\ \vdots & \vdots & \ddots & \vdots \\ d_{q1} & d_{q2} & \cdots & d_{qm} \end{bmatrix} \begin{bmatrix} e_1(t) \\ e_2(t) \\ \vdots \\ e_m(t) \end{bmatrix} \tag{7-15}
$$

仿照前面，定义输出矢量 $y(t)$ 为

$$
\boldsymbol{y}(t)=\begin{bmatrix} y_1(t) & y_2(t) & \cdots & y_q(t) \end{bmatrix}^{\mathrm{T}} \tag{7-16}
$$

并把由系数 c_{ij} 组成的 q 行 n 列矩阵记为 $\boldsymbol{C}$，把由系数 d_{ij} 组成的 q 行 m 列矩阵记为 $\boldsymbol{D}$，即

$$
\boldsymbol{C}=\begin{bmatrix} c_{11} & c_{12} & \cdots & c_{1n} \\ c_{21} & c_{22} & \cdots & c_{2n} \\ \vdots & \vdots & \ddots & \vdots \\ c_{q1} & c_{q2} & \cdots & c_{qn} \end{bmatrix}, \quad \boldsymbol{D}=\begin{bmatrix} d_{11} & d_{12} & \cdots & d_{1m} \\ d_{21} & d_{22} & \cdots & d_{2m} \\ \vdots & \vdots & \ddots & \vdots \\ d_{q1} & d_{q2} & \cdots & d_{qm} \end{bmatrix} \tag{7-17}
$$

于是，输出方程简写成

$$
\boldsymbol{y}(t)=\boldsymbol{C}x(t)+\boldsymbol{D}e(t) \tag{7-18}
$$

式(7-14)和式(7-18)分别是状态方程和输出方程的矩阵形式。对于线性时不变系统，$\boldsymbol{A}$、$\boldsymbol{B}$、$\boldsymbol{C}$、$\boldsymbol{D}$ 这四个矩阵都是常量矩阵，通常把 $\boldsymbol{A}$ 称为系统矩阵，$\boldsymbol{B}$ 称为控制矩阵，$\boldsymbol{C}$ 称为输出矩阵。

应用状态方程和输出方程的概念，可以研究许多复杂的工程问题。连续时间系统的状态方程可以通过由电路图直接列写或由系统的输入输出方程、模拟框图列写等方法得到，下面分别给予介绍。

7.2.1　由电路图直接列写状态方程

建立状态方程的方法可分为直接法和间接法。直接法是根据给定的系统结构直接列出状态方程和输出方程，特别适用于电路系统的分析；间接法则是根据系统的输入输出方程、系统函数、系统框图或信号流图等建立状态方程和输出方程，常用来研究控制系统。

1. 状态变量的选取

为了建立系统的状态方程，首先要选取状态变量。状态变量的个数即状态矢量中元素

的个数，等于系统的阶数。状态变量之间是相互独立的。对于一个电路，选择状态变量最常用的方法是取全部独立的电感电流和独立的电容电压，这是因为电容和电感的伏安特性包含了状态变量的一阶导数，便于用 KCL、KVL 列写状态方程，但有时也选电容电荷和电感磁链。

2. 状态方程的建立

可以根据电路图直接建立一个电路的状态方程，即列写出各状态变量的一阶微分方程，并写成如式(7-5)所示的形式。遵循的步骤一般为：

(1)选择电感电流和电容电压作为状态变量；

(2)应用 KCL 写出电容的电流 $C\dfrac{\mathrm{d}}{\mathrm{d}t}u_C(t)$ 与其他状态变量和输入量的关系式，应用 KVL 写出电感电压 $L\dfrac{\mathrm{d}}{\mathrm{d}t}i_L(t)$ 与其他状态变量和输入量的关系式；

(3)将步骤(2)建立方程的非状态变量用状态变量来表示，并经过整理，就可得到标准形式的状态方程。

例 7-1 如图 7-3 所示为一个二阶系统，试写出它的状态方程。

解：(1)选取状态变量。由于两个储能元件都是独立的，所以选电容电压 $u_1(t)$ 和电感电流 $i_2(t)$ 为状态变量。

(2)分别写出包含 $u_1'(t)$ 和 $i_2'(t)$ 的 KCL 和 KVL 方程。

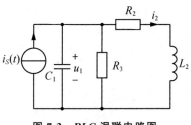

图 7-3　*RLC* 混联电路图

$$\begin{cases} C_1 u_1'(t)+i_2(t)+\dfrac{1}{R_3}u_1(t)=i_s(t) \\ R_2 i_2(t)+L_2 i_2'(t)=u_1(t) \end{cases}$$

(3)整理上式，得状态方程为

$$\begin{cases} u_1'(t)=-\dfrac{1}{C_1}i_2(t)-\dfrac{1}{R_3 C_1}u_1(t)+\dfrac{1}{C_1}i_s(t) \\ i_2'(t)=-\dfrac{R_2}{L_2}i_2(t)+\dfrac{1}{L_2}u_1(t) \end{cases}$$

或记为矩阵形式

$$\begin{bmatrix} u_1'(t) \\ i_2'(t) \end{bmatrix}=\begin{bmatrix} -\dfrac{1}{R_3 C_1} & -\dfrac{1}{C_1} \\ \dfrac{1}{L_2} & -\dfrac{R_2}{L_2} \end{bmatrix}\begin{bmatrix} u_1(t) \\ i_2(t) \end{bmatrix}+\begin{bmatrix} \dfrac{1}{C_1} \\ 0 \end{bmatrix}i_s(t)$$

▶ 7.2.2 由系统的输入输出方程或模拟框图列写状态方程

一般 n 阶连续时间系统的输入输出方程为

$$\dfrac{\mathrm{d}^n y(t)}{\mathrm{d}t^n}+a_{n-1}\dfrac{\mathrm{d}^{n-1}y(t)}{\mathrm{d}t^{n-1}}+\cdots+a_1\dfrac{\mathrm{d}y(t)}{\mathrm{d}t}+a_0 y(t)$$

$$=b_m\frac{\mathrm{d}^m e(t)}{\mathrm{d}t^m}+b_{m-1}\frac{\mathrm{d}^{m-1}e(t)}{\mathrm{d}t^{m-1}}+\cdots+b_1\frac{\mathrm{d}e(t)}{\mathrm{d}t}+b_0 e(t)$$

其系统函数为

$$H(s)=\frac{b_m s^m+b_{m-1}s^{m-1}+\cdots+b_1 s+b_0}{s^n+a_{n-1}s^{n-1}+\cdots+a_1 s+a_0} \tag{7-19}$$

可用图 7-4 所示的模拟框图来表示。

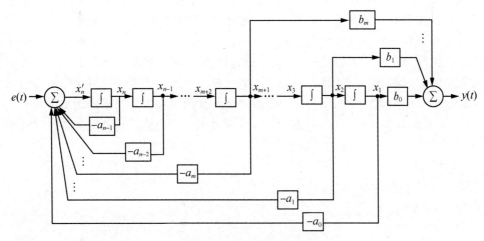

图 7-4　连续系统模拟框图

可以取每一积分器的输出作为状态变量，如图 7-4 中所示的 x_1，x_2，$\cdots$，x_n 都是时间 t 的函数，写为 $x_1(t)$，$x_2(t)$，$\cdots$，$x_n(t)$。只要写出除第一个积分器外的各积分器输入、输出间关系的方程以及输入端加法器的求和方程，就可以得到一组 n 个状态方程

$$\begin{cases} x_1'(t)=x_2(t) \\ x_2'(t)=x_3(t) \\ \quad\cdots \\ x_{n-1}'(t)=x_n(t) \\ x_n'(t)=-a_{n-1}x_n(t)-a_{n-2}x_{n-1}(t)-\cdots-a_1 x_2(t)-a_0 x_1(t)+e(t) \end{cases} \tag{7-20}$$

输出方程则由输出端加法器的输入输出关系得到，如果 $m<n$，则

$$y(t)=b_0 x_1(t)+b_1 x_2(t)+\cdots+b_m x_{m+1}(t) \tag{7-21}$$

将上述状态方程和输出方程写成矩阵形式

$$\begin{bmatrix} x_1'(t) \\ x_2'(t) \\ \vdots \\ x_{n-1}'(t) \\ x_n'(t) \end{bmatrix}=\begin{bmatrix} 0 & 1 & 0 & \cdots & 0 & 0 \\ 0 & 0 & 1 & \cdots & 0 & 0 \\ \vdots & \vdots & \vdots & \ddots & \vdots & \vdots \\ 0 & 0 & 0 & \cdots & 0 & 1 \\ -a_0 & -a_1 & -a_2 & \cdots & -a_{n-2} & -a_{n-1} \end{bmatrix}\begin{bmatrix} x_1(t) \\ x_2(t) \\ \vdots \\ x_{n-1}(t) \\ x_n(t) \end{bmatrix}+\begin{bmatrix} 0 \\ 0 \\ \vdots \\ 0 \\ 1 \end{bmatrix}e(t) \tag{7-22}$$

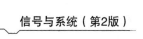

$$y(t) = \begin{bmatrix} b_0 & b_1 & \cdots & b_m & 0 & \cdots & 0 \end{bmatrix} \begin{bmatrix} x_1(t) \\ x_2(t) \\ \vdots \\ x_{n-1}(t) \\ x_n(t) \end{bmatrix} \qquad (7\text{-}23)$$

将式(7-19)的系统函数和式(7-22)、式(7-23)的方程对照一下，就会发现利用以下规律，可以直接根据系统函数写出状态方程：状态方程中的 **A** 矩阵，其第 n 行的元素即为系统函数分母中次序颠倒过来的系数的负数 $-a_0，-a_1，\cdots，-a_{n-1}$，其他各行除了对角线右边的元素均为 1 外，别的元素全为 0；列矩阵 **B** 除第 n 行的元素为 1 外，其余均为 0；输出方程中的 **C** 矩阵为一行矩阵，前 $m+1$ 个元素即为系统函数分子中次序颠倒过来的系数 $b_0，b_1，\cdots，b_m$，其余 $n-(m+1)$ 个元素均为 0。用这种方法写出的输出方程，当 $m \leqslant n-1$ 时，**D** 矩阵为零。若 $m=n$，则图 7-4 中乘法器 b_m 的输入将为 $x_n'(t)$，这时输出方程为

$$y(t) = \begin{bmatrix} b_0 - b_n a_0 & b_1 - b_n a_1 & \cdots & b_{n-1} - b_n a_{n-1} \end{bmatrix} \begin{bmatrix} x_1(t) \\ x_2(t) \\ \vdots \\ x_{n-1}(t) \\ x_n(t) \end{bmatrix} + b_n e(t) \qquad (7\text{-}24)$$

而当 $m > n-1$ 时，**D** 矩阵不为零。实际的系统，大多数属于 $m < n$ 的情况。

例 7-2 已知一线性非时变系统的系统函数为 $H(s) = \dfrac{s+4}{s^3+6s^2+11s+6}$，试列写状态方程和输出方程。

解：由 $H(s)$ 可直接列写其状态方程为

$$\begin{bmatrix} x_1'(t) \\ x_2'(t) \\ x_3'(t) \end{bmatrix} = \begin{bmatrix} 0 & 1 & 0 \\ 0 & 0 & 1 \\ -6 & -11 & -6 \end{bmatrix} \begin{bmatrix} x_1(t) \\ x_2(t) \\ x_3(t) \end{bmatrix} + \begin{bmatrix} 0 \\ 0 \\ 1 \end{bmatrix} e(t)$$

输出方程为

$$y(t) = Cx(t) + De(t) = \begin{bmatrix} 4 & 1 & 0 \end{bmatrix} \begin{bmatrix} x_1(t) \\ x_2(t) \\ x_3(t) \end{bmatrix}$$

➠ 7.3 连续时间系统状态方程的求解

求解连续时间系统状态方程通常有两种方法：一种是基于拉普拉斯变换的复频域求解；另一种是采用时域法求解。

▶ 7.3.1 状态方程的复频域求解

对给定的状态方程和输出方程

$$\begin{cases} x'(t)=Ax(t)+Be(t) \\ y(t)=Cx(t)+De(t) \end{cases} \tag{7-25}$$

两边取拉普拉斯变换

$$\begin{cases} sX(s)-x(0_-)=AX(s)+BE(s) \\ Y(s)=CX(s)+DE(s) \end{cases} \tag{7-26}$$

式中，$x(0_-)$ 为初始条件的列矩阵，即

$$x(0_-)=\begin{bmatrix} x_1(0_-) \\ x_2(0_-) \\ \vdots \\ x_n(0_-) \end{bmatrix} \tag{7-27}$$

整理得

$$\begin{cases} X(s)=(sI-A)^{-1}x(0_-)+(sI-A)^{-1}BE(s) \\ Y(s)=C(sI-A)^{-1}x(0_-)+[C(sI-A)^{-1}B+D]E(s) \\ \qquad =Y_{zi}(s)+Y_{zs}(s) \end{cases} \tag{7-28}$$

因而时域表示式为

$$\begin{cases} x(t)=\mathcal{L}^{-1}[(sI-A)^{-1}x(0_-)]+\mathcal{L}^{-1}[(sI-A)^{-1}BE(s)] \\ y(t)=\underbrace{\mathcal{L}^{-1}[C(sI-A)^{-1}x(0_-)]}_{\text{零输入解}}+\underbrace{\mathcal{L}^{-1}\{[C(sI-A)^{-1}B+D]E(s)\}}_{\text{零状态解}} \end{cases} \tag{7-29}$$

比照 $Y_{zs}(s)=H(s)E(s)$ 的定义和式(7-24)可得

$$H(s)=C(sI-A)^{-1}B+D \tag{7-30}$$

$H(s)$ 称为系统的系统函数矩阵或转移函数矩阵。其中 $(sI-A)^{-1}=\dfrac{adj(sI-A)}{|sI-A|}$，$adj(\cdot)$ 表示矩阵的伴随矩阵，$|sI-A|$ 即为 $H(s)$ 分母的特征多项式，因此又称 $(sI-A)^{-1}$ 为系统的特征矩阵，通常用 $\Phi(s)$ 表示。

例 7-3 已知状态方程和输出方程为

$$\begin{cases} x_1'(t)=-2x_1(t)+x_2(t)+e(t) \\ x_2'(t)=-x_2(t) \end{cases}$$

$$y(t)=x_1(t)$$

系统的初始状态为 $x_1(0_-)=1$，$x_2(0_-)=1$，激励 $e(t)=\varepsilon(t)$。试求此系统的全响应。

解：将系统的状态方程和输出方程写成矩阵形式

$$\begin{bmatrix} x_1'(t) \\ x_2'(t) \end{bmatrix}=\begin{bmatrix} -2 & 1 \\ 0 & -1 \end{bmatrix}\begin{bmatrix} x_1(t) \\ x_2(t) \end{bmatrix}+\begin{bmatrix} 1 \\ 0 \end{bmatrix}\varepsilon(t)$$

$$y(t) = \begin{bmatrix} 1 & 0 \end{bmatrix} \begin{bmatrix} x_1(t) \\ x_2(t) \end{bmatrix}$$

由此可知 A、B、C、D 四个矩阵分别为

$$A = \begin{bmatrix} -2 & 1 \\ 0 & -1 \end{bmatrix}, \quad B = \begin{bmatrix} 1 \\ 0 \end{bmatrix}, \quad C = \begin{bmatrix} 1 & 0 \end{bmatrix}, \quad D = 0$$

系统的初始状态为

$$x(0_-) = \begin{bmatrix} x_1(0_-) \\ x_2(0_-) \end{bmatrix} = \begin{bmatrix} 1 \\ 1 \end{bmatrix}$$

计算得

$$sI - A = s \begin{bmatrix} 1 & 0 \\ 0 & 1 \end{bmatrix} - \begin{bmatrix} -2 & 1 \\ 0 & -1 \end{bmatrix} = \begin{bmatrix} s+2 & s-1 \\ 0 & s+1 \end{bmatrix}$$

$$(sI - A)^{-1} = \begin{bmatrix} \dfrac{1}{s+2} & \dfrac{1}{s+1} - \dfrac{1}{s+2} \\ 0 & \dfrac{1}{s+1} \end{bmatrix}$$

由式(7-29)得

$$Y_{zi}(s) = C(sI - A)^{-1} x(0_-)$$

$$= \begin{bmatrix} 1 & 0 \end{bmatrix} \begin{bmatrix} \dfrac{1}{s+2} & \dfrac{1}{s+1} - \dfrac{1}{s+2} \\ 0 & \dfrac{1}{s+1} \end{bmatrix} \begin{bmatrix} 1 \\ 1 \end{bmatrix}$$

$$= \begin{bmatrix} \dfrac{1}{s+2} & \dfrac{1}{s+1} - \dfrac{1}{s+2} \end{bmatrix} \begin{bmatrix} 1 \\ 1 \end{bmatrix} = \dfrac{1}{s+1}$$

$$Y_{zs}(s) = [C(sI - A)^{-1} B + D] E(s)$$

$$Y_{zs}(s) = \begin{bmatrix} 1 & 0 \end{bmatrix} \begin{bmatrix} \dfrac{1}{s+2} & \dfrac{1}{s+1} - \dfrac{1}{s+2} \\ 0 & \dfrac{1}{s+1} \end{bmatrix} \begin{bmatrix} 1 \\ 0 \end{bmatrix} \dfrac{1}{s} = \dfrac{1}{s(s+2)}$$

分别对 $Y_{zi}(s)$ 和 $Y_{zs}(s)$ 求逆变换

$$y_{zi}(t) = \mathcal{L}^{-1} \left[\dfrac{1}{s+1} \right] = e^{-t} \varepsilon(t)$$

$$y_{zs}(t) = \mathcal{L}^{-1} \left[\dfrac{1}{s(s+2)} \right] = \dfrac{1}{2} (1 - e^{-2t}) \varepsilon(t)$$

从而系统的全响应为

$$y(t) = y_{zi}(t) + y_{zs}(t) = \left(\dfrac{1}{2} + e^{-t} - \dfrac{1}{2} e^{-2t} \right) \varepsilon(t)$$

上面只是对一个简单二阶系统进行状态变量法求解的过程，运算过程比较烦琐。但是，这是一套规范化的求解过程，随着系统的阶数增高以及输入或输出数目的增加，都仅

只是增加有关矩阵的阶数。所以将这套解算过程编程，较为复杂的系统可方便地利用计算机求解。

可以根据 A 矩阵判断系统的稳定性。对转移函数矩阵

$$H(s)=C[sI-A]^{-1}B+D=\frac{Cadj[sI-A]B+D}{\det[sI-A]} \tag{7-31}$$

为使系统稳定，$H(s)$ 的极点必须处于 s 的左半开平面。可以看出，系统是否稳定只与系统矩阵 A 有关。

例 7-4　某一连续时间系统如图 7-5 所示，列写状态方程，为使系统稳定，常数 α，β 应满足什么条件？

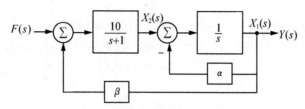

图 7-5　连续时间系统模拟框图

解： 选状态变量 $x_1(t)$，$x_2(t)$，它们在 s 域分别与 $X_1(s)$，$X_2(s)$ 对应，如图 7-5 所示。可以看出

$$sX_1(s)=-\alpha X_1(s)+X_2(s)$$
$$\frac{s+1}{10}X_2(s)=\beta X_1(s)+F(s)$$

整理后，得到状态方程

$$\begin{bmatrix}x_1'(t)\\x_2'(t)\end{bmatrix}=\begin{bmatrix}-\alpha & 1\\10\beta & -1\end{bmatrix}\begin{bmatrix}x_1(t)\\x_2(t)\end{bmatrix}+\begin{bmatrix}0\\10\end{bmatrix}[f(t)]$$

为使系统稳定，则 $H(s)$ 的极点必须处于 s 的左半开平面，即要求

$$\det[sI-A]=(s+\alpha)(s+1)-10\beta=0$$

的解小于零，需要满足 $\begin{cases}\alpha+1>0\\\alpha-10\beta>0\end{cases}$，因此 α 和 β 应满足的条件为：$\alpha>-1$，$\beta<\dfrac{\alpha}{10}$。

▶ 7.3.2　状态方程的时域求解

将式(7-14)表示的连续时间系统状态方程改写为

$$x'(t)-Ax(t)=Be(t) \tag{7-32}$$

它与一阶电路的微分方程 $y'(t)-ay(t)=be(t)$ 形式相似。将 a 换为 A，b 换为 B，则状态方程解可写为

$$x(t)=x(0_-)e^{At}+\int_0^t e^{A(t-\tau)}Be(\tau)d\tau \tag{7-33}$$

或者表示为

$$x(t)=x(0_-)e^{At}+e^{At}*[Be(t)] \tag{7-34}$$

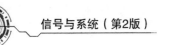

式中，$x(0_-)$为初始条件的列矩阵，式(7-34)即为方程(7-32)的一般解。将此结果代入输出方程有

$$y(t) = Cx(t) + De(t)$$
$$= Ce^{At}x(0_-) + \int_{0_-}^{t} Ce^{A(t-\tau)}Be(\tau)d\tau + De(t)$$
$$= \underbrace{Ce^{At}x(0_-)}_{\text{零输入解}} + \underbrace{[Ce^{At}B + D\delta(t)] * e(t)}_{\text{零状态解}} \tag{7-35}$$

将时域求解结果式(7-34)和式(7-35)与变换域求解结果式(7-28)相比较，不难发现$(sI-A)^{-1}$就是e^{At}的拉普拉斯变换，即

$$e^{At} = \mathcal{L}^{-1}[(sI-A)^{-1}] \tag{7-36}$$

无论状态方程的解还是输出方程的解都由两部分相加组成，一部分是由$x(0)$引起的零输入解，另一部分是由激励信号$e(t)$引起的零状态解。而两部分的变化规律都与矩阵e^{At}有关，因此可以说e^{At}反映了系统状态变化的本质。称e^{At}为状态过渡矩阵，常用符号$\Phi(t)$表示。即

$$\Phi(t) = e^{At} \tag{7-37}$$

例 7-5 求例 7-3 系统的状态过渡矩阵。

解： 由式(7-36)和式(7-37)得该系统的状态过渡矩阵为

$$\Phi(t) = e^{At} = \mathcal{L}^{-1}[(sI-A)^{-1}] = \mathcal{L}^{-1}\begin{bmatrix} \dfrac{1}{s+2} & \dfrac{1}{s+1} - \dfrac{1}{s+2} \\ 0 & \dfrac{1}{s+1} \end{bmatrix}$$

$$= \begin{bmatrix} e^{-2t} & e^{-t} - e^{-2t} \\ 0 & e^{-t} \end{bmatrix}\varepsilon(t)$$

另外，将式(7-30)取拉普拉斯逆变换即得系统的单位冲激响应为

$$h(t) = \mathcal{L}^{-1}[H(s)] = \mathcal{L}^{-1}[C(sI-A)^{-1}B + D] = Ce^{At}B + D\delta(t) \tag{7-38}$$

显然，此结果也可从式(7-34)的零状态解令$e(t) = \delta(t)$求得。

例 7-6 求例 7-3 系统的系统函数 $H(s)$ 和单位冲激响应 $h(t)$。

解： 根据式(7-30)，该系统的系统函数矩阵为

$$H(s) = C(sI-A)^{-1}B + D$$

$$= \begin{bmatrix} 1 & 0 \end{bmatrix}\begin{bmatrix} \dfrac{1}{s+2} & \dfrac{1}{s+1} - \dfrac{1}{s+2} \\ 0 & \dfrac{1}{s+1} \end{bmatrix}\begin{bmatrix} 1 \\ 0 \end{bmatrix} = \dfrac{1}{s+2}$$

则单位冲激响应为

$$h(t) = \mathcal{L}^{-1}\left[\dfrac{1}{s+2}\right] = e^{-2t}\varepsilon(t)$$

例 7-7 如图 7-6 所示电路中 $e_1(t)$，$e_2(t)$为激励，$r_1(t)$，$r_2(t)$为响应。

(1)列写电路的状态方程和输出方程；

(2)求状态转移矩阵 $\varphi(t)$；

(3)求系统函数矩阵 $H(s)$。

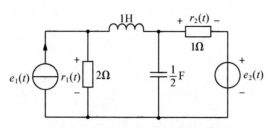

图7-6　某一连续时间系统电路图

解：(1)选电感电流和电容电压为状态变量 $x_1(t)$，$x_2(t)$，则有

$$\frac{\mathrm{d}}{\mathrm{d}t}x_1(t) = r_1(t) - x_2(t)$$

$$\frac{\mathrm{d}}{\mathrm{d}t}x_1(t) = 2[e_1(t) - x_1(t)] - x_2(t)$$

和

$$\frac{1}{2}\frac{\mathrm{d}}{\mathrm{d}t}x_2(t) = x_1(t) - [x_2(t) - e_2(t)]$$

即状态方程为

$$\begin{bmatrix} x_1'(t) \\ x_2'(t) \end{bmatrix} = \begin{bmatrix} -2 & -1 \\ 2 & -2 \end{bmatrix}\begin{bmatrix} x_1(t) \\ x_2(t) \end{bmatrix} + \begin{bmatrix} 2 & 0 \\ 0 & 2 \end{bmatrix}\begin{bmatrix} e_1(t) \\ e_2(t) \end{bmatrix}$$

输出方程为

$$r_1(t) = 2[e_1(t) - x_1(t)]$$

$$r_2(t) = x_2(t) - e_2(t)$$

即

$$\begin{bmatrix} r_1(t) \\ r_2(t) \end{bmatrix} = \begin{bmatrix} -2 & 0 \\ 0 & 1 \end{bmatrix}\begin{bmatrix} x_1(t) \\ x_2(t) \end{bmatrix} + \begin{bmatrix} 2 & 0 \\ 0 & -1 \end{bmatrix}\begin{bmatrix} e_1(t) \\ e_2(t) \end{bmatrix}$$

(2)

$$A = \begin{bmatrix} -2 & -1 \\ 2 & -2 \end{bmatrix}, \ B = \begin{bmatrix} 2 & 0 \\ 0 & 2 \end{bmatrix}$$

$$C = \begin{bmatrix} -2 & 0 \\ 0 & 1 \end{bmatrix}, \ D = \begin{bmatrix} 2 & 0 \\ 0 & -1 \end{bmatrix}$$

$$sI - A = \begin{bmatrix} s+2 & 1 \\ -2 & s+2 \end{bmatrix}$$

$$\varphi(s) = (sI - A)^{-1} = \frac{1}{(s+2)^2 + 2}\begin{bmatrix} s+2 & -1 \\ 2 & s+2 \end{bmatrix}$$

$$\varphi(t) = \mathcal{L}^{-1}[(sI - A)^{-1}]$$

$$= \mathcal{L}^{-1}\begin{bmatrix} \dfrac{s+2}{(s+2)^2+2} & \dfrac{-1}{(s+2)^2+2} \\ \dfrac{2}{(s+2)^2+2} & \dfrac{s+2}{(s+2)^2+2} \end{bmatrix}$$

$$= \begin{bmatrix} e^{-2t}\cos(\sqrt{2}\,t) & -\dfrac{1}{\sqrt{2}}e^{-2t}\sin(\sqrt{2}\,t) \\[3mm] \sqrt{2}\,e^{-2t}\sin(\sqrt{2}\,t) & e^{-2t}\cos(\sqrt{2}\,t) \end{bmatrix}$$

（3）系统函数矩阵

$$H(s)=C\varphi(s)B+D$$

$$= \begin{bmatrix} -2 & 0 \\ 0 & 1 \end{bmatrix}\varphi(s)\begin{bmatrix} 2 & 0 \\ 0 & 2 \end{bmatrix}+\begin{bmatrix} 2 & 0 \\ 0 & -1 \end{bmatrix}$$

$$= \begin{bmatrix} 2-4e^{-2t}\cos(\sqrt{2}\,t) & 2\sqrt{2}\,e^{-2t}\sin(\sqrt{2}\,t) \\[2mm] 2\sqrt{2}\,e^{-2t}\sin(\sqrt{2}\,t) & 2e^{-2t}\cos(\sqrt{2}\,t)-1 \end{bmatrix}$$

➡ 7.4 离散时间系统状态方程的建立

离散系统是用差分方程描述的，选择适当的状态变量，把差分方程转化为关于状态变量的一阶差分方程组，这个差分方程组就是该系统的状态方程。列写离散系统状态方程的方法与连续系统类似，也是利用信号流图列写最简单。根据已知的差分方程或系统函数，先画出系统的信号流图，然后再建立相应的状态方程。

▷ 7.4.1 状态方程的一般形式

设有 m 个输入，q 个输出的 n 阶离散时间系统，其状态方程的一般形式是

$$\begin{bmatrix} x_1(k+1) \\ x_2(k+1) \\ \vdots \\ x_n(k+1) \end{bmatrix}=\begin{bmatrix} a_{11} & a_{12} & \cdots & a_{1n} \\ a_{21} & a_{22} & \cdots & a_{2n} \\ \vdots & \vdots & \ddots & \vdots \\ a_{n1} & a_{n2} & \cdots & a_{nn} \end{bmatrix}\begin{bmatrix} x_1(k) \\ x_2(k) \\ \vdots \\ x_n(k) \end{bmatrix}+\begin{bmatrix} b_{11} & b_{12} & \cdots & b_{1m} \\ b_{21} & b_{22} & \cdots & b_{2m} \\ \vdots & \vdots & \ddots & \vdots \\ b_{n1} & b_{n2} & \cdots & b_{nm} \end{bmatrix}\begin{bmatrix} e_1(k) \\ e_2(k) \\ \vdots \\ e_m(k) \end{bmatrix} \tag{7-39}$$

输出方程为

$$\begin{bmatrix} y_1(k) \\ y_2(k) \\ \vdots \\ y_q(k) \end{bmatrix}=\begin{bmatrix} c_{11} & c_{12} & \cdots & c_{1n} \\ c_{21} & c_{22} & \cdots & c_{2n} \\ \vdots & \vdots & \ddots & \vdots \\ c_{q1} & c_{q2} & \cdots & c_{qn} \end{bmatrix}\begin{bmatrix} x_1(k) \\ x_2(k) \\ \vdots \\ x_n(k) \end{bmatrix}+\begin{bmatrix} d_{11} & d_{12} & \cdots & d_{1m} \\ d_{21} & d_{22} & \cdots & d_{2m} \\ \vdots & \vdots & \ddots & \vdots \\ d_{q1} & d_{q2} & \cdots & d_{qm} \end{bmatrix}\begin{bmatrix} e_1(k) \\ e_2(k) \\ \vdots \\ e_m(k) \end{bmatrix} \tag{7-40}$$

式(7-39)和式(7-40)可简写为

$$x(k+1)=Ax(k)+Be(k) \tag{7-41}$$

$$y(k)=Cx(k)+De(k) \tag{7-42}$$

式中

$$x(k)=\begin{bmatrix} x_1(k) \\ x_2(k) \\ \vdots \\ x_n(k) \end{bmatrix},\ e(k)=\begin{bmatrix} e_1(k) \\ e_2(k) \\ \vdots \\ e_m(k) \end{bmatrix},\ y(k)=\begin{bmatrix} y_1(k) \\ y_2(k) \\ \vdots \\ y_q(k) \end{bmatrix}$$

分别是状态矢量、输入矢量和输出矢量，其各分量都是离散时间序列。观察离散时间系统的状态方程可以看出：$k+1$ 时刻的状态变量是 k 时刻状态变量和输入信号的函数。在离散时间系统中，动态元件是延时器，因而常常取延时器的输出作为系统的状态变量。

▶ 7.4.2 由系统的差分方程或模拟框图列写状态方程

对于一般 n 阶离散时间系统，其前向差分方程为

$$\sum_{i=0}^{n} a_i y(k+i) = \sum_{j=0}^{m} b_j e(k+j) \tag{7-43}$$

其中，$a_n = 1$。

在零状态条件下，对式(7-43)两边取单边 z 变换，则有

$$H(z) = \frac{Y(z)}{E(z)} = \frac{b_m z^m + b_{m-1} z^{m-1} + \cdots + b_1 z + b_0}{z^n + a_{n-1} z^{n-1} + \cdots + a_1 z + a_0} \tag{7-44}$$

其直接模拟框图如图 7-7 所示。

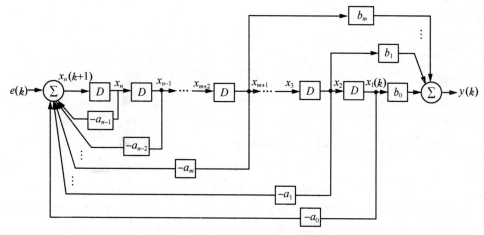

图 7-7 离散时间系统的直接模拟框图

选取单位延时器的输出作为状态变量，则状态方程为

$$
\begin{aligned}
x_1(k+1) &= x_2(k) \\
x_2(k+1) &= x_3(k) \\
&\vdots \\
x_{n-1}(k+1) &= x_n(k) \\
x_n(k+1) &= -a_0 x_1(k) - a_1 x_2(k) - \cdots - a_{n-1} x_n(k) + e(k)
\end{aligned}
\tag{7-45}
$$

若 $m=n$，则输出方程为

$$
\begin{aligned}
y(k) &= b_0 x_1(k) + b_1 x_2(k) + \cdots + b_n [-a_0 x_1(k) - a_1 x_2(k) - \cdots - a_{n-1} x_n(k) + e(k)] \\
&= (b_0 - b_n a_0) x_1(k) + (b_1 - b_n a_1) x_2(k) + \cdots + (b_{n-1} - b_n a_{n-1}) x_n(k) + b_n e(k)
\end{aligned}
\tag{7-46}
$$

若 $m < n$，则输出方程为

$$y(k)=b_0 x_1(k)+b_1 x_2(k)+\cdots+b_m x_{m+1}(k) \tag{7-47}$$

式(7-45)和式(7-46)可用矩阵记为

$$\begin{bmatrix} x_1(k+1) \\ x_2(k+1) \\ \vdots \\ x_{n-1}(k+1) \\ x_n(k+1) \end{bmatrix} = \begin{bmatrix} 0 & 1 & 0 & \cdots & 0 & 0 \\ 0 & 0 & 1 & \cdots & 0 & 0 \\ \vdots & \vdots & \vdots & \ddots & \vdots & \vdots \\ 0 & 0 & 0 & \cdots & 0 & 1 \\ -a_0 & -a_1 & -a_2 & \cdots & -a_{n-2} & -a_{n-1} \end{bmatrix} \begin{bmatrix} x_1(k) \\ x_2(k) \\ \vdots \\ x_{n-1}(k) \\ x_n(k) \end{bmatrix} + \begin{bmatrix} 0 \\ 0 \\ \vdots \\ 0 \\ 1 \end{bmatrix} e(k)$$

$$\tag{7-48}$$

$$y(k) = \begin{bmatrix} b_0-b_n a_0 & b_1-b_n a_1 & \cdots & b_{n-1}-b_n a_{n-1} \end{bmatrix} \begin{bmatrix} x_1(k) \\ x_2(k) \\ \vdots \\ x_{n-1}(k) \\ x_n(k) \end{bmatrix} + b_n e(k) \tag{7-49}$$

如果 $m<n$，则式(7-49)应为

$$y(k) = \begin{bmatrix} b_0 & b_1 & \cdots & b_m & 0 & \cdots & 0 \end{bmatrix} \begin{bmatrix} x_1(k) \\ x_2(k) \\ \vdots \\ x_{n-1}(k) \\ x_n(k) \end{bmatrix} \tag{7-50}$$

将式(7-48)和式(7-50)表示成矢量方程形式为

$$\begin{cases} x(k+1)=Ax(k)+Be(k) \\ y(k)=Cx(k)+De(k) \end{cases} \tag{7-51}$$

式中，$x(k)$ 为状态矢量，$e(k)$ 为输入矢量，$y(k)$ 为输出矢量，A、B、C、D 为相应的系数矩阵。

$$A = \begin{bmatrix} 0 & 1 & 0 & \cdots & 0 & 0 \\ 0 & 0 & 1 & \cdots & 0 & 0 \\ \vdots & \vdots & \vdots & \ddots & \vdots & \vdots \\ 0 & 0 & 0 & \cdots & 0 & 1 \\ -a_0 & -a_1 & -a_2 & \cdots & -a_{n-2} & -a_{n-1} \end{bmatrix}, \quad B = \begin{bmatrix} 0 \\ 0 \\ \vdots \\ 0 \\ 1 \end{bmatrix}$$

$$C = \begin{bmatrix} b_0-b_n a_0 & b_1-b_n a_1 & \cdots & b_{n-1}-b_n a_{n-1} \end{bmatrix}, \quad D=b_n \tag{7-52}$$

7.5 离散时间系统状态方程的求解

离散时间系统状态方程的求解和连续时间系统状态方程的求解方法类似，包括时域和变换域两种方法，下面将分别介绍。

▶ 7.5.1　离散时间系统状态方程的时域求解

一般离散时间系统的状态方程表示为

$$x(k+1)=Ax(k)+Be(k) \tag{7-53}$$

此式为一阶差分方程，一般应用迭代法求解，迭代法特别适合于计算机求解。

设给定系统的初始条件为 $x(0)$，将 k 等于 $0，1，2，\cdots$ 依次代入式(7-53)有

$$x(1)=Ax(0)+Be(0)$$
$$x(2)=Ax(1)+Be(1)=A^2x(0)+ABe(0)+Be(1)$$
$$x(3)=Ax(2)+Be(2)=A^3x(0)+A^2Be(0)+ABe(1)+Be(2) \tag{7-54}$$
$$\cdots$$

依此可推得

$$x(k)=Ax(k-1)+Be(k-1)$$
$$=A^kx(0)+A^{k-1}Be(0)+A^{k-2}Be(1)+\cdots+Be(k-1)$$
$$=\underbrace{A^kx(0)}_{\text{零输入解}}+\underbrace{\sum_{i=0}^{k-1}A^{k-1-i}Be(i)}_{\text{零状态解}} \tag{7-55}$$

相应地输出为

$$y(k)=Cx(k)+De(k)$$
$$=\underbrace{CA^kx(0)}_{\text{零输入解}}+\underbrace{\sum_{i=0}^{k-1}A^{k-1-i}Be(i)+De(k)}_{\text{零状态解}} \tag{7-56}$$

称 A^k 为离散时间系统的状态转移矩阵或状态过渡矩阵，它与连续时间系统中的 e^{At} 含义类似，用 $\Phi(k)$ 表示，即

$$\Phi(k)=A^k \tag{7-57}$$

▶ 7.5.2　离散时间系统状态方程的 z 域求解

对离散时间系统的状态方程式(7-41)和输出方程式(7-42)两边取单边 z 变换

$$\begin{cases} zX(z)-zx(0)=AX(z)+BE(z) \\ Y(z)=CX(z)+DE(z) \end{cases} \tag{7-58}$$

整理得

$$X(z)=(zI-A)^{-1}zx(0)+(zI-A)^{-1}BE(z) \tag{7-59}$$

$$Y(z)=C(zI-A)^{-1}zx(0)+[C(zI-A)^{-1}B+D]E(z) \tag{7-60}$$

对式(7-60)取其逆变换，得时域表达式为

$$x(k)=Z^{-1}[(zI-A)^{-1}z]x(0)+Z^{-1}[(zI-A)^{-1}B]*Z^{-1}[E(z)] \tag{7-61}$$

$$y(k)=\underbrace{Z^{-1}[C(zI-A)^{-1}z]x(0)}_{\text{零输入解}}+\underbrace{Z^{-1}[C(zI-A)^{-1}B+D]*Z^{-1}[E(z)]}_{\text{零状态解}} \tag{7-62}$$

将式(7-61)与式(7-55)比较，可以得出状态转移矩阵

$$A^k=Z^{-1}[(zI-A)^{-1}z]=Z^{-1}[(I-z^{-1}A)^{-1}] \tag{7-63}$$

而由式(7-62)中零状态响应分量，可以得出系统函数表示式

$$H(z) = C(zI - A)^{-1}B + D \tag{7-64}$$

例7-8 某离散时间系统的状态方程和输出方程分别为

$$\begin{bmatrix} x_1(k+1) \\ x_2(k+1) \end{bmatrix} = \begin{bmatrix} 0 & \dfrac{1}{2} \\ -\dfrac{1}{2} & 1 \end{bmatrix} \begin{bmatrix} x_1(k) \\ x_2(k) \end{bmatrix} + \begin{bmatrix} 0 \\ 1 \end{bmatrix} e(k)$$

$$y(k) = \begin{bmatrix} 1 & 1 \end{bmatrix} \begin{bmatrix} x_1(k) \\ x_2(k) \end{bmatrix}$$

求状态过渡矩阵 $\Phi(k)$ 和描述系统的差分方程。

解： 由给定的状态方程，可得

$$(zI - A) = \begin{bmatrix} z & -\dfrac{1}{2} \\ \dfrac{1}{2} & z-1 \end{bmatrix}$$

其逆矩阵为

$$(zI - A)^{-1} = \frac{adj(zI - A)}{|zI - A|} = \frac{1}{z^2 - z + \dfrac{1}{4}} \begin{bmatrix} z-1 & \dfrac{1}{2} \\ -\dfrac{1}{2} & z \end{bmatrix}$$

$$= \begin{bmatrix} \dfrac{z-1}{\left(z-\dfrac{1}{2}\right)^2} & \dfrac{\dfrac{1}{2}}{\left(z-\dfrac{1}{2}\right)^2} \\ \dfrac{-\dfrac{1}{2}}{\left(z-\dfrac{1}{2}\right)^2} & \dfrac{z}{\left(z-\dfrac{1}{2}\right)^2} \end{bmatrix}$$

(1)求状态过渡矩阵 $\Phi(k)$。

由式(7-57)得

$$\Phi(k) = Z^{-1}\left[(zI - A)^{-1}z\right] = Z^{-1} \begin{bmatrix} \dfrac{z(z-1)}{\left(z-\dfrac{1}{2}\right)^2} & \dfrac{\dfrac{1}{2}z}{\left(z-\dfrac{1}{2}\right)^2} \\ \dfrac{-\dfrac{1}{2}z}{\left(z-\dfrac{1}{2}\right)^2} & \dfrac{z^2}{\left(z-\dfrac{1}{2}\right)^2} \end{bmatrix}$$

$$= \begin{bmatrix} (1-k)\left(\dfrac{1}{2}\right)^k & k\left(\dfrac{1}{2}\right)^k \\ -k\left(\dfrac{1}{2}\right)^k & (1+k)\left(\dfrac{1}{2}\right)^k \end{bmatrix}\varepsilon(k)$$

(2)求差分方程。

由式(7-64)得

$$H(z)=C(zI-A)^{-1}B+D$$

$$=\begin{bmatrix}1 & 1\end{bmatrix}\frac{1}{z^2-z+\dfrac{1}{4}}\begin{bmatrix}z-1 & \dfrac{1}{2} \\ -\dfrac{1}{2} & z\end{bmatrix}\begin{bmatrix}0 \\ 1\end{bmatrix}=\frac{z+\dfrac{1}{2}}{z^2-z+\dfrac{1}{4}}$$

由此可知描述系统的差分方程为

$$y(k)-y(k-1)+\frac{1}{4}y(k-2)=e(k)+\frac{1}{2}e(k-1)$$

例 7-9 已知某系统的状态方程和输出方程为

$$\begin{bmatrix}x_1(k+1) \\ x_2(k+1)\end{bmatrix}=\begin{bmatrix}1 & -2 \\ a & b\end{bmatrix}\begin{bmatrix}x_1(k) \\ x_2(k)\end{bmatrix}+\begin{bmatrix}1 \\ 0\end{bmatrix}f(k)$$

$$y(k)=\begin{bmatrix}1 & 1\end{bmatrix}\begin{bmatrix}x_1(k) \\ x_2(k)\end{bmatrix}$$

当 $k\geqslant0$，$f(k)=0$ 时，$y(k)=8(-1)^k-5(-2)^k$，求常数 a,b。

解： 因为 $k\geqslant0$，$f(k)=0$ 时，$y(k)=8(-1)^k-5(-2)^k$，故系统的特征根为 -1 和 -2，特征方程为 $(z+1)(z+2)=z^2+3z+2$，

由题意知 $A=\begin{bmatrix}1 & -2 \\ a & b\end{bmatrix}$，则有

$$|zI-A|=\begin{vmatrix}z-1 & 2 \\ -a & z-b\end{vmatrix}=z^2-(b+1)z+b+2a=z^2+3z+2$$

得 $a=3,b=-4$。

例 7-10 某离散时间系统由下列差分方程描述 $3y(k)+2y(k-1)-5y(k-2)=2f(k-1)+3f(k-2)$。

(1)试列出它们的状态方程和输出方程；

(2)求输入为 $f(k)=(-1)^k\varepsilon(k)$ 引起的零状态响应。

解：(1)对差分方程做 z 变换，得

$$H(z)=\frac{2z^{-1}+3z^{-2}}{3+2z^{-1}-5z^{-2}}=\frac{\dfrac{2}{3}z^{-1}+z^{-2}}{1+\dfrac{2}{3}z^{-1}-\dfrac{5}{3}z^{-2}}$$

直接模拟框图如图 7-8 所示。选状态变量 $x_1(k)$、$x_2(k)$，则

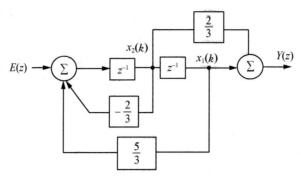

图 7-8　某一离散系统模拟框图

$$x_1(k+1) = x_2(k)$$

$$x_2(k+1) = \frac{5}{3}x_1(k) - \frac{2}{3}x_2(k) + f(k)$$

$$y(k) = x_1(k) + \frac{2}{3}x_2(k)$$

状态方程和输出方程分别为

$$\begin{bmatrix} x_1(k+1) \\ x_2(k+1) \end{bmatrix} = \begin{bmatrix} 0 & 1 \\ \dfrac{5}{3} & -\dfrac{2}{3} \end{bmatrix} \begin{bmatrix} x_1(k) \\ x_2(k) \end{bmatrix} + \begin{bmatrix} 0 \\ 1 \end{bmatrix} f(k)$$

$$y(k) = \begin{bmatrix} 1 & \dfrac{2}{3} \end{bmatrix} \begin{bmatrix} x_1(k) \\ x_2(k) \end{bmatrix}$$

（2）求 $f(k) = (-1)^k \varepsilon(k)$ 激励下的零状态响应 $y_{zs}(k)$ 有两种方法，一是直接通过 $Y_{zs}(z) = H(z)F(z)$ 来求，二是根据状态方程的解法直接求解。显然，二者相比，前者更方便。

$$Y_{zs}(z) = H(z)F(z)$$

$$= \frac{\dfrac{2}{3}z^{-1} + z^{-2}}{1 + \dfrac{2}{3}z^{-1} - \dfrac{5}{3}z^{-2}} \cdot \frac{z}{z+1}$$

$$\frac{Y_{zs}(z)}{z} = \frac{\dfrac{2}{3}z + 1}{(z+1)(z-1)\left(z + \dfrac{5}{3}\right)}$$

$$= \frac{-\dfrac{1}{4}}{z+1} + \frac{\dfrac{5}{16}}{z-1} + \frac{-\dfrac{1}{16}}{z + \dfrac{5}{3}}$$

$$Y_{zs}(z) = \frac{-\frac{1}{4}z}{z+1} + \frac{\frac{5}{16}z}{z-1} + \frac{-\frac{1}{16}z}{z+\frac{5}{3}}$$

所以 $y_{zs}(k) = Z^{-1}[Y_{zs}(z)] = \left[-\frac{1}{4}(-1)^k + \frac{5}{16} - \frac{1}{16}\left(\frac{5}{3}\right)^k\right]\varepsilon(k)$。

➡ *7.6 MATLAB 实现系统的状态变量分析

➤ 7.6.1 系统状态方程和输出方程求解的 MATLAB 实现

在 MATLAB 中,描述系统有三种方法:传递函数型 tf(transfer function)、零极点型 zp(zero pole)以及状态空间型 ss(state space),这三种方式相互间可以通过简单的函数直接进行方便的转换。这些相应的函数为:

tf2zp——传递函数型转换为零极点型;

tf2ss——传递函数型转换为状态空间型;

zp2tf——零极点型转换为传递函数型;

zp2ss——零极点型转换为状态空间型;

ss2tf——状态空间型转换为传递函数型;

ss2zp——状态空间型转换为零极点型。

例 7-11 已知系统的传递函数为 $H(s) = \dfrac{s^2+6s+8}{s^3+8s^2+19s+12}$,将其转换为零极点型。

解: 本例的 MATLAB 语句实现为

```
num=[1,6,8];den=[1,8,19,12];        %即分子、分母多项式的系数
printsys(num,den,'s')               %打印出系统函数,即由 s 表示的分子、分母多项式
```

在 MATLAB 的命令窗口输入上述语句后,屏幕显示:

```
num/den=

s^2 +6 s +8
————————————————————————
s^3 +8 s^2 +19 s +12
```

若在 MATLAB 的命令窗口输入下列语句

```
[z,p,k]=tf2zp(num,den)
```

显示的 z、p、k 就代表了系统的零点、极点和整体系数,表示了 $H(s)$ 由传递函数型转换为零极点型,即

$$H(s) = \frac{(s-2)(s-4)}{(s+1)(s+3)(s+4)}$$

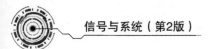

若需将其转换为状态空间型，则继续在 MATLAB 命令窗口输入如下语句：

```
[A,B,C,D]=tf2ss(num,den)
```

即对应的状态方程为

$$x'=Ax+Bu，y=Cx+Du$$

MATLAB 中的 lsim 命令可以用来计算 LTI 系统对任意输入的响应，dlsim 命令可以用来计算离散时间系统状态方程的解。

▶ 7.6.2 实验七

【实验目的】

掌握使用 MATLAB 实现连续系统和离散系统的系统状态方程和输出方程求解的方法。

【实验内容】

（1）已知状态方程的系数矩阵为

$$A=\begin{bmatrix} -2 & 3 \\ -1 & -1 \end{bmatrix}，B=\begin{bmatrix} 3 & 2 \\ 2 & 1 \end{bmatrix}，C=\begin{bmatrix} 1 & 2 \\ -2 & 2 \\ 1 & -1 \end{bmatrix}$$

试用 MATLAB 分别绘出

（a）在零输入条件和初始状态为 $x_1(0)=1$，$x_2(0)=1$ 时，系统状态方程和输出方程的解；

（b）在零状态条件和输入为 $v_1(t)=\varepsilon(t)$，$v_2(t)=e^{-t}$ 时，系统状态方程和输出方程的解。

（2）已知状态方程的系数矩阵为

$$A=\begin{bmatrix} 1 & -1 & 0 \\ 1 & 0 & 1 \\ 0 & 1 & 0 \end{bmatrix}，B=\begin{bmatrix} 1 & 0 & 1 \\ 0 & 1 & 0 \\ 0 & 0 & 1 \end{bmatrix}，C=\begin{bmatrix} 0 & 1 & 0 \\ 1 & 0 & 1 \end{bmatrix}，D=\begin{bmatrix} 0 & 0 & 0 \\ 0 & 1 & 0 \end{bmatrix}$$

在初始状态为 $x_1(0)=1$，$x_2(0)=1$，$x_3(0)=0$ 时，试用 MATLAB 求系统的状态方程和输出方程的解。

【实验指导与参考代码】

（1）（a）系统响应的程序实现。

```
A=[-2,3;-1,-1];
B=[3,2;2,1];
C=[1,2;-2,2;1,-1];
D=zeros(3,2);
t=0:0.04:8;              %模拟 0< t< 8 秒
x0=[0,0]';              %初始状态为零
v(:,1)=ones(length(t),1);
v(:,2)=exp(-t)';
```

```
[y,x]=lsim(A,B,C,D,v,t,x0);
subplot(211)
plot(t,x(:,1),'—',t,x(:,2),'——')
title('状态响应曲线')
subplot(212)
plot(t,y(:,1),'—',t,y(:,2),'——',t,y(:,3),'—.')
title('输出响应曲线')
```

程序运行后，系统的状态 $x_1(t)$，$x_2(t)$ 的曲线如图 7-9(a)所示，输出 $y_1(t)$，$y_2(t)$，$y_3(t)$ 的曲线如图 7-9(b)所示。

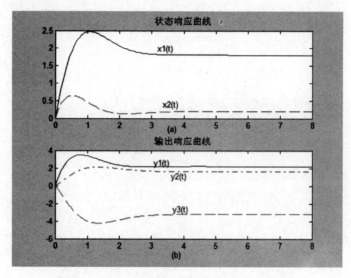

图 7-9 (1)(a)系统的状态响应和输出响应曲线

(b)系统响应的程序实现。

```
A=[-2,3;-1,-1];
B=[3,2;2,1];
C=[1,2;-2,2;1,-1];
D=zeros(3,2);
t=0:0.04:8;              %模拟 0< t< 8 秒
x0=[0,0]';              %初始状态为零
v(:,1)=ones(length(t),1);
v(:,2)=exp(-t)';
[y,x]=lsim(A,B,C,D,v,t,x0);
subplot(211)
plot(t,x(:,1),'—',t,x(:,2),'——')
subplot(212)
plot(t,y(:,1),'—',t,y(:,2),'——',t,y(:,3),'—.')
```

程序运行后，系统的状态 $x_1(t)$，$x_2(t)$ 的曲线如图 7-10(a)所示，输出 $y_1(t)$，$y_2(t)$，$y_3(t)$ 的曲线如图 7-10(b)所示。

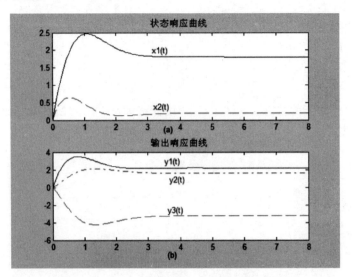

图 7-10　(1)(b)的状态响应和输出响应曲线

（2）系统响应的实现程序参考。

```
A＝[1,-1,0;1,0,1;0,1,0];
B＝[1,0,1;0,1,0;0,0,1];
C＝[0,1,0;1,0,1];
D＝[0,0,0;0,1,0];
x0＝[1,1,0]';
n＝0:1:10;
v＝zeros(length(n),3);
[y,x]＝dlsim(A,B,C,D,v,x0);
```

⇨ 习　题

7-1　建立如图 7-11 所示电路的状态方程(以 i_L 和 u_C 为状态变量)。

7-2　写出如图 7-12 所示网络的状态方程(以 i_L 和 u_C 为状态变量)。

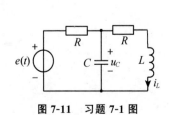

图 7-11　习题 7-1 图

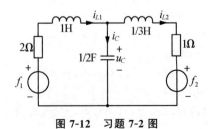

图 7-12　习题 7-2 图

7-3 列写如图 7-13 所示电路的状态方程和输出方程(以 i_L 和 u_C 为状态变量, y 为输出)。

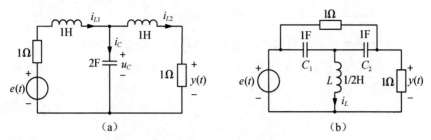

图 7-13　习题 7-3 图

7-4 写出如图 7-14 所示框图表示的各系统状态方程及输出方程。

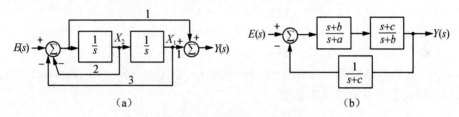

图 7-14　习题 7-4 图

7-5 列写如图 7-15 所示系统的状态方程和输出方程。

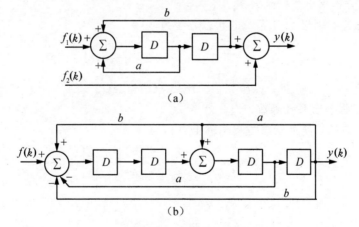

图 7-15　习题 7-5 图

7-6 已知系统函数如下,写出系统的状态方程与输出方程。

(1) $H(s)=\dfrac{2s+8}{s^3+6s^2+11s+6}$;

(2) $H(s)=\dfrac{s^2+3s}{(s+1)^2(s+2)}$;

(3) $H(s)=\dfrac{s^2+2}{s^3+2s^2+2s+1}$。

7-7 已知离散系统的系统函数如下，写出系统的状态方程与输出方程。

$(1)H(z)=\dfrac{2z}{(z+1)(z-2)}$;　　　$(2)H(z)=\dfrac{1}{1+2z^{-1}+z^{-2}}$。

7-8 描述系统的微分方程如下，试写出其状态方程和输出方程。

$(1)\dfrac{d^3(t)}{dt^3}+5\dfrac{d^2(t)}{dt^2}+7\dfrac{dy(t)}{dt}+3y(t)=e(t)$;

$(2)\dfrac{d^3y(t)}{dt^3}+7\dfrac{d^2y(t)}{dt^2}+10\dfrac{dy(t)}{dt}=5\dfrac{de(t)}{dt}+5e(t)$;

$(3)\dfrac{d^2y(t)}{dt^2}+4y(t)=e(t)$。

7-9 描述系统的差分方程如下，试写出其状态方程和输出方程。

$(1)y(k+2)+3y(k+1)+2y(k)=e(k+1)+e(k)$;

$(2)y(k)+2y(k-1)+5y(k-2)+6y(k-3)=e(k-3)$;

$(3)y(k)+3y(k-1)+2y(k-2)+y(k-3)=e(k-1)+2e(k-2)+3e(k-3)$。

7-10 已知离散系统的差分方程为 $y(k+2)-1.2y(k+1)+0.8y(k)=2e(k)$，求其状态方程和输出方程并画出模拟框图。

7-11 已知连续 LTI 系统的微分方程为 $\dfrac{d^2y(t)}{dt^2}+8\dfrac{dy(t)}{dt}+12y(t)=30e(t)$。

(1)求系统的状态方程和输出方程并画出模拟框图；

(2)由状态方程求出系统函数。

7-12 已知连续因果 LTI 系统的状态方程为

$$x'(t)=\begin{bmatrix}-4 & 5\\0 & 1\end{bmatrix}x(t)+\begin{bmatrix}0\\1\end{bmatrix}e(t)$$

$$y(t)=\begin{bmatrix}1 & -1\end{bmatrix}x(t)+2e(t)$$

由系统的状态方程求出系统函数。

7-13 已知离散系统的状态方程与输出方程为

$$\begin{bmatrix}x_1(k+1)\\x_2(k+1)\end{bmatrix}=\begin{bmatrix}-5 & -1\\3 & -1\end{bmatrix}\begin{bmatrix}x_1(k)\\x_2(k)\end{bmatrix}+\begin{bmatrix}2\\5\end{bmatrix}\begin{bmatrix}f(k)\end{bmatrix}$$

$$\begin{bmatrix}y(k)\end{bmatrix}=\begin{bmatrix}1 & 2\end{bmatrix}\begin{bmatrix}x_1(k)\\x_2(k)\end{bmatrix}+\begin{bmatrix}1\end{bmatrix}\begin{bmatrix}f(k)\end{bmatrix}$$

求系统的差分方程，并判断系统的稳定性。

7-14 描述离散时间系统的状态方程与输出方程为

$$\begin{bmatrix}x_1(k+1)\\x_2(k+1)\end{bmatrix}=\begin{bmatrix}0 & \dfrac{1}{4}\\\dfrac{1}{2} & \dfrac{3}{4}\end{bmatrix}\begin{bmatrix}x_1(k)\\x_2(k)\end{bmatrix}+\begin{bmatrix}0\\1\end{bmatrix}\begin{bmatrix}f(k)\end{bmatrix}$$

$$\begin{bmatrix}y(k)\end{bmatrix}=\begin{bmatrix}0 & 1\end{bmatrix}\begin{bmatrix}x_1(k)\\x_2(k)\end{bmatrix}$$

(1)求系统的单位序列响应 $h(k)$；

(2)求系统函数 $H(z)$；

(3)初始状态 $x_1(0)=x_2(0)=1$，输入 $f(k)=\varepsilon(k)$，求系统的输出。

7-15　描述离散时间系统的状态方程与输出方程为

$$x(k+1)=\begin{bmatrix} 0 & 1 \\ a & b \end{bmatrix}x(k)$$

$$y(k)=\begin{bmatrix} 3 & 1 \end{bmatrix}x(k)$$

已知 $k \geqslant 0$ 时，系统的零输入响应为 $y(k)=(-1)^k+3(3)^k$，求系数 a 和 b。

❖ 习题参考答案 ❖

第 1 章

1-2 (1)离散，数字　(2)连续　(3)离散

1-3 (1)周期，$\dfrac{\pi}{2}$　(2)周期，$\dfrac{\pi}{5}$　(3)非周期　(4)周期，8

1-7 (1)$f(-t_0)$　(2)$e^{-2}-2$　(3)4　(4)0　(5)-5

1-8 (1)是　(2)否　(3)否　(4)是

1-9 (1)线性，时不变　　　　　(2)线性，时变

(3)非线性，时不变　　　(4)线性，时变

(5)非线性，时不变　　　(6)线性，时变

1-10 (1)线性，时变，非因果　　(2)线性，时变，因果

(3)线性，时变，非因果　　(4)非线性，时不变，因果

(5)线性，时变，因果　　　(6)线性，时变，非因果

1-11 $y(t)=-e^{-t}+3\cos(\pi t)$，$t\geqslant0$

1-12 $y(k)=\left[4-2(0.5)^k\right]\varepsilon(k)$

1-13 $y(t)=22e^{-t}+9e^{-3t}$

第 2 章

2-3 (a) $\dfrac{d^2}{dt^2}i(t)+5\dfrac{d}{dt}i(t)+6i(t)=f(t)$

(b) $\dfrac{1}{2}\dfrac{d^2}{dt^2}u_o(t)+\dfrac{3}{2}\dfrac{d}{dt}u_o(t)+u_o(t)=f(t)$

(c) $\dfrac{1}{5}\dfrac{d^2}{dt^2}i(t)+\dfrac{2}{5}\dfrac{d}{dt}i(t)+i(t)=i_s(t)$

(d) $2\dfrac{d^3}{dt^3}u_o(t)+5\dfrac{d^2}{dt^2}u_o(t)+5\dfrac{d}{dt}u_o(t)+3u_o(t)=2\dfrac{d}{dt}f(t)$

2-4 (1)$2e^{-2t}-e^{-3t}$，$t\geqslant0$

(2)$2\cos t$，$t\geqslant0$

(3)$(2t-1)e^{-t}+e^{-2t}$，$t\geqslant0$

2-5 (1)$y(0_+)=0$，$y'(0_+)=1$

(2)$y(0_+)=0$，$y'(0_+)=2$

(3)$y(0_+)=0$，$y'(0_+)=2$

(4)$y(0_+)=1$，$y'(0_+)=3$

2-6 (1)$y_{zi}(t)=(2e^{-t}-e^{-3t})\varepsilon(t)$，$y_{zs}(t)=\left(\dfrac{1}{3}-\dfrac{1}{2}e^{-t}+\dfrac{1}{6}e^{-3t}\right)\varepsilon(t)$

(2)$y_{zi}(t)=(4t+1)e^{-2t}\varepsilon(t)$，$y_{zs}(t)=\left[-(t+2)e^{-2t}+2e^{-t}\right]\varepsilon(t)$

(3)$y_{zi}(t)=e^{-t}\sin t\varepsilon(t)$，$y_{zs}(t)=e^{-t}\sin t\varepsilon(t)$

2-7　(1)$(t-1)[\varepsilon(t-1)-\varepsilon(t-3)]$

　　　(2)$\delta(t)$

　　　(3)-3

　　　(4)$\begin{cases}\dfrac{1}{\pi}[1-\cos(\pi t)], & 0\leqslant t\leqslant 4\\[2mm] 0, & t<0,\ t>4\end{cases}$

　　　(5)$\begin{cases}0, & t<0\\[1mm] \dfrac{1}{2}t^2, & 0\leqslant t\leqslant 2\\[1mm] 2(t-1), & t>2\end{cases}$

　　　(6)$e^{-t}\varepsilon(t)$

2-8　$i(t)=5e^{-t}-3e^{-2t}A,\ t\geqslant 0;\ u_C(t)=-5e^{-t}+6e^{-2t},\ t\geqslant 0$

2-9　$h(t)=\delta(t)-3e^{-2t}\varepsilon(t),\ g(t)=\left(-\dfrac{1}{2}+\dfrac{3}{2}e^{-2t}\right)\varepsilon(t)$

2-10　$y(t)=1+(1-e^{-t})\varepsilon(t)=\begin{cases}1, & t<0\\ 2-e^{-t}, & t\geqslant 0\end{cases}$

2-11　$-2,\ -3,\ -2$

2-12　$h(t)=e^{(4-2t)}\varepsilon(3-t)$

2-13　$h(t)=2(e^{-t}-e^{-2t})\varepsilon(t),\ g(t)=(1-2e^{-t}+e^{-2t})\varepsilon(t)$

2-14　$h(t)=\delta'+\delta(t)+e^{-2t}\varepsilon(t),\ y(t)=\left(\dfrac{3}{2}-\dfrac{1}{2}e^{-2t}\right)\varepsilon(t)+\delta(t)$

2-15　$h(t)=(5\sin\omega t+\omega\cos\omega t)\varepsilon(t)$

2-16　(1)$\begin{cases}e^{-t}-e^{-2t} & (0<t<2)\\ e^{-2t}(\beta e^4+e^2-1) & (t>2)\end{cases}$

　　　(2)$\beta=-e^{-4}\displaystyle\int_0^2 e^{2\tau}x(\tau)\mathrm{d}\tau$

2-17　$y_{zs}(t)=\begin{cases}0, & t<0\ \text{或}\ t>4\\[1mm] \dfrac{1}{4}t^2, & 0\leqslant t\leqslant 2\\[1mm] 1-\dfrac{(t-2)^2}{4}, & 2<t\leqslant 4\end{cases}$

2-18　(1)$y_{zi}(t)=e^{-t}(t\geqslant 0)$　(2)$y_3(t)=(2-t)e^{-t}\varepsilon(t)$

2-19　$h(t)=[1-e^{-2(t-2)}]\varepsilon(t-2)+\varepsilon(t)$

2-20　$h(t)=\varepsilon(t)-\delta(t-1)$

2-21　(1)$y(t)=(1-e^{-t})\varepsilon(t)$

　　　(2)$y_1(t)=\begin{cases}e^t & t<0\\ 1 & t\geqslant 0\end{cases},\ y_2(t)=(1-e^{-t})\varepsilon(t)$

2-22　(1)$y_{zi}(t)=2e^{-2t}\varepsilon(t)$　(2)$y(t)=2\delta(t)$

2-23　$h(t)=\cos t\varepsilon(t),\ y(t)=\sin t[\varepsilon(t)-\varepsilon(t-6\pi)]$

2-24　$y_{zi}(t)=4e^{-t}-3e^{-2t},\ t\geqslant 0,\ y(t)=5e^{-t}-4e^{-2t},\ t\geqslant 0$

第 3 章

3-1　$\dot{F}_n=\dfrac{-1}{jn\pi}(n\neq 0),\ f(t)=\dfrac{1}{2}-\dfrac{1}{\pi}\displaystyle\sum_{n=1}^{\infty}\dfrac{1}{n}\sin n\Omega t$

3-2 (a) $F_n = \dfrac{\sin\left(\dfrac{n\pi}{2}\right)}{n\pi}$, $n = 0, \pm 1, \pm 2, \cdots$

(b) $F_n = \dfrac{1 + e^{-jn\pi}}{2\pi(1 - n^2)}$, $n = 0, \pm 1, \pm 2, \cdots$ 或 $F_0 = \dfrac{1}{\pi}$, $F_{\pm 1} = \mp j\,\dfrac{1}{4}$, $F_n = \dfrac{\cos^2\left(\dfrac{n\pi}{2}\right)}{\pi(1 - n^2)}$, $n = \pm 2, \pm 3, \cdots$

3-3 $(1)\,\pi\delta(\omega) - \dfrac{1}{j\omega}$ $\qquad\qquad\qquad$ $(2)\,\dfrac{1}{1 - j\omega}$

$(3)\,\dfrac{j}{\omega}$ $\qquad\qquad\qquad\qquad\qquad$ $(4)\,\pi\delta(\omega - 2) + \dfrac{1}{j(\omega - 2)}$

$(5)\,\pi\delta(\omega) + \dfrac{1}{j\omega}e^{-j3\omega}$ $\qquad\qquad$ $(6)\,\dfrac{2(2 + \omega^2)}{4 + \omega^4}$

$(7)\,\dfrac{e^{2 + j\omega}}{2 + j\omega}$ $\qquad\qquad\qquad\quad$ $(8)\,\pi\delta(\omega) + \dfrac{1}{j\omega}e^{-j2\omega}$

3-4 $(1)\,G_{4\pi}(\omega)e^{-j2\omega}$ $\quad$ $(2)\,2\pi e^{-a|\omega|}$ $\quad$ $(3)\,\dfrac{1}{2}\left[1 - \dfrac{|\omega|}{4\pi}\right]$ $\quad$ $(4)\,\omega\,\mathrm{sgn}(\omega)$

3-5 $(1)\,\dfrac{1}{2\pi}e^{j\omega_0 t}$ $\qquad\qquad\qquad$ $(2)\,\dfrac{\sin(\omega_0 t)}{j\pi}$

$(3)\,\dfrac{\omega_0}{\pi}\sin(\omega_0 t)$ $\qquad\qquad\quad$ $(4)\,3 - e^{2t}\varepsilon(-t) - e^{-3t}\varepsilon(t)$

$(5)\,-\delta''(t)$ $\qquad\qquad\qquad\quad$ $(6)\,-\dfrac{1}{2}|t|$

$(7)\,\delta(t - 1) + \delta(t + 1)$ $\qquad$ $(8)\,\dfrac{1}{2\pi(a + jt)}\ (-\infty < t < +\infty)$

$(9)\,g_2(t - 1) + g_2(t - 3) + g_2(t - 5)$ $\qquad$ $(10)\,\dfrac{\sin(t - 1)}{\pi(t - 1)}e^{j(t - 1)}$

3-6 $(1)\,j\,\dfrac{1}{5}F_1'\left(j\,\dfrac{\omega}{3}\right)$ $\qquad\qquad$ $(2)\,jF_1'(j\omega) - 3F_1(j\omega)$

$(3)\,j\,\dfrac{1}{3}F_1'\left(-j\,\dfrac{\omega}{3}\right) - F_1(j\omega)$ $\qquad$ $(4)\,-\left[\omega F_1'(j\omega) + F_1(j\omega)\right]$

$(5)\,\dfrac{1}{2}F_1\left(j\,\dfrac{\omega}{2}\right)e^{-j\frac{5}{2}\omega}$ $\qquad\qquad$ $(6)\,\dfrac{1}{2}e^{-j\frac{3(\omega - 1)}{2}}F_1\left(j\,\dfrac{1 - \omega}{2}\right)$

$(7)\,-jF_1'(-j\omega)e^{-j\omega}$ $\qquad\qquad$ $(8)\,|\omega|F_1(j\omega)$

$(9)\,\pi F_1(0)\delta(\omega) - \dfrac{1}{j\omega}e^{-j2\omega}F_1(-j2\omega)$

3-7 $f(t) = -\dfrac{6}{\pi}S_a\left[3\left(t - \dfrac{3}{2}\right)\right]$, $t = \dfrac{k\pi}{3} + \dfrac{3}{2}\,(k \neq 0)$

3-8 $(1)\,\dfrac{\pi}{a}$ $\quad$ $(2)\,\dfrac{2\pi}{3a}$ $\quad$ $(3)\,\dfrac{\pi}{2a^3}$

3-9 $(1)\,-\omega$ $\quad$ $(2)\,4$ $\quad$ $(3)\,2\pi$

3-10 $(1)\,j\omega$ $\quad$ $(2)\,e^{-j\omega_0}$ $\quad$ $(3)\,\dfrac{1}{j\omega} + \pi\delta(\omega)$

3-11 $y(t) = 2 + 2\cos\left(5t - \dfrac{\pi}{2}\right)$

3-12 $h(t) = \dfrac{2}{\pi} S_a(t-2) \cos 5(t-2)$

3-13 $y(t) = \dfrac{\sin(2t)}{t} \sin(4t)$

3-14 $y(t) = \dfrac{\sin t}{2\pi t} \cos(1000t)$

3-15 $(1)(1-2e^{-t})\varepsilon(t)$ $(2)(2e^{-t}-3e^{-2t})\varepsilon(t)$

3-16 $y(t) = 1 + 2\cos\left(t + \dfrac{\pi}{3}\right)$

3-17 $Y_1(j\omega) = \dfrac{1}{2} F\left[j(\omega+\omega_0)\right] + \dfrac{1}{2} F\left[j(\omega-\omega_0)\right]$

$Y_2(j\omega) = \dfrac{1}{2} F(j\omega) + \dfrac{1}{4} F\left[j(\omega+2\omega_0)\right] + \dfrac{1}{4} F\left[j(\omega-2\omega_0)\right]$

$H(j\omega) = 2G_{2\omega_0}(\omega)$, $\omega_m \leqslant \omega_c \leqslant (2\omega_0 - \omega_m)$

3-18 $y(t) = -\dfrac{1}{2} e^{-t}\varepsilon(t) + \left(9e^{-2t} - \dfrac{13}{2} e^{-3t}\right)\varepsilon(t)$

3-19 $(1)\dfrac{\pi}{200}$ s, $\dfrac{200}{\pi}$ Hz $(2)\dfrac{\pi}{200}$ s, $\dfrac{200}{\pi}$ Hz $(3)\dfrac{\pi}{120}$ s, $\dfrac{120}{\pi}$ Hz

3-20 $T_N = \dfrac{1}{3000}$ s

第 4 章

4-1 $(1)F(s) = \dfrac{1}{s+1}$, $\text{Re}[s] > -1$ $\qquad$ $(2)F(s) = \dfrac{-1}{s+2}$, $\text{Re}[s] < -2$

$(3)F(s) = \dfrac{e^{2s} - e^{-2s}}{s}$, s 全平面 $\qquad$ $(4)F(s) = \dfrac{1}{s+2} - \dfrac{1}{s-2}$, $-2 < \text{Re}[s] < 2$

4-2 $(1)F(s) = \dfrac{a}{s(s+a)}$ $\qquad$ $(2)F(s) = \dfrac{s^2 - \omega^2}{(s^2 + \omega^2)^2}$

$(3)F(s) = \dfrac{3s^2 + 2s + 1}{s^2}$ $\qquad$ $(4)F(s) = \dfrac{a^2}{s^2(s+a)}$

$(5)F(s) = \dfrac{2s+3}{(s+1)^2} e^{-2(s+1)}$ $\qquad$ $(6)F(s) = \dfrac{\sqrt{2}}{2} \dfrac{-s}{(s+2)^2 + 4}$

$(7)F(s) = s + \dfrac{1}{2} e^{-\frac{3}{2}s} + \dfrac{(s+2)e^{-(s-1)}}{(s+1)^2}$ $\qquad$ $(8)F(s) = \dfrac{3(s+10)}{(s+10)^2 + 9} e^{-(s+10)/3}$

$(9)F(s) = \dfrac{\pi(1 + e^{-s})}{s^2 + \pi^2}$ $\qquad$ $(10)F(s) = \dfrac{s}{s^2 + 9} e^{-\frac{2}{3}s}$

$(11)F(s) = \dfrac{2}{(s+2)^3}$ $\qquad$ $(12)F(s) = \dfrac{-\pi^3}{s^2 + \pi^2}$

$(13)F(s) = \dfrac{s^2 \pi}{s^2 + \pi^2}$ $\qquad$ $(14)F(s) = \dfrac{\pi}{s^2(s^2 + \pi^2)}$

4-3 $(1)f(t) = \left(\dfrac{3}{8} + \dfrac{1}{4} e^{-2t} + \dfrac{3}{8} e^{-4t}\right)\varepsilon(t)$

$(2)f(t) = \left(\dfrac{12}{5} e^{-2t} + \dfrac{34}{9} e^{-3t} + \dfrac{152}{45} e^{-12t}\right)\varepsilon(t)$

$(3)f(t) = 2\delta(t) + (2e^{-t} + e^{-2t})\varepsilon(t)$

(4) $f(t) = \delta(t) + (e^{-t} - 4e^{-2t})\varepsilon(t)$

(5) $f(t) = e^t \sin 2t\varepsilon(t) + \dfrac{1}{2}e^t \sin 2(t-1)\varepsilon(t-1)$

(6) $f(t) = \displaystyle\sum_{k=0}^{\infty}\varepsilon(t-k)$，$k \in \mathbf{N}$

(7) $f(t) = \delta(t) - e^{-t}\varepsilon(t) + [(2-t)e^{-(t-1)}]\varepsilon(t-1) + (t-2)e^{-(t-2)}\varepsilon(t-2)$

(8) $f(t) = \sin(\pi t)[\varepsilon(t) - \varepsilon(t-1)]$

(9) $f(t) = e^{-t}\varepsilon(t) - e^{-(t-T)}\varepsilon(t-T)$

(10) $f(t) = t\varepsilon(t) - 2(t-1)\varepsilon(t-1) + (t-2)\varepsilon(t-2)$

4-4 (1) $\dfrac{1}{s}F(s)e^{-s}$ (2) $\dfrac{1}{j4}\left[F\left(\dfrac{s}{2}-j\right) - F\left(\dfrac{s}{2}+j\right)\right]$ (3) $\dfrac{1}{3}F(s)e^{-\frac{3}{4}s}$

4-5 (1) $\dfrac{2}{4s^2+6s+3}$ (2) $\dfrac{3(2s+1)}{(s^2+s+7)^2}$ (3) $\dfrac{s(s+2)e^{-\frac{s}{2}}}{(s^2-2s+4)^2}$

4-6 (1) $f(0_+) = 1$，终值不存在

(2) $f(0_+) = 0$，$f(\infty) = 0$

(3) $f(0_+) = 0$，$f(\infty) = \dfrac{1}{2}$

(4) $f(0_+) = 0$，终值不存在

4-7 $f(t) = \left(1 + \dfrac{1}{2}e^{-2t}\right)\varepsilon(t)$

4-8 (1) $y_{zi}(t) = (e^{-t} - e^{-2t})\varepsilon(t)$，$y_{zs}(t) = (2-3e^{-t} + e^{-2t})\varepsilon(t)$

(2) $y_{zi}(t) = (3e^{-t} - 2e^{-2t})\varepsilon(t)$，$y_{zs}(t) = [3e^{-t} - (2t+3)e^{-2t}]\varepsilon(t)$

(3) $y_{zi}(t) = (4e^{-t} - 3e^{-2t})\varepsilon(t)$，$y_{zs}(t) = (2-3e^{-t} + e^{-2t})\varepsilon(t)$

(4) $y_{zi}(t) = (3e^{-t} - 2e^{-2t})\varepsilon(t)$，$y_{zs}(t) = [3e^{-t} - (2t+3)e^{-2t}]\varepsilon(t)$

4-9 $y_{zs}(t) = \left(\dfrac{1}{3} + \dfrac{5}{3}e^{-3t}\right)\varepsilon(t)$，$y_{zi}(t) = 4e^{-2t} - 3e^{-3t}$，$y_{zi}(0_+) = 1$，$y'_{zi}(0_+) = 1$

4-10 $y_{zs} = [(2t-1)e^{-t} + e^{-2t}]\varepsilon(t)$，$y_{zi} = (4e^{-t} - 3e^{-2t})\varepsilon(t)$

4-11 (1) $h(t) = 2e^{-t}\varepsilon(t)$ (2) $y_{zs}(t) = 2[1-e^{-(t-1)}]\varepsilon(t-1)$

4-12 (1) $y''(t) + 4y'(t) + 4y(t) = f'(t)$

(2) $y_{zs}(t) = \left(\dfrac{1}{4}\sin 2t - \dfrac{1}{2}te^{-2t}\right)\varepsilon(t)$，$y(t) = \dfrac{1}{4}\sin 2t\varepsilon(t)$

4-13 $i(t) = \left[6\delta(t) + \dfrac{1}{2}e^{-\frac{1}{6}t}\varepsilon(t)\right]$ A

4-14 (1) $h(t) = te^{-t}\varepsilon(t)$ V (2) $i(0_-) = 1$，$u(0_-) = 0$ (3) $i(0_-) = 0$，$u(0_-) = 1$

4-15 $u(t) = \left(\dfrac{3}{2} - \dfrac{5}{2}e^{-2t}\right)\varepsilon(t)$ V

4-16 $u(t) = (1+t)e^{-t}\varepsilon(t)$ V

4-17 $u_2(t) = 0.4e^{-0.2t}\varepsilon(t)$ V

4-18 $y_{zi}(t) = (11e^{-2t} - 8e^{-3t})\varepsilon(t)$，$y_{zs}(t) = (3e^{-t} - 4e^{-2t} + e^{-3t})\varepsilon(t)$

$y(t) = (3e^{-t} + 7e^{-2t} - 7e^{-3t})\varepsilon(t)$

4-19 (1) $h(t) = \delta(t) - 2e^{-2t}(\cos t - 2\sin t)\varepsilon(t)$

(2) $y(t) = \delta(t) - 2e^{-t}\cos 2t\varepsilon(t)$

(3) $y(t)=(1-2e^{-t}\sin 2t)\varepsilon(t)$

4-20 $f(t)=(2-e^{-2t})\varepsilon(t)$

4-21 $y_2(t)=te^{-t}\varepsilon(t)$

4-22 直接形式：$H(s)=\dfrac{2s+3}{s^4+7s^3+16s^2+12s}$，级联形式：$H(s)=\dfrac{1}{s}\dfrac{1}{s+2}\dfrac{2s+3}{s+2}\dfrac{1}{s+3}$，

并联形式：$H(s)=\dfrac{1/4}{s}+\dfrac{1}{s+3}+\dfrac{1/2}{(s+2)^2}+\dfrac{-5/4}{s+2}$

4-23 $F(j\omega)=\left[\pi\delta(\omega)+\dfrac{1}{j\omega}\right]-\dfrac{1}{j\omega+1}$

4-24 (a)$\dfrac{s^2}{s^2+1}$ (b)$\dfrac{(s-1)^2+1}{(s+1)^2+1}$

4-25 $R=1\ \Omega$，$L=\dfrac{1}{2}$ H，$C=1.6$ F

4-26 $H(s)=\dfrac{s^3}{s^3+6s^2+11s+6}$

4-27 (a)$H(s)=\dfrac{2s^2-1}{s^3+4s^2+5s+6}$ (b)$H(s)=\dfrac{3s+2}{s^3+3s^2+2s}$

4-28 (1)不稳定 (2)不稳定 (3)稳定

4-29 (1)不稳定 (2)稳定 (3)不稳定

4-30 $K<4$

第5章

5-1 (1)2^{k-1} (2)$2(2)^k\varepsilon(k)$ (3)$\left(\dfrac{1}{2}\right)^k\varepsilon(k)$

5-2 (1)$4(-1)^k-12(-2)^k$ (2)$(2k+1)(-1)^k$ (3)$[(-1-k)2^k+3^k]\varepsilon(k)$

5-3 (1)$[2(-1)^k-4(-2)^k]\varepsilon(k)$ (2)$\sqrt{5}\cos\left(\dfrac{k\pi}{2}-63.4°\right)\varepsilon(k)$

5-4 (1)$\dfrac{13}{9}(-2)^k+\dfrac{1}{3}k-\dfrac{4}{9}$，$k\geqslant0$

(2)$-\dfrac{9}{16}(-1)^k+\dfrac{9}{4}k(-1)^k+\dfrac{9}{16}(3)^k$，$k\geqslant0$

5-5 (1)$y_{zi}(k)=-2(2)^k\varepsilon(k)$，$y_{zs}(k)=[4(2)^k-2]\varepsilon(k)$

(2)$y_{zi}(k)=-2(-2)^k\varepsilon(k)$，$y_{zs}(k)=\dfrac{1}{2}[(-2)^k+2^k]\varepsilon(k)$

(3)$y_{zi}(k)=[(-1)^k-4(-2)^k]\varepsilon(k)$，$y_{zs}(k)=\left[-\dfrac{1}{2}(-1)^k+\dfrac{4}{3}(-2)^k+\dfrac{1}{6}\right]\varepsilon(k)$

(4)$y_{zi}(k)=(2k-1)(-1)^k\varepsilon(k)$，$y_{zs}(k)=\left[\left(-2k+\dfrac{8}{3}\right)(-1)^k+\dfrac{1}{3}\left(\dfrac{1}{2}\right)^k\right]\varepsilon(k)$

5-6 (1)$y(k)=1.51\cos\left(\dfrac{k\pi}{3}+19.1°\right)$ (2)$y(k)=4\cos\left(\dfrac{k\pi}{3}-21.8°\right)$

5-7 $y(k)=2\left(\dfrac{2}{3}\right)^k$

5-8 $y(k)-(1+a)y(k-1)=x(k)$，$y(12)=142.73$ 元

5-9 (1)$h(k)=\dfrac{1}{2}[1+(-1)^k]\varepsilon(k)$

$(2)h(k)=(-2)^{k-1}\varepsilon(k-1)$

$(3)h(k)=(k+1)\left(-\dfrac{1}{2}\right)^k\varepsilon(k)$

$(4)h(k)=-\cos\left(\dfrac{\pi}{2}k\right)\varepsilon(k-1)$

5-10 $(1)f_1*f_2=\{\cdots,\ 0,\ 1,\ 3,\ 4,\ \underset{k=0}{4},\ 4,\ 3,\ 1,\ 0,\ \cdots\}$

$(2)f_2*f_3=\{\cdots,\ 0,\ 3,\ 5,\ \underset{k=0}{6},\ 6,\ 6,\ 3,\ 1,\ 0,\ \cdots\}$

$(3)f_3*f_4=\{\cdots,\ 0,\ \underset{k=0}{3},\ -1,\ 2,\ -2,\ -1,\ -1,\ 0,\ \cdots\}$

$(4)(f_2-f_1)*f_3=\{\cdots,\ 0,\ 3,\ 2,\ \underset{k=0}{-2},\ -2,\ 2,\ 2,\ 1,\ 0,\ \cdots\}$

5-11 $(1)\dfrac{4}{3}[1-0.25^{k+1}]\varepsilon(k)$

$(2)\varepsilon(k)+\varepsilon(k-1)+\varepsilon(k-2)$

$(3)(k+1)\varepsilon(k)$

$(4)\dfrac{1}{2}(5^{k+1}-3^{k+1})\varepsilon(k)$

5-12 $(1)y_{zs}(k)=\varepsilon(k)-\varepsilon(k-3)$

$(2)y_{zs}(k)=(k+1)\varepsilon(k)-2(k-3)\varepsilon(k-4)+(k-7)\varepsilon(k-8)$

$(3)y_{zs}(k)=(k+1)\varepsilon(k)$

$(4)y_{zs}(k)=[2-(0.5)^k]\varepsilon(k)-[2-(0.5)^{k-5}]\varepsilon(k-5)$

5-13 $h(k)=\delta(k)-\left(\dfrac{1}{2}\right)^k\varepsilon(k-1)=2\delta(k)-\left(\dfrac{1}{2}\right)^k\varepsilon(k)$

5-14 $y_{zs}(k)=\left[-2+\dfrac{8}{3}(2)^k+\dfrac{1}{3}\left(\dfrac{1}{2}\right)^k\right]\varepsilon(k)$

5-15 $h(k)=\left[3\left(\dfrac{1}{2}\right)^k-2\left(\dfrac{1}{3}\right)^k\right]\varepsilon(k)-\left[3\left(\dfrac{1}{2}\right)^{k-2}-2\left(\dfrac{1}{3}\right)^{k-2}\right]\varepsilon(k-2)$

5-16 $y_{zs}(k)=2\cos\left(\dfrac{k\pi}{4}\right)$

5-17 $h(k)=[1+(6k+8)(-2)^k]\varepsilon(k)$

5-18 $h(k)=\begin{cases}1,&0\leqslant k\leqslant N-1\\0,&k<0,\ k\geqslant N\end{cases}$

5-19 $h(k)=\begin{cases}0,&k<0\\k+1,&0\leqslant k\leqslant 4\\5,&k\geqslant5\end{cases}$

5-20 $u(k)=\dfrac{u_s}{2^N-\left(\dfrac{1}{2}\right)^N}\left[2^{N-k}-\left(\dfrac{1}{2}\right)^{N-k}\right],\ 0\leqslant k\leqslant N$

5-21 $f(k)=\left(\dfrac{1}{2}\right)^k\varepsilon(k)$

第6章

6-1 $(1)z,\ |z|<\infty$ $\qquad\qquad\qquad$ $(2)F(z)=\dfrac{z}{z-1/2},\ |z|>\dfrac{1}{2}$

$(3)F(z)=\dfrac{4z}{4z+1}$, $|z|>\dfrac{1}{4}$

$(4)F(z)=\dfrac{1}{1-2z}$, $|z|<\dfrac{1}{2}$

$(5)F(z)=\dfrac{2z}{2z-1}$, $|z|<\dfrac{1}{2}$

$(6)F(z)=\dfrac{z}{z-3}$, $|z|>3$

$(7)F(z)=\dfrac{z}{z-e^{j\omega_0}}$, $|z|>1$

$(8)F(z)=\dfrac{1-\left(\dfrac{1}{2z}\right)^{10}}{1-\dfrac{1}{2z}}$, $|z|>0$

6-2 $(1)f(k)=\delta(k)$

$(2)f(k)=\delta(k)+2\delta(k+1)-2\delta(k-2)$

$(3)f(k)=a^{k+1}\varepsilon(k)-a^{k-1}\varepsilon(k-1)$

$(4)f(k)=\delta(k+3)$

$(5)f(k)=a^{k}\varepsilon(k)$

$(6)f(k)=-a^{k}\varepsilon(-k-1)$

$(7)f(k)=(-0.5)^{k}\varepsilon(k)$

$(8)f(k)=(-2)^{k-6}\varepsilon(k-6)$

6-3 $(1)F(z)=\dfrac{z+1}{(z-1)^3}$, $|z|>1$

$(2)F(z)=\dfrac{-z}{(z+1)^2}$, $|z|>1$

$(3)F(z)=\dfrac{z}{a}\ln\dfrac{z}{z-a}$, $|z|>a$

$(4)F(z)=\dfrac{2z}{(z-1)^3}$, $|z|>1$

$(5)F(z)=\dfrac{z^2}{z^2-1}$, $|z|>1$

$(6)F(z)=\dfrac{4z^2}{4z^2+1}$, $|z|>\dfrac{1}{2}$

6-4 $(1)f(0)=1$, $f(\infty)$不存在

$(2)f(0)=0$, $f(\infty)=2$

$(3)f(0)=1$, $f(\infty)=0$

$(4)f(0)=0$, $f(\infty)=1$

6-5 $(1)f(0)=1$, $f(1)=3$, $f(2)=7$

$(2)f(0)=1$, $f(1)=\dfrac{3}{2}$, $f(2)=\dfrac{9}{4}$

6-7 $(1)f(k)=\dfrac{1}{4}\left[(-1)^k+2k-1\right]\varepsilon(k)$

$(2)f(k)=\left[20\left(\dfrac{1}{2}\right)^k-10\left(\dfrac{1}{4}\right)^k\right]\varepsilon(k)$

$(3)f(k)=6^{k-1}k\varepsilon(k)$

$(4)f(k)=\left[\dfrac{\sin(k+1)\omega+\sin(k\omega)}{\sin\omega}\right]\varepsilon(k)$

$(5)f(k)=[2(-2)^k-(-1)^k]\varepsilon(k)$

$(6)f(k)=-a\delta(k)+\left(a-\dfrac{1}{a}\right)\left(\dfrac{1}{a}\right)^k\varepsilon(k)$

6-8 $(1)f(k)=\left[\left(\dfrac{1}{2}\right)^k-2^k\right]\varepsilon(k)$

$(2)f(k)=\left[2^k-\left(\dfrac{1}{2}\right)^k\right]\varepsilon(-k-1)$

$(3)f(k)=\left(\dfrac{1}{2}\right)^k\varepsilon(k)+2^k\varepsilon(-k-1)$

6-9 $(1) f(k) = 5[1 + (-1)^k]\varepsilon(k)$

$(2) f(k) = 2\delta(k-1) + 6\delta(k) + [8 - 13(0.5)^k]\varepsilon(k)$

6-10 $(1) y(k) = \dfrac{b}{b-a}[a^k\varepsilon(k) + b^k\varepsilon(-k-1)]$

$(2) y(k) = a^{k-2}\varepsilon(k-2)$

$(3) y(k) = \dfrac{1-a^k}{1-a}\varepsilon(k)$

6-11 $(1) y(k) = (0.9)^{k+1}\varepsilon(k)$

$(2) y(k) = [2(-1)^k + 4(2)^k]\varepsilon(k)$

$(3) y(k) = [0.5 - 0.45(0.9)^k]\varepsilon(k)$

$(4) y(k) = \left[\dfrac{1}{3} + \dfrac{2}{3}\cos\left(\dfrac{2k\pi}{3}\right) + \dfrac{4\sqrt{3}}{3}\sin\left(\dfrac{2k\pi}{3}\right)\right]\varepsilon(k)$

6-12 $y_{zi}(k) = [4(-1)^k - 4(-2)^k]\varepsilon(k)$, $y_{zs}(k) = \left[\dfrac{1}{6} - \dfrac{1}{2}(-1)^k + \dfrac{4}{3}(-2)^k\right]\varepsilon(k)$

6-13 $y_{zi}(k) = [2^{k+1} - (-1)^k]\varepsilon(k)$, $y_{zs}(k) = \left[2^{k+1} + \dfrac{1}{2}(-1)^k - \dfrac{3}{2}\right]\varepsilon(k)$

6-14 $y_{3zs}(k) = (k+1)\left(\dfrac{1}{2}\right)^k\varepsilon(k)$

6-15 $(1) H(z) = \dfrac{z}{3z-6}$, $h(k) = \dfrac{1}{3}(2^k)\varepsilon(k)$

$(2) H(z) = \dfrac{z^2-3}{z^2-5z+6}$, $h(k) = -\dfrac{1}{2}\delta(k) - \dfrac{1}{2}(2)^k\varepsilon(k) + 2(3)^k\varepsilon(k)$

$(3) H(z) = 1 - 5z^{-1} + 8z^{-3}$, $h(k) = \delta(k) - 5\delta(k-1) + 8\delta(k-3)$

$(4) H(z) = \dfrac{z}{z-0.5}$, $h(k) = (0.5)^k\varepsilon(k)$

6-16 $(1) H(z) = \dfrac{z}{z-\dfrac{1}{3}}$, $|z| > \dfrac{1}{3}$ $(2) h(k) = \left(\dfrac{1}{3}\right)^k\varepsilon(k)$ $(3) g(k) = \dfrac{1}{2}\left[3 - \left(\dfrac{1}{3}\right)^k\right]\varepsilon(k)$

6-17 $(1) h(k) = (-3)^k\varepsilon(k)$

$(2) y(k) = \dfrac{1}{32}[-9(-3)^k + 8k^2 + 20k + 9]\varepsilon(k)$

6-18 $(1) y_{zs}(k) = -2\delta(k) + \left(\dfrac{1}{2}\right)^k\varepsilon(k)$

$(2) y_{zs}(k) = -\left(\dfrac{1}{2}\right)^k\varepsilon(k)$

$(3) y_{zs}(k) = 2\left[\left(\dfrac{1}{2}\right)^k - 1\right]\varepsilon(k)$

$(4) y_{zs}(k) = \left[\dfrac{1}{\sqrt{3}}\left(\dfrac{1}{2}\right)^k - \dfrac{2}{\sqrt{3}}\cos\left(\dfrac{k\pi}{3} - \dfrac{\pi}{3}\right)\right]\varepsilon(k)$

6-19 $y(k) = b_1 y(k-1) + b_2 y(k-2) + af(k-1)$, $H(z) = \dfrac{az^{-1}}{1 - b_1 z^{-1} - b_2 z^{-2}}$,

$h(k) = \dfrac{a}{M_1 - M_2}(M_1^k - M_2^k)\varepsilon(k)$, $\left(M_1, M_2 = \dfrac{b_1 \pm \sqrt{b_1^2 + 4b_2}}{2}\right)$

6-20 $(1) H(z) = \dfrac{2(z+1)}{z(z+0.1)}$

(2)$h(k)=10\delta(k-1)-8(-0.1)^{k-1}\varepsilon(k-1)$

(3)$y(k)+0.1y(k-1)=2f(k-1)+f(k-2)$

6-21 $H(z)=\dfrac{2z^2+0.5}{z^2+z-0.75}$, $y(k)+y(k-1)-0.75y(k-2)=2f(k)+0.5f(k-2)$

6-22 $y_{zs}(k)=2\varepsilon(k-1)$

6-23 (1)$a=-\dfrac{9}{8}$ (2)$y(k)=\left(-\dfrac{1}{4}\right)\times1^k$

6-24 $f(k)=(k+1)\varepsilon(k)$

6-25 $y_{ss}(k)=2.15\sin\left(\dfrac{k\pi}{6}+127°\right)$

6-26 零点：0，-2；极点：$0.25\pm j0.25$

6-27 (a)$H(z)=\dfrac{1}{z-0.5}$, $|H(e^{j\omega})|=\dfrac{2}{\sqrt{5-4\cos\omega}}$

(b)$H(z)=\dfrac{2(z+0.5)}{z-0.5}$, $|H(e^{j\omega})|=2\sqrt{\dfrac{5+4\cos\omega}{5-4\cos\omega}}$

6-28 $a_0=0.4$, $a_1=-0.3$, $b_1=-0.5$, $b_2=0.5$

6-29 (1)$h(k)=\delta(k-1)+\delta(k-2)+\delta(k-3)$

(2)$y(k)=-\delta(k)+\left[\dfrac{1}{2}+\dfrac{3}{2}(-1)^{k-1}\right]\varepsilon(k-1)$

(3)$y(k)=f(k-1)+f(k-2)+f(k-3)$

6-30 (1)$H(z)=\dfrac{z}{z^2-z+0.5}$

(2)$h(k)=2\left(\dfrac{\sqrt2}{2}\right)^k\sin\dfrac{\pi}{4}k\varepsilon(k)$

6-31 (1)稳定 (2)不稳定 (3)不稳定(边界稳定) (4)不稳定(边界稳定)

6-32 不稳定

6-33 $-1.5<K<0$

6-34 $H(z)=\dfrac{z^2+2}{z^2+5z+6}$

6-35 (1)$y(k)-0.8y(k-1)=0.2f(k)$

(2)$y(k)=1+0.22\cos\left(\dfrac{k\pi}{3}-49.1°\right)+0.11\cos(k\pi)$

6-36 $H(z)=\dfrac{z-\dfrac{p}{4}}{z+\dfrac{p}{3}}$, $3>p>-3$, $y(k)=\dfrac{5}{12}\left(\dfrac{2}{3}\right)^k$

6-37 $y(k)=x(k)-\cos\left(\dfrac{2\pi}{N}\right)x(k-1)+2\cos\left(\dfrac{2\pi}{N}\right)y(k-1)-y(k-2)$,

$H(z)=\dfrac{1-z^{-1}\cos\left(\dfrac{2\pi}{N}\right)}{1-2z^{-1}\cos\left(\dfrac{2\pi}{N}\right)+z^{-2}}$, $h(n)=\cos\left(\dfrac{2k\pi}{N}\right)\varepsilon(k)$

6-38 $H(z)=\dfrac{z(z+0.5)}{z^2+0.5z-0.5}$

6-39 略

第 7 章

7-1
$$\begin{bmatrix} \dfrac{d}{dt}u_C \\[2mm] \dfrac{d}{dt}i_L \end{bmatrix} = \begin{bmatrix} \dfrac{-1}{RC} & \dfrac{-1}{C} \\[2mm] \dfrac{1}{L} & \dfrac{-R}{L} \end{bmatrix} \begin{bmatrix} u_C \\ i_L \end{bmatrix} + \begin{bmatrix} \dfrac{1}{RC} \\ 0 \end{bmatrix}[e(t)]$$

7-2
$$\begin{bmatrix} \dfrac{d}{dt}i_{L1} \\[2mm] \dfrac{d}{dt}i_{L2} \\[2mm] \dfrac{d}{dt}u_C \end{bmatrix} = \begin{bmatrix} -2 & 0 & -1 \\ 0 & -3 & 3 \\ 2 & -2 & 0 \end{bmatrix} \begin{bmatrix} i_{L1} \\ i_{L2} \\ u_C \end{bmatrix} + \begin{bmatrix} 1 & 0 \\ 0 & -3 \\ 0 & 0 \end{bmatrix} \begin{bmatrix} f_1 \\ f_2 \end{bmatrix}$$

7-3 (a)
$$\begin{bmatrix} \dfrac{d}{dt}i_{L1} \\[2mm] \dfrac{d}{dt}u_C \\[2mm] \dfrac{d}{dt}i_{L2} \end{bmatrix} = \begin{bmatrix} -1 & -1 & 0 \\ \dfrac{1}{2} & 0 & -\dfrac{1}{2} \\ 0 & 1 & -1 \end{bmatrix} \begin{bmatrix} i_{L1} \\ u_C \\ i_{L2} \end{bmatrix} + \begin{bmatrix} 1 \\ 0 \\ 0 \end{bmatrix} e(t), \quad y = \begin{bmatrix} 0 & 0 & 1 \end{bmatrix} \begin{bmatrix} i_{L1} \\ u_C \\ i_{L2} \end{bmatrix}$$

(b)
$$\begin{bmatrix} \dfrac{d}{dt}u_{C1} \\[2mm] \dfrac{d}{dt}i_L \\[2mm] \dfrac{d}{dt}u_{C2} \end{bmatrix} = \begin{bmatrix} -2 & 1 & -2 \\ -2 & 0 & 0 \\ -2 & 0 & -2 \end{bmatrix} \begin{bmatrix} u_{C1} \\ i_L \\ u_{C2} \end{bmatrix} + \begin{bmatrix} 1 \\ 2 \\ 1 \end{bmatrix}[e(t)], \quad y = \begin{bmatrix} -1 & 0 & 1 \end{bmatrix} \begin{bmatrix} u_{C1} \\ i_L \\ u_{C2} \end{bmatrix} + e(t)$$

7-4 (a)
$$\begin{bmatrix} x'_1 \\ x'_2 \end{bmatrix} = \begin{bmatrix} 0 & 1 \\ -3 & -2 \end{bmatrix} \begin{bmatrix} x_1 \\ x_2 \end{bmatrix} + \begin{bmatrix} 0 \\ 1 \end{bmatrix}[e], \quad y = \begin{bmatrix} -2 & -2 \end{bmatrix} \begin{bmatrix} x_1 \\ x_2 \end{bmatrix} + e$$

(b)
$$\begin{bmatrix} x'_1 \\ x'_2 \\ x'_3 \end{bmatrix} = \begin{bmatrix} -c-1 & c-b & b-a \\ -1 & -b & b-a \\ -1 & 0 & -a \end{bmatrix} \begin{bmatrix} x_1 \\ x_2 \\ x_3 \end{bmatrix} + \begin{bmatrix} 1 \\ 1 \\ 1 \end{bmatrix}[e], \quad y(t) = \begin{bmatrix} -1 & c-b & b-a \end{bmatrix} \begin{bmatrix} x_1 \\ x_2 \\ x_3 \end{bmatrix} + e$$

7-5 (a)
$$x(k+1) = \begin{bmatrix} 0 & 1 \\ b & a \end{bmatrix} x(k) + \begin{bmatrix} 0 & 0 \\ 1 & 0 \end{bmatrix} f(k), \quad y(k) = \begin{bmatrix} 1 & 0 \end{bmatrix} x(k) + \begin{bmatrix} 0 & 1 \end{bmatrix} f(k)$$

(b)
$$x(k+1) = \begin{bmatrix} 0 & 1 & 0 & 0 \\ a & 0 & 1 & 0 \\ 0 & 0 & 0 & 1 \\ b(a-1) & -a & 0 & 0 \end{bmatrix} x(k) + \begin{bmatrix} 0 \\ 0 \\ 0 \\ 1 \end{bmatrix} f(k), \quad y(k) = \begin{bmatrix} 1 & 0 & 0 & 0 \end{bmatrix} x(k)$$

7-6 (1)
$$\begin{bmatrix} x'_1 \\ x'_2 \\ x'_3 \end{bmatrix} = \begin{bmatrix} 0 & 1 & 0 \\ 0 & 0 & 1 \\ -6 & -11 & -6 \end{bmatrix} \begin{bmatrix} x_1 \\ x_2 \\ x_3 \end{bmatrix} + \begin{bmatrix} 0 \\ 0 \\ 1 \end{bmatrix} x(t), \quad y(t) = \begin{bmatrix} 8 & 2 & 0 \end{bmatrix} \begin{bmatrix} x_1 \\ x_2 \\ x_3 \end{bmatrix}$$

(2)
$$\begin{bmatrix} x'_1 \\ x'_2 \\ x'_3 \end{bmatrix} = \begin{bmatrix} 0 & 1 & 0 \\ 0 & 0 & 1 \\ -2 & -5 & -4 \end{bmatrix} \begin{bmatrix} x_1 \\ x_2 \\ x_3 \end{bmatrix} + \begin{bmatrix} 0 \\ 0 \\ 1 \end{bmatrix} x(t), \quad y(t) = \begin{bmatrix} 0 & 3 & 1 \end{bmatrix} \begin{bmatrix} x_1 \\ x_2 \\ x_3 \end{bmatrix}$$

(3)
$$\begin{bmatrix} x'_1 \\ x'_2 \\ x'_3 \end{bmatrix} = \begin{bmatrix} 0 & 1 & 0 \\ 0 & 0 & 1 \\ -1 & -2 & -2 \end{bmatrix} \begin{bmatrix} x_1 \\ x_2 \\ x_3 \end{bmatrix} + \begin{bmatrix} 0 \\ 0 \\ 1 \end{bmatrix} x(t), \quad y(t) = \begin{bmatrix} 2 & 0 & 1 \end{bmatrix} \begin{bmatrix} x_1 \\ x_2 \\ x_3 \end{bmatrix}$$

7-7　$(1)x(k+1)=\begin{bmatrix}0&1\\2&1\end{bmatrix}x(k)+\begin{bmatrix}0\\1\end{bmatrix}f(k)$, $y(k)=\begin{bmatrix}0&2\end{bmatrix}x(k)$

$(2)x(k+1)=\begin{bmatrix}0&1\\-1&-2\end{bmatrix}x(k)+\begin{bmatrix}0\\1\end{bmatrix}f(k)$, $y(k)=\begin{bmatrix}-1&-2\end{bmatrix}x(k)+f(k)$

7-8　$(1)x'(t)=\begin{bmatrix}0&1&0\\0&0&1\\-3&-7&-5\end{bmatrix}x(t)+\begin{bmatrix}0\\0\\1\end{bmatrix}e(t)$, $y(t)=\begin{bmatrix}1&0&0\end{bmatrix}x(t)$

$(2)x'(t)=\begin{bmatrix}0&1&0\\0&0&1\\0&10&-7\end{bmatrix}x(t)+\begin{bmatrix}0\\0\\1\end{bmatrix}e(t)$, $y(t)=\begin{bmatrix}5&5&0\end{bmatrix}x(t)$

$(3)x'(t)=\begin{bmatrix}0&1\\-4&0\end{bmatrix}x(t)+\begin{bmatrix}0\\1\end{bmatrix}e(t)$, $y(t)=\begin{bmatrix}1&0\end{bmatrix}x(t)$

7-9　$(1)x(k+1)=\begin{bmatrix}0&1\\-2&-3\end{bmatrix}x(k)+\begin{bmatrix}0\\1\end{bmatrix}e(k)$, $y(k)=\begin{bmatrix}1&1\end{bmatrix}x(k)$

$(2)x(k+1)=\begin{bmatrix}0&1&0\\0&0&1\\-6&-5&-2\end{bmatrix}x(k)+\begin{bmatrix}0\\0\\1\end{bmatrix}e(k)$, $y(k)=\begin{bmatrix}1&0&0\end{bmatrix}x(k)$

$(3)x(k+1)=\begin{bmatrix}0&1&0\\0&0&1\\-1&2&-3\end{bmatrix}x(k)+\begin{bmatrix}0\\0\\1\end{bmatrix}[e(k)]$, $y(k)=\begin{bmatrix}3&2&1\end{bmatrix}x(k)+[0][e(k)]$

7-10　$x(k+1)=\begin{bmatrix}0&1\\-0.8&1.2\end{bmatrix}x(k)+2e(k)$, $y(k)=\begin{bmatrix}1&0\end{bmatrix}x(k)$

7-11　$(1)x'(t)=\begin{bmatrix}0&1\\-12&-8\end{bmatrix}x(t)+e(t)$, $y(t)=30\times\begin{bmatrix}1&0\end{bmatrix}x(t)$

$(2)H(s)=\dfrac{30}{s^2+8s+12}$

7-12　$H(s)=\dfrac{2s^2+7s+1}{s^2+3s-4}$

7-13　$y(k+2)+6y(k+1)+8y(k)=f(k+2)+18f(k+1)+67f(k)$, 不稳定

7-14　$(1)h(k)=4\left[\left(\dfrac{1}{2}\right)^k-\left(\dfrac{1}{4}\right)^k\right]\varepsilon(k)$

$(2)H(z)=\dfrac{z}{\left(z-\dfrac{1}{2}\right)\left(z-\dfrac{1}{4}\right)}$

$(3)y(k)=\left[\dfrac{8}{3}-\dfrac{5}{3}\left(\dfrac{1}{4}\right)^k\right]\varepsilon(k)$

7-15　$a=3$, $b=2$

◈ 参考文献 ◈

[1]路永华. 信号与系统[M]. 北京：北京师范大学出版社，2016.

[2]王瑞兰. 信号与系统[M]. 北京：机械工业出版社，2011.

[3]吴大正. 信号与线性系统分析[M]. 3版. 北京：高等教育出版社，1998.

[4]段哲民，范世贵. 信号与系统[M]. 2版. 西安：西北工业大学出版社，2005.

[5]郑君里，应启珩，杨为理. 信号与系统引论[M]. 北京：高等教育出版社，2009.

[6]徐天成，谷亚林，钱玲. 信号与系统[M]. 3版. 北京：电子工业出版社，2008.

[7]陈生潭，郭宝龙，李学武，冯宗哲. 信号与系统[M]. 2版. 西安：西安电子科技大学出版社，2001.

[8]陈后金. 信号与系统[M]. 2版. 北京：高等教育出版社，2015.

[9]王文渊. 信号与系统[M]. 北京：清华大学出版社，2008.

[10]Charles L. Phillips，John M. Parr，Eve A. Riskin. 信号、系统和变换（原书第4版）[M]. 陈从颜，等，译. 北京：机械工业出版社，2009.

[11]管致中，夏恭恪，孟桥. 信号与线性系统[M]. 4版. 北京：高等教育出版社，2004.

[12]王宝祥. 信号与系统[M]. 哈尔滨：哈尔滨出版社，2000.

[13]高西全，丁玉美. 数字信号处理[M]. 3版. 西安：西安电子科技大学出版社，2008.

[14]靳希，杨尔滨，赵玲. 信号处理原理与应用[M]. 2版. 北京：清华大学出版社，2008.

[15]谷源涛，应启珩，郑君里. 信号与系统：MATLAB综合实验[M]. 北京：高等教育出版社，2008.